U0219972

高等职业教育"十二五"规划教材

食品安全与质量控制

主编　姚卫蓉　童　斌

中国轻工业出版社

图书在版编目(CIP)数据

食品安全与质量控制/姚卫蓉,童斌主编. —北京:中国轻工业出版社,2020.6
高等职业教育"十二五"规划教材
ISBN 978-7-5184-0050-8

Ⅰ.①食… Ⅱ.①姚… ②童… Ⅲ.①食品安全—高等职业教育—教材 ②食品—质量控制—高等职业教育—教材 Ⅳ.①TS201.6 ②TS207.7

中国版本图书馆 CIP 数据核字(2014)第 266099 号

责任编辑:李亦兵 贾 磊 责任终审:劳国强 封面设计:锋尚设计
版式设计:宋振全 责任校对:晋 洁 责任监印:张 可

出版发行:中国轻工业出版社(北京东长安街 6 号,邮编:100740)
印 刷:北京君升印刷有限公司
经 销:各地新华书店
版 次:2020 年 6 月第 1 版第 4 次印刷
开 本:720×1000 1/16 印张:21.75
字 数:435 千字
书 号:ISBN 978-7-5184-0050-8 定价:42.00 元
邮购电话:010 – 65241695
发行电话:010 – 85119835 传真:010 – 85113293
网 址:http://www.chlip.com.cn
Email:club@ chlip.com.cn
如发现图书残缺请与我社邮购联系调换
200514J2C104ZBW

本书编委会

主　编：姚卫蓉　童　斌
副主编：张　伟　欧杨虹　阙小峰
　　　　吴存兵　王宏海

前　　言

　　"民以食为天,食以安为先"。食品生产工业化和食品消费社会化使得食品安全事件的影响范围急剧扩大。食品质量安全状况已成为一个国家或地区经济发展水平和人民生活质量的重要标志。随着经济的全球化,世界各国之间食品贸易日益增加,食品安全也就成为影响国家农业和食品工业竞争力的关键因素之一。

　　本教材针对食品质量与安全专业的学生开设的专业基础课程,主要以食品安全科学理论、管理法规和控制措施为指导思想,在食品安全风险分析的基础上,围绕食品供应过程,详细阐述了食品安全与质量控制有关的基本概念、各类食品质量安全因素的来源及控制措施,强调食品加工过程的卫生设计、卫生管理和卫生控制等过程控制对食品安全的重要性。

　　本教材编写起因于"食品质量与安全"专业专接本的升学要求,在"食品安全与质量控制"课程前两轮的教学和出题过程中一直苦于没有一本内容和深度较适合的教材。因此,江南大学作为出题单位,特组织了多所院校从事此课程教学的主干教师,共同参与了此教材的编写。

　　本教材由姚卫蓉、童斌任主编,由张伟、欧杨虹、阙小峰、吴存兵、王宏海任副主编,全书在上述各位老师轮流审稿的基础上,由姚卫蓉统稿。具体编写分工如下:项目一由江苏农林职业技术学院童斌编写,项目二由江苏经贸职业技术学院王宏海和南通农业职业技术学院欧杨虹共同编写,项目三由江苏财经职业技术学院吴存兵编写,项目四、项目五由江南大学姚卫蓉编写,项目六由苏州农业职业技术学院阙小峰编写,项目七由江苏农牧科技职业学院张伟编写。

　　在本教材的编写出版过程中,得到了编者所在院校和中国轻工业出版社的指导、帮助和支持,在此深表谢意! 由于编者水平有限,时间仓促,加之食品安全与质量控制方面的内容仍在不断发展变化之中,书中疏漏和不妥之处在所难免,恳请各位读者批评指正。

姚卫蓉

2014 年 7 月于无锡

目　录

项目一　绪　　论

[知识目标]
　　(1)掌握食品质量、食品安全和食品卫生的定义及内涵。
　　(2)熟悉影响食品质量安全的因素。
　　(3)了解国际国内食品质量安全控制现状与发展趋势。

[必备知识]
　　"民以食为天,食以安为先。"食品质量与安全自古以来被视为民生的基础、国泰民安的根本。食品作为人类赖以生存的物质基础,应当具有营养价值、安全性和应有的色、香、味。然而,人们在追求和享用营养美味的食品的同时,也时刻面临着来自于自然界存在的有毒有害物质的危害,尤其是近代工农业发展对环境的污染和破坏,使得食品安全形势更加严峻。

一、食品质量、安全与卫生的定义及内涵

(一)食品质量的定义及内涵

　　食品质量是为消费者所接受的食品品质特征。这包括诸如外观(大小、形状、颜色、光泽和稠度)、质构和风味在内的外在因素,也包括分组标准(如蛋类)和内在因素(化学、物理、微生物性的)。

　　由于食品消费者对制造过程中的任何形式污染都很敏感,因此,质量是重要的食品制造要求。

　　除了配料质量以外,还有卫生要求。要确保食品加工环境清洁,以便能生产出对消费者尽量安全的食品。

　　食品质量涉及产品配料和包装材料供应商的溯源性,以便处理可能发生的产品召回事件。食品质量也与确保提供正确配料和营养信息的标签有关。

　　1.食品的质量属性
　　食品的质量属性通常分为外在属性、内在属性和隐含属性三类。
　　外在属性——外在质量属性是见到产品就可观察到的属性。这些属性通常与其外观有关,通过视觉和触觉可直接感受到。产品的气味,特别是有芳香性果蔬的气味是一个外在属性,但通常与内在属性的关系更大。外在属性通常在消费者选购农产品时起重要作用。

　　内在属性——内在质量属性通常要到产品切开或品尝食用过以后才能感受到。这些属性的接受水平常常影响消费者是否重复购买该产品。这些内在属性与

1

香气、滋味和感觉(例如口感和韧性)有关,它们通过嗅觉、味觉和口腔感官感受到。外在属性和内在属性的组合决定产品的被接受性。

隐含属性——隐含属性对于大多数消费者更难估量和区分,但这类属性感受会对消费者的产品接受性和区别不同食品产生影响。隐含属性包括营养价值和产品的安全性。

2. 影响食品质量的因素

众多因素会影响消费者对食品和食品质量的感受。对于食品而言,许多因素是固有的,即与其物理化学特性有关。这些因素包括配料、加工和贮藏变量。这些变量本质上控制产品的感官特性,对于消费者来说,产品感官特性又是决定接受性和对产品质量感受的最主要变量。事实上,消费者对其他方面的食品质量(例如安全性、稳定性,甚至食品的营养价值)的看法,通常是通过见到的感官特性及其随时间发生的变化而形成的。

因此,要理解食品质量由哪些内容构成,关键是要理解以下三者之间的关系:①食品物理化学特性;②将这些特性转化为人类对食品属性感受的感官和生理机制;③那些感受到的属性对于接受性和/或产品消费的影响。

(二)食品安全的定义及内涵

根据1996年世界卫生组织(WHO)的定义,食品安全(Food safety)是指"对食品按其原定用途进行制作和/或进行食用时不会使消费者健康受到损害的一种担保"。食品安全要求食品对人体健康造成急性或慢性损害的所有危险都不存在,起初是一个较为绝对的概念。后来人们逐渐认识到,绝对安全是很难做到的,食品安全更应该是一个相对的、广义的概念。一方面,任何一种食品,即使其成分对人体是有益的,或者其毒性极微,如果食用数量过多或食用条件不合适,仍然可能对身体健康引起毒害或损害。比如,食盐过量会中毒,饮酒过度会伤身。另一方面,一些食品的安全性又是因人而异的。比如,鱼、虾、蟹类水产品对多数人是安全的;可确实有人吃了这些水产品就会过敏,会损害身体健康。因此,评价一种食品或者其成分是否安全,不能单纯地看它内在固有的"有毒、有害物质含量",更要紧的是看它是否造成实际危害。从目前的研究情况来看,在食品安全概念的理解上,国际社会已经基本达成共识,即食品的种植、养殖、加工、包装、贮藏、运输、销售、消费等活动符合国家强制标准和要求,不存在可能损害或威胁人体健康的有毒、有害物质致消费者病亡或者危及消费者及其后代健康的隐患。

(三)食品卫生的定义及内涵

根据1996年世界卫生组织的定义,食品卫生是"为确保食品安全性和适合性,在食物链的所有阶段必须采取的一切条件和措施"。对食品而言,食品卫生旨在创造一个清洁生产并且有利于健康的环境,是食品在生产和消费过程中进行有效的卫生操作,确保整个食品链的安全卫生(食品链是指初级生产直至消费的各个环节和操作的顺序,涉及食品及其辅料的生产、加工、分销和处理)。

（四）食品质量、安全与卫生的关系

提到食品安全、质量与卫生，无可避免地要提出关于食品安全、食品卫生和食品质量的概念以及三者之间的关系。

对此，有关国际组织在不同文献中有不同的表述；国内专家学者对此也有不同的认识。1996 年世界卫生组织将食品安全界定为"对食品按其原定用途进行制作、食用时不会使消费者健康受到损害的一种担保"，将食品卫生界定为"为确保食品安全性和适用性在食物链的所有阶段必须采取的一切条件和措施"。食品质量则是食品满足消费者明确的或者隐含的需要的特性。

不同国家以及不同时期，食品安全所面临的突出问题和治理要求有所不同。在发达国家，食品安全所关注的主要是因科学技术发展所引发的问题，如转基因食品对人类健康的影响；而在发展中国家，食品安全所侧重的则是市场经济发育不成熟所引发的问题，如假冒伪劣、有毒有害食品及非法生产经营。我国的食品安全问题则包括上述全部内容。

因此，国家质量监督检验检疫总局于 2004 年发布实施了《食品安全管理体系要求》标准（SN/T 1443.1—2004），该标准从技术管理角度，提出了"在特定产品的食品链中系统地预防、控制和防范所有涉及食品安全的特定危害"，通过"食品链"，确立了"食品安全"的综合概念，明确食品安全包括食品（食物）的初级生产、加工、包装、贮藏、运输、销售或制售直到最终消费的所有环节，包括食品卫生、食品质量、食品营养等相关方面的内容。该食品安全概念统一了各环节、各部门的准入条件、相关法规标准内容等，避免了同一企业在同一环节的卫生、质量等多要素的重复管理。

需要说明的是，食品安全、食品卫生和食品质量的关系，三者之间绝不是相互平行，也绝不是相互交叉。食品安全包括食品卫生与食品质量，而食品卫生与食品质量之间存在着一定的交叉关系。食品安全的概念涵盖食品卫生、食品质量的概念，但并不是否定或者取消食品卫生、食品质量的概念，而是在更加科学的体系下，以更加系统化的视角看待食品卫生和食品质量管理。

二、食品质量安全的影响因素

（一）食源性疾病不断增加的原因

由于食品的质量安全问题会造成人体的危害，导致食源性疾病的产生。食源性疾病是指通过摄食而进入人体的有毒有害物质（包括生物性病原体）等致病因子所造成的疾病。一般可分为感染性和中毒性，包括常见的食物中毒、肠道传染病、人畜共患传染病、寄生虫病以及化学性有毒有害物质所引起的疾病。食源性疾患的发病率居各类疾病总发病率的前列，是当前世界上最突出的卫生问题。

1. 人口膨胀

人口膨胀是指某个国家或地区的人口在短时间之内迅速增长而生产总值没有提高或提高很少。人口膨胀会给社会经济带来负面影响。大约在 100 万年前，人类的祖先诞生。数千年前,出现了古埃及、古巴比伦、古印度和古代中国等文明古国。380年前,西班牙、荷兰、英国等向世界各地发展自己的殖民地。大约200年前,产业革命爆发,人类发明了各种机器,诞生了工业。正是由这一时期开始,人口数量剧增。距今400多年前,世界人口大约为4亿,而1990年约为52亿,预计2050年将达到100亿。尤其是亚洲、非洲、南美洲等发展中国家,人口急剧增多。此外,美国、欧洲、日本等发达国家人口增长缓慢,但工业的发展使资源、能源、食品等的消费量不断增加。

据国外媒体报道,瑞典科学家日前表示,由于人口膨胀与食物短缺的影响,在2050年之前,全球人类或将被迫吃素来维持那时90亿人的生存,否则无法渡过粮食危机的难关。2012年,世界水资源会议在瑞典举行,斯德哥尔摩国际水研究所(Stockholm International Water Institute)的研究人员在会中指出,如果按照目前西方的饮食趋势,到了2050年我们将没有足够的水资源用以灌溉农田并生产粮食,难以满足那时90亿人口的需求。据了解,人们从动物身上获取约20%的蛋白质,而到2050年,随着人口的增加,这一数据将下降至5%。专家指出,食用动物蛋白的人消耗的水是素食者的5~10倍。

2. 城市化问题

城市化(Urbanization)也有的学者称之为城镇化、都市化,是由农业为主的传统乡村社会向以工业和服务业为主的现代城市社会逐渐转变的历史过程,具体包括人口职业的转变、产业结构的转变、土地及地域空间的变化。2011年12月,中国社会蓝皮书发布,我国城镇人口占总人口的比率将首次超过50%,标志着我国城市化率首次突破50%。伴随着城市化进程,消费者对食品的需求也发生了改变,从追求数量为主转变为以追求新类型、多口味和高品质为主的食品。短时间内较快增长的这种需求对食品行业提出了更高要求。如图1-1所示,由于城市化的不断扩大,食品原料生产到消费的食品供应环节变得越来越复杂,而每增加一个环节就会增加一道风险。

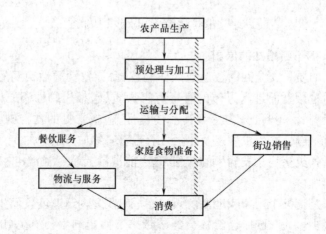

图1-1 食品原料生产至消费各环节示意图

另外,随着生活节奏的加快,人们的饮食结构发生新的变化。外出就餐的机会增多,生冷食物、动物性食物、煎炸烧烤食物增多,由于技术滞后,产生了许多新的潜在的不安全因素。

3. 食品供应链延长

食品供应链是从食品的初级生产者到消费者各环节的经济利益主体(包括其前端的生产资料供应者和后端的作为规制者的政府)所组成的整体。

在世界范围内,尤其是在以我国为代表的发展中国家和地区,城市化的发展对基础设施建设、管理水平等方面都提出了更高的要求。城市化在一定程度上延长了食品供应链,增加了食品供应环节,加大了食品安全风险的概率。

城市化导致农业生产过程缺乏控制,化肥、农药和兽药使用量过大,既造成环境污染,也导致食品的有害物质残留。中国虽然也有很多大型现代化食品企业,但目前大部分食品加工企业都还是小规模食品厂或手工作坊,很多企业缺乏必要的安全加工设施和环境。大部分企业虽然有食品卫生标准和制度,但是加工过程缺乏对食品质量和食品卫生进行严格控制的意识。企业经营中普遍存在着机会主义行为,产品安全标志与实际状况不相符。更为严重的是,一些食品竟是在缺乏生产许可的情况下非法加工出来的,这给市场秩序和人的生命安全造成严重威胁。目前我国食品零售渠道主要有超市、农贸市场、副食品商店等。农贸市场虽然制定有食品安全监管制度,但缺少足够的食品安全检测手段和检测设备以及检测人员。超市虽然是食品安全信誉较高的地方,但食品安全隐患依然存在,如鲜活产品的有毒有害物质残留超标、随意更改产品保质期、新鲜产品与过期产品混杂问题等。此外,大量的城市地摊以及农村的集市仍处于安全监管范围之外,一些非法加工的劣质食品逃避监管直接进入市场。食品物流环节包括运输和储存,我国目前80%的食品通过公路运输,而公路运输中专用运输工具又极为缺乏;此外,食品仓储容量不足、库点分布不合理、规模普遍偏小。由于物流体系不健全,食品在流通环节损耗率高,受到二次污染的可能性大。据估计,2002 年食品运输过程中形成的损失不低于 750 亿美元,海鲜、乳制品等易腐食品售价中的 70% 是用来补贴流通过程中货物损失的支出。

在欧洲,当今人们更倾向于短的食品供应链,即从农场直接配送到家庭,以确保食品的安全和新鲜,避免不确定性和信息不对称。

由于交通基础设施建设长期欠账,积重难返,目前我国布局合理、功能完善、方便快捷的道路交通运输网络尚未形成,专门用于食品运输的公路、铁路、航空及水上常年性运输通道更是无从谈起。尤其是内地的一些地区交通运输基础设施陈旧落后,建设规划不到位;还有不少地方的交通运输布局长期不合理,建设速度远远跟不上发展的需要,致使食品供应链物流阻塞时有发生,甚至使食品供应链频繁出现断链现象。

由于我国目前的港口冷藏设备和冷藏仓储基础设施严重不足且发展滞后,无法形成真正意义上的冷冻冷藏食品供应链。现实中所谓的食品供应链,充其量不过是一般商品供应链的简单延伸而已,根本无法适应食品安全呼声日高及食品贸易国际化的要求。一位国际食品冷藏物流供应链发展商曾不无感慨地坦承,由于在中国内地港口难以找到合适的冷库和其他专用食品仓储设备,他的公司在过去的 20 多年里不得不把冷冻食品中的 85% 运送到中国香港特区或一些东南亚港口,然后再把冷冻食品分期分批转运到中国大陆,只有 15% 的冷藏食品直接运到港口冷藏设备和冷藏仓储基础设施条件相对较好的上海、大连等港口。由此可见,目前我国的食品冷冻冷藏供应链还存在很多问题和不足,亟待迅速提升和不断完善。

从目前我国易腐保鲜食品的装卸搬运上看,无论是装船卸船,还是装车卸车,大多都是在露天作业,而不是按照 ISO9001：2008 质量标准或安全食品供应链标准 ISO22000：2005 等国际食品质量安全标准的要求,在冷库和保温场所操作,也无法达到危害分析与关键控制点(HACCP)的食品安全危害控制要求。此外,在我国现有的公路食品运输总量中,易腐保鲜食品的冷藏运输率只有 20% 左右,其余 80% 左右的果蔬、禽蛋、肉食、水产品大多是用普通箱式货车运输,甚至直接用普通卡车运输。由于我国食品运输采用公路冷藏运输的比例较低,因此食品损耗高、效率低的问题一直没得到很好的解决,整个物流费用占食品零售价格的 70% 以上,远远高于"食品物流成本最高不能超过食品总成本的 50%"的国际标准,极大地削弱了我国食品在国际市场上的竞争力。

尽管我国食品行业近年来在制造过程机械化、仓储管理自动化以及产品品牌推广、物流配送和食品安全控制等方面已取得了不俗的成绩,但时至今日,现代物流信息技术和设施在食品供应链物流中的应用仍很不充分,信息化水平较低,尤其是能反映物流现代化水平的物流信息技术和装备设施,以及农产品食品保鲜技术、低温制冷技术、冷链设计技术、智能化仓储和配送技术与装备等在食品物流供应链中的应用普及程度比较低,从而严重影响了我国食品供应链的总体运作水平和运作效率,延缓了我国食品供应链与国际接轨的进程。由于食品供应链的信息化水平低,致使食品供应链上的信息阻塞,不够透明和畅通,供应链各环节时常脱钩,从而造成食品在运输途中发生无谓耽搁,大大增加了食品的安全风险。国外的实践业已证明,食品供应链的高效运作离不开供应链上各成员单位的精诚合作,因此食品流通领域的核心竞争早已从产品、资金、网点布局、品牌宣传的竞争,发展到自动化技术、科学物流配送、人性化服务的供应链竞争,即以现代化、信息化为手段的提高周转率、加快市场响应速度、降低安全风险和严格成本控制的信息化大战。但遗憾的是,目前国内食品流通行业还存在诸多问题。我国的食品供应链先天不足,长期以来一直存在着不少问题。如忽视市场预测或预测不准、计划调整和生产要么过剩要么不足、食品批号老化、对客户要求反应迟钝、渠道渗透及产品铺货率低、产品推广不理想、安全责任难以划分、横向协调较难、配送作业主动性差等,这些都属于供应链运作的问题或与供应链密切相关。从供应链集成整合的角度看,这些问题不是孤立的点,而是相互联系的链,是供应链策略及流程运作系统的问题。如物流成本高和物流服务水平低等问题久拖不决,原因就在于食品供应网络布局、需求预测、库存控制和分销政策等方面存在问题。因此,尚无法为决策者监控食品供应链的安全危害、关键控制点和及时解决供应链运作过程中的具体问题提供强有力的信息保障。

4. 高风险人群增加

高风险人群主要涉及老年人、婴幼儿、孕妇和免疫机能低下者等群体。随着社会经济的不断发展,现代社会生活工作节奏也日益加快,改变了原有的生活习惯、膳食结构,导致身体机能下降,亚健康状况增多,促使高风险人群数量增长很快。

5. 工业化、集约化的食品生产和加工

农业生产和工业生产内在的本质不同,决定了两种生产方式之间的差异。建立在分工化、专业化、标准化、市场化基础上的工业化生产方式,之所以能成为引发工业革命、导致生产率持续增长的生产方式,就是因为这种生产方式最大限度地发挥了工具创新与科学技术的进步。然而,同样的生产方式在农业生产领域不仅在提高生产率上的作用是有限的,还会留下众多"后遗症"。

因为农作物生产的过程,是一个依靠天时地利的过程,这就决定了农业生产不可能像工业生产那样,可以仅仅通过工具创新就能不断实现生产率倍增。在人类没有能力改变天时地利的前提下,无论工具如何创新,其对农业生产率的提高都是有限的。也正是由于这个原因,中国古代传统农业的发展方向,并没有把过多的精力放在农业工具的创新上,而是放在了如何更好地认识天时地利的运行规律之上,如何顺应天时与巧借地利上。

工业化的生产方式,不仅导致了土壤、水与环境的污染,也使食品的品质与安全性下降。生物成长的过程,虽然包含物理与化学的过程,但并不等同于这个过程,而是一个基于细胞组织的演化过程。非生物只有解构到原子层,才能激活其所携带的能量与信息。而生物恰恰相反,生物大分子只有合成到细胞的层次,才能形成生命演化。导入农业的高度专业化、标准化、市场化的生产方式,恰恰是让生命沿着从多样化向单一化的方向发展;从应天时、借地利的天人统一的生物生存方式,向把生物纳入工厂化、标准化的生产方式转变,这并非是一种现代化的农业生产方式,而是一个违背生命成长规律、扼杀生命、解构生命的方式。

随着食品工业的迅速发展,大量食品新资源、食品添加剂新品种、新型包装材料、新加工技术以及现代生物技术、基因工程技术(基因微生物、基因农产品、基因动物)、酶制剂等新技术不断出现,这些技术一方面能提高食品生产,有利于食品安全;另一方面也可能产生潜在的危害,在应用前必须要进行严格的安全性评价。

转基因技术的应用给食品行业的发展带来前所未有的机遇,但转基因食品的安全性不确定。要判断转基因食品是否安全,必须以风险性评估分析为基础。由于受到商业、社会、政治、学术等多种因素的限制,科学与统计的数据很难获得,对转基因食品进行风险性分析非常困难。

6. 国际旅游

国际旅游业的发展速度较快,年均增长 4% ~6%。据世界旅游组织统计,国际旅游人数 1992 年为 476 万人,1994 年为 545 万人,1995 年为 597 万人,2000 年增至 660 万人。日益增加的国际旅游人数,一方面使食源性疾病风险不断上升,另一方面对旅游所在地食品安全监控体系提出了更高的要求。来自不同民族、地区或国家的游人汇聚一处,其饮食文化、宗教传承和教育背景均不相同,对食品的口味、风味、营养成分和安全性也有不尽相同的需求,更增加了食品安全的复杂性和不稳定性。

7. 国际贸易日益频繁

食品安全与国际贸易有着千丝万缕的联系,虽然食品安全不是因国际贸易而产生的,但由于进口国对进口食品安全的要求,客观上也促进了食品出口国对食品安全的认识和对食品安全标准及要求的更新,提高出口国的食品安全水平。同时进口国为了推行贸易保护主义,对出口国家的食品设置了诸多技术性贸易壁垒,对食品的安全标准和要求几乎达到了苛刻的程度。

另外,食品的安全问题不仅事关消费者的生命健康,也维系着经济的发展,尤其对于发展中国家的农业及经济具有更为重大的影响,其带来的挑战以及所赋予的使命比以往任何时候更加严峻和重大。近年来发生的苏丹红、孔雀石绿、劣质乳粉、肉类氯霉素残留超标、二噁英、瘦肉精等食品安全问题,更演变成了"中国食品有毒"的全球性恐慌,严重影响了我国食品行业的整体形象,给中国出口企业的食品安全带来了信用危机,严重制约了国外市场对我国食品的进口需求,食品安全问题已成为我国食品行业参与国际竞争的一道硬伤。当然,外贸问题从来就不是单纯的经济问题,以商品质量为由行贸易壁垒之实,在国际间也时有发生。我国食品行业品牌缺失的不良影响日益凸显,一些国家因我国个别地区的个别食品出了问题就全面封杀我国所有的同类产品,给整个行业的发展蒙上了阴影,美欧等国家出台的花样翻新的技术贸易壁垒成了我国食品出口必须面对的挑战。

8. 食品预处理的不卫生操作

食品在不同环境下进行预处理的方式是否恰当,也会在很大程度上影响食品的安全性(见表 1 – 1、表 1 – 2)。

世界卫生组织对食品安全食用提出十大建议,告诫消费者进行自我保护。十大建议如下:

①应选择已加工处理过的食品,例如已加工消毒过的牛乳而不是生牛乳;

②食物须彻底煮熟食用,特别是家禽、肉类和牛乳;

③食物一旦煮好就应立即吃掉,食用煮后在常温下已存放 4 ~5h 的食物最危险;

④食物煮好后难以一次全部吃完,如存放 4 ~5h,应在高温(60℃左右)或低温

(10℃以下)条件下保存；

⑤存放过的熟食须重新加热(70℃以上)才能食用；

⑥生熟食品避免接触；

⑦处理食品前先洗手；

⑧厨房须清洁,一块抹布一次使用不超过 1 天,下次使用前应在沸水中煮一下,刀叉具等应用干净布抹干；

⑨不让虫、鼠等动物接触食品,杜绝微生物污染；

⑩饮用水和准备食品时所需水应纯洁干净。

表 1-1 美国食品服务业中食品加工的不当之处及其引发的食源性疾病

食品加工不当之处	引发食源性疾病比例/%
冷却不足	64
前期加工过多	39
被感染的人员	34
再加热不足	24
热储不足	21
清洗不足	10
交叉污染	10

表 1-2   食源性疾病的爆发率   单位:%

疾病发生环节	美国	加拿大
餐饮	34.0	32.6
家中	14.7	14.6
食品加工	2.8	5.5
零售食品	—	4.1
种植	—	0.2
其他	—	1.2
不明来源	48.5	41.8

9. 农用化学品使用不当

农用化学品是指农业生产中投入的如化肥、农药、兽药和生长调节剂,它们的使用可促进食用农产品的生产,在农业持续高速发展中起着重要作用。但在实际生产中,存在大量的不当使用现象,主要表现在以下几方面。

(1)农药 一是超标或使用不当而污染生态环境；二是水体富营养化(如太湖

蓝藻）；三是重金属超标。

（2）激素　促使加速生长而诱发性早熟或生殖系统疾病。

（3）抗生素　为降低患病率大量使用抗生素从而导致超级耐药细菌产生。

（二）影响食品质量安全的因素

食品的不安全因素贯穿于食物供应的全过程。食品安全性问题发展到今天，已经远远超出传统的食品卫生和食品污染的范围，它涉及从种植、养殖阶段的食品源头到食品销售和消费的整个食品链的所有相关环节，面临众多的影响食品安全的因素。

1. 生物性危害

生物性危害包括有害的细菌、病毒、寄生虫。食品中的生物危害既有可能来自于原料，也有可能来自于食品的加工过程。

微生物种类繁多分布广泛，被划分成各种类型。食品中重要的微生物种类包括酵母、霉菌、细菌、病毒和原生动物。一般而言，酵母、霉菌不引起食品中的生物危害（虽然某些霉菌产生有害的毒素——化学危害），只有细菌、病毒和原生动物能引起食品的生物性危害，致使食品不安全。

（1）细菌危害　是指某些有害细菌在食品中存活时，可以通过活菌的摄入引起人体（通常是肠道）感染或预先在食品中产生的细菌毒素导致人体中毒。前者称为食品感染，后者称为食品中毒。由于细菌是活的生命体，需要营养、水、温度以及空气条件（需氧、厌氧或兼性），因此通过控制这些因素，就能有效地抑制、杀灭致病菌，从而把细菌危害预防、消除或减少到可接受水平——符合规定的卫生标准。例如，控制温度和时间是常用且可行的预防措施——低温可抑制微生物生长；加热可以杀灭微生物。

根据细菌有无芽孢分类，可分成芽孢菌和非芽孢菌。芽孢是细菌在生命周期中处于休眠阶段的生命体，相对于其生长状态下营养细胞或其他非芽孢菌而言，芽孢菌对化学杀菌剂、热力或其他加工处理具有极强的抵抗能力。处于休眠状态下的芽孢是没有危害的，但一旦食品中残留的致病性芽孢菌的芽孢在食品中萌芽、生长，即会造成危害，使食品不安全。因此，对此类食品的微生物控制必须以杀灭芽孢为目标，显然用于控制芽孢菌的加工步骤要比控制非芽孢菌需要的条件要严格得多。

（2）病毒危害　病毒到处存在，呈非生命体形式的致病因子；自身不能再增殖；个体小，用光学显微镜看不见。病毒的外膜为蛋白质膜，内部为核酸核。病毒通常被称为"细胞内的寄生体"。

当病毒附着在细胞上时，向细胞注射其病毒核酸并夺取寄主细胞成分，产生上百万个新病毒，同时破坏细胞。病毒只对特定动物的特定细胞产生感染作用。因此，食品安全只须考虑对人类有致病作用的病毒。很少量的病毒就可致人患病。病毒在食品中不生长、不繁殖，不会对食品产生腐败作用。病毒能在人体肠道内、被污染的水中和冷冻食品中存活达数个月以上。

食品受病毒污染有如下四个途径。

①环境污染致使产品受病毒污染:牡蛎、蛤和贻贝等滤食性贝类能从水中摄取病毒,积聚在黏膜内并转移到消化道中。当人们食用整只生贝时,也就同时摄食了病毒。此外,熟制产品受生产品的交叉污染或员工的污染,也可能使食品携带病毒。

②灌溉用水受污染会使蔬菜、水果的表面沉积病毒:一般而言,生食的果蔬都有类似问题。

③使用污染的饮用水清洗或用来制作食品,食品会受病毒污染。

④受病毒感染的食品加工人员、卫生不良、使用厕所后未洗手消毒而使病毒进入食品内:与食品相关的病毒主要为肝炎 A 型病毒和诺沃克(Norwalk)病毒。

(3)寄生虫和原生动物危害 寄生虫是需要有寄主才能存活的生物,生活在寄主体表或其体内。世界上存在几千种寄生虫。只有约20%的寄生虫能在食物或水中生存,所知的通过食品感染人类的不到100种。通过食物或水感染人类的寄生虫有线虫(Nematodes/round worms)、绦虫(Cestodes/tape worms)、吸虫(Trematodes/flukes)和原生动物。这些虫大小不同,从几乎用肉眼看不见到几英尺长(1 英尺 =0.3048 米)。原生动物是单细胞动物,若不借助显微镜大多数是看不见的。

对大多数食品寄生虫而言,食品是它们自然生命循环的一个环节(例如,鱼和肉中的线虫)。当人们连同食品一起吃掉它们时,它们就有了感染人的机会。寄生虫存活的最重要两个因素是合适的寄主(即不是所有的生物都能被寄生虫感染)和合适的环境(即温度、水、盐度等)。

寄生虫可以通过寄主排泄的粪便所污染的水或食品传播。防止通过被粪便污染的食品传播寄生虫的方法包括:食品加工人员具有良好的个人卫生习惯;人类粪便的合适处理;严禁用未处理过的污水为作物施肥;合适的污水处理。

消费者是否会受到寄生虫的危害,取决于食品的选择、饮食习惯和食品制作方法。大多数寄生虫对人类无害,但是可能让人感到不舒服。寄生虫感染通常与生的或未煮熟的食品有关,因为彻底加热食品可以杀死所有的寄生虫。在特定情况下,冷冻可以被用来杀死食品中的寄生虫,但消费者生吃含有感染性寄生虫的食品会造成危害。

食品中寄生的原生动物有痢疾阿米巴(Entamoeba histolytica)、肠伯氏鞭毛虫(Giardia lamblia),都能对人体造成危害。

2. 化学性危害

化学污染可以发生在食品生产和加工的任何阶段。农药、兽药和食品添加剂等适当地、有控制地使用是没有危害的,然而一旦使用不当或过量就会对消费者造成危害。化学性危害可分为天然存在化学物质、有意加入的化学物质和无意或偶尔进入食品的化学物质造成的危害。主要类别如下。

（1）天然存在的化学物质　霉菌毒素（如黄曲霉毒素）、鲭鱼毒素（组胺）、鱼肉毒素（Ciguatoxin）、蘑菇毒素（Mushroom toxins）、贝类毒素（麻痹性贝类毒素、腹泻性贝类毒素、神经性贝类毒素、遗忘性贝类毒素）和生物碱等。

（2）有意加入的化学物质　食品添加剂（防腐剂、营养强化剂、色素等）。

（3）无意或偶尔进入食品的化学物质　农用化学物质（如杀虫剂、杀真菌剂、除草剂、肥料、抗生素和生长激素）、食品法规禁用化学品、有毒元素和化合物（如铅、锌、砷、汞和氰化物）、多氯联苯（PCBS）、工业化学用品（如润滑油、清洁剂、消毒剂和油漆）。

3. 物理性危害

物理性危害包括任何在食品中发现的不正常的有潜在危害的外来物。当消费者误食了外来的材料或物体，可能引起窒息、伤害或产生其他有害健康的问题。物理危害是最常见的消费者投诉的问题。因为伤害立即发生或食用后不久发生，并且伤害的来源是容易确认的。在食品中能引起物理危害的材料及来源见表1-3。

表1-3　　　　　　　　食品中引起物理危害的材料及来源

材料	来　源
玻璃	瓶子、罐、灯罩、温度计、仪表表盘
金属	机器、农田、大号铅弹、鸟枪子弹、电线、订书钉、建筑物、雇员携带

食品与金属的接触，特别是机器的切割和搅拌操作及使用中部件可能破裂或脱落的零部件，如金属网等，都可使金属碎片进入产品。此类碎片对消费者直接构成危害。物理危害可通过对产品采用金属探测装置或经常检查可能损坏的设备零部件来予以控制。

4. 新产品、新技术及新的销售方式所带来的危害

随着食品工业的迅速发展，大量食品新资源、食品添加剂新品种、新型包装材料、新加工技术，以及现代生物技术、基因工程技术（基因微生物、基因农产品、基因动物）、酶制剂等新技术不断出现，这些技术一方面能提高食品生产率，有利于食品安全；另一方面也可能产生潜在的危害，在应用前必须进行严格的安全性评价。

近年来，我国新的食品种类如方便食品和保健食品大量增加，许多新型食品在没有经过充分地危险性评估的情况下就大量上市销售。方便食品中，食品添加剂、包装材料与防霉保鲜剂等化学品的使用是较多的；保健食品的不少原料成分作为药物可以应用，但不少传统药用成分并未经过毒理学评价，作为保健品长期和广泛食用，其安全性值得关注。此外，由于动物防疫、检疫体系不健全引起的人畜共患病、假冒伪劣食品、过量饮酒、不良饮食习惯等给人们的健康带来的危害也应高度重视。

三、食品质量安全控制的发展历史

(一)食品质量安全控制的历史渊源与变迁

1. 中国食品质量安全控制的历史渊源

中华民族是一个古老而又文明的民族,对食品的安全与卫生早有深刻认识。早在 3000 多年前的周朝,中国已设置了"凌人",专门负责食品的防腐与保藏;设置的"庖人"负责提供六畜(猪、犬、鸡、牛、马、羊)、六兽(麋、鹿、麂、狼、野猪、野兔)和六禽(雁、鹑、鹌、雉、鸠、鸽),辨别其名称和肉质。2500 年前的孔子对食品安全也有很深的见解,在《论语·乡党第十》中讲到"五不食"原则:"鱼馁而肉败,不食;色恶,不食;臭恶,不食;失饪,不食;不时,不食。"按现代食品科学术语来解释:食品的质地、结构不正常不能食用;色泽不正常不能食用;气味不正常不能食用;不了解的食品不能食用;季节性的食物,非食用时节不能食用。东汉张仲景著《金匮要略》中记载:"六畜自死,皆疫之,则有毒,不可食之。"《唐律》中规定了有关食品安全的法律准则:"脯肉有毒,曾经病人,有余者速焚之,违者杖九十;若故予人食,并出卖令人病者徒一年;以故致死者绞。"

到 19 世纪初,西方社会已经出现了真正意义上的食品工业。英国 1820 年出现以蒸汽机为动力的面粉厂;法国 1829 年建成世界上第一个罐头厂;美国 1872 年发明喷雾式乳粉干燥生产工艺,1885 年乳品全面工业化生产。我国真正的食品工业诞生于 19 世纪末 20 世纪初,比西方晚了 100 年。1906 年上海泰丰食品公司开创了我国罐头食品工业的先河,1942 年建立的浙江瑞安宁康乳品厂是我国第一家乳品厂。随着食品的工业化生产和商品的经济化,促使了食品生产中的掺杂作假和欺诈行为的产生。如在酒中掺浓硫酸、明矾、酒石酸盐,在牛乳中掺水,咖啡中掺炭等。这些作假行为最早在比较发达的西方国家如英国、美国、法国和日本等国发生,导致这些国家最早建立了有关食品安全的法律法规。如 1860 年英国的《防治饮食品伪造法》,1906 年美国的《食品、药品、化妆品法》,1851 年法国的《取缔食品伪造法》等。新中国成立后,政府对食品安全工作非常重视,特别是改革开放以来,我国政府在提高食物供给总量、增加食品多样性、改进人民营养状况方面取得了令世人瞩目的成就,食品安全水平有了明显提高。2006 年 11 月 1 日《中华人民共和国农产品质量安全法》(简称农产品质量安全法)正式实施,2009 年 6 月 1 日《中华人民共和国食品安全法》(简称食品安全法)正式实施,标志着我国农产品、食品质量安全体系日趋完善。

(1)国际食品质量安全历史的阶段划分

第一阶段:20 世纪初到 1945 年,为有机农业的思想萌芽阶段。这一阶段主要是有关专家和学者对传统农业的挖掘和再认识。20 世纪二三十年代,德国和瑞士首先提出"有机农业"的概念,并于 1924 年建立了具有有机农业性质的"生物动力农场"。该阶段范围小、理论基础和技术体系水平低,影响有限。

第二阶段:1945—1972 年,为有机食品开发的研究和试验阶段。美国罗代尔有机农场的建立标志着有机农业进入了研究试验时期。这一时期,消费者对绿色食品的需求非常少,大多用于自身消费或赠予亲朋好友品尝,缺乏市场需求拉动,难以形成规模效益。

第三阶段:1972—1990 年,为有机食品开发步入规范化发展轨道的基础阶段。1972 年 11 月 5 日,在法国费塞拉斯成立了国际有机农业运动联盟(IFOAM),标志着国际有机农业进入了一个新的发展时期。由于多为自发运动,具有分散性和不稳定性的缺点,这一时期的发展仍比较缓慢,也没有得到大多数国家和政府的足够重视和支持。

第四阶段:1990 年至今,为有机农业及食品快速发展阶段。20 世纪 90 年代以后,实施可持续发展战略得到全球的共同响应,可持续农业的地位也得以确立,生产有机食品作为可持续农业发展的一种实践模式,进入了一个蓬勃发展的新时期。许多国家根据 IFOAM 的基本标准制定了本国和本地区的食品安全标准,产品开发日益丰富。

(2)中国食品质量安全历史的三阶段划分 在全球食品质量安全不断发展的大背景下,新中国成立后,尤其是改革开放以来,中国的食品质量安全也得到了较快发展。但受经济水平及技术水平的影响,中国食品质量安全的历史变迁与发达国家不完全一致,我国食品质量安全的孕育期明显滞后于发达国家。

根据中国特殊历史背景及经济社会发展水平等因素,1949 年以来,中国食品质量安全的历史可划分为孕育期(1949—1984 年)、起步期(1985—2000 年)、发展期(2001 年至今)三个阶段,其中孕育期又可以细分为粮食安全期(1949—1978年)和食品安全萌芽期(1979—1984 年)两个阶段,如图 1-2 所示。

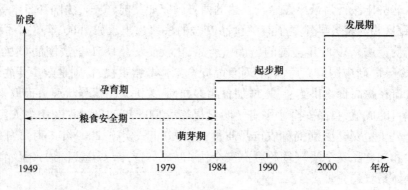

图 1-2 中国食品质量安全历史阶段划分示意图

2. 中国食品质量安全控制的历史变迁

(1)食品质量安全孕育期(1949—1984 年) 早在联合国粮农组织(FAO)最初提出食品质量安全保障的概念时,便涵盖了食物供需平衡和营养平衡及食品质量安全(Food Safety)。但当时我国粮食长期短缺,因此,就将其译为"粮食安全"。改革开放以来,我国的温饱问题得到基本解决,食物结构也从以粮食为主的单一发展转向整个食物的全面发展。这时,"粮食安全"一词已不能全面表达"食品安全保障"的概念,特别是在环境和食品污染问题日渐严重的今天,食品质量安全变得更为人们所关注。

严格地说,我国对食品质量安全的控制始于1979年,《中华人民共和国食品卫生管理条例》的出台标志着中国食品质量安全控制开始萌芽。

①粮食安全期(1949—1984年):在这一阶段,食品发展问题突出表现在保障食品供给数量,即提高农业生产效率,增加农产品产量方面。1949—1978年,经过30年的努力,我国人均粮食占有量达到318kg,人均直接消费量为195.5kg,人均肉类消费量8.2kg。但从营养学角度来看,人均日供给热量、蛋白质和脂肪分别为1813kcal(1cal = 4.2J)、45.2g和27.8g,只相当于合理标准的72.5%、60.3%和39%。

1979—1984年,随着农业和农村经济体制改革的启动,食品产量稳步提高,食品结构状况也得到初步改善。按照摄入热量等营养素标准,已经基本达到温饱型的生活水平。

②食品质量安全萌芽期(1979—1984年):在粮食安全期的后期,即从1979年开始,人们的生活基本实现温饱,中国开始对食品质量安全进行法律规制。1979年发布了《中华人民共和国食品卫生管理条例》,该条例经过规制与受规制主体的博弈实践,于1984年被修订升格为《中华人民共和国食品卫生法(试行)》。但新制度的建立和实施绝非规制变迁一个回合就能完成,要经过政府的规制供给与受规制主体实践的多次博弈才能形成。规制与受规制主体两种力量,通过反复博弈,规制安排趋于均衡。因此,这部法律并没有立即推行,而是几经辗转,于1995年正式实施。1984年以后,农业和食品发展的任务也开始从保障食物供给安全提升为保障供给基础上"保证农产品的质量安全"。此后,中国食品质量安全控制开始转向主要解决食品质量安全问题的阶段。

(2)食品质量安全起步期(1984—2000年) 1984年基本解决温饱后,中国食品质量安全开始进入起步期,以1990年绿色食品的兴起为主要标志。

①无公害食品、绿色食品和有机食品:

a. 无公害食品。指的是无污染、无毒害、安全优质的食品,在国外称为无污染食品、生态食品、自然食品。在我国,无公害食品是指生产地环境清洁,按规定的技术操作规程生产,将有害物质控制在规定的标准内,并通过部门授权审定批准,可以使用无公害食品标志的食品。

经济全球化和中国加入WTO后,关税配额"坍塌",中国失去对农产品的保护和关税控制,绿色技术成为农产品国际贸易中新兴的贸易壁垒,无公害食品的安全性质量控制成为技术壁垒的主要形式,安全的、无污染的优质营养无公害农产品成为提高农产品质量的主要手段,建立无公害农产品生产基地,推广无公害农产品生产技术,清洁生产安全性无公害农产品,成为社会经济发展的客观必然要求。

b. 绿色食品。第二次世界大战以后,欧美和日本等发达国家在工业现代化的基础上,先后实现了农业现代化。一方面大大地丰富了这些国家的食品供应,另一方面也出现了严重的食品安全问题,就是随着农用化学物质源源不断地、大量地向农田输入,造成有害化学物质通过土壤和水体在生物体内富集,并且通过食物链进入到农作物和畜禽体内,导致食物污染,最终损害人体健康。绿色食品在中国是对无污染的安全、优质、营养类食品的总称,是指按特定生产方式生产,并经国家有关专门机构认定,准许使用绿色食品标志的无污染、无公害、安全、优质、营养型的食品。

c. 有机食品。有机食品(Organic food)也称为生态或生物食品等。有机食品是国际上对无污染天然食品比较统一的提法。有机食品通常来自于有机农业生产体系,根据国际有机农业生产要求和相应的标准生产加工的。除有机食品外,国际上还把一些派生的产品如有机化妆品、纺织品、林产品或有机食品生产而提供的生产资料,包括生物农药、有机肥料等,经认证后统称为有机产品。

从物质的化学成分来分析,所有食品都是由含碳化合物组成的有机物质,都是有机的食品,没有非有机的食品。因此,从化学成分上来讲,把食品称为"有机食品"的说法是没有意义的。所以,这里所说的"有机"不是化学上的概念——分子中含碳元素,而是指采取一种有机的耕作和加工方式。有机食品是指按照有机的方式生产和加工的;产品符合国际或国家有机食品要求和标准;并通过国家有机食品认证机构认证的一切农副产品及其加工品,包括粮食、食用油、菌类、蔬菜、水果、瓜果、干果、乳制品、禽畜产品、蜂蜜、水产品、调料等。

有机食品的主要特点来自于生态良好的有机农业生产体系。有机食品的生产和加工,不使用化学农药、化肥、化学防腐剂等合成物质,也不用基因工程生物及其产物,因此,有机食品是一类真正来自于自然、富营养、高品质和安全环保的生态食品。

有机食品在不同的语言中有不同的名称。国外最普遍的称呼是 Organic Food,在其他语种中也有称生态食品、自然食品等。

有机食品与其他食品的区别体现在如下几方面。

禁用农药等:有机食品在其生产加工过程中绝对禁止使用农药、化肥、激素等人工合成物质,并且不允许使用基因工程技术;而其他食品则允许有限使用这些技术,且不禁止基因工程技术的使用。如绿色食品对基因工程和辐射技术的使用就未作规定。

生产转型:从生产其他食品到有机食品需要 2~3 年的转换期,而生产其他食品(包括绿色食品和无公害食品)没有转换期的要求。

数量控制:有机食品的认证要求定地块、定产量,而其他食品没有如此严格的要求。

因此,生产有机食品要比生产其他食品难得多,需要建立全新的生产体系和监控体系,采用相应的病虫害防治、地力保护、种子培育、产品加工和储存等替代技术。

农业部的数据显示,当前,全球有机食品市场正以 20% ~30% 的速度增长,而我国的有机食品产业保持了较好的发展态势。我国有机和有机转换产品已有约50 大类,400 ~500 个品种,包括蔬菜、豆类、杂粮、水产品、野生采集产品。截止2012 年年底,中绿华夏有机食品认证中心认证企业 850 家,产品实物总量 195.5 万吨,认证面积 246.9 万公顷,其中种植面积 12.6 万公顷,放牧面积 60 万公顷,水域面积 24.9 万公顷,野生采集面积 149.4 万公顷。我国有机食品产业保持了较快的发展态势,已具备了一定的发展基础,品牌影响力不断扩大。我国已成为世界第四大有机食品消费大国。

虽然有机食品等级高、安全性好,但对于大多数发展中国家来说,更适合发展绿色食品。主要原因有四点:一是大面积的耕地可直接用于绿色食品生产;二是生产能保持较大规模,成本和价格易于控制;三是社会效益明显;四是环境效益可观。

②绿色食品的兴起标志着中国食品安全正式起步:1990 年 5 月 15 日,中国正式宣布开始发展绿色食品。1992 年制定了一系列技术标准,制定并颁布了《绿色食品标志管理办法》等有关管理规定。1993 年,在外交部、财政部和农业部的联合支持下,中国绿色食品发展中心加入了"有机农业运动国际联盟"组织。

中国绿色食品的发展实际上也是中国食品质量安全的重要组成部分。尽管我国上述三种类型的食品都在发展,但由于无公害食品认证起步较晚,有机食品缺乏广泛代表性,中国食品质量安全的发展历程主要是以绿色食品的成长发展为主线进行的。绿色食品的全面兴起标志着中国的食品质量安全开始步入新的阶段。

(3)食品质量安全发展期(2001 年至今)　该时期的重要标志事件有:政府机构改组,食品安全成为全国人民代表大会第一提案;食品安全科技投入大大增加,食品安全学科建设迅猛发展;绿色食品产业进程明显加快;食品安全市场准入制度、食品安全综合示范控制项目实施成效明显;《食品安全法》的颁布实施等。

①政府机构改组,食品安全成为全国人大第一提案:2003 年,国家食品药品监督管理总局的设立引起人们广泛关注。"两会"代表关注食品安全的议案、提案,仅 2004 年"两会"期间就收到涉及食品安全的议案和提案近 40 件,签名的代表和委员达 700 多人。

②食品安全科技投入增加,学科建设迅猛发展:近年来,我国食品工业产值持续增长,科技支撑能力建设和人才队伍具备了一定规模。到 2002 年,我国大中型食品企业有 2571 个,776 个企业开展了科技活动,其中 465 个企业设有科技机构,占大中型企业总数的 18.09%,其科技经费达到 41.13 亿元。487 个食品工业企业建立了研发中心。2003 年,我国食品工业(规模以上企业)实现销售收入 12329.50

亿元,比上年增加20.64%。目前,我国有食品科研单位400多家,大众专业研究所200多所,食品科技人员近3万人,国家重点实验室4个,农产品加工重点实验室2个,国家工程技术研究中心5个,企业博士后流动站5个。

2002年,国家拨款1.5亿元,启动"食品安全关键控制技术"重大科技专业项目,以市场准入为切入点,全面加强食品安全科技攻关。江苏省将该省的科技攻关计划、成果示范推广计划整合到示范区中,福建省将该省治理"餐桌污染"、建设"食品放心工程"等计划统一纳入示范区建设。全国配套经费达到15.3亿元,国家拨款经费与配套经费的比例超过1:10。

食品安全科技投入增加的同时,也带动了我国食品安全学科的建设和发展。许多高校纷纷增设食品安全本科专业,江南大学、中国疾病预防控制中心、中国农业科学院、福州大学、浙江大学、中山大学等机构设立了食品质量与安全相关专业博士点。江苏省农业科学院、福州大学还分别设立了"江苏省畜产品安全重点实验室"、"食品安全分析与检测教育部重点实验室"等研究机构。

③绿色食品产业进程加快,进一步推动中国食品安全的发展:进入21世纪以来,中国绿色食品保持稳步发展,无论是企业数量还是认证产品增长率、销售增长率均达到了30%以上,说明绿色食品的社会化、市场化、国际化进程明显加快。

2002年,农业部提出绿色食品、有机食品、无公害食品"三位一体,整体推进"的战略部署。中国绿色食品发展中心委托了多个管理机构、环境监测机构和产品监测机构,形成了覆盖全国的绿色食品质量管理和技术服务网络,建立了涵盖产地环境、生产过程、产品质量、包装储运、专用生产资料等环节的质量标准体系框架,制定了一批绿色食品技术标准。

④食品质量安全准入制度有效提升我国食品安全水平:食品质量安全市场准入制度,也称为市场准入管制,是指为了防止资源配置低效或过度竞争,确保规模经济效益、范围经济效益和提高经济效率,政府职能部门通过批准和注册,对企业的市场准入进行管理的制度。市场准入制度是关于市场主体和交易对象进入市场的有关准则和法规,是政府对市场管理和经济发展的一种制度。它具体通过政府有关部门对市场主体的登记、发放许可证、执照等方式来体现。

对于产品的市场准入,一般的理解是,允许市场的主体(产品的生产者与销售者)和客体(产品)进入市场的程度。食品市场准入制度也称食品质量安全市场准入制度,是指为保证食品的质量安全,具备规定条件的生产者才允许进行生产经营活动,具备规定条件的食品才允许生产销售的监管制度。因此,实行食品质量安全市场准入制度是一种政府行为,是一项行政许可制度。

食品种类繁多,大量的、各种不同经济类型的企业在从事着食品的生产加工。因此,要解决食品和食品生产中存在的大量质量问题,就要求政府部门在充分发挥市场机制的同时,采取适当的行政措施抓住关键点,解决突出的重点问题,规范市场秩序。

在食品质量安全市场准入制度中实行目录管理,就是要分期分批分步骤地解决食品的突出质量问题。2001年9月至2002年7月为研究实施阶段,首批实行食品质量安全市场准入制度的有5类食品:小麦粉、大米、食用植物油、酱油和食醋。这5类食品是老百姓每日生活所必需的,与人民群众生活密切相关;同时这5类食品生产量大、生产企业多,存在的质量问题也很多,平均抽样合格率不到60%,如存在小麦粉过量使用增白剂、非食用冰醋酸配制食醋、超量使用防腐剂等现象。更重要的是这5类食品也是多种食品的基本原料和餐饮业的基本原料,如果这5类食品存在质量问题,危害范围、危害程度都较大。因此,我们要从小麦粉、大米、食用植物油、酱油、食醋开始实施市场准入制度。同时,在全国开展对肉制品、乳制品、饮料、调味品和茶叶的质量状况和生产基本条件的专项调查,为下一步实施市场准入制度作准备。2002年8月~2003年12月为推行实施阶段,第二批10类食品:肉制品、乳制品、饮料、冻制品、方便面、饼干、膨化食品、速冻米面食品、糖、味精。2004年1月开始,进入全面实施阶段。米、面、油、酱油、醋第一批食品安全准入制度的5类食品进入无证查处阶段。对28大类食品中的其他12大类食品开始实施市场准入制度。

⑤中国食品安全综合示范控制项目的实施标志着我国食品安全进入发展阶段:中国食品安全进入发展期的另一个主要标志是中国食品安全综合示范控制项目的实施。该项目是由科学技术部会同原卫生部、国家质量监督检验检疫总局、农业部于2002年组织实施的一项致力于解决我国日益突出的食品安全问题的综合性控制行动。该项目的实施使我国食品安全状况得到了极大改善,食品安全整体水平得到明显提升。

⑥《食品安全法》奠定了我国食品安全控制的发展方向:我国高度重视食品安全,早在1995年就颁布了《食品卫生法》。在此基础上,2009年2月28日,第十一届全国人民代表大会常务委员会第七次会议通过了《食品安全法》并于2009年6月1日正式实施。食品安全法是适应新形势发展的需要,为了从法律法规上解决现实生活中存在的食品安全问题,更好地保证食品安全而制定的,其中确立了以食品安全风险监测和评估为基础的科学管理制度,明确食品安全风险评估结果作为制定、修订食品安全标准和对食品安全实施监督管理的科学依据。

食品安全事关公众身体健康与生命安全。党和政府历来高度重视食品安全工作,采取各种措施,不断改善我国的食品安全总体水平,下决心一定要让老百姓吃得放心,吃得安心。《食品安全法》的颁布实施,是保证食品安全的重要举措和法律保障,也是贯彻落实科学发展观和执政为民的具体体现。从食品安全法的立法过程来看,无论是从注重食品卫生到注重食品安全、建立食品安全监管体制,还是从向社会广泛征求意见到食品安全法及其实施条例的同步实施,都充分体现了党中央、国务院对改善民生的高度关注和保障人民群众饮食安全的信心与决心。

《食品安全法》根据食品安全新形势,针对食品安全监管中的漏洞,建立起保障食品安全的长效机制和法律屏障,完善了我国的食品安全法律制度。只有准确把握保障公众身体健康和生命安全的立法宗旨,深刻领会预防为主、科学管理、明确责任、综合治理的理念,才能科学地认识各项食品安全制度在监管链条中的地位和作用,并以此为出发点在实践中进一步明确监管部门的权力和职责,明晰行政相对人的权利和义务,最终形成完备的食品安全监管体系和诚信守法、监督有力的良好局面。

《食品安全法》所确立的监管制度是对现行食品安全监管制度的重大改革,将对增强食品安全监管工作的规范性、科学性及有效性产生重大影响,同时也对食品安全监管部门及其执法人员依法行政提出了新的更高的要求。监管部门必须熟悉掌握食品安全法的基本内容,明确食品安全监管的法定职责。要加强食品安全监管人员的法律知识、食品监管知识的学习和专业技术培训,提高各级监管人员的依法行政能力和执法水平。

(二)国际食品质量安全事件举例

近年来,虽然西方社会经济发展受阻,但是长期的市场经济为其奠定了较为雄厚的物质基础,民众生活水平普遍较高,食品质量安全控制体系较为健全。即便是这样,从 20 世纪至今,一些国家,尤其是一些发达国家仍然频发食品恶性事件。

例如,1986 年 11 月首次在英国报刊上报道的疯牛病,即牛脑海绵状病,简称BSE。这种病波及世界很多国家,如法国、爱尔兰、加拿大、丹麦、葡萄牙、瑞士、阿曼和德国。食用被疯牛病污染了的牛肉、牛脊髓的人,有可能染上致命的克罗伊茨费尔德 - 雅各布氏症(简称克 - 雅氏症),其典型临床症状为出现痴呆或神经错乱,视觉模糊,平衡障碍,肌肉收缩等。患者最终因精神错乱而死亡。医学界对克 - 雅氏症的发病机制还没有定论,也未找到有效的治疗方法。

1996 年 6 月,日本大阪 62 所小学 6259 名学生发生集体食物中毒事件,"元凶"是肠出血性大肠埃希菌 O157:H7,其中有 92 例并发出血性结肠炎及出血性尿毒症,数名学生死亡。随后波及日本 36 个府县,患者 9451 人,死亡 12 人。据美国疾病控制和预防中心估计,大肠埃希菌 O157:H7 每年在美国可造成 2 万人患病,250 ~ 500 人死亡。

1999 年,比利时、法国、德国等地相继发生二噁英污染导致畜禽类产品及乳制品含高浓度二噁英的事件。2011 年 1 月,德国多家农场传出动物饲料遭二噁英污染的事件,导致德国当局关闭了将近 5 000 家农场,销毁约 10 万枚鸡蛋。这次污染事件发生在德国的下萨克森邦,发现当作饲料添加物的脂肪部分受到二噁英污染,对饲料厂样品进行的检测结果显示,其二噁英含量超过标准 77 倍多。卫生人员对这些农场生产的鸡蛋进行实验室检验发现,38 次检验当中,有 5 次不合格。

2002 年 4 月,瑞典国家食品管理局和斯德哥尔摩大学研究人员率先报道,在一些油炸和烧烤的淀粉类食品,如炸薯条、炸土豆片等中检出丙烯酰胺,而且含量超过饮水中允许最大限量的 500 多倍。之后挪威、英国、瑞士和美国等国家也相继报道了类似结果。淀粉类食品在高温(高于120℃)烹调下容易产生丙烯酰胺。丙烯酰胺进入人体后,会在体内与DNA上的鸟嘌呤结合形成加合物,导致基因突变等遗传物质损伤。

2013年1月,瑞典、英国和法国部分牛肉制品中发现了马肉,德国也宣布发现疑似此类"挂牛头卖马肉"的情况。此外,爱尔兰、荷兰、罗马尼亚等多个欧洲国家卷入丑闻中,引发消费者反感。

四、食品质量安全控制的概况

食品质量安全是一个世界性问题,同时也是一个整体的战略体系,涉及的部门较多,需要多方协调配合,才能建立起较为完善的食品安全控制战略体系。一些国际化组织和发达国家或地区较早地开展了食品安全控制的改革,并取得了明显成效。

(一)食品安全国际组织及主要职能

协调管理全球食品安全的国际组织有联合国粮农组织(FAO)、世界卫生组织(WHO)、国际食品法典委员会(CAC,隶属于FAO/WHO)、世界贸易组织(WTO)、国际动物卫生组织(OIE)和国际标准化组织(ISO),其中联合国粮农组织和世界卫生组织以及它们下设的国际食品法典委员会是主要组织。

1. FAO、WHO和CAC

(1)FAO 粮食及农业组织的成立先于联合国本身。第二次世界大战爆发后,经当时的美国总统罗斯福倡议,45个国家的代表于1943年5月18日至6月3日在美国弗吉尼亚州的温泉城举行了同盟国粮食和农业会议。会议决定建立一个粮食和农业方面的永久性国际组织,并起草了《粮食及农业组织章程》。1945年10月16日,粮食及农业组织第1届大会在加拿大的魁北克城召开,45个国家的代表与会,并确定这天为该组织的成立之日。至11月1日第1届大会结束时,42个国家成为创始成员国,中国是该组织的创始成员国之一。1946年12月16日与联合国签署协定,从而正式成为联合国的一个专门机构。截至1985年年底,共有158个成员国。1973年,中华人民共和国在该组织的合法席位得到恢复,并从同年召开的第17届大会起一直为理事国。

该组织的最高权力机构为大会,每两年召开1次。常设机构为理事会,由大会推选产生理事会独立主席和理事国。至1985年年底,理事会已设有计划、财政、章程及法律事务、商品、渔业、林业、农业、世界粮食安全、植物遗传资源9个办事机构。该组织的执行机构为秘书处,其行政首脑为总干事。秘书处下设总干事办公室和7个经济技术事务部。总部自1951年起迁往意大利罗马,此外还在非洲、亚洲和太平洋、拉丁美洲和加勒比、近东和欧洲5个地区设有区域办事处,在北美(美国华盛顿)和联合国(美国纽约和瑞士日内瓦)分别设有联络处。

(2)WHO 世界卫生组织(简称世卫组织,World Health Organization)是联合

国下属的一个专门机构,其前身可以追溯到 1907 年成立于巴黎的国际公共卫生局和 1920 年成立于日内瓦的国际联盟卫生组织。战后,经联合国经社理事会决定,64 个国家的代表于 1946 年 7 月在纽约举行了一次国际卫生会议,签署了《世界卫生组织组织法》。1948 年 4 月 7 日,该法得到 26 个联合国会员国批准后生效,世界卫生组织宣告成立。每年的 4 月 7 日也就成为全球性的"世界卫生日"。同年 6 月 24 日,世界卫生组织在日内瓦召开的第一届世界卫生大会上正式成立,总部设在瑞士日内瓦。世卫组织的宗旨是使全世界人民获得尽可能高水平的健康。该组织的主要职能包括:促进流行病和地方病的防治;改善公共卫生;推动确定生物制品的国际标准等。截至 2009 年 5 月,世卫组织共有 193 个正式成员和 2 个准成员。

WHO 给健康下的定义为:"身体、精神及社会生活中的完美状态"。1972 年 5 月 10 日,世界卫生组织承认中国的合法地位。

(3)CAC　国际食品法典委员会(Codex Alimentarius Commission,CAC)是由联合国粮农组织(FAO)和世界卫生组织(WHO)共同建立,以保障消费者的健康和确保食品贸易公平为宗旨的一个制定国际食品标准的政府间组织。自 1961 年第 11 届粮农组织大会和 1963 年第 16 届世界卫生大会分别通过了创建 CAC 的决议以来,已有 173 个成员国和 1 个成员国组织(欧盟)加入该组织,覆盖全球 99% 的人口。CAC 下设秘书处、执行委员会、6 个地区协调委员会,21 个专业委员会(包括 10 个综合主题委员会、11 个商品委员会)和 1 个政府间特别工作组。

1984 年,中华人民共和国正式成为 CAC 成员国,并由农业部和原卫生部联合成立中国食品法典协调小组,秘书处设在卫生部,负责中国食品法典国内协调;联络点设在农业部,负责与 CAC 相关的联络工作。1999 年 6 月,新的 CAC 协调小组由农业部、原卫生部、国家质量监督检验检疫总局(简称国家质检总局)等 10 家成员单位组成。

食品法典已成为全球消费者、食品生产和加工者、各国食品管理机构和国际食品贸易重要的基本参照标准。法典对食品生产、加工者以及消费者的观念产生了巨大影响,并对保护公众健康和维护公平食品贸易做出了不可估量的贡献。

食品法典对保护消费者健康的重要作用已在 1985 年联合国第 39/248 号决议中得到强调,为此食品法典指南采纳并加强了消费者保护政策的应用。该指南提醒各国政府应充分考虑所有消费者对食品安全的需要,并尽可能地支持和采纳食品法典的标准。

食品法典与国际食品贸易关系密切,针对业已增长的全球市场,特别是作为保护消费者而普遍采用的统一食品标准,食品法典具有明显的优势。因此,实施卫生与植物卫生措施协定(SPS)和技术性贸易壁垒协定(TBT)均鼓励采用协调一致的国际食品标准。作为乌拉圭回合多边贸易谈判的产物,SPS 协议引用了法典标准、指南及推荐技术标准,以此作为促进国际食品贸易的措施。因此,法典标准已成为在乌拉圭回合协议法律框架内衡量一个国家食品措施和法规是否一致的基准。

2. WTO、OIE 和 ISO

（1）WTO 世界贸易组织。1994 年 4 月 15 日,关贸总协定乌拉圭回合部长会议在摩洛哥的马拉喀什市举行,决定成立更具全球性的世界贸易组织,以取代成立于 1947 年的关贸总协定。世界贸易组织是当代最重要的国际经济组织之一,目前拥有 159 个成员国,成员国贸易总额达到全球的 97%,有“经济联合国”之称。

世界贸易组织成员分四类:发达成员、发展中成员、转轨经济体成员和最不发达成员。2006 年 11 月 7 日,世界贸易组织总理事会在瑞士日内瓦召开特别会议,正式宣布接纳越南成为该组织第 150 个成员国。

2012 年 10 月 26 日,在瑞士日内瓦召开的总理事会会议上正式批准老挝成为其第 158 个成员国。据此,世界贸易组织正式成员已经达到 158 个。

2012 年 12 月 10 日,世界贸易组织在瑞士日内瓦召开的总理事会非正式会议上通过塔吉克斯坦加入世界贸易组织的一揽子文件,批准塔吉克斯坦的成员国资格。根据世界贸易组织规则,塔吉克斯坦立法机构应于 2013 年 6 月 7 日前批准相关协议,这一国内程序完成 30 天后塔吉克斯坦将正式成为世界贸易组织的第 159 位成员国。2013 年 3 月 2 日,塔吉克斯坦正式成为世界贸易组织的第 159 个成员国。

1995 年 7 月 11 日,世界贸易组织总理事会会议决定接纳中国为该组织的观察员。中国自 1986 年申请重返关贸总协定以来,为复关和加入世界贸易组织进行了长达 15 年的努力。2001 年 12 月 11 日,中国正式加入世界贸易组织,成为其第 143 个成员国。

（2）OIE 是一个旨在促进和保障全球动物卫生和健康工作的政府间国际组织,总部位于巴黎,由 28 个国家于 1924 年根据签署的国际协议产生。到 2011 年,OIE 成员国已经达到 178 个。2003 年,该组织正式更名为世界动物卫生组织（World Organization for Animal Health）。目前,OIE 与包括 FAO、WTO、WHO 等 45 个全球及地区性组织保持联系,并在世界每个洲都设有分委员会。

世界动物卫生组织的职能主要包括以下三方面:

①向各国政府通告全世界范围内发生的动物疫情以及疫情的起因,并通告控制这些疾病的方法;

②在全球范围内,就动物疾病的监测和控制进行国际研究;

③协调各成员国在动物和动物产品贸易方面的法规和标准。

（3）ISO 国际标准化组织成立于 1947 年 2 月 23 日,总部设于瑞士日内瓦。该组织自我定义为非政府组织。参加者包括各会员国的国家标准机构和主要公司。它是世界上最大的非政府性标准化专门机构,是国际标准化领域中一个十分重要的组织。国际标准化组织的任务是促进全球范围内的标准化及其有关活动,以利于国际间产品与服务的交流,以及在知识、科学、技术和经济活动中发展国际间的相互合作。

ISO 的组织机构分为非常设机构和常设机构。ISO 的最高权力机构是 ISO 全体大会(General Assembly),是 ISO 的非常设机构。1994 年以前,全体大会每 3 年召开一次。全体大会召开时,所有 ISO 团体成员、通信成员、与 ISO 有联络关系的国际组织均派代表与会,每个成员有 3 个正式代表的席位,多于 3 位以上的代表以观察员的身份与会;全体大会的规模为 200 ~ 260 人。大会的主要议程包括年度报告中涉及的有关项目的活动情况、ISO 的战略计划以及财政情况等。ISO 中央秘书处承担全体大会、全体大会设立的 4 个政策制定委员会、理事会、技术管理局和通用标准化原理委员会的秘书处的工作。自 1994 年开始根据 ISO 新章程,ISO 全体大会改为一年一次。

ISO 成员由来自世界上 100 多个国家的国家标准化团体组成,代表中国参加 ISO 的国家机构是国家质量监督检验检疫总局(AQSIQ)。ISO 与国际电工委员会(IEC)有密切的联系,中国参加 IEC 的国家机构也是国家质量监督检验检疫总局。ISO 和 IEC 作为一个整体担负着制定全球协商一致的国际标准的任务,ISO 和 IEC 都是非政府机构,它们制定的标准实质上是自愿性的,这就意味着这些标准必须是优秀的标准,它们会给工业和服务业带来收益,所以他们自觉使用这些标准。ISO 和 IEC 不是联合国机构,但它们与联合国的许多专门机构保持技术联络关系。ISO 和 IEC 有约 1000 个专业技术委员会和分委员会,各会员国以国家为单位参加这些技术委员会和分委员会的活动。ISO 和 IEC 还有约 3000 个工作组,ISO、IEC 每年制定和修订 1000 个国际标准。

ISO 有专门负责食品标准工作的技术委员会(ISO/TC34)和专门负责淀粉包括其衍生物和副产品标准工作的技术委员会(ISO/TC93)。ISO 的食品标准主要是食品产品标准和食品质量指标检验检测方法的标准。截止 2003 年 3 月,ISO 共制定了 770 项标准,其中已发布 608 项,草案 162 项。ISO 有 186 个技术委员会(TC)、659 个分委员会(SC)、1391 个工作组(WC)。

(二)主要发达国家食品安全控制体系

为保障食品安全,世界各国都建立了针对本国实际情况的食品安全控制体系,但各国食品安全控制体系在法规设立、管理方式、监控机制等方面都有差异。总体而言,发达国家的食品安全控制体系主要有两种类型:一类是以欧洲联盟(简称欧盟)、加拿大和澳大利亚为代表,为控制风险,将食品安全管理部门统一到一个独立的食品安全机构,由这一机构对食品的生产、流通和消费全过程进行统一监管;另一类是以美国和日本为代表,通过较为明确的管理主体分工来实现对食品安全的全过程监管。

1.统一控制体系

(1)欧盟食品安全控制体系 欧盟是由欧洲主要国家组成的一个国家间组织,成立于 1993 年 11 月 1 日,其前身是 1965 年 4 月 8 日成立的欧洲共同体。目前欧盟有 28 个成员国。

欧盟食品安全控制的主要特征就是一体化,由欧盟委员会统一协调各成员国之间的食品安全问题。1996 年以前,欧盟食品安全政策主要致力于解决食品供应的安全。2000 年,欧盟发布了《食品安全白皮书》,列出了 80 多个需要解决的相关项目,并成立欧盟食品安全局,专门负责欧盟各国食品安全问题。近几年来,欧盟在食品安全控制方面主要采取了以下措施:

①成立欧盟安全局,对食品生产的各个环节加强监管;

②进行食品安全立法,加强食品安全管理;

③大力推广有机农业,强制实行食品标签法令;

④加强对食品安全的监控;

⑤建立快速警报系统及其他措施,快速应对食品危机事件。

(2)加拿大食品安全控制体系　加拿大食品安全监管体制已形成分级管理、相互合作、广泛参与的基本模式。联邦、各省和市政当局以及一些基层组织都有监管食品安全的责任。但在联邦一级实施的则是统一体系。

联邦一级的主要监管机构是加拿大卫生部及农业部下属的食品检验局(CFIA)。这两个部门分工明确,相互合作,各司其职。卫生部负责制定所有在加拿大出售食品的安全及营养质量标准,制定食品安全的相关政策。食品检验局负责管理联邦一级注册、产品跨省或国际市场销售的食品企业,并对有关法规和标准的执行情况进行监督和实施。省级政府的食品安全机构负责对自己管辖权范围内、产品本地销售的成千上万的小食品企业的检验,市政当局负责向经营最终食品的餐饮企业提供公共健康的标准,并对其进行监督。食品检验局的合作单位——加拿大消费者食品安全教育组织还通过互联网向消费者提供如何避免“病从口入”的信息和知识。同时,加拿大其他政府部门也参与相关的食品安全管理工作,如外交部、国际贸易部参与食品国际贸易和国际的食品安全合作。此外,大学、各种专门委员会,如加拿大谷物委员会、加拿大人类及动物健康科学中心和圭尔夫大学等机构也参与食品安全的工作。

(3)澳大利亚食品安全控制体系　根据澳大利亚宪法,食品管理事务由各州、区负责,因此在实行现有的食品安全管理体系之前,澳大利亚各州、区的食品卫生管理条例并不一致。2000 年 11 月,澳大利亚政府制定了新的全国统一的食品安全控制体系。

澳大利亚的食品管理机构包括澳大利亚新西兰食品标准局、食品管理部长理事会、食品管理常务委员会、制定和实施分委员会等部门。此外,澳大利亚还设有一些与食品安全管理相关的其他机构,如澳大利亚国家农药和兽药注册局、澳大利亚基因技术执行长官办公室、澳大利亚可持续农业协会等。

2. 分类分环节控制体系

(1)美国食品安全控制体系　美国在《21 世纪食品工业发展计划》中将食品安全研究放到了首位,1998 年美国在食品微生物快速检测技术研究上的专项经费达

4.3亿美元。美国食品堪称是世界上最安全的,这得益于美国拥有一套完备的食品安全控制体系。

美国拥有比较完善的食品安全法规体系。美国宪法规定国家食品安全系统由政府的执法、立法和司法三个部门负责,即国会颁布立法部门制定的法规,委托执法部门强行执法或修订法规来贯彻实施法规;司法部门对强制执法行为、监管工作或一些政策法规产生的争端给出公正的裁决;行政部门负责法令的实施。美国食品安全的主要法令包括《联邦食品、药物和化妆品法》《联邦肉类检验法令》《禽类产品检验法令》《蛋产品检验法令》《食品质量保障法令》和《公共健康事务法令》。管理机构必须遵守的程序性法令包括《听证程序法令》《联邦咨询委员会法令》和《信息自由法令》。

美国拥有强有力的食品安全监管体系。美国食品安全监管体系主要包括联邦政府的相关食品安全管理机构。在联邦一级主要有三个:一是美国农业部食品安全检验局(FSIS),职责是确保所有国产和进口肉类、家禽和部分蛋类产品的安全(不包括野味肉);二是美国食品药品管理局(FDA),职责包括所有州际贸易中的国产和进口食品安全(不包括肉类、家禽和部分蛋类产品),以及野味肉、食品添加剂、动物饲料和兽药安全;三是美国国家环境保护署(EPA),负责杀虫剂产品生产许可证的发放,以及制定食品和动物饲料中杀虫剂残留限值。此外,EPA还负责有关水和食物中有毒化学物质(例如二噁英)的管理和研究。

美国有比较健全的食品安全监测和预警系统。世界上仅有美国、英国、加拿大、日本等少数国家建立了年度报告,其中美国食源性疾病检测系统最完善,是有关食源性疾病资料报道最多的国家。1994年,美国的FDA和USDA在马里兰州建立了食源性疾病教育中心,1998年建立了全国性的食源性疾病预警系统。

美国的食品安全体系透明度高。美国的各种法令和行政命令都有一套程序以保证各种规章是在公开、透明和互动的方式下制定的。联邦机构和总统所发布的所有规章和法律性通告都在《联邦记录》上发表,这是一份官方的每日出版物,可以预定或通过互联网免费得到。

美国制定了比较完善的食品安全风险分析体系。美国的食品安全危险性评估包括风险评估、风险管理、风险交流等内容。用于风险评估的决策程序是危害鉴定、危害描述、暴露评估;风险管理是由具有管理资格的机构来执行的,其目的是为美国的消费者提供高度的保护。对于存在于食品中的有害物质,当其含量达到可以产生显著的风险时,政府就会出面干预。美国的风险信息交流系统也比较完善。政府部门的科学家使用公共媒体向公众解释各项规章的科学背景,当需要紧急风险信息交流时可通过全国性的电信系统发出警告,并立即通过全球信息共享机制向国际组织、地区以及各国通告。

(2)日本食品安全控制体系 食品安全已成为日本极为敏感的问题,这源于日本近年来频繁发生的食品安全事件。2001年日本发现疯牛病后,又出现全国农协恶意欺骗消费者、使用虚假标识、以进口肉冒充国产肉等事件,导致日本国民对政府原有食品安全监管体制失去信心。经过长期酝酿,2003 年 7 月 1 日,日本全国食品安全委员会正式成立。2003 年日本通过了食品安全基本法,成立了食品安全委员会,专门对农林水产省和厚生省的食品安全管理工作进行协调。日本食品安全管理体制有其自身的特点,即按照食品从生产、加工到销售流通环节来明确政府部门的职责。该体制的缺点在于按环节分工容易造成各管理部门衔接不好,出现监控"真空"。

(三)发达国家食品安全控制的一般原理

欧美发达国家的食品安全控制体系尽管在法规设立、管理方式、监控机制等各方面都存在一定差异,但在组建时基本上都遵循了以下原理。

1. 国家食品安全控制的目标、范围与战略

(1)国家食品安全控制的目标与范围　国家食品安全控制的主要目标有三个方面:一是通过减少食源性疾病保护公众健康;二是防范不卫生的、有害健康的、误导的或假冒的食品,以保护消费者权益;三是通过建立一个完全依照规则的国内或国际食品贸易体系,保持消费者对食品系统的信心,从而促进经济发展。

食品安全控制体系覆盖一个国家包括进口食品在内的所有食品的生产、制造过程和市场行为。这个体系是建立在法制基础上的,是强制执行的。

(2)国家食品安全控制的战略　食品安全控制战略会受到国家的发展阶段、经济规模和该国食品工业的复杂程度等因素的影响。但最终的食品安全控制战略应包括如下几方面:

①明确实施行动计划及分阶段目标。

②开展食品立法,或对现有的法律进行修订,已达到国家战略所界定的目标。

③发展或修订食品规章、标准和现行条码制度,使之与国际要求一致。

④开展为强化食品监督和控制体系的项目。

⑤提高整条食品链的食品质量安全水平。

⑥对食品行业相关人员开展培训。

⑦强化对食品相关科研的投入,提高体系内部的科学能力。

⑧促进消费者教育,并延伸到社区领域。

2. 国家食品安全控制的基本原则

当国家主管部门准备建立、更新、强化或在某些地方改革食品安全控制体系时,必须充分考虑到加强食品安全控制活动基础的若干原则。

(1)从农田到餐桌的综合概念　在生产、储藏、加工和销售的整个过程中始终贯彻预防原则,可有效地实现减少风险的目标。仅对最终产品进行取样和分析不可能对消费者提供足够的保护。在食品链的诸多环节上均可能出现食品危害和降低质量的情况,对这些环节予以检验相当困难而且耗资巨大。在食品链中应用良好的操作规范及危害分析关键控制点系统可以明显提高食品安全水平。

（2）风险分析 包括风险评估、风险管理、风险交流三个部分。

（3）透明性 消费者对供应食品的安全和质量的信任，取决于他们对食品安全控制活动的公正性和有效性的了解程度。食品安全控制体系的建立和实施必须采取透明的方式。食品安全控制部门还应该检查他们和公众之间开展食品安全信息交流的方式。这种检查包括科学评价食品安全问题、总结所有的检验活动、公布食源性疾病、食物中毒情况以及假冒食品等的检查结果。

（4）法规效益评估 法规效益评估（Regulatory impact assessment，RIA）对于确定优先重点的重要性日益增加，这有助于食品安全控制机构调整和战略修订，以便获得最佳的效果。

目前，通常建议采取两种方法确定食品安全法规措施的成本效益之比：①支付意愿法（Willingness to pay，WTP）——估计旨在减少发病和死亡风险的支付意愿情况；②疾病成本法（Cost of illness，COI）——一生中为偿付医疗费用和丧失生产力的疾病成本。

3. 国家食品安全控制体系的组织方式

国家食品安全控制体系主要包括三种方式，分别是：建立在多部门基础上的食品控制体系，即多部门体系；建立在一元化的单一部门负责基础上的食品控制体系，即单一部门体系；建立在国家综合方法基础上的体系，即统一综合体系。

（1）多部门体系 食品安全控制体系的目标除保障食品安全外，还有一个经济目标，即建立一套可持续的食品生产和加工系统。因为各行业的初始分工不同，故各行业的食品控制行为也不同，逐渐形成了由多个部门对食品安全控制负责的多部门体系。在多部门食品控制体系下，虽然每一个部门的作用和责任都有明确规定，但这有时将不可避免地导致诸多问题。

（2）单一部门体系 单一部门体系就是将食品安全控制建立在一元化的单一部门负责基础上的控制体系。将公众健康和食品安全的所有职责全部归并到一个具有明确职责的食品控制体系中是相当有益的。其优点主要体现在以下几方面：可以统一实施保护措施；能够快速地对消费者实时保护；能提高成本效益并能更有效地利用资源和专业知识；使食品标准一体化；拥有应对紧急情况的快速反应能力，以及满足国内和国际市场需求的能力；可以提供更加先进和有效的服务，有助于企业促进食品贸易活动。

虽然单一部门体系具有上述诸多优点，但建立这种体系往往需要较长准备时间，而且对各国行政体制冲击较大，因而很少有国家真正实施。

（3）统一综合体系 统一综合体系是指建立在国家综合方法基础上的食品控制体系。此种体系是前述多部门体系和单一部门体系的结合，各种具体的食品控制活动仍由不同的部门负责，但在国家层面上这些不同的食品安全控制管理部门则由一个相对独立的权威机构统一负责协调。

统一综合的食品控制体系认为，从农田到餐桌食品链上多种机构有效合作的愿望和决心是正当的,典型的统一综合体系应在 4 个层次上开展合作,分别是风险评估及管理,制定标准和政策;食品控制活动,管理和审核的合作;检验和执行;教育和培训。前两个层次由国家级食品控制机构负责,后两个层次由多个具体职能部门负责。

统一综合体系优势在于能使国家级食品控制体系具有连贯性;由于保留了多个具体的职能部门,使这种政策更易于执行;在全国范围内促进了控制措施的统一应用;独立的风险评估功能和风险管理功能,落实了对消费者的保护措施,获得了国内消费者的信任;鼓励决策的透明性;具有较高的资金使用效率。

以上三种组织方式各有利弊,各国需要根据具体情况采用。

4. 国家食品安全控制体系的基本框架

尽管不同国家的食品安全控制体系的组成和优先发展领域不同,但多数体系均包含了法规体系、管理体系、科学支撑体系、信息教育交流和培训体系等单元。

(1)法规体系　发展有关食品的强制性法规是现代食品安全体系中的基本单元。食品法规体系不仅包括立法,而且还包括各种食品标准的制定。食品立法应包括以下方面:应能提供高水平的健康保证;应具有清晰的界定以提高其一致性和法律的严谨性;应在风险评估、风险管理和风险交流的基础上,基于高质量、透明和独立的科学结论实施立法;应包括预防性条款;应包括消费者权益的条款;有追溯和召回的规定;责任与义务的明晰。

(2)管理体系　有效的食品控制体系需要在国家层面上有效合作并出台适宜的政策。有关体系要素的一些细节应被国家立法机构所规定,这些细节应包括建立领导机构或部门机关,履行相关职责。

(3)监管体系　食品安全法规需要有效的监管体系来保证。监管工作需要有一批高素质的调查人员来实施,这些调查人员要经常与食品工业、食品贸易以及其他社会领域打交道。在很大程度上,食品控制体系的声誉和公正性是建立在调查人员的诚信和专业水平上的。

(4)科学支撑体系　实验室是科学支撑体系的一个基本构成要素。实验室应在物理的、化学的和微生物的分析方面配备适宜的条件。通过引入分析质量保证系统,并由国内外权威的验证机构对实验室进行资质认证,能确保其分析结果的可靠性、精确性和重现性。

(5)信息、教育、交流和培训体系　信息、教育、交流和培训体系在食品安全控制体系中扮演着越来越重要的角色。这些工作包括提供全面而符合事实的信息给消费者;对信息进行系统化,并推出面向食品行业的关键行政人员和员工的教育项目;推行"培训培训者"项目;向农业和卫生部门的员工提供参考资料。食品控制机构必须将食品调查人员和实验室分析师所参与的特别的培训置于最优先的位置。

［项目小结］

  本项目主要介绍了食品质量、食品安全和食品卫生的定义及其内涵,影响食品质量安全的因素,国内外食品质量安全控制现状与发展趋势。

［项目思考］

  1. 简述食品质量、食品安全与食品卫生的关系。

  2. 目前影响食品质量安全的主要因素有哪些?

  3. 简述几种典型的食品质量安全控制模式。

  4. 简述我国食品质量安全控制现状。

项目二 食品加工不安全因素及来源

[知识目标]

（1）了解各种不安全因素污染食品对人体健康造成的影响和危害。

（2）掌握各种不安全因素污染食品的途径及预防措施。

[必备知识]

一、生物性安全因素的来源及危害

（一）生物污染概况

生物污染是指有害细菌、真菌、病毒等微生物及寄生虫、昆虫等生物对食品造成的污染，是食品加工过程中最主要的安全性威胁。在食品原料来源、加工、运输、销售的整个过程中，随时随处都可引起生物污染。生物污染是构成食源性疾病的主要根源。食源性疾病是指通过摄食进入人体内的各种致病因子引起的、通常具有感染性质或中毒性质的一类疾病。

食源性疾病是一个巨大并不断扩大的公共卫生问题。全球食源性疾病不断增长的原因，一方面是通过自然选择造成微生物的变异，产生了新的病原体，如在人和动物的治疗中使用抗生素药物以后，选择性存活的病原菌株产生了耐药性，对人类造成新的威胁；另一方面是由于新的知识和分析鉴定技术的建立，对已广泛分布多年的疾病及其病原获得了新的认识。由于社会经济与技术的发展，新的生产系统或环境变化使得食物链变得更长、更复杂，增加了污染的机会，如饮食的社会化消费，个体或群体饮食习惯的改变，预包装方便食品、街头食品和食品餐饮连锁服务的增加等。

1. 构成食品安全危害的生物种类

对食品卫生安全构成威胁的生物污染，主要来自于有害的病毒、细菌、真菌和寄生虫等对食品的污染。污染食品的微生物不是来自食品本身，而是来自食品所在的环境。从生物学观点来看，污染食品的微生物可分为：①能在食品上繁殖并以分解食品的有机物作为营养物质来源的腐生性微生物；②能在人体内或作为食品原料的动植物体内寄生、以活体内的有机物作为营养物质来源的寄生性微生物；③既能在食品上腐生，也能在人体内寄生的微生物，这是微生物在长期进化过程中经过选择和适应的结果。各类食品各有其特殊的生物、物理、化学性质，在一定的外界条件下，只适于某些微生物生存。因此，微生物只有在适于其生存的条件下才能大量繁殖，引起污染。这是食品生物污染和化学污染不同的地方。

31

2.生物污染途径

食品生物污染源是含有微生物的土壤、水体、飘浮在空中的尘埃、人和动物的胃肠道、鼻咽和皮肤的排泄物,它们或直接污染食品,或经由人、鼠、昆虫、加工设备、用具、容器、运输工具等间接污染食品。如果动植物感染患病,则以这种动植物为原料加工制成的食品,也会含有大量微生物,这称为原始性污染。当然,原始性污染也是从动植物最初受到微生物的直接或间接污染而来的。微生物污染食品的方式,取决于它们的生物学性质和在环境中的生存能力。腐生或兼有腐生和寄生特性的微生物,在环境中的生存能力强,能直接或间接污染食品;寄生性微生物在环境中的生存能力弱,只能直接污染食品或以原始污染的方式存留于食品中。

3.生物污染的危害与防治

生物污染对食品安全的危害主要为:①使食品腐败、变质、霉烂,破坏其食用价值;②有害微生物在食品中繁殖时产生毒性代谢物,如细菌外毒素和真菌毒素,人摄入后可引起各种急性和慢性中毒;③细菌随食物进入人体,在肠道内分解释放出内毒素,使人中毒;④细菌随食物进入人体侵入组织,使人感染致病。

防止食品生物污染,首先应注意食品原料生产区域的环境卫生,避免人畜粪便、污水和有机废物污染环境,防止和控制作为食品原料的动植物病虫害,在收获、加工、运输、储存、销售等各个环节防止食品污染。其次是在食品可能受到微生物污染的情况下,采取清除、杀灭微生物或抑制其生长繁殖的措施,如各种高低温和化学消毒、冷藏和冷冻、化学防腐、干燥、脱水、盐腌、糖渍、罐藏、密封包装、辐射处理等。把这些方法结合起来运用,更能起到消除或控制生物污染、保证食品质量的效果。

(二)腐败菌对食品的污染及危害

细菌不仅种类多,而且生理特性也多种多样,无论环境中有氧或无氧、高温或低温、酸性或碱性,都有适合该类环境的细菌生存。污染的细菌不仅能在食品中生长繁殖,有的还可产生毒素。当它们以食品为培养基进行生长繁殖时,可使食品腐败变质。当食品中的污染细菌生长繁殖,并蓄积大量毒素时,不仅可影响食品质量,而且对人体健康也会造成严重危害。

细菌对食品的污染通过以下几种途径:一是对食品原料的污染,食品原料品种多、来源广,细菌污染的程度因不同的品种和来源而异;二是对食品加工过程中的污染;三是在食品储存、运输、销售中对食品造成的污染。食品的细菌污染指标主要有菌落总数、大肠菌群、致病菌等几种。

食品中较常见的污染细菌有以下七类。

(1)假单胞菌属 为革兰阴性芽孢杆菌,需氧,嗜冷,可在 pH 5.0~5.2 的条件下生长,能使 pH 上升。它是引起食品腐败变质的主要菌属,能分解食品中的各种成分,并产生各种色素。

(2)微球菌属和葡萄球菌属 均为革兰阳性菌,微球菌属需氧,葡萄球菌属厌氧,嗜中温,对营养要求较低。食品中极为常见,主要分解食品中的糖类,并能产生色素,是低温条件下的主要腐败菌。

(3)芽孢杆菌属与梭状芽孢杆菌属　芽孢菌属需氧或兼性厌氧,梭状芽孢杆菌属厌氧,嗜中温,对营养要求较低。分布广,食品中常见,是肉类、鱼类主要的腐败菌。

(4)肠杆菌科各属　多为革兰阴性杆菌,嗜中温。除志贺菌属与沙门菌属外,均为常见食品腐败菌,多造成水产品和肉、蛋的腐败。

(5)弧菌属与黄杆菌属　均为革兰阴性菌,黄杆菌能产生色素,兼性厌氧,低温或5%食盐水中可生长。主要来自海水和淡水,在鱼类食品中常见。

(6)嗜盐杆菌属与嗜盐球菌属　均为革兰阴性菌,需氧,可在28%～32%的食盐水中生长。多见于腌制肉品、咸鱼中,可产生橙红色素。

(7)乳杆球菌和丙酸杆菌属　为革兰阳性杆菌和球菌,有的成链状,厌氧或兼性厌氧。主要存在于乳品中使其产酸变质。

(三)致病菌对食品的污染及危害

食品中污染的致病菌能造成人类食物中毒、发生肠道传染病以及畜禽传染病的流行。

1. 痢疾杆菌

(1)病原体　细菌性痢疾(简称菌痢)又称志贺菌病,是由志贺菌属痢疾杆菌引起的一种肠道传染性腹泻,是夏秋季节最常见的肠道传染病之一。痢疾杆菌(Shigella)分为四个菌群:甲群(志贺痢疾杆菌)、乙群(福氏痢疾杆菌)、丙群(鲍氏痢疾杆菌)、丁群(宋氏痢疾菌)。四菌群均可产生内毒素,甲群还可产生外毒素。四种痢疾杆菌都能引起普通型痢疾和中毒型痢疾。我国目前痢疾的病原菌以福氏痢疾杆菌为主,其次为宋氏痢疾杆菌,志贺菌与鲍氏菌则较少见。但近年来,志贺菌Ⅰ型的细菌性痢疾已发展为世界性流行趋势,我国至少在10个省、区发生了不同规模的流行。

该菌对理化因素的抵抗力较其他肠道杆菌弱。对酸敏感,在外界环境中的抵抗力能以宋氏菌最强,福氏菌次之,志贺菌最弱。一般56～60℃经10min即被杀死。在37℃水中存活20d,在冰块中存活96d,蝇肠内可存活9～10d,对化学消毒剂敏感,在1%苯酚溶液中经15～30min死亡。

(2)临床症状　痢疾的潜伏期长短不一,最短的数小时,最长的8d,多数为2～3d。由于临床表现和病程不同,医学专家将痢疾分为普通型痢疾、中毒型痢疾和慢性痢疾三种类型。

①普通型痢疾:绝大多数痢疾属普通型。因为痢疾杆菌均可产生毒素,所以大部分患者都有中毒症状:起病急、恶寒、发热,体温常在39℃以上,头痛、乏力、呕吐、腹痛和里急后重。痢疾杆菌主要侵犯大肠,尤其是乙状结肠和直肠,所以左下腹疼痛明显。患痢疾的孩子腹泻次数很多,大便每日数十次,甚至无法计数。由于

直肠经常受到炎症刺激,所以患儿总想解大便,但又解不出多少,这种现象称为里急后重。里急后重现象严重的可引起肛门括约肌松弛。腹泻次数频繁的孩子可出现脱水性酸中毒。对痢疾杆菌敏感的抗生素较多,绝大多数患者经过有效抗生素治疗,数日后即可缓解。

②中毒型痢疾:近年来中毒型痢疾有减少趋势。此型患者多是 2 ~ 7 岁的孩子。由于他们对痢疾杆菌产生的毒素反应强烈,微循环发生障碍,所以中毒症状非常严重。多数患儿起病突然,高热不退,少数初起为普通型痢疾,后来转为中毒型痢疾。患儿萎靡不振、嗜睡、谵语、反复抽风,甚至昏迷。休克型表现为面色苍白,皮肤花纹明显,四肢发凉,心音低弱,血压下降。呼吸衰竭型表现为呼吸不整,深浅不一、双吸气、叹气样呼吸、呼吸暂停,两侧瞳孔不等大、忽大忽小,对光反射迟钝或消失。混合型具有以上两型临床表现,病情最为凶险。中毒型痢疾患者发病初期肠道症状往往不明显,有的经过 1d 左右时间才排出痢疾样大便。在典型痢疾大便排出前,用肛管取便或 2% 盐水灌肠有助于早期诊断。在痢疾高峰季节,孩子突然高热抽风,没精神,面色灰白,家长应立刻将患儿送往医院检查和抢救。

③慢性痢疾:慢性痢疾婴幼儿少见,多因诊断不及时、治疗不彻底所致。细菌耐药,患儿身体虚弱,病程超过 2 个月。慢性痢疾患儿中毒症状轻,食欲低下,大便黏液增多,身体逐渐消瘦,预后不好。

(3)污染途径 污染传播途径大致有五种形式。

①食物型传播:痢疾杆菌在蔬菜、瓜果、腌菜中能生存 1 ~ 2 周,并可繁殖。食用生冷食物及不洁瓜果可引起菌痢发生。带菌厨师和痢疾杆菌污染食品常可引起菌痢暴发。

②水源型传播:痢疾杆菌污染水源可引起暴发流行。

③日常生活接触型传播:污染的手是非流行季节中散发病例的主要传播途径。桌椅、玩具、门把、公共汽车扶手等均可被痢疾杆菌污染,若用手接触后马上取用食品,或小孩吮吸手指均会致病。

④苍蝇传播:苍蝇粪极易造成食物污染。

⑤洪涝灾害使得人们的生活环境变坏,特别是水源受到严重污染,饮食卫生条件恶化及居住条件较差,感染志贺菌的可能性大大增加,水灾后局部发生细菌性痢疾暴发的可能性很大,要提高警惕和加强防治。

(4)预防措施 消灭传染源是预防措施之一,除治愈患者外,必须对托幼、饮食业及自来水厂工作人员定期检查,及时发现带菌者,调离工作岗位并予以治疗。切实做好饮食卫生、水源及粪便管理,消灭苍蝇,切断传播途径,防止病从口入。增强机体免疫力,中国正在试用口服菌痢活疫苗,以刺激肠道持续产生分泌型IgA,保护人体免受痢疾杆菌的侵袭。

2.沙门菌

(1)病原体 沙门菌(*Salmonella*)属肠杆菌科,革兰阴性肠道杆菌。已发现近

1000种(或菌株)。按其抗原成分,可分为甲、乙、丙、丁、戊等基本菌组。其中与人体疾病有关的主要有甲组的副伤寒甲杆菌,乙组的副伤寒乙杆菌和鼠伤寒杆菌,丙组的副伤寒丙杆菌和猪霍乱杆菌,丁组的伤寒杆菌和肠炎杆菌等。除伤寒杆菌、副伤寒甲杆菌和副伤寒乙杆菌引起人类的疾病外,大多数能引起家畜、鼠类和禽类等动物的疾病,但有时也可污染人类的食物而引起食物中毒。

沙门菌在水中不易繁殖,但可生存2~3周,冰箱中可生存3~4个月,在自然环境的粪便中可存活1~2个月。沙门菌最适繁殖温度为37℃,在20℃以上即能大量繁殖,因此,低温储存食品是一项重要预防措施。

沙门菌抵抗力不强,60℃经30min、100℃经1min立即死亡,5%苯酚溶液、消毒饮水含氯0.2~0.4mg/L及70%乙醇经5min均可将其杀死。对氯霉素、氨苄西林和磺胺甲基异恶唑敏感。

(2)临床症状　人类沙门菌感染的临床类型主要有三类:

①胃肠炎型:最常见的是沙门菌食物中毒和感染性腹泻,是由于沙门菌在食品中大量繁殖,侵入肠道后继续繁殖并释放出大量肠毒素,引起剧烈的胃肠炎。潜伏期数小时至3d,患者体温一般为38~39℃,有的可达40℃以上,食欲缺乏,伴有恶心、呕吐、腹痛、腹泻,稀水样便,少数有黏液脓血样便,病程一般为2~4d,偶有长达1~2周。病后很少有慢性带菌者。

②伤寒型:多由伤寒和副伤寒沙门菌所引起。潜伏期平均3~10d,临床症状表现为高热、皮疹、相对脉缓、肝脾肿大、神经系统中毒症状。一般排菌3周至3个月,有的可达1年。

③败血型:常见的致病菌为猪霍乱、肠炎、鼠伤寒沙门菌。多见于婴幼儿、儿童及兼有慢性疾病的成人。患者潜伏期1~2周,一般发病急,畏寒,发热,为不规则热型或间歇热,持续1~3周。一般胃肠炎症状不显著。

(3)污染途径　沙门菌属广泛分布于自然界。可在人和许多动物的肠道中繁殖,带菌宿主的粪便为该菌传染源之一。引起沙门菌食物中毒的食品主要为鱼、肉、禽、蛋和乳等食品,其中尤以肉类占多数。豆制品和糕点等有时也会引起沙门菌食物中毒。沙门菌污染食品的机会很多,各类食品被污染的原因如下。

①肉类食品沙门菌污染包括生前感染和宰后污染:生前感染又包括原发性沙门菌病和继发性沙门菌病。生前感染是肉类食品污染沙门菌的主要原因。宰后污染系指家畜、家禽在宰杀后被带有沙门菌的粪便、污水、土壤、容器、炊具、鼠、蝇等所污染,可发生在从屠宰到烹调的各个环节中。特别在熟肉制品的加工销售过程中,由于刀具、砧板、炊具、容器等生熟交叉污染或食品从业人员及带菌者污染,导致熟肉制品再次受沙门菌的污染。

②家禽蛋类及其制品被沙门菌污染比较常见,尤其是鸭、鹅等水禽蛋类:由于家禽产卵和粪便排泄通过同一泄殖腔,加上蛋壳上又有气孔,所以当家禽产蛋时,泄殖腔内的沙门菌可污染蛋壳并通过气孔而侵入蛋中。

③鲜乳及其制品被沙门菌污染:其原因为沙门菌病乳牛导致牛乳带菌或健康乳牛在挤乳过程中牛乳被沙门菌污染,如果巴氏消毒不彻底,食后可引起沙门菌属食物中毒。

④淡水鱼虾蟹等水产品被沙门菌污染:主要原因是水源被沙门菌污染。

上述这些被沙门菌污染的食品,在适合该菌大量繁殖的条件下,放置较久,食前未再充分加热,因而极易引起食物中毒。

由于沙门菌不分解蛋白质,因此被沙门菌污染的食品,通常没有感官性状的变化,难以用感官鉴定方法鉴别,故尤应引起注意,以免造成食物中毒。

(4)预防措施

①注意饮食卫生:不吃病、死畜禽的肉类及内脏,不喝生水。动物性食物如肉类及其制品均应煮熟煮透方可食用。

②加强食品卫生管理:应加强对屠宰场、肉类运输、食品厂等部门的卫生检疫及饮水消毒管理;消灭苍蝇、蟑螂和老鼠;搞好日常卫生,健全和执行饮食卫生管理制度。

③发现患者及时隔离治疗:恢复期带菌者或慢性带菌者不应从事食品行业的工作。

④防止医源性感染:医院特别是产房、儿科病房和传染病病房要防止在病房内流行。一旦发现,要彻底消毒。

⑤禁止将与人有关的抗生素用于畜牧场动物而增加耐药机会。

3. 致病性大肠杆菌(O157)

目前国际上根据致病机制的不同将大肠杆菌分为产肠毒素性大肠杆菌(ETEC)、肠致病性大肠杆菌(EPEC)、侵袭性大肠杆菌(EIEC)、出血性大肠杆菌(EHEC)、肠道聚集蒙古附性大肠杆菌(EAEC)和志贺样毒素大肠杆菌(SLTEC)六类。各类致病性大肠杆菌可引起婴儿或成人腹泻,当其污染食品或饮水后,可引起细菌性食物中毒或水源性腹泻病暴发流行。

大肠杆菌O157是EHEC中最主要的一种血清型,主要引起人的一种新的食源性疾病。

1982年美国首次从出血性结肠炎患者的粪便中检出,目前世界上许多国家皆有本病发生的报道。1996年日本近万人发生致病性大肠杆菌O157食物中毒事件。

(1)病原体 O157型大肠杆菌属于肠杆菌科埃希菌属,具有典型大肠杆菌的形态特征。该菌于75℃经1min、高于0.4mg/L氯浓度可杀死;对酸的抵抗力较强,即使在胃液作用下也难于杀死;对氨苄西林、头孢、庆大霉素、磺胺甲基异恶唑等药物敏感。该菌对人的致病性特强,每次摄入$10^3 \sim 10^4$个病菌就会发病,而其他大肠杆菌摄入10^6个病菌以上才会出现症状。该菌进入肠道后,附于肠壁繁殖,产生大量的志贺样毒素,导致发病。

(2)临床症状 带菌动物(牛、羊、猪、鸡等)和患者及隐性带菌者是污染源,主要通过摄入污染该菌的动物性食品(牛、羊、猪、禽肉、禽蛋及牛乳等)导致发病,或者严重污染的饮水和其他食品污染(如马铃薯、新鲜蔬菜、水果、汽水、未消毒的苹果汁等)及食品链的交叉污染也可导致发病。人与排菌的犊牛直接或间接接触后也会感染,接触感染的患者也可引起人与人之间直接传播。幼儿、儿童、年老体弱者易感。

该病潜伏期一般为 5～9d。患者呈急性发病,突发性腹痛,水样粪便,严重时转为血性粪便,呕吐,低热或不发热。重者出现溶血性尿毒综合征,如溶血性贫血、血尿、少尿,甚至无尿,急性肾衰竭等症状。危重患者呈嗜睡或昏迷等脑炎的症状,幼儿甚至发生休克、死亡。

(3)预防措施　避免饮用生水、少吃生菜等,对肉类、乳类和蛋类食品食前应煮透,吃水果要洗净去皮,从而防止"病从口入";动物粪便、垃圾等应及时清理并妥善处理,注意灭蝇、灭鼠,确保环境卫生;定期检疫监测,及时淘汰阳性畜群;把好口岸检疫与食品检验关。

4. 霍乱弧菌

霍乱弧菌(*Vibrio cholerae*)为霍乱的病原菌,引起一种急性肠道传染病,发病急、传染性强、病死率高,属于国际检疫传染病。《中华人民共和国传染病防治法》将其列为甲类传染病。

(1)病原体　霍乱弧菌分为两类:O1 群霍乱弧菌及非 O1 群霍乱弧菌和 O139 群霍乱弧菌。O1 群霍乱弧菌包括古典生物型和埃尔托(El – Tor)生物型。O1 群霍乱弧菌可引起广泛的霍乱大流行。非 O1 群霍乱弧菌只引起散发的胃肠炎或局限性暴发。O139 群霍乱弧菌是 1992 年才发现的可引起暴发流行的一种新型的 O2 – O138 群外的非 O1 群霍乱弧菌。

霍乱弧菌在形态和生物性状上都相似,呈逗点状或香蕉状,革兰阴性菌,无芽孢,无荚膜,单鞭毛,运动性强。产生的外毒素(肠毒素)和内毒素为致病的主要原因。该菌耐低温、耐碱不耐酸,在正常胃酸中仅能存活 4min,对热及干燥、直射阳光敏感,55℃湿热 15min、100℃经 1～2min 可杀死。在河水中能存活 2 周以上,在鲜肉、贝类食物、水果、蔬菜上能存活 1～2 周,用 0.5% 漂白粉澄清液或 0.1% 高锰酸钾处理蔬菜、水果 30min,可达到消毒的目的。

(2)发病原因及临床症状　患者或健康带菌者为传染源,隐性感染者和症状较轻的患者呈间歇排菌,危害性比重症患者更大。病菌随粪便及呕吐物排出,污染饮用水、食物和环境,并通过手、水、污染的食物、食具、蝇、蟑螂等媒介而经口感染。水型污染可暴发流行。霍乱的发生多在气温炎热的夏秋季节。

霍乱弧菌经口感染人体,能吸附于肠黏膜表面,并大量繁殖,其内毒素损害肠黏膜,外毒素引起肠液分泌过度增加,发生腹泻,大量丢失肠液,产生严重脱水、酸中毒及电解质紊乱。

霍乱的潜伏期为数小时至 7d,发病急。先有频繁的腹泻,腹泻液呈米泔水样,并有剧烈的呕吐,呈喷射状,呕吐物也呈米泔水样。患者上吐下泻后,导致机体严重脱水,外周循环衰竭,血压下降,脉搏加快,严重者可致休克或死亡。若不及时抢救治疗,其病死率很高。

(3)预防措施

①管理传染源:设置肠道门诊,及时发现隔离患者,做到早诊断、早隔离、早治疗、早报告。对接触者需留观5d,待连续3次大便阻性方可解除隔离。

②切断传播途径:加强卫生宣传,积极开展群众性的爱国卫生运动,管理好水源、饮食,处理好粪便,消灭苍蝇,养成良好的卫生习惯。

③保护易感人群:积极锻炼身体,提高抗病能力,可进行霍乱疫苗预防接种,新型的口服重组B亚单位/菌体霍乱疫苗已在2004年上市。

5. 变形杆菌

(1)病原体　病原变形杆菌属(*Proteus*)包括普通变形杆菌、奇异变形杆菌、莫根变形杆菌、雷极变形杆菌和无恒变形杆菌五种,前三种能引起食物中毒,后一种能引起婴儿的腹泻。变形杆菌抵抗力较弱,煮沸数分钟即死亡,55℃经1h,或在1%的苯酚溶液中30min均可被杀灭。

(2)临床症状　变形杆菌食物中毒的临床表现为三种类型,即急性胃肠炎型、过敏型和同时具有上述两种临床表现的混合型。急性胃肠炎型,潜伏期最短者为2h,最长为30h,一般10~12h,病程1~2d,预后良好。过敏型潜伏期较短,一般30min~2h,主要表现为面颊潮红、荨麻疹、醉酒感、头痛、发热,病程1~2d。混合型中毒症状既有过敏型中毒症状,又有急性胃肠炎症状。

(3)污染途径　引起变形杆菌食品中毒的主要是污染变质的动物性食品和以熟肉和内脏制品的冷盘最为常见。此外,豆制品、凉拌菜和剩饭等也偶有发生。变形杆菌在自然界分布很广,人和动物的肠道中也经常存在。食物中的变形杆菌主要来自外界的污染。环境卫生不良、生熟交叉污染、食品保藏不当以及剩余饭菜食前未充分加热,是引起中毒的主要原因。

(4)预防措施

①凡接触过生肉和生内脏的容器、用具等要及时洗刷消毒,严格做到生熟分开,防止交叉感染。

②生肉、熟食及其他动物性食品,都要存放在10℃以下,防止高温环境使细菌大量繁殖。无冷藏设备时,也应尽量把食品放在阴凉通风处,存放时间不宜过长。

③肉类在加工烹调过程中应充分加热,烧熟煮透。剩饭剩菜和存放时间长的熟肉制品,在食用前必须回锅加热。

6. 副溶血性弧菌

(1)病原体　副溶血性弧菌(*Vibrio parahaemolyticus*)是一种嗜盐菌,在无盐的培养基中生长很差,甚至不能生长。在含食盐3%~3.5%,温度30~37℃时生长最好。该菌不耐热,80℃经1min即被杀死;对酸敏感,在稀释1倍的食醋中经1min即可死亡,但在实际调制食品时,可能需10min才能杀死。带有少量副溶血性弧菌的食品,在适宜温度(30~37℃)下经过3~4h,病菌可急剧增加,并可引起食物中毒。

(2)临床症状　中毒症状潜伏期短,一般为10~18h,最短3~5h,长时达24~48h。主要症状为上腹部阵发性绞痛、呕吐、腹泻、发热(37.5~39.5℃),腹泻有时为黏液便、黏血便,大多数经2~4d后恢复,少数出现虚脱状态,如不及时抢救会导致死亡。

(3)污染途径　副溶血性弧菌广泛生存于近岸海水、海鱼和贝类中,夏秋季的海产品带菌率高达90%以上。故海产品以及与其接触过的炊具、容器、操作台、菜刀和揩布等是该菌传染的主要来源。

引起副溶血性弧菌食物中毒的食品主要是海产品,如海鱼、海虾、海蟹和海蜇等。其他各种食品如熟肉类、腊制品、蔬菜沙拉等,也常被交叉污染而引起食物中毒。

(4)预防措施

①海产品带菌率很高,是副溶血性弧菌的主要污染源。因此,在加工、运输、销售等各个环节中严禁生熟混杂,防止海产品污染其他食品。

②食物在吃前彻底加热,杀灭细菌。

③副溶血性弧菌在食醋中0.5h即可死亡,生吃食品(凉拌菜、咸菜、酱菜、海蜇)均可用食醋处理后再吃。

④控制细菌生长繁殖,做到鱼虾冷藏;鱼、虾和肉一定要烧熟煮透,防止里生外熟。蒸煮虾蟹时,一般在100℃经30min;低温保存的熟食吃前要再回锅加热。

7. 葡萄球菌

(1)病原体　葡萄球菌(Staphylococcus)是毒素型食物中毒菌。产生肠毒素的葡萄球菌可分为金黄色葡萄球菌和表皮葡萄球菌。实验证明,摄入葡萄球菌而无毒素并不引起中毒,但如果摄入葡萄球菌产生的肠毒素,就能引起食物中毒。金黄色葡萄球菌在20~37℃环境中极易繁殖并能产生较多的肠毒素,如果培养基中含有可分解的糖类,则有利于毒素形成。

葡萄球菌的肠毒素耐热性很强,100℃经2h方能被破坏。用油加热到218~248℃经30min勉强失去活性,故在一般烹调中不能完全被破坏。

(2)临床症状　中毒症状潜伏期短,在1~6h内即发急病。首先唾液分泌增加,出现恶心、呕吐、腹痛、水样性腹泻、吐比泻重,不发热或仅微热,有时呕吐物中含有胆汁、血液和黏液。病程较短,1~2d即可恢复,预后良好。

(3)污染途径　葡萄球菌肠毒素引起中毒的食品主要是剩饭、凉糕、奶油糕点、牛乳及其制品、熟肉类和米酒等。

葡萄球菌的传染源主要是人和动物。例如化脓性皮肤病和疖肿或急性呼吸道感染以及口腔、鼻咽炎等患者,患有乳房炎奶牛的乳及其制品,正常人也常为这类菌的带菌者。此外,葡萄球菌广泛分布在自然界,食品受污染的机会很多。被污染的食品若处于31~37℃则适合该菌繁殖,几小时后即可产生足以引起中毒的肠毒素。

(4)预防措施

①防止污染,对饮食加工、制作、销售的人员要定期进行健康检查,发现化脓者或有化脓性病灶者,以及上呼吸道感染和牙龈炎症者,应暂时调换工作,及早治疗;加强对奶牛、奶羊的健康检查,牛、羊在患乳房炎未愈前,所产乳不得食用。

②低温保藏食品,缩短存放时间,控制细菌繁殖和肠毒素的形成。

③剩饭剩菜除低温保存外,以不过夜最好。放置时间在5~6h,则食前要彻底加热。

一般加热100℃经2.5h才能有效。严重污染有不良气味者不能食用,以防中毒。

8. 肉毒梭状芽孢杆菌

(1)病原体　肉毒梭状芽孢杆菌毒素中毒简称肉毒中毒,是肉毒梭状芽孢杆菌外毒素引起的一种严重的食物中毒。

肉毒梭状芽孢杆菌(简称肉毒梭菌,*Clostridium botulinum*)可产生芽孢,是专性厌氧菌。在无氧、20℃以上和适宜的营养物质条件下可大量繁殖,并产生一种以神经毒性为特征的强烈的毒素,即肉毒毒素。肉毒毒素根据毒素抗原结构的不同,可分为A、B、C、D、E、F、G七型。人类肉毒毒素中毒主要由A、B及E型所引起,少数由F型引起,C、D型肉毒毒素主要引起动物疾病。

肉毒毒素不耐热,各型毒素80℃经30min即被破坏。菌体耐热性也不强,80℃经20min可杀死。但其芽孢耐热性很强,特别是A、B型菌的芽孢,需100℃湿热高温经6h才多数死亡。

(2)临床症状　潜伏期一般2~10d,最短6h,最长60d,其长短与摄入毒素量有密切关系。潜伏期越短死亡率越高。中毒症状为全身乏力,头痛、头晕等,继之或突然出现特异性神经麻痹,视力降低、复视、眼睑下垂、瞳孔放大,再相继引起口渴、舌短、失言、下咽困难、声哑、四肢运动麻痹。重症呼吸麻痹、尿闭而死亡,且死亡率极高。患者体温正常,意识清楚。患者经治疗可于4~10d缓慢恢复,一般无后遗症。

(3)污染途径　肉毒中毒一年四季都可发生,以冬春季为最多。世界各地均有发生,但不是经常普遍发生,其发生常与特殊的饮食习惯有密切关系。我国多发地区引起中毒的食品大多数是家庭自制的发酵食品,例如臭豆腐、豆豉、豆酱和制造面酱的一种中间产物——玉米糊等。这些发酵食品所用的原料(如豆类)常带有肉毒梭状芽孢杆菌,发酵过程往往是在封闭的容器中和高温环境中进行,为芽孢的生长繁殖和产毒提供了适宜的条件,故易引起中毒。在国外,发生于家庭自制的各种罐头食品、熏制食品或腊制品为主。

肉毒梭菌广泛存在于外界环境中,在土壤、地面水、蔬菜、粮食、豆类、鱼肠内容物以及海泥中均可发现。其中土壤是该菌的主要来源。各种食品的原料受到土壤肉毒梭菌的污染,加热不彻底,芽孢残存,可在无氧条件下生长繁殖,产生毒素。

(4)预防措施

①防止土壤对食品的污染,当制作易引起中毒的食品时,原料要充分洗净。

②生产罐头和瓶装食品时,除建立严格合理的卫生制度外,要严格执行灭菌的操作规程。顶部有鼓起或破裂的罐头一般不能食用。

③由于肉毒毒素不耐热,对可疑食品食用前要彻底加热,确保安全。

9. 单核细胞增多性李斯特菌

(1)病原体　单核细胞增多性李斯特菌(*Monocytic Lester Bacillus*,简称李斯特菌)在环境中的生存能力强,兼性厌氧,营养要求不高。0~50℃均能生长,30~37℃最适宜,-20℃能存活1年,在冷冻食品中可长期生存,是为数不多的低温生长致病菌之一。此菌不耐热,58~59℃经10min可死亡,在中性或弱碱性条件下生长最好,对氯化钠抵抗力强,20%氯化钠溶液中4℃可存活8周,普通腌制食品不影响其生存;能抵抗反复冷冻、紫外线照射。

(2)临床症状　李斯特菌病是由单核细胞增多性李斯特菌引起的疾病,通常会在健康成人中引起流感样症状,有恶心、呕吐、头痛、发热、寒战和背痛等。李斯特菌病的并发症对孕妇或小孩、老人等高危人群以及那些有免疫系统缺陷者有致命威胁(败血症、脑脊髓膜炎、脑炎、先天缺陷)。该病的潜伏期为1~21d,症状持续时间与开始采取治疗措施的时间有关。

此外,本菌尚可引起肝炎、肝脓肿、胆囊炎、脾脓肿、关节炎、骨髓炎、脊髓炎、脑脓肿、眼内炎等。

(3)污染途径　李斯特菌食物中毒全年可发生,夏、秋呈季节性增长。主要通过进食感染人体,可引起人的脑脊髓膜炎、败血症或无败血症性单核细胞增多症。已报道造成李斯特菌食物中毒的食品有消毒乳、乳制品、猪肉、羊肉、牛肉、家禽肉、河虾、蔬菜等。

李斯特菌食物中毒的原因多为污染该菌的食品未经充分加热后食用,如喝未彻底杀死该菌的消毒乳,冰箱内冷藏的熟食品取出后直接食用等。

(4)预防措施

①采取有效措施保护易感人群:李斯特菌广泛存在于环境和食品中,大多数健康人摄入而没有致病是由于有抵抗力;另一原因是动物食品虽然带菌率较高,但菌量少,只有少数免疫力低下的人发病,因此预防的重点是放在保护高危人群。

②切断污染源:李斯特菌具有嗜冷特性,冰箱保存食品时间不宜过长,食用前要彻底加热消毒。

10. 蜡状芽孢杆菌

(1)病原体　蜡状芽孢杆菌(*Bacillus cereus*)食物中毒在国外早有报道,近些年来我国各地也间有报告,大多与米饭有关,尚未引起普遍重视。

蜡状芽孢杆菌是需氧性、有运动能力、能形成芽孢的杆菌。该菌在15℃以下不繁殖,一般的室温下很容易生长繁殖,最适温度为 32~37℃。其营养细胞不耐热,100℃经20min 就可被杀灭,但芽孢具有耐热性。

(2)临床症状 芽孢杆菌有产生和不产生肠毒素菌株之分,产生肠毒素的菌株又分耐热和不耐热的两类。耐热的肠毒素常在米饭类食品中形成,引起呕吐型胃肠炎,不耐热肠毒素在各种食品中均可产生,引起腹泻型胃肠炎。

呕吐型胃肠炎的症状类似葡萄球菌肠毒素食物中毒。潜伏期为 0.5~2h,主要症状为恶心、呕吐、头晕、四肢无力、口干、寒颤、胃不适和腹痛等。少数患者有腹泻和腹胀等症状,一般体温不升高,病程 1d 左右,预后良好。

腹泻型胃肠炎的潜伏期为 10~12h,以腹痛、腹泻症状为主,偶有呕吐和发烧。病程 1d,预后良好。

(3)污染途径 蜡状芽孢杆菌食物中毒所涉及的食品种类繁多。呕吐型常由大米、马铃薯、面制品、玉米、玉米淀粉、大豆、豆腐和面粉等食品引起。而腹泻型经常与肉、乳、蔬菜和鱼等食物有关。

蜡状芽孢杆菌广泛分布于自然界,常发现于土壤、灰尘、腐草和空气中。食品在加工、运输、保藏和销售等过程中极易受污染。该菌的污染源主要为泥土和灰尘,它们通过苍蝇、蟑螂、用具和不卫生的手及食品从业人员进行传播。

(4)预防措施

①必须遵守卫生制度,做好防蝇、防鼠、防尘工作。

②蜡状芽孢杆菌在16~50℃即可生长繁殖,并产生肠毒素,故食品只能在低温中短期保存。

③剩饭可在浅盘中摊开快速冷却,在2h 内送往冷藏室,食用前彻底加热,一般100℃加热 20min 即可。

(四)病毒对食品的污染及危害

病毒具有很大的危害性,能以食物为传播载体和经粪——口途径传播。

1.口蹄疫病毒

(1)病原体 口蹄疫(Foot and Mouth Disease virus)俗称为口疮或蹄癀,是由口蹄疫病毒感染引起的急性、热性、接触性传染病,主要侵害偶蹄类动物,如牛、猪、骆驼、羊等。也侵害人,但较少见。

口蹄疫病毒对外界的抵抗力很强,在含病毒的组织和污染的饲料、皮毛及土壤中可保持传染性达数周至数月,在腌肉中可存活 3 个月,其骨髓中的病毒可生存半年以上。但对高温、酸和碱都比较敏感,阳光直射 60min、煮沸 3min 即可杀死。70℃经 10min,80℃经 1min 或 1% NaOH 经 1min 即被灭活,在 pH3.0 环境中也失去感染性。

(2)临床症状 牛、羊、猪、骆驼等患病偶蹄动物是主要的传染源。患病初期排毒量大,毒力强,最具有传染性。经唾液、粪便、乳、尿、精液和呼出的气体以及破溃的水疱向外界排出病毒。这种病的潜伏期一般为 2~5d,最初症状表现为体温升高,食欲减退,无精打采,接着在鼻镜、口腔、舌面、蹄部和乳房等部位出现大小不一的水泡,水泡破烂后形成烂斑,严重者蹄壳脱落流血、跛行或卧地不起而瘦弱死亡。幼畜常发生无水泡型口蹄疫,引起胃肠炎,出现腹泻,有时引起急性心肌炎而突然死亡。恶性口蹄疫,病死率高达50%以上。

处于潜伏期和治愈后的病畜也可携带病毒并向外排毒,也是重要的传染源之一。

人通过接触或饮食而发生感染,潜伏期为2~18d,一般为3~8d。常突然起病,出现发热、头痛、呕吐。2~3d后口腔内有干燥和烧灼感,唇、舌、齿龈及咽部发生水泡。皮肤上的水泡多见于手指、足趾、鼻翼和面部。水泡破裂后形成薄痂,逐渐愈合,有的形成溃疡,一般愈合快,不留瘢痕。有的患者有咽喉痛、吞咽困难、低血压、缓脉等症状。重者可并发胃肠炎、神经炎、心肌炎,以及皮肤、肺部的继发感染,因心肌炎而死亡的较多。

(3)预防措施 口蹄疫病毒对热、酸和碱敏感。最常用的消毒方法是对可疑受到污染的车、船等运输工具、场地、圈舍、饲槽、生产车间和设备,工作人员的衣帽、靴子等用1%烧碱水或沸水进行消毒。保持圈舍清洁卫生,每半个月用石灰水消毒一次。应加强对动物的检验和检疫,疑似患病动物加工的食品应及时销毁,以防止食品中有病毒的污染,也要防止食品加工过程中造成的交叉污染。加强对动物饲养管理,注射有效疫苗,发现疫情后及时报告当地有关部门,并采取捕杀、消毒、封锁隔离等防疫措施。

2.疯牛病朊病毒

(1)病原体 疯牛病(Mad - cow disease)的病原体是一类蛋白质侵染颗粒,即朊病毒(Prion),具有传染性。疯牛病朊病毒是一类非正常的病毒,它不含有通常病毒所含有的核酸,而是一种不含核酸仅有蛋白质的蛋白感染因子。其主要成分是一种蛋白酶抗性蛋白,对蛋白酶具有抗性。

朊病毒对紫外线、辐射、超声波、蛋白酶等能使普通病毒灭活的一些理化因素有较强的抵抗力,高温(134~138℃经30min)不能完全使其灭活、核酸酶、羟胺、亚硝酸之类的核酸变性剂都不能破坏其感染性;病牛脑组织用常规福尔马林处理,不能使其完全灭活;能耐受的酸碱范围为pH 2.7~10.5。其传染性强、危害性大,极不利于人类和动物的健康。

(2)临床症状 疯牛病多发生于4岁左右的成年牛,大多表现为烦躁不安,行为反常,对声音和触摸极度敏感,常由于恐惧、狂躁而表现出攻击性。少数病牛出现头部和肩部肌肉震颤和抽搐。

被感染的人会出现睡眠紊乱、个性改变、共济失调、失语症、视觉丧失、肌肉萎缩、肌痉挛、进行性痴呆等症状,并且会在发病的一年内死亡。此病临床表现为脑组织的海绵体化、空泡化、星形胶质细胞和微小胶质细胞的形成以及致病型蛋白积累,无免疫反应。病原体通过血液进入大脑,将脑组织变成海绵状,完全失去功能。

（3）传染途径　疯牛病可以通过受孕母牛经胎盘传染给犊牛,也可经患病动物的骨肉粉加工的饲料传播到其他的牛。

传染给人的途径:①食用感染了疯牛病的牛肉及其制品会导致感染;②某些化妆品除了使用植物原料之外,也有使用动物原料的成分,所以化妆品也有可能含有疯牛病病毒(化妆品所使用的牛羊器官或组织成分有脑、脾脏、胎盘、羊水、胸腺、胶原蛋白等);③通过医药生物制品公司的医药产品造成医源性感染。

（4）预防措施　为了防止疯牛病的发生传播,对于动物饲料加工厂的建立和运作,必须加以规范化,包括严格禁止使用有可疑病的动物作为原料,使用严格的加工处理方法,包括蒸汽高温、高压消毒。严格禁止流通和食用有疯牛病的牛羊以及与牛羊有关的加工制品,包括牛血清、血清蛋白、动物饲料、内脏、脂肪、骨及激素类等。

3. 甲型肝炎病毒

（1）病原体　甲型肝炎病毒(Hepatitis A virus,HAV)属于微小 RNA 病毒科嗜肝病毒属,球型颗粒,直径一般为27～32nm,无囊膜,为单股 RNA。

HAV 抵抗力较强,对乙醚、60℃经 1h 及 pH3.0 条件下均有相对的抵抗力(在4℃可存活数月),低温可长期存活。85℃经 5min,98℃经 1min 可完全灭活。紫外线照射 1～5min,用甲醛溶液和氯处理,均可使之灭活。非离子型去垢剂不能破坏病毒的传染性。

（2）传染源及传染途径

①传染源:传染源主要是急性期感染者和亚临床感染者。后者无症状,不易发现,是重要的传染源。

②HAV 通常随患者粪便排出体外,通过污染水源、食物、蔬菜、食具、手等经口的传播可造成散发性流行或大流行。甲型肝炎流行以秋冬为主,也有春季流行的。

③HAV 多侵犯儿童及青年,发病率随年龄增长而递减。

（3）发病体征

潜伏期为 15～45d(平均 30d),急性黄疸型患者常有发热、畏寒、食欲减退、厌油、恶心或呕吐、腹泻或便秘、进而患者的皮肤、角膜发黄,肝大、肝区疼痛、尿黄等,患者肝功能异常。无黄疸型患者仅有疲乏、恶心、肝区痛、消化不良,体重减轻等。经彻底治疗后,预后良好。

（4）预防措施

①加强传染源的管理:对餐饮从业人员、食品生产、加工人员要定期进行健康体检;对患者的排泄物、血液、食具、床单、衣物、用具等要进行严格消毒。

②切断传播途径:防止食物和饮用水被粪便污染,加强对饮用水的消毒管理。餐饮企业要严格遵守卫生规范,个人要养成良好的卫生习惯。

③接种甲肝疫苗。

4. 猪水泡病病毒

猪水泡病(Swine Vesicular Disease virus,SVDV)是由猪水泡病病毒引起猪的

一种急性传染病,以口、蹄、鼻端和乳头等部位皮肤或黏膜上发生水泡为特征。临床上与口蹄疫难区别。主要对猪的危害严重,肥猪尤易得病,人也可感染。

(1)病原体 SVDV属细小RNA病毒科,肠道病毒属。病毒粒子呈球形,直径22~30nm,呈20面对称体。SVDV 50℃经30min仍具有感染力,对消毒药有较强的抵抗力。病毒在污染的猪舍内存活8周以上。病猪肉腌制90d后仍可检出病毒。

(2)临床症状 SVDV的潜伏期为2~6d,接触传染潜伏期4~6d,喂感染的猪肉产品,则潜伏期为2d。病初体温升高至40~42℃,在蹄冠、趾间出现水泡,鼻、舌、唇和母猪的乳头也有发生。水泡破裂形成溃疡,甚至化脓。有的肥猪显著掉膘,一般病程为10d左右,然后自然康复,但初生仔猪容易造成死亡。患病者脏器官无肉眼可见的病变。

根据病毒菌株、感染途径、感染量及饲养条件的不同,猪水泡病可表现为亚临床型、温和型和严重水泡型。

(3)传染途径 传染源主要为病猪、康复带毒猪和隐性感染猪,病畜的水泡液、粪便、血液以及肠道、毒血症期所有组织均含有大量病毒。感染猪的肉屑及泔水,污染的圈舍、车辆、工具、饲料及运动场地均是危险的传染源,可经消化道传播。SVDV的流行性强,发病率高。

病毒易通过宿主黏膜(消化道、呼吸道黏膜和眼结膜)和损伤的皮肤感染,孕猪可经胎盘将病毒传播给胎儿。

(4)预防措施 对常发病地区的猪只,可采用疫苗免疫接种的方法进行预防。做好日常消毒工作,对猪舍、环境、运输工具用有效消毒药(如5%氨水、10%溶液、3%福尔马林和3%的热氢氧化钠溶液等)进行定期消毒。禁用未经煮沸的泔水喂猪。加强屠宰加工厂的卫生检验,防止对人的感染。从事于病猪接触的饲养员及其他工作人员应做好防护工作。

5.高致病性禽流感病毒

(1)病原体 高致病性禽流感(Highly Pathogenic Avian Influenza,HPAI)是由正黏病毒科流感病毒属甲型流感病毒引起的以禽类为主的烈性传染病。世界动物卫生组织(OIE)将其列为必须报告的动物传染病,我国将其列为一类动物疫病。

HPAI病毒可以直接感染人类。但是,由于禽流感病毒的血凝素结构等特点,一般感染禽类。当病毒在复制过程中发生基因重配,致使结构发生改变,获得感染人的能力,才可能造成人感染禽流感疾病的发生。至今发现能直接感染人的禽流感病毒亚型有H5N1、H7N1、H7N2、H7N3、H7N7、H9N2和H7N9亚型。其中,高致病性H5N1亚型和2013年3月在人体上首次发现的新禽流感H7N9亚型尤为引人关注,患者病情重,病死率高。

禽流感病毒对乙醚、氯仿、丙酮等有机溶剂均敏感。常用消毒剂容易将其灭活,如氧化剂、稀酸、十二烷基硫酸钠、卤素化合物(如漂白粉和碘剂)等都能迅速破坏其传染性。

禽流感病毒对热比较敏感,65℃经30min或煮沸(100℃)2min以上可灭活。病毒在粪便中可存活1周,在水中可存活1个月,在pH<4.1的条件下也具有存活能力。病毒对低温抵抗力较强,在有甘油保护的情况下可保持活力1年以上。病毒在直射阳光下40~48h即可灭活,如果用紫外线直接照射,可迅速破坏其传染性。

(2)临床症状 禽流感病毒通常不感染除禽类和猪以外的动物,但人偶尔可以被感染。人类患上人感染高致病性禽流感后,起病很急,早期表现类似普通型流感。主要表现为发热,体温大多在39℃以上,持续1~7d,一般为3~4d,可伴有流涕、鼻塞、咳嗽、咽痛、头痛、全身不适,部分患者可有恶心、腹痛、腹泻、稀水样便等消化道症状。除了上述表现之外,人感染高致病性禽流感重症患者还可出现肺炎、呼吸窘迫等表现,甚至可导致死亡。

(3)传染途径 家禽及其尸体是该病毒的主要传染源。禽流感病毒可通过消化道和呼吸道进入人体,传染给人,人类直接接触受禽流感病毒感染的家禽及其粪便或直接接触禽流感病毒也可以被感染。通过飞沫及接触呼吸道分泌物也是传播途径。如果直接接触带有相当数量病毒的物品,如家禽的粪便、羽毛、呼吸道分泌物、血液等,也可经过眼结膜和破损皮肤引起感染。

(4)预防措施 目前认为,携带病毒的禽类是人感染禽流感的主要传染源。减少和控制禽类感染,尤其是有效控制家禽间的禽流感病毒的传播尤为重要。控制禽流感发生具体措施主要是做好禽流感疫苗预防接种,防止禽类感染禽流感病毒。一旦发生疫情后,应将病禽及时捕杀,对疫区采取封锁和消毒等措施。

感染禽类的分泌物、野生禽类、污染的饲料、设备和人都是禽流感病毒的携带者,应采取适当措施切断这些传染源。

饲养人员与病禽接触的人员应采取相应防护措施,以防发生感染。注意饮食卫生,食用可疑的禽类食品时,要加热煮透。对可疑餐具要彻底消毒,加工生肉的用具要与熟食分开,避免交叉污染。

(五)寄生虫对食品的污染及危害

寄生虫是指不能或不能完全独立生存,需寄生于其他生物体内的虫类。寄生虫所寄生的生物体称为寄生虫的宿主,其中,成虫和有性繁殖阶段寄生的宿主称为终宿主;幼虫和无性繁殖阶段寄生的宿主称为中间宿主。寄生虫在其寄生宿主内生存,通过争夺营养、机械损伤、栓塞脉管及分泌毒素给宿主造成伤害。寄生虫及其虫卵直接污染食品或通过患者、病畜的粪便污染水体或土壤后,再污染食品,人经口摄入而发生食物源性寄生虫病。食物源性寄生虫病在我国分布广、危害严重。

1.囊虫

(1)病原体 囊虫(*Cysticercosis*)即囊尾蚴,指有钩绦虫即猪肉绦虫和无钩绦虫即牛肉绦虫的幼虫。人可被成虫寄生,也可以被猪肉绦虫的幼虫(猪囊尾蚴)寄生,特别是后者对人类的危害更为严重。

引起人类囊虫病的病原体有猪肉绦虫和牛肉绦虫。猪肉绦虫属于带科,带属。成熟的猪囊虫呈椭圆形,乳白色,半透明,囊内充满液体,大小为(6～10)mm×5mm,位于肌纤维间的结缔组织内,其长径与肌纤维平行。囊壁为一层薄膜,肉眼隔囊壁可见绿豆大小乳白色小点,向囊腔凹入,为内翻的头节,头节有4个吸盘和1个顶突,顶突上有11～16对小钩。猪囊尾蚴主要寄生在股内侧肌肉、深腰肌、肩胛肌、咬肌、腹内斜肌、膈肌和心肌中,还可寄生于脑、眼、胸膜和肋间肌膜之间等。在肌肉中的囊尾蚴呈米粒或豆粒大小,习惯称为"米猪肉"或"豆猪肉"。

猪肉绦虫成虫呈带状,长达2～8m,可分为头节、颈节与体节,有700～1000个节片。其头节与囊尾蚴相同,可牢固地吸附于小肠壁上,以吸取营养物质。颈节纤细,紧连在头节的后面,为其生长部分。体节分未成熟、成熟及妊娠体节三部分。虫卵呈深黄色,内含3对小钩的胚胎,称六钩蚴。成虫主要寄生于人的小肠。

牛肉绦虫的幼虫和成虫与猪肉绦虫的幼虫和成虫相似,但其头节无钩,通过吸盘固定在肠壁。

(2)发病原因及临床症状　人因生吃或食用未煮熟的"米猪肉"而被感染。在胃液和胆汁的作用下,于小肠内翻出头节,然后吸附于肠壁上。从颈部逐渐长出节片,经2～3个月发育为成虫,开始有孕节随粪便排出。一条成虫的寿命可达25年以上。一般一个人可感染1～2条,偶有3～4条。患者表现食欲减退、体重减轻、慢性消化不良、腹泻或腹泻与便秘交替发生。

人除了是绦虫的终宿主外,还可以是中间宿主。此外,还有猪、野猪、犬、羊也是中间宿主。绦虫的虫卵必须经胃在胃酸的作用下脱囊,才可以发育为囊尾蚴而感染人类。因此,人感染囊虫的途径如下。

①异体感染:是由于食入受虫卵污染的食物而引起的囊虫感染。

②自体体外感染:当自体体内感染绦虫时,由于不良的个人卫生习惯,通过手或食物食入虫卵而引起的囊虫感染。

③自体体内感染:人体本身有成虫寄生在肠道内,由于某种原因发生呕吐,使肠道内的成虫孕节逆蠕动而进入胃内,这无异于从嘴里吃下大量虫卵而造成自身感染。虫卵在人体的十二指肠孵出后,进入肠系膜小静脉及淋巴管,后随血流沉着于全身组织,形成囊尾蚴。

囊虫病其症状如下:

①皮下及肌肉囊尾蚴病:患者局部肌肉酸痛、发胀。

②脑囊尾蚴病:患者可因脑组织受压迫而出现癫痫、脑膜炎、颅内压增高、痴呆,还可引起抽搐、瘫痪以至死亡。

③眼囊尾蚴病:寄生于眼部可导致视力减退,甚至失明,还可出现运动、感觉、反射改变,头痛、头晕、恶心及其他症状。

(3)预防措施

①预防:防治本病,平时应加强猪场管理,做到猪有圈,不放养,人有厕所;人粪便不新鲜施用,须经过堆肥发酵处理,尤其是疫源区要杜绝猪吃人粪的现象发生。同时应做好猪肉、食品卫生检验工作,发现有囊虫寄生的猪肉应严格按食品卫生检验的有关规定作高温、冷冻和盐腌等无害化处理。

②处理:高温要求肉块质量不超过2kg,厚度不超过8cm,用高压蒸汽法时,以0.15MPa(1.5atm)持续1h,切面呈灰白色,流出的肉汁无色时即可。冷冻要求深层肌肉的温度降至-12℃以下,持续4d以上,如盐腌则要求不少于20d,食盐量不少于肉重的12%,腌过的肉含盐量必须达到5.5%~7.5%。

2. 姜片吸虫

(1)病原体 姜片吸虫(*Fasciolopsis buski*)即布氏姜片吸虫,寄生于人体和猪的小肠。对5岁以上的儿童及青少年危害较大。目前我国姜片虫病流行区已日渐减少,人体感染率已明显降低。

姜片吸虫属于片形科,姜片属。新鲜虫体为肉红色,虫体大而肥厚,大小为(20~75)mm×(8~20)mm。有口吸盘和腹吸盘各1个。成虫借吸盘附在肠黏膜上,雌雄同体。虫卵呈淡黄色,椭圆形,壳薄,卵盖小而不明显,是人体肠蠕虫中最大的虫卵。成虫每日可排卵1.5万~2.5万个。

虫卵随终宿主(人和猪)的粪便进入水中,在适宜条件下,经3~7周孵出毛蚴。毛蚴在水中运动,遇到中间宿主扁卷螺即钻入其体内,在螺体内经胞蚴、母雷蚴和子雷蚴,发育成尾蚴,不断从螺体内逸出,吸附在菱、荸荠、藕等水生植物的外皮上形成囊蚴。囊蚴在潮湿的环境中可存活1年,但遇干燥则易死亡。人生吃了有囊蚴的水生植物或牙啃咬其皮时,囊蚴经胃入小肠,在小肠经肠液和胆汁的作用,囊壁破裂,幼虫脱囊而出,吸附于小肠的肠黏膜上,发育为成虫。自食入囊蚴至成虫产卵需1~3个月。成虫寿命约2年。

(2)发病原因及临床症状 人类生食被姜片虫囊蚴污染的水生植物而感染。轻者无症状。较重者主要表现腹痛、恶心、呕吐、消化不良、经常腹泻、贫血、精神萎靡。有的还出现腹腔积液和水肿,严重者可死亡。

(3)预防措施 针对本病的流行环节,重要是切断传播途径,但也需采取综合的预防措施。

①管理传染源:定期开展健康体检及粪便普查,发现患者需及时治疗,定期复查,直到治愈。流行区的猪应圈养,猪饲料必须煮熟,病猪可用硫双二氯酚治疗。

②切断传播途径:在种植菱角、荸荠等食用水生植物的池塘或水田不使用未经无害化处理的粪肥。积极开展灭螺工作,可进行水生植物与其他作物的轮种,使用化学药品如生石灰等以杀灭扁卷螺。

③预防人、猪感染:加强卫生宣传教育,普及防病知识。提倡不食生果品、不喝生水。菱角、荸荠、茭白等应熟食,或充分洗净后用刀削去皮壳。含有囊蚴的水生饲料应经发酵、加热等方式处理后再喂猪。

3. 旋毛虫

（1）病原体　旋毛虫（*Trichinella spiralis*）即旋毛形线虫，其成虫寄生于肠管，称肠旋毛虫，幼虫寄生于横纹肌中，且形成包囊，称肌旋毛虫。人和几乎所有的哺乳动物（如猪、犬、猫、鼠、野猪等）均能感染。由其引起的旋毛虫病是一种重要的人兽共患寄生虫病，危害很大。

旋毛虫属于线虫纲，毛尾目，毛形科，是雌雄异体的小线虫。雄虫大小为（1.4~1.6）mm×（0.04~0.05）mm，雌虫大小为（3~4）mm×0.06mm。肉眼观察成虫为短白绒丝状的线虫。幼虫刚产出时呈细长圆柱形，寄生于横纹肌内的虫体呈螺旋状弯曲，外披有与肌纤维平行的椭圆形包囊，内有囊液，可含有 1~2 条幼虫。肌肉中的包囊一般为（0.25~0.3）mm×（0.4~0.7）mm，肉眼观察呈白色针尖状。主要寄生的部位有膈肌、舌肌、心肌、胸大肌和肋间肌等，以膈肌最为常见。包囊对外界环境的抵抗力较强，能耐低温，猪肉中的包囊在 −15℃储藏 20d 才死亡；在 −12℃可保持活力达 57d；包囊在腐肉中也可存活 100d 以上。熏烤、腌制及暴晒等加工方法不能杀死包囊，但加热至 70℃可杀死。旋毛虫是永久性寄生虫，同一个动物既是它的终宿主，又是它的中间宿主，它不需要在外界环境或中间宿主内发育。

（2）发病原因及临床症状　人感染旋毛虫是由于吃了生的或未煮熟的猪肉或野猪肉，少数也有食入其他肉类（如犬、羊、马等）而感染。感染原因：一是与食肉习惯有关，调查表明发病人数中 90% 以上与吃生猪肉有关；二是通过肉屑污染餐具、手指和食品等引起感染，尤其是烹调加工时生熟不分造成污染；三是粪便中、土壤中和昆虫体内的旋毛虫幼虫也可能成为人们感染的来源。

当人摄入含有幼虫包囊的动物肌肉后，包囊被消化，幼虫逸出，钻入十二指肠和空肠的黏膜内，在 2d 内发育为成虫。经交配后 7~10d 开始产幼虫，每条雌虫可产幼虫 1000~10000 条，寿命为 4~6 周。幼虫穿过肠壁随血液循环到达人体各部的横纹肌，一般在感染后 1 个月内形成包囊。包囊在数月至 1~2 年内开始钙化，包囊钙化后并不影响虫的生命（如虫体死亡则也被钙化）。肌旋毛虫的寿命可达数年。

人体感染旋毛虫初期（成虫寄生期，约 1 周）会引起肠炎、多数患者出现恶心、呕吐、腹痛和粪便中带血等症状。中期（幼虫移行期，2~3 周）会引起急性血管炎和肌肉炎症，表现头痛、高热、怕冷、全身肌肉痛痒，尤以四肢和腰部明显；疼痛出现后，发生眼睑、颜面、四肢或下肢水肿，水肿部位皮肤发红发亮。此外，实质器官如心、肝、肺、肾等可引起不同程度的功能损害，并伴有周围神经炎，视力、听力障碍，半身瘫痪等。末期（成囊期，4~16 周）表现有肌肉隐痛，重症者可因毒血症或合并症而死亡。

（3）预防措施

①加强卫生宣传教育，不生食或食未煮熟的猪肉。

②改善养猪方法,合理建猪圈,提倡圈养,隔离病猪,不用含有旋毛虫的动物碎肉和内脏喂猪,饲料应加温至少55℃以上,以防猪感染。猪粪堆肥发酵处理。

③鼠类是本病的保虫宿主,尽力灭鼠,勿使其污染食物和猪食。

④加强猪肉卫生检验,未经卫生许可的猪肉不准上市,尤其个体摊贩的猪肉更应卫生监督。屠宰场猪肉应详细检查。

4. 蛔虫

(1)病原体 蛔虫(*Ascaris lumbricoides*)似蚯蚓线虫寄生于人体小肠内,也可寄生于猪、犬、猫等动物体内。蛔虫病是一种常见寄生虫病,呈世界性分布。据近年估计,我国感染人数约有5.31亿,农村人群感染率高于城市,儿童高于成人。

蛔虫属于线虫纲,蛔科,蛔属。成虫呈圆柱形,似蚯蚓状,活的呈粉红色,死后为黄白色。雄虫(15~25)cm×(0.2~0.4)cm,雌虫(20~35)cm×(0.3~0.6)cm。受精卵为椭圆形,大小为(45~75)μm×(35~50)μm,卵壳表面常附有一层粗糙不平的蛋白质膜,因受胆汁染色而呈棕黄色,卵内有一圆形的卵细胞。未受精的卵大小为(88~94)μm×(39~44)μm,形状不规则,一般为长椭圆形,卵内含有许多折光性较强的卵黄粒。只有受精卵才能发育。蛔虫卵对各种环境因素的抵抗力很强。虫卵在土壤中能生存4~5年,在粪坑中生存6~12个月,在污水中生存5~8个月,在5~10℃生存2年;在2%的甲醛溶液中可以正常发育;用10%的漂白粉溶液、2% NaOH溶液均不能杀死虫卵;但在阳光直射或高温、干燥、60℃以上的3.5%碱水、20%~30%热草木灰水或新鲜石灰水可杀死蛔虫卵。

(2)发病原因及临床症状 虫卵随粪便排出体外,在适宜温度、湿度和氧气充足的环境中经10d左右发育为第一期幼虫,再经过一段时间的生长和一次蜕化变为第二期幼虫,再经过一段时间才发育为感染性虫卵。感染虫卵一旦与食品、水、尘埃等一起经口摄入,则在人体肠道内孵化,钻进肠壁,随血流经肝脏和心脏而至肺,再穿过微血管壁进入肺泡,然后再沿支气管、气管至会厌部,被咽下又经食管、胃而入小肠内发育为成虫。人从食入感染性虫卵到粪便中有虫卵排出,约需2.5个月。成虫每天排卵可达20万个,蛔虫的寿命一般为1年。

蛔虫卵通过灰尘、水、土壤或蝇、鼠及带虫卵的手等污染食物如蔬菜、水果及水生生物,人可因生食未洗净的这类食物而感染。肠蛔虫患者可有腹部不适或上腹部或脐部周围疼痛,食欲减退、易饿、便秘或腹泻、呕吐、烦躁、夜间磨牙、低热、哮喘、荨麻疹等症状。若成虫钻入胆道可发生胆管蛔虫症,钻入胆囊、肝脏、阑尾、胰腺等部位而引起合并症,若造成肠穿孔可导致腹膜炎。成虫可互相扭结成团,造成肠梗阻。

(3)预防措施

①控制传染源:驱除人体肠道内的蛔虫是控制传染源的重要措施。应积极发现、治疗肠蛔虫病患者,对易感者定期查治。尤其是幼儿园、小学及农村居民区等,抽样调查发现感染者超过半数时可进行普治。在感染高峰后2~3个月(如冬季或

秋季),可集体服用驱虫药物。驱出的虫和粪便应及时处理,避免其污染环境。

②注意个人卫生:养成良好个人卫生习惯,饭前便后洗手;不饮生水,不食不清洁的瓜果、勤剪指甲、不随地大便等。对餐馆及饮食店等,应定期进行卫生标准化检查,禁止生水制作饮料等。

③加强粪便管理:搞好环境卫生,对粪便进行无害化处理,不用生粪便施肥,不放牧猪等。

5. 弓形体

(1)病原体　弓形体(*Toxoplasmosis*)即刚地弓形虫,为细胞内寄生原虫,其宿主种类十分广泛。由其引起的弓形虫病是人兽共患寄生虫病,呈世界性分布,全世界有25% ~ 50%的人受感染,隐性感染居多。

弓形体是一种原虫,病原体为龚地弓形体。在猪及其他中间宿主体内为滋养体和"伪囊"二种形态,而在终末宿主猫的体内则为滋养体期、包囊期、裂殖体期、配子体期和卵囊期五种形态。

处于各个发育阶段之中的弓形虫其形态结构完全不同。滋养体期是弓形虫的增殖期,呈香蕉形或弓形,包囊期多见于脑、心肌和骨骼肌中,内含虫体多达3000个。包囊形成后可在宿主体内存活数年。

(2)临床症状　弓形体病是一种人畜共患的原虫性疾病。人、猫、狗、猪、牛等均可感染。人是弓形体原虫的中间宿主,是通过食入孢子化的卵囊或另一种动物的肉、乳或蛋中的包囊、滋养体而感染的。弓形虫病多数为隐性感染,仅少数感染者发病,人患本病多见为胎盘感染、胎儿早产、死产、小头病、脑水肿、脑脊髓炎、脑后灰化、运动障碍等,成人发病极少,一般无症状经过。

(3)预防措施　加强肉品卫生检验及处理制度;对从事畜牧业及肉类食品加工人员,应定期进行血清学检查;粪便无害化处理;不养猫等宠物;不食生蛋、生乳和未煮熟的肉;生熟用具严格分开。

6. 阿米巴原虫

(1)病原体　阿米巴原虫(*Amiba protozoa*)有多种,一般认为只有溶组织内阿米巴具有侵袭组织的能力。因此,凡被溶组织内阿米巴感染,无论有无症状均称为阿米巴病(Amebiasis)。据文献报告,全世界患者约3亿,每年死亡人数高达10万人。我国各地的感染率不平衡,一般在0.9% ~ 30.0%。

溶组织内阿米巴有包囊和大、小滋养体三种形态。大滋养体寄生于结肠黏膜下层等组织,二分裂增殖,有一个核,直径为20 ~ 40μm,有侵袭力,主要见于急性期患者粪便;小滋养体主要寄生于肠腔,直径6 ~ 20μm;包囊直径为10 ~ 16μm,成熟的4核包囊具有感染性,进入宿主体内6h发育成熟,随粪便排出,每天的排出量高达100万个。滋养体排出体外极易死亡,无传播作用。包囊在外界环境中有较强的抵抗力,在大便中能存活2周,在水中能存活5周,在常用消毒剂中能存活20 ~ 30min,一般饮水消毒的氯浓度不能将其杀死,但在60℃经10min可杀死。

（2）发病原因及临床症状　患阿米巴病慢性恢复期和无症状排囊的人或兽（主要为家猪和犬等）为传染源。排出有包囊粪便直接污染水源和食物或间接通过蝇粪污染食物后，经口传播。

溶组织阿米巴侵入机体后，大多数感染者呈无症状携带状态。包囊进入胃到达小肠后，脱囊，二分裂增殖，可侵入肠黏膜，在肠壁形成溃疡，即肠阿米巴病（又称阿米巴痢疾），临床分为无症状型、普通型、暴发型、慢性型和肠内外并发症，以出现腹泻和脓血便为主要症状；也可侵蚀肠壁的血管，进入血液引起肠外阿米巴病（主要是阿米巴肝脓肿），临床表现为长期不规则发热，消瘦、肝大、肝区疼痛。

（3）预防措施　人群中带囊者是主要传染源，应加强"三管一灭"（管饮食、管饮水、管粪便，灭蝇）工作；加强食品卫生宣传教育工作，防止"病从口入"；对自然感染阿米巴原虫的动物，应防止其直接或间接污染食品。

（六）案例分析——蜡状芽孢杆菌食物中毒事件

2006 年 4 月 22 日，平顺县某中学发生了一起因食用炒米饭而引起的食物中毒事件，经流行病学调查和实验室检验，判定为一起蜡状芽孢杆菌食物中毒。现分析报告如下。

1. 流行病学调查

（1）中毒经过　2006 年 4 月 22 日，平顺县某中学食堂 6:30 开始供应早餐，食物为当天早晨新蒸馒头、鸡蛋汤、炒土豆丝和开水。大约半小时后，由于馒头售完，食堂厨师把前一天中午所剩米饭加马铃薯、黄豆芽、洋葱翻炒后，供应就餐学生。当天 7:40 一名就餐学生出现头晕、恶心、呕吐等症状，到 10:30 共有 62 名学生陆续出现上述症状。所有患者经抗生素和对症治疗，1～2 天内痊愈，无死亡病例发生。

（2）现场调查　该校共有学生 700 余人，全部为住校学生。学校设学生食堂一所，供应学生就餐。4 月 22 日，由于是星期六，多数学生已回家，故早晨就餐学生比平时少，为 200 人。经流行病学调查，只吃馒头的学生为 138 人，只吃炒米饭的学生为 46 人，既吃馒头又吃炒米饭的学生为 16 人。从个案调查中发现，发病者全部为食用炒米饭或既食用炒米饭又食用馒头者，而未食用炒米饭者未见发病。以呕吐者居多，为 55 人，占发病人数的 88.71%，呕吐次数少者 1 次，多则达 6 次，平均为 3～4 次。男生为 20 人，女生为 42 人，男女性别比为 1:2.1。

2. 临床表现

本次食物中毒，潜伏期最短为 40min，最长为 190min，平均潜伏期为 1.5h。主要临床症状为头晕、头痛，恶心并伴呕吐，呕吐物为胃内容物。腹痛者仅 3 人，未见腹泻、发热者。

3. 实验室检验

事故发生后，共采集到剩余食品馒头、炒米饭和炒土豆丝 3 份，患者呕吐物 4

份。炒米饭中蜡状芽孢杆菌菌落为 2.4×10^6 CFU/g,患者呕吐物中蜡状芽孢杆菌阳性,且与剩余炒米饭中蜡状芽孢杆菌生化性状相同。其余样品未检出。

4. 讨论

（1）蜡状芽孢杆菌广泛分布于土壤、尘埃等自然界中,污染食品的机会很多。该菌生长繁殖温度范围广,在室温20℃左右能很好繁殖且具有形成耐热芽孢的特性。通常的食品加热烹调（热冲击）对该菌的芽孢杀不死,而芽孢却会残存发芽。所以食品加热烹调温度不够,发生该菌食物中毒的危险性加大,当食入食品含蜡状芽孢杆菌达 10^5 CFU/g 以上时,可引起食物中毒。最容易受污染的食物是米饭、馒头、面条、包子、面包以及豆制品等。对于淀粉类食物尤其是剩米饭或剩面条,在留作下顿或第 2 天当作泡饭或炒面食用时,往往由于被污染的蜡状芽孢杆菌的大量生长繁殖而引起食物中毒。

引起本次食物中毒的食品为炒米饭,所用米饭为前一天中午所剩米饭,剩米饭在室温自然条件下存放约18h,为蜡状芽孢杆菌的繁殖提供了条件。根据调查,厨师在加工过程中,翻炒时间短,大约为 5~6min,未进行彻底加热,导致进食者中毒。根据流行病学调查,患者临床症状,结合实验室检验结果,确定本次食物中毒为食用炒米饭而引起的一起蜡状芽孢杆菌食物中毒。

（2）蜡状芽孢杆菌食物中毒的症状有呕吐型和腹泻型两种。呕吐型主要以恶心、呕吐、腹痛等为主要症状,也可有头昏、四肢无力、口干等症状,病程 8~10h;腹泻型主要以腹痛、腹泻为主要症状,一般不发热,病程 16~36h。本次中毒者中,呕吐者为多,为呕吐型蜡状芽孢杆菌食物中毒。

（3）预防蜡状芽孢杆菌食物中毒的措施主要是不吃未经彻底加热的剩饭、剩面类食物。由于蜡状芽孢杆菌在 16~50℃ 均可生长繁殖并产生毒素,因而对于乳类、肉类及米饭等食品,只能在低温条件下短时间存放。本次食物中毒发生的地点为乡级中学,卫生设施、设备缺乏,剩米饭在自然条件下存放,给细菌生长、繁殖创造了条件。所以基层卫生监督机构应加大对学校食堂的监督管理,广泛开展卫生法律、法规和卫生知识的培训,提高从业人员对食品卫生和食物中毒知识的认识,保护住校学生的身体健康和生命安全。

二、化学性安全因素的来源及危害

（一）环境污染导致的化学性污染

1. 有毒元素（微量金属）的污染

有些金属,正常情况下人体只需极少的数量或者人体可以耐受极小的数量,剂量稍高,即可出现毒性作用,这些金属称为有毒金属或金属毒物。研究表明,食品污染的化学性元素以镉为主,其次是汞、铅、砷等。

食品中有毒金属元素主要来自于三方面:一是来自于自然环境,某些地区因地理条件特殊,土壤、水或者空气中某种或某些金属元素的本底值相对高于或明显高于其他地区,在这种环境里生存的动、植物体内以及加工的食品中,往往某些金属元素的含量也有所增高。二是来自食品生产、加工、贮藏、运输、销售过程,食品加工、贮存、运输和销售过程中使用或接触的机械、管道、容器以及添加剂中,存在有毒金属元素及其盐类,在一定条件下可污染食品。三是来自于农用化学物质及工业"三废"的污染。随着工农业的发展,有些农药中所含的有毒元素,在一定条件下可引起土壤的污染和在农作物中的残留。含有各种有毒元素的工业废气、废水和废渣不合理的排放,也可造成环境污染,并使这些工业三废中的有毒元素转入食品。

食品中有毒金属污染后具有共同的毒性作用特点,首先是强蓄积性,大多数有害金属进入人体后排出缓慢,生物半衰期较长。其次是生物富集作用,通过食物链的生物富集作用,在生物体及人体内达到很高的浓度,如鱼、虾等水产品中汞和镉等金属毒物的含量,可能高达其生存环境浓度的数百甚至数千倍。最后有毒元素对人体造成的危害多以慢性中毒和远期效应为主,食品中有毒金属的污染量通常较少,但由于经常食用,常导致慢性中毒,包括致癌、致畸和致突变作用以及对健康的潜在危害。当出现意外事故污染或故意投毒,也可引起急性中毒。

(1)镉(Cd) 镉在自然界中常与锌、铜、铅并存,是铅、锌矿的副产品。镉在工业上有广泛的用途,主要用于电容器、电线及其他金属的电镀,防止其被腐蚀。镉的硬脂酸盐是很好的稳定剂,在塑料工业和蓄电池制造中有广泛的应用。大气中的镉主要来自锌冶炼厂和煤燃烧时产生的废气。燃煤含镉 $1 \sim 2mg/kg$,一般的市区大气中镉的含量为 $0.02\mu g/m^3$,而工业区可达到 $0.6\mu g/m^3$,锌矿区甚至可达 $3\mu g/m^3$。

植物性食品中镉主要来源于冶金、冶炼、陶瓷、电镀工业及化学工业等排出的三废,在较严重的污染源地区,其下风口种植的蔬菜中镉的含量可达 $0.5 \sim 32mg/kg$。锌铅矿附近 250m 范围的水稻含镉量可达 $1mg/kg$。含镉煤、燃料油和废弃物的燃烧,可使空气遭到镉的污染。含镉废渣、污泥或含镉肥料的使用和含镉污水的灌溉,会使土壤中镉的含量增加,农作物吸收土壤中的镉后,可造成食品污染。不同作物对土壤中镉的吸收能力是不同的,一般蔬菜含镉量比谷类作物的籽粒高,蔬菜中的叶菜、根菜类高于瓜果类。

动物性食品中的镉也主要来源于环境,正常情况下,其中镉的含量比较低,但在污染环境中,镉在动物体内有明显的生物蓄积倾向。水产食品中的镉含量相当高。由于污染的水体具有较大的迁移性,河流湖泊的底泥长期接纳污水而富含镉,使水体中浮游植物含有较高水平的镉,会造成以浮游植物为食的水生动物体内蓄积大量的镉。据报道,新西兰所产的牡蛎中镉含量高达 $8mg/kg$(湿重)。陆生动物中镉的蓄积与寿命有关,一些寿命较长的哺乳动物(如马)的肝和肾常常蓄积大量的镉。

据研究,人在通常情况下,饮食中的镉水平并未引起人的健康损害。但对于特别大量食用贝类和肾脏的个体,以及处于镉严重污染区的居民而言,食物中镉的日摄入量可能明显超过人体可耐受摄入量。人体通过摄入镉污染的食品和水,可导致镉的摄入量由非污染区的 $10 \sim 40 \mu g/d$ 增加到污染区的 $150 \sim 200 \mu g/d$。摄入镉污染的食品和水,可导致人发生镉中毒。

镉为有毒金属,其化合物毒性更大,自然界中,镉的化合物具有不同的毒性。硫化镉的毒性较低,小鼠的经口 LD_{50} 为 $1160 mg/kg$ 体重,氧化镉、氯化镉、硫酸镉的毒性较大。小鼠的经口 LD_{50} 分别为 $72 mg/kg$ 体重、$93.7 mg/kg$ 体重和 $88 mg/kg$ 体重。镉引起人中毒的剂量平均为 $100 mg$。急性中毒症大多表现为呕吐、流涎、呕吐、腹痛、腹泻,继而引发中枢神经中毒。严重者可因虚脱而死亡。

镉的慢性毒性主要表现在使肾中毒和骨骼中毒方面,并对生殖系统造成损害。肾脏是对镉最敏感的器官,剂量为 $0.25 mg/kg$ 体重时就可引起肾脏中毒症状的发生,包括尿中蛋白质的排出增加和肾小管功能障碍。高剂量($2 mg/kg$ 体重)时可引起人前列腺萎缩、肾上腺增生,伴随肾上腺素和去甲肾上腺素的水平升高,并引起高血糖。对日本镉中毒患者的研究发现,镉能引起肾损害和骨骼损伤,可导致严重的骨萎缩和骨质疏松。

1987 年国际抗癌联盟(IARC)将镉定为 ⅡA 级致癌物,1993 年被修订为 ⅠA 级致癌物。镉可引起肺、前列腺和睾丸的肿瘤。在动物实验中,可引起注射部位、肝、肾和血液系统的癌变。

GB 2762—2012《食品安全国家标准　食品中污染物限量》规定食品中镉的限量值为:大米 $\leqslant 0.2 mg/kg$,豆类及其制品 $\leqslant 0.2 mg/kg$,坚果、花生 $\leqslant 0.5 mg/kg$,肉及肉制品(内脏除外) $\leqslant 0.1 mg/kg$,蛋及蛋制品 $\leqslant 0.05 mg/kg$。

(2)铅(Pb)　铅是一种灰色重金属,铅的化合物在水中的溶解性不同,醋酸铅、砷酸铅、硝酸铅可溶于水;硫酸铅、铬酸铅、硫化铅不溶于水,但部分可溶于酸性胃液中,所以口服有毒性;四乙基铅为无色油状略有水果香的液体,易挥发且易溶于有机溶剂和脂肪类物质,可经呼吸道、消化道和皮肤吸收进入体内。由于铅和铅的化合物广泛分布于自然界,所以人体摄入铅的途径很多,但对于非职业性接触的人所摄入的铅主要来自食品,包括动植物原料、食品添加剂、接触食品的管道、容器、包装材料、涂料等,均会使铅转入到食品中。全世界每年铅消耗量约为 400 万吨,其中约有 40%用于制造蓄电池,约 25%以烷基铅的形式加入到汽油中作为防爆剂,其他主要用于建筑材料、电缆外套、制造弹药方面。这些铅的 1/4 被重新回收利用,其余部分以各种形式排放到环境中造成污染,也引起食品的铅污染。Kehoe 计算平均每个美国人每天从食品中摄入的铅约 $0.3 mg$,从水和其他饮料以及污染的大气中摄入的铅约 $0.1 mg$。铅的摄入量取决于食物的摄入量和污染食物中铅的含量。

地表水和地下水中的铅质量浓度分别为 $0.5 g/L$ 和 $1 \sim 60 g/L$。在石灰地区,天然水中铅含量可高达 $400 \sim 800 \mu g/L$。WHO 建议饮用水中的最大允许限量为

50μg/L。饮用水中铅来源于河流、岩石、土壤和大气沉降;含铅废水,含铅的工业废水、废渣的排放以及含铅农药的使用,也能严重污染局部地面水或地下水。由于"酸雨"的影响,城市或工业区的饮用水的 pH 较低,酸性水是铅的溶剂,它能缓慢溶解出含铅金属水管中大量的铅,进而污染水源。

由于铅的广泛分布和利用,以及铅的半衰期较长(4 年),在食物链中可产生生物富集作用,对食品造成严重的污染。在所有食品,甚至在远离工业区的地区所生产的食物中均可测出铅的存在。分析显示海洋鱼类中铅的自然含量为 0.3μg/kg,这些鱼类没有受到地区性局部污染,可以作为铅对全球环境污染的平均指标。铅可以在日常食用的食物中检测到,生长在城市郊区、交通干线、大型工业区和矿山附近的农作物往往有较高的含铅量。例如,生长在高速公路附近的豆荚和稻谷含铅量约为 0.4 ~ 2.6mg/kg,是种植在乡村区域的同种植物的 10 倍。一些海洋鱼类含铅量也较高,可达 0.2 ~ 25mg/kg。

WHO 暂定成人对铅的耐受量为 0.05mg/[kg 体重·周](3mg/周),儿童为 0.025mg/(kg 体重·周)。我国规定一般食品中的含铅量不得超过 1mg/kg 或 1mg/L,罐头食品不得超过 2mg/kg。

铅的毒性主要是由于其在人体的长期蓄积所造成的神经性和血液性中毒。慢性铅中毒的第一阶段通常无相关的行为异常或组织功能障碍,其特征在于血液中的含量变化。在相对较轻的铅中毒中,低血色素贫血是易出现的早期症状。铅降低了红细胞的寿命并抑制了血红素的合成。作为特异性结合二硫键的重金属元素,铅主要抑制血红素合成的关键酶氨基酮戊二酸(ALA)合成酶和 ALA 脱氢酶等巯基酶的活力,从而提高了血中尿卟啉原Ⅲ的累积。铅也降低了由铁螯合酶介导的铁嵌入尿卟啉原Ⅲ中的反应。此外,铅也使红细胞膜的脆性增加,导致溶血和红细胞寿命缩短,使血细胞体积及血红蛋白价值降低。在慢性铅中毒的第二阶段,贫血现象非常常见,出现中枢神经系统失调,并诱发多发性神经炎。患者的症状包括功能亢进、冲动行为、知觉紊乱和学习能力下降。在许多严重病例中,症状包括坐立不安、易怒、头痛、肌肉震颤、运动失调和记忆丧失。如果继续摄入大量的铅,患者将进入第三阶段,症状为肾衰竭、痉挛、昏迷以致死亡。

儿童对铅特别敏感,儿童对食品中铅的主要形式——无机铅的吸收率要比成人高很多,可达到 40% ~ 50%(成人仅为 5% ~ 10%)。当饮用水中的铅含量达 0.1mg/L 时,儿童的血铅含量可超过 300g/L。我国 1990 年的全膳食研究表明,根据能量摄入的比例估算,我国 5 岁以下儿童铅摄入量的平均值已达到 FAO/WHO 规定的 ADT 值[0.025mg/(kg 体重·周)]的 92.6%。儿童连续摄入低水平铅可诱发各种神经性症状。一项研究证明了这个问题的严重程度。根据儿童脱落的牙齿中的铅水平,一组学校儿童被分为高铅摄入组和低铅摄入组。虽然在这项研究中没有一个儿童出现铅中毒的临床症状,但高铅组儿童表现出明显的注意力分散、方向不明和冲动增加症状,他们在标准 IQ 试验和语言试验中的得分也较低。

铅对实验动物有致癌、致畸和致突变作用。在大鼠的饲料和饮用水中加入剂量为 1000mg/kg 的乙酸铅,可诱发良性和恶性肿瘤。这个剂量相当于人吸收的剂量达到 550mg/d。但还没有证据显示铅可使人致癌。

GB 2762—2012 规定食品中铅允许限量为,谷物及其制品 ≤0.2mg/kg,豆类 ≤0.2mg/kg,新鲜蔬菜、水果 ≤0.2mg/kg,肉类(内脏除外)≤0.2mg/kg,蛋类 ≤0.2mg/kg。

(3)汞　汞呈银白色,是室温下唯一的液体金属,俗称水银。汞在室温下有挥发性,汞蒸气被人体吸入后会引起中毒,空气中汞蒸气的最大允许浓度为 0.1mg/m³。汞的化学性质比较稳定,不易于氧作用,但易与硫作用生成硫化汞,与氯作用生成氯化汞及氯化亚汞,与烷基化合物可以形成甲基汞、乙基汞、丙基汞等,这些化合物具有很大毒性,有机汞的毒性比无机汞大。

除职业接触外,进入人体的汞主要来源于受污染的食物,一般情况下,食品中的汞含量通常很少,但随着环境污染的加重,食品中汞的污染也越来越严重。其中又以鱼贝类食品的甲基汞污染对人体危害最大。受污染的江河湖海中的无机汞;尤其是底层污泥通过某些微生物作用可转化为毒性大的有机汞(主要是甲基汞),通过生物富集而在鱼体内达到很高的浓度,日本水俣病的鱼贝中含汞量为 20 ~ 40mg/kg,为生活水域汞浓度的数万倍。我国国内调查表明,饮用水汞浓度通常低于 0.001mg/L。

有机汞在消化道吸收率很高,甲基汞 90% 以上可被吸收。而且其亲脂性和与巯基的亲和力很强,可通过血 – 脑脊液屏障、胎盘屏障和血睾屏障。汞还是强蓄积性毒物,甲基汞中毒主要表现为神经系统损害。20 世纪 50 年代日本发生的公害病——水俣病就是甲基汞中毒的典型代表。

对于大多数人类来说,因为食物而引起汞中毒的危险是非常小的。人类通过食品摄入的汞主要来自鱼类食品,且所吸收的大部分汞属于毒性较大的甲基汞。

有机汞化合物的毒性比无机汞化合物大。由汞引起的急性中毒,小鼠经口的 LD_{50} 氯化汞 10 ~ 60mg/kg(体重),氯化甲基汞为 38mg/kg 体重,氯化乙基汞为 59mg/kg 体重。由无机汞引起的急性中毒早期主要表现为胃肠不适、腹痛、恶心、呕吐和血性腹泻,主要蓄积肾脏,造成尿毒症,严重时可引起死亡。急性甲基汞中毒早期主要表现为胃肠系统损伤,引起肠道黏膜发炎,剧烈腹痛、呕吐和腹泻,甚至导致虚脱死亡。

长期摄入被汞污染的食品,可引起慢性汞中毒的一系列症状。也能在肾脏、肝脏中产生蓄积,并透过血 – 脑脊液屏障在脑组织中产生蓄积。中毒后可使大脑皮质神经细胞出现不同程度的变形坏死,表现为细胞核固缩和溶解消失。由于局部汞的高浓度积累,造成器官营养障碍,蛋白质合成下降,导致功能衰竭。

甲基汞对生物体还具有致畸性和生物毒性。怀孕的妇女暴露于甲基汞可引起出生婴儿的智力迟钝和脑瘫。水俣病结束后 4 年间,日本水俣湾出生的胎儿先天性痴呆和畸形的发生率大大增加。另外无机汞可能还是精子的诱变剂,可导致畸形精子的比例增高,影响男性的性功能和生育力。

GB 2762—2012 规定食品中汞允许限量(≤mg/kg):肉食性鱼类及其制品(甲基汞)为 1.0,肉、蛋为 0.05,谷物及其制品为 0.02,蔬菜为 0.01,乳及乳制品为 0.01。

(4)砷(As)　砷是一种非金属元素,但其许多理化性质类似金属,故将其归类为"类金属"。含砷化合物有广泛的应用,在自然界中砷主要以硫化物矿存在。例如雄黄、雌黄、砷硫铁矿等。砷的化合物主要有无机砷和有机砷化合物。常见的无机砷化合物有硫化砷、砷化氢、三氧化二砷等,常见的有机砷化合物有甲胂酸、对氨基苯胂酸等。

含砷化合物有广泛的应用,在农业上可作为除草剂、杀虫剂、杀菌剂、灭鼠药和各种防腐剂。大量使用造成了农作物的严重污染,导致食品中砷含量的增高。如水稻孕穗期施用有机砷农药,可使稻米中的砷含量显著增加,最高可达 8mg/kg,而正常含砷不超过 1mg/kg。河水中砷含量为 0 ~ 0.2mg/L,温泉和矿泉水中砷含量一般为 0.5 ~ 11.3mg/L。如果长期饮用此类水,会导致砷摄入过多而产生慢性砷中毒。

砷可以通过食道、呼吸道和皮肤黏膜进入机体。正常人一般每天摄入砷不超过 0.02mg。无机砷进入消化道后,其吸收程度取决于溶解度和溶解状态以可溶性砷化物的形式在胃肠道中被迅速吸收。有机砷化合物的吸收主要通过肠壁的扩散来进行。五价砷比三价砷容易被机体吸收,吸收进入血液后,95% 以上的砷与血红蛋白结合,随后分布到机体的各个器官中。砷在体内有较强的蓄积性,皮肤、骨骼、肌肉、肝脏、肾脏和肺是体内砷的主要贮存场所。元素砷基本无毒,砷的化合物具有不同的毒性,三价砷的毒性比五价砷大。

砷的急性中毒通常由于误食而引起。三氧化二砷口服中毒后,主要表现为急性胃肠炎,恶心、呕吐、腹痛、腹泻、脱水、休克、中毒性心肌炎、肝病等。严重者可出现神经症状,表现为兴奋、烦躁、昏迷,甚至呼吸麻痹而死亡。三氧化二砷对大鼠经口的半数致死量(LD_{50})为 10mg/kg 体重,对人的中毒量为 10 ~ 50mg,对人的致死量为 100 ~ 300mg。

砷慢性中毒是由于长期少量进口摄入受污染的食品而引起的。主要表现为食物下降、体重下降、胃肠障碍、末梢神经炎、结膜炎、角膜硬化和皮肤变黑。长期受砷的毒害,皮肤的色素会发生沉积,如皮肤的黑变病就是砷的毒害作用的结果。

WHO 于 1982 年研究确认,无机砷为致癌物。曾对从事含砷农药生产的工人和含砷金属的冶炼工人进行的调查发现,肺癌高发与砷的接触明显相关,而且有正的量 – 效关系。以不同方式接触不同形式的砷,还可诱发多种肿瘤。

据报道,砷还是生殖毒物之一,而且生殖和发育毒性很强。在研究亚砷酸钠的毒性时发现其可以诱发基因突变,突变率随砷的浓度的增加而升高。

GB 2762—2012 规定食品中砷允许限量(≤ mg/kg):谷物及其制品为 0.5,肉及肉制品、蔬菜为 0.5,油脂及其制品为 0.1,鱼类及其制品(无机砷)为 0.1。

2. 有机物污染

这里指有机污染物包括多氯联苯、3,4-苯并(α)芘和二噁英对食品的污染。

(1)多氯联苯　多氯联苯(PCBs)是人工合成的一类有机物,理论上每个联苯分子上的氢能置换 1~10 个氯,实际上每个分子只有 2~6 个氯,因氯取代的位置和数量不同,PCBs 共有 210 种异构体。PCBs 容易溶于脂肪,极难分解,易在动物体内的脂肪内大量富集。

PCBs 为无色透明液体,随着氯原子个数的增加,其黏性增加。具有耐高温、耐酸碱、不受光、氧、微生物作用,不溶于水,易溶于有机试剂,比热容大,蒸汽压小,不易挥发。具有良好的绝缘性和不燃性。PCBs 广泛用作电容器、变压器的绝缘油、食用精油工厂的导热体、液压油、传热油、润滑油、印刷油等的添加剂,还应用于油漆、涂料、油墨、无碳复印纸、可塑剂、合成树脂、合成橡胶等中的难燃剂和杀虫剂等。多氯联苯的污染也日趋严重,污染面也在延伸,据估计,多氯联苯在世界范围内,大气、水体和土壤中总残留量可达 25 万~30 万吨,通过食物链的生物富集作用污染水生生物,因而这类物质最容易富集在海洋鱼类和贝类食品中。

污染严重的食品或饲料,包括被污染的鸡饲料、污染的鱼粉以及误用 PCBs 的牧草,首先是畜、禽、牛乳受到污染,人食用了这类制品后同样受到污染,以致出现多氯联苯中毒病害。1968 年日本发生的米糠油多氯联苯中毒是典型实例。

不同动物对 PCBs 的毒性敏感性及中毒症状有差别。在 PCBs 污染木糠油中毒的患者,症状表现为指甲变形,皮肤有黑点,皮疹,瘙痒,黄疸,眼睛浮肿,麻木,发热,偏头疼,出汗,虚弱,恶心,呕吐,下痢,肝脏受损,听力下降,腹泻和体重减轻,胎儿和儿童生长停滞。

PCBs 对某些动物胎儿的存活率、畸胎率、胎儿肝胆管和外形发育等有影响。以 25mg/kg 体重 PCBs 饲喂兔子 21d,可引起 25% 的兔子出现流产。大鼠研究发现,PCBs 的经口饲喂量与大鼠的畸胎率之间有明显的量-效关系。雌鼠长期饲喂含 PCBs 的饲料可引起血液中激素水平下降,生殖能力降低。

对日本米糠油中毒者进行调查显示,PCBs 对人体有致癌性,属弱致癌物质。

(2)苯并(α)芘　苯并(α)芘又称 3,4-苯并(α)芘[B(α)P],是一种由 5 个苯环组成多环芳烃。苯并(α)芘是已发现的 200 多种多环芳烃中最主要的环境和食品污染物。它是含碳燃料及有机热解的产物,煤、石油、天然气、木材等不完全燃烧都会产生。而这些物质在工农业生产、交通运输和人们生活等方面大量应用,导致苯并(α)芘的广泛污染。

大多数加工食品中的苯并(α)芘主要来源于食品加工过程,主要发生在烟熏和烘烤食品中,如熏鱼片、熏红肠、熏鸡及火腿等动物性食品中和月饼、面包、糕点、烤肉、烤鸭、烤羊肉串等烘烤制品中。在食品加工设备管道和包装材料中也含有苯并(α)芘,如在采用橡胶管道输送原料或产品时,橡胶的填充料炭黑和加工橡胶时用的重油中均含有苯并(α)芘,当液体食品酱油、醋、酒等经过这些管道输送时会受到苯并(α)芘污染,包装糖果、冰棒等要用的蜡纸苯并(α)芘含量也较高。此外粮食、菜籽在柏油公路上晾晒,温度高时熔化的柏油可附着在粮食上,导致苯并(α)芘含量显著增高。

熏制过程产生的烟是烃类的主要来源,当碳氢化合物在 800 ~ 1000℃,且供氧不足燃烧时,能生成苯并(α)芘。在这种情况下,烘烤温度高,食品中的脂类、胆固醇、蛋白质以及碳水化合物发生热解,经环化和聚合就形成了大量的多环芳烃,其中以苯并(α)芘居多。在烤制羊肉串时,所滴下的油滴苯并(α)芘含量要高出动物食品本身含量的 10 ~ 70 倍。当食品的烟熏温度在 400 ~ 1000℃时,苯并(α)芘的生成量随加热温度的上升而增加。苯并(α)芘在食品中含量顺序为:烧烤油 > 熏红肠 > 叉烧 > 烧鸡 > 烤肉 > 腊肠。烟熏时产生的苯并(α)芘主要是直接附着在食品表面,随贮藏时间的延长,苯并(α)芘逐渐深入到食品内部。所以加工过程应避免烟熏加高温处理或高温烘烤。烘烤方法不同,与苯并(α)芘含量也有关,通常是煤炭 > 柴 > 山草 > 电炉 > 红外线。

环境也可造成苯并(α)芘污染,如果食品包装物含苯并(α)芘,会污染食品,如用含苯并(α)芘的液体石蜡涂渍的包装纸、机械运输使用的润滑油含苯并(α)芘,它的滴漏将严重污染食品。柏油路上晒粮食,是粮食污染苯并(α)芘的途径,煤炭、原油、汽油等燃烧,都能排放苯并(α)芘,不过产生的量不同,汽油相对少一些。

苯并(α)芘具有强致癌性,最初发现时致皮肤癌,后经深入研究,由于侵入途径和作用部位不同,对机体各脏器,如肺、肝、食管、胃肠等均可致癌。苯并(α)芘的危害还可能通过胎盘传给胎儿,影响下一代,所以必须减少其在食品中的含量,以保健康。

(3)二噁英 二噁英是指多氯二苯并 - 对 - 二噁英(PCDDs)和多氯二苯并呋喃(PCDFs)类物质的总称。每个苯环上都可以取代 1 ~ 4 个氯原子,从而形成众多的异构体,其中 PCDDs 有 75 种异构体,PCDFs 有 135 种异构体。

所有二噁英化合物皆为固体,均具有很高的熔点和沸点,蒸气压很小,大多数不溶于水和有机溶剂,但易溶于油脂,易被吸附于土壤、沉积物和空气中的飞尘上,具有较高的热稳定性和生物化学稳定性,一般加热到 800℃才能分解。自然界的微生物和水解作用对二噁英的分子结构影响较小,因此,环境中的二噁英很难自然降解消除。

二噁英常以微小的颗粒存在于大气、土壤和水中,主要的污染源是化工冶金工业、垃圾焚烧、造纸以及生产杀虫剂等产业。日常生活所用的胶袋,PVC(聚氯乙烯)软胶等物都含有氯,燃烧这些物品时便会释放出二噁英,悬浮于空气中。大气环境中的二噁英90%来源于城市和工业垃圾焚烧。含铅汽油、煤、防腐处理过的木材以及石油产品、各种废弃物特别是医疗废弃物在燃烧温度低于 300 ~ 400℃时容易产生二噁英。聚氯乙烯塑料、纸张、氯气以及某些农药的生产环节、钢铁冶炼、催化剂高温氯气活化等过程都可向环境中释放二噁英。二噁英还作为杂质存在于一些农药产品如五氯酚、2,4,5 – T 等中。

二噁英是环境内分泌干扰物的代表。它们能干扰机体的内分泌,产生广泛的健康影响。二噁英能引起雌性动物卵巢功能障碍,抑制雌激素的作用,使雌性动物不孕、胎仔减少、流产等。给予二噁英的雄性动物会出现精细胞减少、成熟精子退化、雄性动物雌性化等。

二噁英有明显的免疫毒性,可引起动物胸腺萎缩、细胞免疫与体液免疫功能降低等。二噁英还能引起皮肤损害,在暴露的实验动物和人群可观察到皮肤过度角化、色素沉着以及痤疮等的发生。二噁英染毒动物可出现肝大、实质细胞增生与肥大、严重时发生变性和坏死。

2,3,7,8 – TCDD 对动物有极强的致癌性。用 2,3,7,8 – TCDD 染毒,能在实验动物诱发出多个部位的肿瘤。流行病学研究表明,二噁英暴露可增加人群患癌症的危险度。1997 年国际癌症研究机构(IARC)将 2,3,7,8 – TCDD 确定为 I 类人类致癌物。

3. 放射性污染

食品中放射性物质来源于天然放射性物质和人工放射性物质。食品中含有自然界本来就存在的放射性核素本底。而人工放射性物质主要来源于核试验的沉降物、核电站和核工业废物的不当排放物、意外事故造成的核泄漏以及工农业、医学和科研上的排放物。

环境中的放射性物质,大部分会沉降或直接排放到地面,导致地面土壤和水源的污染,然后通过作物、水产品、饲料、牧草等进入食品。最终进入人体,在人体内继续发射多种射线引起内照射。在发生核试验和核工业泄漏事故时,放射性物质可经消化道、呼吸道和皮肤这三条途径进入人体而造成危害。

当放射性物质达到一定浓度时,便能对人体产生损害,其危害性因放射性物质的种类、人体差异、富集量等因素而不同,它们或引起恶性肿瘤,或引起白血病,或损害不同的器官。

食品放射性污染对人体的危害在于长时期体内小剂量的内照射作用,控制污染的措施是加强对污染源的控制,严格遵守操作规程监督和检测以及严格执行国家的卫生标准。食品加工厂和食品仓库应建立在从事放射性工作的单位的防护监测区以外的地方。凡包装密闭的食品,其包装受到放射性物质灰尘的污染时,可用擦洗或吹灰方式予以去除。如果放射性核素已进入食品内部,则应予以销毁。

4. 案例分析——有机汞的污染及控制

(1)有机汞的污染事件——水俣病

TISSO 一家制造氮肥的公司工厂从 1908 年起在水俣市生产乙醛,流程中产生的甲基汞化合物排入附近的水俣湾海域,在鱼类体内形成高浓度积累。人食用了被污染的鱼类,产生神经系统疾病——感觉和运动发生严重障碍的疾病,后一直被称为"水俣病",最后全身痉挛而死亡。

水俣湾过去曾是一个条件良好的渔场,支撑着周围渔民的生活。TISSO 工厂的含甲基汞的废水排入后,丰富的资源遭受损失,渔民的生活手段被剥夺。

氯乙烯和醋酸乙烯在制造过程中要使用含汞(Hg)的催化剂,这使排放的废水含有大量的汞。当汞在水中被水中生物食用后,会转化成甲基汞(CH_3HgCl)。这种剧毒物质只要有挖耳勺的一半大小就可以致人于死命,而当时由于氮的持续生产已使水俣湾的甲基汞含量达到了足以毒死日本全国人口 2 次都有余的程度。水俣湾由于常年的工业废水排放而被严重污染了,水俣湾里的鱼虾类也由此被污染了。这些被污染的鱼虾通过食物链又进入了动物和人类的体内。甲基汞通过鱼虾进入人体,被肠胃吸收,侵害脑部和身体其他部分。进入脑部的甲基汞会使脑萎缩,侵害神经细胞,破坏掌握身体平衡的小脑和知觉系统。据统计,有数十万人食用了水俣湾中被甲基汞污染的鱼虾。

(2)有机汞污染的控制 含汞废水常用的处理技术有化学沉淀法、混凝法、离子交换法、吸附法、还原法、羊毛吸附法等。

①化学沉淀法:含汞废水中加入硫化钠处理。由于 Hg 与 S 有强烈的亲和力,能生成溶度积小的硫化汞而从溶液中除去。所以硫化物沉淀法是最常用的一种沉淀处理法。沉淀法可与絮凝、重力沉降、过滤或溶气浮选等分离过程相结合。这些后续操作可增加硫化汞沉淀的去除效果,但不能提高溶解汞本身的沉淀效率。

②混凝法:用混凝法对多种废水进行脱汞处理。所用的混凝剂包括硫酸铝、明矾、铁盐及石灰。在混凝法除汞的研究中,先在污水中加入 $50 \sim 60\mu g/L$ 的无机汞,然后用铁盐或明矾聚集并过滤,两种方法都可使含汞量降低 94% ~98%。用石灰混凝剂处理 $500\mu g/L$ 的高浓度含汞废水,过滤后汞的去除率为 70%。

③离子交换法:大孔巯基离子交换剂对含汞废水处理有很好的效果。树脂上的巯基对汞离子有很强的吸附能力吸附在树脂上的汞,可用浓盐酸洗脱,定量回收。含汞废水经过处理后排出水含汞量可降至 0.05mg/L 以下。此外采用选择吸附汞的螯合树脂处理含汞废水也正在推广应用。

④吸附法:活性炭法能有效地吸附废水中的汞,我国有些工厂已采用此法处理含汞废水,但该方法只适用于处理低浓度的含汞废水。将含汞量 1 ~2mg/L 以下的废水通过活性炭滤塔,排出水含汞量可下降至 0.01 ~0.05mg/L。回收汞后活性炭可再生并重复利用。

⑤还原法:无机汞离子经还原可转变为金属汞,然后通过过滤或其他技术进行分离。还原剂种类很多,包括铁、铋、锡、镁、铜、锰、铝、铅、锌、肼、氯化亚锡和硼氢化钠。

⑥过滤法:过滤法是采用镁的有机物、玻璃柱、铁屑等作滤料,通过过滤去除废水中的汞,脱汞效率在 80% ~90%。

⑦生物吸附法:目前国内外关于用生物吸附技术处理含汞废水的研究主要集

中在纯菌种的分离提取、基因工程菌的构造、混合菌的培养等方面。

⑧生物强化法：当废水中含有有毒、难降解的有机污染物时，由于对该类有机物具有专项降解能力的微生物在环境中的种类和数量较少，传统的生物处理技术效果不佳。如果在传统的生物处理体系中投加具有特定功能的微生物或某些基质，增强它对特定污染物的降解能力，从而改善整个污水处理体系的处理效果，这种技术称为生物强化技术。

(二)食品原料中带入的化学污染物

1. 真菌毒素

(1)黄曲霉毒素　1960 年,英国一家农场发生了 10 万只雏火鸡突然死亡的事件。解剖显示,这些火鸡的肝脏已严重坏死。经过调查发现,这些雏火鸡食用了霉变的花生粉,这是造成其肝坏死和中毒死亡的主要原因。霉变的花生粉中含有一系列由黄曲霉菌产生的活性物质,这些物质就是黄曲霉毒素(AFT),它不仅可引起剧烈的急性中毒,而且还是目前所知致癌性最强的化学物质之一。

黄曲霉毒素是一类化学结构相似的二呋喃香豆素的衍生物,有 10 余种之多,根据其在紫外光下可发出蓝色或绿色荧光的特性,分为黄曲霉毒素 B_1、B_2、G_1、G_2 等。

能产黄曲霉毒素的菌种有黄曲霉和寄生曲霉。黄曲霉是分布最广的霉菌之一,在全世界几乎无处不在。黄曲霉毒素主要污染的食品品种是粮油及其制品,干果、动物性食品(乳及乳制品、干咸鱼等)及家庭自制发酵食品中均曾检出黄曲霉毒素。

黄曲霉毒素的种类较多,主要有 B_1、B_2、G_1、G_2、M_1 和 M_2。它们的结构式不同,其毒性及危害也有很大差异。黄曲霉毒素的衍生物中以黄曲霉毒素 B_1 毒性和致癌性最强。在食品中污染最广泛,对食品的安全性影响最大。因此,在食品卫生监测中,主要以黄曲霉毒素 B_1 为污染指标。

黄曲霉毒素微溶于水,易溶于油脂和一些有机溶剂,耐高温(280℃下裂解),故在通常的烹调条件下不易被破坏。黄曲霉毒素在碱性条件下或在紫外线辐射时容易降解。

黄曲霉毒素的毒性极强,但其毒性随着毒素的剂量、接触时间长短和动物种类、营养状态及饲料不同而异。在动物实验中,大剂量摄入这些毒素会造成死亡;亚致死剂量产生慢性中毒;长期接受低剂量则导致癌症,主要是肝癌。急性中毒的毒性是氰化钾的 10 倍,幼年动物比老年动物更为敏感。

急性中毒时动物主要病变在肝脏,表现为细胞变性、坏死、出血、胆小管增生等。人也能引起急性毒性,急性中毒症状主要表现为呕吐、畏食、发热、黄疸,严重者出现腹腔积液、下肢浮肿、肝大、脾大,往往突然发生死亡。长期连续摄入黄曲霉毒素后,可造成动物生长发育迟缓、体重下降。血清转氨酶、碱性磷酸酶活性升高。肝细胞变性、坏死,可形成再生结节。胆管上皮增生及纤维化。有的动物可发生肝硬化。

黄曲霉毒素在 Ames 试验和仓鼠细胞体外转化试验中均表现为强致突变性,它对大鼠和人均有明显的致畸作用。大鼠妊娠第 15 天静脉注射黄曲霉毒素 B_1 80mg/kg 体重可导致其出现畸胎。

黄曲霉毒素是目前所知致癌性最强的化学物质。黄曲霉毒素不仅能诱导鱼类、禽类、各种实验动物、家畜和灵长类动物的实验肿瘤,而且其致癌强度也非常大,并诱导多种癌症。当饲料中的黄曲霉毒素 B_1 含量低于 100g/kg 时,26 周即可使敏感生物如小鼠和鳟鱼出现肝癌。黄曲霉毒素除可诱导肝癌外,还可诱导前胃癌、垂体腺癌等多种恶性肿瘤。但不同种属的黄曲霉毒素的慢性中毒效应有所不同。

鉴于黄曲霉毒素具有极强的致癌性,世界各国都对食物中的黄曲霉毒素含量做出了严格的规定。GB 2761—2011《食品安全国家标准 食品中真菌毒素限量》规定食品中黄曲霉毒素 B_1 允许量($\leqslant \mu g/kg$):大米为 10,玉米及玉米制品为 20,豆类及其制品为 5.0,植物油脂(花生油、玉米油除外)为 10,花生油、玉米油为 20。

防止霉变是预防粮油食品被黄曲霉毒素污染的最根本措施,目前常用的防霉措施一是干燥防霉,粮油食品的水分活度和环境湿度是影响霉菌生长与产毒的主要环境条件,所以控制粮油食品水分,保持储存食品环境的干燥状态,是防止粮油食品霉变的重要措施;二是低温防霉,霉菌的生命活动对温度有一定的适应范围,如果温度低于霉菌生长所适宜的最低温度界限,会使霉菌的生长受到抑制,甚至死亡,所以在低温条件下储存食品,是减少霉菌危害,防止食品霉变和霉菌产毒的有效措施。一般可将粮油储存在 15℃ 以下,其他水分含量较高的食品储存在 5℃ 以下,可有效地防止霉变;三是气调防霉,霉菌都是好氧微生物,需要在一定的氧气浓度条件下才能生存。通常运用密封技术,采用缺氧或充二氧化碳、氮气等方法,控制和调节环境中的气体成分,达到抑菌的目的;四是化学防霉。

如果粮油食品已经被黄曲霉毒素污染,应设法将毒素破坏或去除。但黄曲霉毒素的耐热性很强,在 280℃ 时才能被破坏,一般的烹调加工温度难以去毒。常用的去毒方法有三种。一是挑选霉粒法。由于黄曲霉毒素主要集中在霉坏粒和破损粒中,因此挑除霉坏粒和破损粒,可以大大降低毒素含量。如含黄曲霉毒素 B_1 500$\mu g/kg$ 的黄玉米,经人工挑选出霉粒、破损粒、虫蚀粒、瘪粒后,黄曲霉毒素 B_1 含量可降至 10$\mu g/kg$。二是加工去毒法。稻谷内的黄曲霉毒素主要集中在胚部、皮层及糊粉层,而玉米中的黄曲霉毒素的 80% 集中在胚部。所以,稻谷通过加工脱壳、精碾后,大部分毒素随糠层去掉,玉米采用机械脱胚后可去毒 50%~80%。三是加水搓洗法。大米在食用前,反复加水搓洗,将附着在米粒表层的糠粉尽量洗净,可以收到较好的去毒效果。如含黄曲霉毒素 B_1 15~50$\mu g/kg$ 的大米,经过反复搓洗 4 次以上,毒素可除去 90%。此法适用于一般家庭处理少量大米。而植物油加碱去毒法也称碱炼法。碱炼是目前常用的净制油的方法之一。它利用油中的脂肪酸与碱反应成肥皂,像雪花一样下沉,同时吸附色素、蛋白质和黏液素,从而使油净化。在此过程中,如油中含有黄曲霉毒素,就可被碱破坏。

(2)赭曲霉毒素 赭曲霉毒素是一类分子结构相似的化合物,包括赭曲霉毒素 A、B、C、D 和 α,是由曲霉属和青霉属的某些菌种产生的。赭曲霉毒素 A 是自然界中主要的天然污染物。赭曲霉素的污染范围较广,几乎可污染玉米、小麦等所有的谷物,而且从样品检测来看,国内外均有污染。

赭曲霉毒素的急性毒性较强,主要损害肾脏。不同动物对赭曲霉毒素敏感性不同。对雏鸭的经口 LD_{50} 仅为 0.5mg/kg 体重,与黄曲霉素相当;对大鼠的经口 LD_{50} 为 20mg/kg 体重。

赭曲霉毒素的致死原因是肝、肾的坏死性病变。虽然已发现赭曲霉毒素具有致畸性,但到目前为止,未发现其具有致癌和致突变作用。在肝癌高发区的谷物中可分离出赭曲霉毒素,其与人类肝癌的关系尚待进一步研究。

GB 2761—2011 规定食品中赭曲霉毒素 A 允许量(≤μg/kg):谷物及其制品为5.0,豆类及其制品为 5.0。

(3)玉米赤霉烯酮 玉米赤霉烯酮又称 F - 2 毒素,是由镰刀菌属的菌种产生的代谢产物。它首先从染有赤霉病的玉米中分离得到,如禾谷镰刀菌、三线镰刀菌、木贼镰刀菌、粉红镰刀菌等,这些菌株广泛分布于世界各国的泥土、空气和污染的谷物中。玉米赤霉烯酮主要污染玉米、小麦、大米、大麦、小米和燕麦等谷物,其中玉米的阳性检出率为 45%,最高含毒量可达到 2909mg/kg;小麦的检出率为20%,含毒量为 0.364 ~ 11.05mg/kg。玉米赤霉烯酮的耐热性较强,110℃经 1h 才被完全破坏。

玉米赤霉烯酮具有雌激素作用,主要作用于生殖系统,可使家畜、家禽和实验小鼠产生雌性激素亢进症。妊娠期的动物(包括人)食用含玉米赤霉烯酮的食物可引起流产、死胎和畸胎。食用含赤霉病麦面粉制作的各种面食也可引起中枢神经系统的中毒症状,如恶心、发冷、头痛、抑郁和共济失调等。

GB 2761—2011 规定食品中玉米赤霉烯酮谷物及其制品允许量不高于60μg/kg。

(4)杂色曲霉素 杂色曲霉素是一类结构类似的化合物,它主要由杂色曲霉和构巢曲霉等真菌产生。在化学结构上,杂色曲霉素与黄曲霉毒素 B_1 相似,用 ^{14}C 标记研究证实,杂色曲霉素能转变成黄曲霉毒素 B_1。主要污染玉米、花生、大米和小麦等谷物,但污染范围和程度不如黄曲霉毒素。

在肝癌高发区居民所食用的食物中,杂色曲霉素污染较为严重;在食管癌的高发地区居民喜食的霉变食品中也较为普遍。杂色曲霉素的急性毒性不强,对小鼠的经口 LD_{50} 大于 800mg/kg 体重。杂色曲霉素的慢性毒性主要表现为肝和肾中毒,但该物质有较强的致癌性。以 0.15 ~ 2.25mg/ 只的剂量饲喂大鼠 42 周,有 78% 的大鼠发生原发性肝癌,且有明显的量 - 效关系。该物质在 Ames 试验中也显示出强致突变性。

(5)展青霉素 展青霉素(Patulin,简称 Pat)是一种由多种真菌产生的有毒代谢产物。自然界有几十种真菌可产生展青霉素,污染的食品和饲料的真菌主要有荨麻青霉、扩展青霉、棒曲霉等。展青霉素不仅能污染粮食和饲料,而且对苹果及其制品也可造成严重污染。这些产毒真菌广泛分布于世界各地,可利用鲜果肉质及其他食品和饲料中的营养繁殖并产毒。

研究发现,展青霉素对实验动物有较强的毒性,对鼠类的急性中毒主要表现为痉挛、肺水肿和出血、皮下组织水肿、肾淤血变性、无尿直至死亡。展青霉素还具有致畸性、致癌性和致突变性。可在皮下注射部位引起雄性大白鼠发生局部肉瘤。能导致植物和动物细胞的染色体有丝分裂受阻和双核细胞的形成。

GB 2761—2011 规定食品中展青霉素允许量:水果及其制品、饮料类、酒类不高于 $50\mu g/kg$。

2. 藻类毒素

随着近海海域的富营养化日趋严重,藻类毒素所致海产品染毒进而危害人类健康已成为国外沿海地区食品卫生的研究热点。这些毒素引起人类中毒的途径是:以海洋微小藻类为食物源的鱼贝类,在食用藻类的同时蓄积了藻类(尤其是涡鞭毛藻属)所产的毒素,在毒素没被完全代谢排除前,人们食用贝类即可引起中毒,所以此类中毒被称为贝类毒中毒。

在能自身所产生的毒素的藻类中,蓝藻类且是已知产生毒素最多的门类。在世界各地的湖泊、池塘、河水中蓝藻水华日趋普遍。在生长水华的藻中,有许多能产生毒素,这些蓝藻所产生的毒素,依据毒素作用的不同可分为三类:多肽肝毒素、生物碱类神经毒素及脂多糖内毒素。根据其化学结构的不同又分为:微囊藻肝毒素和节球藻毒素。微囊藻毒素使我国湖泊中有毒蓝藻水华的发生频率、毒素含量都很高,水产品中毒素水平可能也很高,而且,我国淡水水产品在全部水产品总量中的比例高达 40% ~50%。

近年来,随着蓝藻水华的频频发生,中国有很多湖泊和水系都面临微囊藻毒素泛滥问题,该毒素通常大部分存在于藻细胞内,当细胞破裂或衰老时毒素释放入水,其在全世界地面水中广泛存在且与人类关系最为密切。

3. 植物毒素

自然界有植物 30 多万种,但由于绝大多数植物体内含有毒素,从而限制了其作为人类食用的价值。而可作为食用的数百种植物也不是绝对安全的,其中有些物质是对人体健康是有害的,如氰苷、龙葵碱、红细胞凝集素等。目前植物毒素已成为人类食源性中毒的重要原因之一,对人类健康和生命有较大的危害。需要说明的是植物毒素是指植物本身产生的对食用者有毒害作用的成分,不包括那些污染和吸收人体的外源性化合物,如农药残留和重金属污染。

(1)毒蛋白 异体蛋白质注入人体组织可引起过敏反应,内服某些蛋白质也可产生各种毒性。植物中的胰蛋白酶抑制剂、红细胞凝集素、蓖麻毒素、巴豆毒素、刺槐毒素、硒蛋白等均属于有毒蛋白或复合蛋白。如存在于未熟透的大豆及其豆乳中的胰蛋白酶抑制剂对胰脏分泌的胰蛋白酶的活力具有抑制作用,从而影响人体对大豆蛋白质的消化吸收,导致胰脏肿大和抑制食用者(包括人类和动物)的生长发育。在大豆和花生中含有的血细胞凝集素还具有凝集红细胞的作用等。

①红细胞凝集素:红细胞凝集素又成外源凝集素,是多种植物合成的一类对红细胞有凝聚作用的蛋白质。大部分红细胞凝集素是糖蛋白,含有糖水化合物4% ~10%,可专一性结合碳水化合物,从而影响动物生长。

红细胞凝集素广泛存在于植物(主要是豆类)的种子或荚果中,其中许多是人类重要的食物原料,如蓖麻、大豆、豌豆、扁豆、菜豆、刀豆、蚕豆和花生等。

植物红细胞凝集素是天然的红细胞抗原。研究表明,红细胞凝集素的毒性主要表现在它可以结合人小肠上皮细胞的碳水化合物,导致消化道对营养成分的吸收能力下降,引起营养不良,导致腹痛、腹泻等症状。红细胞凝集素对实验动物有较高的毒性,毒性较大的是从蓖麻籽中分离出来的蓖麻凝集素,小鼠经腹腔注射的LD_{50}约为$0.05mg/kg$体重,大豆和菜豆凝集素的毒性大约是蓖麻凝集素的1‰。据实验报道,当小鼠食物中加入0.5%的黑豆凝集素可引起小鼠生长迟缓;连续2周用0.5%的菜豆凝集素饲喂小鼠可致其死亡。

食用新鲜豆类食物时,应首先用清水浸泡去毒,烹饪时充分加热熟透,以防中毒。

②蛋白酶抑制剂:许多植物的种子和荚果中存在动物消化酶的抑制剂,如在豆类、棉籽、花生、油菜籽等植物源性食物中,特别是豆科植物中含有能抑制胰蛋白酶、糜蛋白酶、胃蛋白酶等蛋白酶的特异性物质,通称为蛋白酶抑制剂。其中比较主要的且具有代表性的是胰蛋白酶抑制剂、糜蛋白酶抑制剂和α – 蛋白酶抑制剂。这类物质实际上是植物为繁衍后代,防止动物啃食的防御性物质。

胰蛋白酶抑制剂和α – 蛋白酶抑制剂是营养限制因子。蛋白酶抑制剂的毒性作用包括两个方面:一方面抑制蛋白酶的活力,降低食物蛋白质的水解和吸收,从而导致胃肠不良反应和症状产生,同时也影响动物生长;另一方面,它可刺激胰腺增加其分泌活性,作用机制通过负反馈作用来实现。这样就增加了内源性蛋白质、氨基酸的损失,使动物对蛋白质的需要增加。动物实验发现,胰蛋白酶抑制剂具有抑制动物增重以及动物胰腺代偿性增大的作用。因此,在饮食中含有导致胰腺分泌过度的蛋白质,会造成氨基酸的缺乏并伴随生长抑制。

含有蛋白酶抑制剂的植物源性食物,一定要经过有效地钝化后方可食用或作饲料用。去除蛋白酶抑制剂最简单有效的方法是高温加热钝化。采用常压蒸汽加热30min或1MPa压力加热15 ~20min,即可破坏大豆中的胰蛋白酶抑制剂。大豆用水泡至含水量60%时,水蒸5min也可,但干热效果较差。

(2)苷类　苷类又称配糖体或糖苷。在植物中,糖分子(如葡萄糖、鼠李糖、葡萄糖醛酸等)中的半缩醛羟基和非糖类化合物分子(如醇类、酚类、固醇类等)中的羧基脱水缩合而形成具有环状缩醛结构的化合物,称为苷。苷类都是由糖和非糖物质(称苷元或配基)两部分组成。苷类大多为带色晶体,易溶于水和乙醇中,而且易被酸或酶水解为糖和苷元。由于苷元的化学结构不同,苷的种类也有多种,如皂苷、氰苷、芥子苷、黄酮苷、强心苷等。它们广泛分布于植物的根、茎、叶、花和果实中。其中皂苷和氰苷等常引起人的食物中毒。

①皂苷:皂苷是类固醇或三萜系化合物的低聚配糖体的总称。组成皂苷的糖,常见的有葡萄糖、鼠李糖、半乳糖、阿拉伯糖、木糖、葡萄糖醛酸和半乳糖醛酸。这些糖或糖醛酸先结合成低聚糖糖链,再与皂苷配基结合。因其水溶液能形成持久大量泡沫,酷似肥皂,故名皂苷,又称皂素。

含有皂苷的食源性植物主要是菜豆(四季豆)和大豆,易引发食物中毒,一年四季均可发生。皂苷对消化道黏膜有强烈刺激作用,很容易产生一系列胃肠刺激症状而引起中毒。其中毒症状主要是胃肠炎,潜伏期一般为 2~4h,呕吐、腹泻(水样便)、头痛、胸闷、四肢发麻,病程为数小时或 1~2d,恢复快,预后良好。

预防皂苷中毒的措施如下:一是使菜豆等豆类充分炒熟、煮透,最好是炖食,以破坏其中所含有的全部毒素;炒时应充分加热至青绿色消失,无豆腥味,无生硬感,勿贪图其脆嫩口感,且不宜水焯后做凉拌菜,如做凉菜必须煮 10min 以上,熟透后才可拌食;二应注意煮生豆浆时防止"假沸"现象。由于豆浆在 80℃ 左右时,皂苷受热膨胀,形成泡沫上浮,造成"假沸"现象,而此时豆浆中的毒素并未有效破坏;"假沸"之后应继续加热至 100℃,泡沫消失,表明皂苷等有害成分受到破坏,然后再小火煮 10min 以彻底破坏豆浆中的有害成分,达到安全食用的目的。也可以在 93℃经 30~75min 或 121℃经 5~10min,可有效消除豆浆中的有毒物质。

②氰苷:氰苷主要由氰醇衍生物的羟基和 D - 葡萄糖缩合形成的糖苷,其结构中有氰基,水解后产生氢氰酸(HCN),从而对人体造成伤害。

氰苷在植物中分布较广,广泛存在于豆科、蔷薇科、稻科约 1000 种植物中。含氰苷的食源性食物有禾本科的木薯、豆科和一些果树的种子(如杏仁、桃仁、李子仁等)、幼枝、花、叶等部位均含有氰苷。在植物氰苷中与食物中毒有关的化合物主要是苦杏仁苷和亚麻仁苷。

在苦杏、苦扁桃、枇杷、李子、苹果、黑樱桃等果仁和叶子中含有的氰苷为苦杏仁苷。苦杏仁苷是由龙胆二糖和苦杏仁腈组成的 p - 型糖苷。在苦杏仁中苦杏仁苷的含量比甜杏仁中高 20~30 倍。亚麻仁苷主要存在于豆类、木薯和亚麻仁中。

氢氰酸是一种高活性、毒性大、作用快的细胞原浆毒。氰苷的毒性主要是氢氰酸和醛类化合物产生的毒性。当它被胃黏膜吸收后,氰离子与细胞色素氧化酶的铁离子结合,使呼吸酶失去活力,阻止细胞色素氧化酶传送氧的作用,氧不能被机体组织细胞利用,导致细胞不能正常呼吸,机体组织缺氧而陷于窒息状态,引起中毒。氢氰酸还可损害呼吸中枢神经系统和血管运动中枢,使之先兴奋后抑制与麻痹,最后导致死亡。氢氰酸对人的最低致死剂量经口测定为 0.5~3.5mg/kg 体重,小儿食入 6 粒、成人食入 10 粒苦杏仁就有可能引起中毒,主要症状为口苦涩、流涎、头痛、恶心、呕吐、心悸、脉频等,重者昏迷,继而意识丧失,可因呼吸麻痹或心跳停止而死亡。

氰苷具有较好的水溶性,水浸可去除产氰食物的大部分毒性。不直接食用各种生果仁,对杏仁、桃仁及豆类等在食用前要反复清水浸泡,充分加热;在发生苷类食物中毒时,应给患者口服亚硝酸盐或亚硝酸酯,使血液中的血红蛋白转变为高铁血红蛋白,从而加速循环可将氰化物从细胞色素氧化酶中脱离出来,使细胞继续进行呼吸作用。再给中毒者服用一定量的硫代硫酸钠进行解毒,被吸收的氰化物可转化成硫氰化物而随尿排出。

③芥子苷:芥子苷又称硫苷、硫代葡萄糖苷,主要存在于十字花科植物,如油菜、野油菜、甘蓝、芥菜和萝卜等种子中,是引起菜籽饼中毒的主要有毒成分。

芥子苷的降解产物可抑制甲状腺素的合成和对碘的吸收。甲状腺素的释放及浓度的变化对氧的消耗、心血管功能、胆固醇代谢、神经肌肉运动和大脑功能有重要的影响。甲状腺素的缺乏会严重影响生长发育。食用有毒的菜籽饼后,可引起甲状腺肿大,导致生物代谢紊乱,阻止机体生长发育,出现各种中毒症状。如精神萎靡食欲减退,呼吸先快后慢,心跳慢而弱,并有肠胃炎、粪恶臭、血尿等症状,严重者死亡。

预防芥子苷中毒的措施在三种:一是采用高温(140 ~ 150℃)或 70℃经 1h 破坏菜籽饼中芥子酶的活力;二采用微生物发酵中和法将已产生的有毒物质除去;三是选育出不含或仅含微量芥子苷的油菜品种等。这种油菜的菜籽饼不仅可以直接作为畜禽的精饲料,而且还可作为人类食品的添加剂。

(3)生物碱 生物碱是一类含氮有机化合物,有类似于碱的性质,可与酸结合成盐,多数具有复杂的环状结构且氮素包含在环内,具有光学活性和一定的生理作用。

生物碱在植物界分布较广,存在于罂粟科、茄科、豆科、夹竹桃科、毛茛科等100 多个科的植物中,已发现的生物碱有 2000 种以上。存在于食用植物中的主要是龙葵碱、秋水仙碱、吡咯烷生物碱及咖啡碱等。

①龙葵碱:龙葵碱又称茄碱、龙葵毒素、马铃薯毒素,是由葡萄糖残基和茄啶组成的一种弱碱性糖苷,广泛存在于马铃薯、番茄及茄子等茄科植物中。

马铃薯中的龙葵碱含量随品种及季节不同而异,一般为 0.005% ~ 0.01%,在储藏过程中含量逐渐增加,主要集中在其芽眼、表皮和绿色部分。发芽后其幼芽和芽眼部分龙葵碱含量可高达 0.3% ~ 0.5%。龙葵碱经口毒性较低,小鼠 LD_{50} 为 1000mg/kg 体重,兔子 450mg/kg 体重。人食入 0.2 ~ 0.4g 即可引起中毒。

龙葵碱对胃肠道黏膜有较强的刺激性和腐蚀性,对中枢神经有麻痹作用,尤其是呼吸中枢和运动中枢;对红细胞有溶血作用,可引起急性脑水肿和胃肠炎等。主要中毒症状为胃痛加剧、恶心呕吐、呼吸困难急促伴全身虚弱和衰竭,严重时可导致死亡。龙葵碱主要是通过抑制胆碱酯酶活性而造成乙酰胆碱不能被清除而引起中毒。

预防中毒的措施是在低温、无直射阳光照射的地方储存马铃薯,防止发芽,不吃生芽过多、表皮变绿的马铃薯,轻度发绿、发芽的马铃薯在食用时应彻底削去绿色部分或芽眼及芽眼周围的表皮,以免食入毒素而中毒。

②秋水仙碱:秋水仙碱是不含杂环的生物碱,是存在于鲜黄花菜中的一种化学物质。秋水仙碱为灰黄色针状结晶体,易溶于水;对热稳定,煮沸 10～15min 可充分破坏。秋水仙碱本身并无毒性,但当它进入人体并在组织中被氧化后,迅速生成毒性较大的二秋水仙碱,这是一种剧毒物质。成年人如果一次食入 0.1～0.2mg 秋水仙碱(相当于 50～100g 鲜黄花菜)即可引起中毒。秋水仙碱对人经口的致死剂量为 3～20mg。秋水仙碱引起的中毒,主要症状是头痛、头晕、嗓子发干、恶心、心悸胸闷、呕吐及腹泻,重者还会出现血尿、血便、尿闭与昏迷的等。

食用鲜黄花菜时一定要用开水焯,浸泡后再经高温烹饪,以防止秋水仙碱中毒。

③吡咯烷生物碱:吡咯烷生物碱是一类结构相似的物质,广泛分布于植物界,如千里光属、猪屎豆属、天芥茶属等。许多含吡咯烷生物碱被用作草药和药用茶。这种生物碱可引起肝脏静脉闭塞及肺部中毒。动物实验表明,目前许多种吡咯烷生物碱对人类的致癌性仍不清楚。

④咖啡碱:咖啡碱是一种嘌呤类生物碱,广泛存在于咖啡豆、茶叶和可可豆等食物中。咖啡碱可在胃肠道中被迅速吸收并分布到全身,引起多种生理反应。咖啡碱对人的神经中枢、心脏和血管运动中枢均有兴奋作用,可扩张冠状和末梢血管、利尿、松弛平滑肌、增加胃肠分泌,虽可快速消除疲劳,但过度摄入可造成中毒,其症状为烦躁,紧张,刺激感,失眠,面红,多尿和消化道不适。咖啡碱的 LD_{50} 192mg/kg 体重,属于中等毒性范围。动物性实验表明咖啡碱有致癌和致突变的作用,但在人体中并未发现上述的结果,目前唯一明确的是咖啡碱对胎儿有致畸作用,因此孕妇最好不要食用含有咖啡碱的食品。

4. 动物毒素

动物类食品是人类最主要的食物来源之一,由于其营养丰富、味道鲜美,很受人们欢迎。但是有些动物性食品中含有天然毒素,对人的身体健康有很大的损害性。

(1)河豚毒素 河豚鱼是一种味道鲜美又含剧毒的鱼类,是暖水性海洋底栖鱼类。河豚鱼在大多数沿海和大江河口均有分布,全球有 200 种左右,我国约有 70 多种,广泛分布于各海区。河豚鱼毒素是河豚体内的毒素,剧毒,毒性比氰化钠高 1000 倍。但河豚毒素不是河豚特有的,在各类海洋脊椎动物(鱼类、两栖类)、无脊椎动物(涡虫类、纽形动物、腹足类和头足类、节肢动物、棘皮动物)中都有分布。通常所谓河豚毒素,实际上是河豚素、河豚酸、河豚卵巢素和肝脏毒素的统称。据分析,有500多种鱼类中含有河豚毒素,河豚是其中最常见的一种。

河豚毒素在体内的分布较广,以内脏为主。毒性大小在不同季节不同部位而不同。河豚毒素在卵巢中含量最多,肝脏次之,血液、眼睛、腮、皮肤都含有少许,肌肉中一般没有。但鱼死后内脏毒素可渗入肌肉,鱼肉中也含有少量的毒素。冬春季节是河豚鱼最为肥美的时候,也是毒性最大的时候。

河豚毒素是一种毒性很强的神经毒素,毒性的产生主要是毒素阻止神经和肌肉的电信号传导,阻止肌肉、神经细胞膜的钠离子通道,使神经末梢和中枢神经发生麻痹。中毒者感觉神经麻痹,其次为各随意肌的运动神经末梢麻痹,使机体无力运动或不能运动。毒素量增大时则迷走神经麻痹,呼吸减少,脉搏迟缓,严重时体温及血压下降,最后发生血管运动神经中枢或横膈肌及呼吸神经中枢麻痹,引起呼吸停止,迅速死亡。毒素不侵犯心脏,呼吸停止后心脏仍能维持相当时间的搏动。毒素还直接作用于胃肠道引起局部刺激症状,如恶心、呕吐、腹泻和上腹疼痛。

河豚毒素中毒的另一个特征是患者死亡前意识清楚,当意识消失后,呼吸停止,心脏也很快停止跳动。作为一种快速可逆的钠离子通道阻断剂,其中毒后出现症状的快慢、严重程度除了与毒素摄入量有关外,还与人本身的体质有关。

防止河豚毒素中毒首先要提高识别能力,严禁擅自经营和加工河豚鱼,一旦发现中毒者,要及时采取措施,以催吐、洗胃和导泻为主,尽快使食入的有毒物质及时排出体外,同时还要结合具体症状进行对症治疗。

(2)肝脏毒素　动物肝脏是人们常食的美味,它含有丰富的蛋白质、维生素、微量元素等营养物质。此外,肝脏还具有防治某些疾病的作用,因而常将其加工制成肝精、肝粉、肝组织液等,用于治疗肝病、贫血、营养不良等症。但是,肝脏是动物的最大解毒器官,动物体内的各种毒素,大多要经过肝脏来处理、排泄、转化、结合。另外,动物也可能发生肝脏疾病,如肝炎、肝硬化、肝寄生虫和黄曲霉毒素中毒等。污染环境和饲料的重金属如铅、砷、汞、铬等和其他的一些污染物也主要存在于肝脏中。动物肝脏中的毒素就主要表现为外来有毒有害物质在肝脏中的残留、动物机体的代谢产物在肝脏中的蓄积和由于疾病原因造成的肝组织受损。这些对动物肝类食品的安全性构成了潜在的威胁。

动物肝中的主要毒素是胆酸、牛磺胆酸和脱氧胆酸,以牛磺胆酸的毒性最强,脱氧胆酸次之。动物肝中的胆酸是中枢神经系统的抑制剂,我国在几个世纪之前,就知道将熊肝用作镇定剂和镇痛剂。许多动物研究发现,胆酸的代谢物——脱氧胆酸对人类的肠道上皮细胞癌如结肠癌、直肠癌有促进作用。在世界各地普遍用作食物的猪肝并不含足够数量的胆酸,因而不会产生中毒作用,但是当大量摄入动物肝,特别是处理不当时,可能会引起中毒症状。

各种动物的肝脏中维生素A(视黄醇)的含量都较高,尤其是鱼类的肝脏中含量最多。维生素A对动物上皮组织的生长和发育导向具有十分重要的影响。维生素A也可提高人体的免疫功能。人类缺乏维生素A可引起夜盲症及鼻、喉和眼等上皮组织疾病,婴幼儿缺乏维生素 A 会影响骨骼的正常生长。维生素 A 虽然是机体内所必需的生物活性物质,但当人摄入量达到 200 万~500 万 IU(IU 是衡量维生素生物活性的标准单位,1IU 相当于 0.3mg 纯结晶维生素 A),就可引起中毒。大剂量服用维生素 A 会引起视力模糊、失明和损害肝脏。维生素 A 在人体血液中的正常水平为 5~15IU/L。一些鱼肝如鲨鱼、比目鱼鱼肝中含有很高的维生素 A 含量。分别为 10000IU/g 和 100000IU/g。成人一次摄入 200g 的鲨鱼肝可引起急性中毒,中毒表现为前额和眼睛疼痛、眩晕、困倦、恶心、呕吐以及皮肤发红、出现红斑、脱皮等症状。

因为超量摄入任何食物都可引起毒性反应,所以,维生素 A 并不因为它的超量摄入可引起毒性反应而被划为有毒物质。尽管数据的来源不同,但普遍认为,人每天摄入 100mg(约 3000IU/kg 体重)维生素 A 可引起慢性中毒。

动物肝脏含有大量的营养物质,是可供人食用的最重要的内脏组织,人们需要食用动物肝脏。因此,在选购动物肝脏时应注意,凡是肝脏呈暗紫色,异常肿大,有白色小硬结,或一部分变硬变干等,不宜食用。食用前要反复用清水洗涤,浸泡3~4h,彻底去除肝脏内的积血,烹饪时加热要充分,使肝脏中心温度达到烹饪时的温度,并保持一定时间,使之彻底熟透,否则不能食用,并且一次食入的肝脏不能太多。

(3)贝类毒素 贝类是人类动物性蛋白质食品的来源之一。世界上可作食品的贝类约有 28 种,已知的大多数贝类均含有一定数量的有毒物质。只有在地中海和红海生长的贝类是已知无毒的,墨西哥湾的贝类也比其他地区固有的那些贝类的毒性低。实际上,贝类自身并不产生毒物,但是当它们通过食物链摄取海藻或与藻类共生时就变得是有毒的了,足以引起人类食物中毒。

①麻痹性贝类毒素(PSP):近年来由于环境污染日渐加剧和其他一些因素影响,在我国及其他一些国家的沿海地区频繁发生"赤潮"现象。"赤潮"导致的贝类中毒主要是麻痹性贝类中毒,它目前已成为影响公众健康的最严重的食物中毒现象之一。目前从甲藻和软体动物中已分离出 20 种麻痹性贝类毒素,主要有石房蛤毒素及其衍生物、膝沟藻毒素等。PSP 是一类神经和肌肉麻痹剂,其主要是通过阻断细胞内钠通道,造成神经系统传输障碍而产生麻痹作用。PSP 易溶于水且对酸、热稳定,在碱性条件下易分解失活。一般的食品加工方法很难破坏染毒体的毒性。石房蛤毒素对小鼠的 LD_{50}(静脉)为 $7\mu g/kg$ 体重,其毒性是眼镜蛇毒素的 80 倍。

②腹泻性贝类毒素(DSP):是大量存在于软体贝类中的一种毒素,倒卵形鳍藻和渐尖形鳍藻是 DSP 的产生者。DSP 不是一种可致命的毒素,通常只会引起轻微的肠胃疾病,而症状也会很快消失。

③神经性贝类毒素(NSP):神经性贝类毒素的发生与海洋赤潮有关,由短螺甲藻毒素所致,它可以出现感觉异常、冷热感交替、恶心、呕吐、腹泻和运动失调,或上呼吸道综合征,但未观察到麻痹。

④记忆丧失性贝类毒素(ASP):是一种存在于硅藻属中的毒素。误食或过多摄入会引起中毒,永久性丧失部分记忆是此类中毒后的典型症状。ASP 的主要成分是软骨藻酸,是一种具有生理活性的氨基酸类物质,比麻痹性贝类毒素毒性弱的神经性毒素。

贝类中毒发病急,潜伏期短,中毒者的病死率较高,国内外尚无特效疗法,因此关键在于预防,尤其应在夏秋贝类食物中毒多发季节禁食有毒贝类。一旦误食有毒贝类出现舌、口、四肢发麻等中毒症状,首先应人工催吐,排空胃内容物,并立即向当地疾病预防控制中心报告,及时携带食剩的贝类到医院就诊,采取洗胃、支持对症等治疗措施,防止发生呼吸肌麻痹。由于藻类是贝类赖以生存的食物链,贝类摄食有毒的藻类后,能富集有毒成分,产生多种毒素,所以沿海居民要注意海洋部门发布的有关赤潮信息。在赤潮期间,最好不食用赤潮水域内的蚶、蛎、贝、蛤、蟹、螺类水产品,或者在食用前先放在清水中放养浸泡 1 ~ 2d,并将其内脏除净,提高食用安全性。

5. 食品过敏原

(1)食物过敏　食物过敏是指食物中的某些物质(通常是蛋白质)进入体内,被体内免疫系统当成入侵的病原,发生免疫反应,对人体造成不良影响。

过敏反应又称变态反应,是指致敏机体再次接触同一抗原的刺激时,发生的组织损伤和(或)功能紊乱的免疫应答。即抗原与抗体或致敏淋巴细胞反应,在排除抗原的同时,造成了机体的免疫损伤,是一类异常的病理性免疫应答,其结果对机体不利,可引起多种临床疾病。

据报道,在国外大约 1% ~ 2% 的成人和 5% ~ 7% 的儿童遭受过食物过敏。中国疾病预防控制中心营养与食品安全所的调查表明,在 15 ~ 24 岁年龄段健康人群中,约有 6% 的人曾患有食物过敏。

(2)引起过敏的常见食物种类　食品中能使机体产生过敏反应的抗原分子即为食品过敏原,目前大约有 160 多种食品中含有可以导致过敏反应的食品过敏原。食品的种类成千上万,致敏性也不相同,其中只有一部分容易引起过敏反应。同族食物常具有类似的致敏性,尤以植物性食物更为明显,各国家、各地区饮食习惯不同,机体对食物的适应性也就有相应的差异,从而造成致敏的食物也不同。

①植物性食品过敏原:植物性食品过敏案例中,以大豆及核果类食物过敏报道最多,因此,对其食品过敏原研究工作也较早,较深入。

花生属于联合国粮农组织(FAO)1995 年报道的八类过敏食物的重要过敏原之一。不同的花生过敏者,其致敏组分有所不同。引起花生过敏的过敏原可能是花生的主要致敏组分,也可能是花生的次要致敏组分。花生过敏原为一种种子储藏蛋白,包括多种高度糖基化的蛋白质组分,它们属于两个主要的球蛋白家族,即花生球蛋白和伴花生球蛋白。

大豆也是最主要的食品过敏原之一。大豆过敏原能引起婴儿或幼龄动物产生过敏反应,从而造成肠道损伤。大豆含有多种致敏组分,其主要致敏蛋白的发现可能与研究的大豆品种不同,受试者人群的不同有关。

②动物性食物过敏原:动物性食物过敏原中,蛋、乳、鱼类和甲壳类产品研究较多,本文针对性地选取乳及乳制品和海产品进行简单介绍。

乳及乳制品是 FAO/WHO 认定的导致人类食物过敏的八大类食品之一,也是美国及欧盟新食品标签法中规定必须标示的过敏原成分之一。牛乳过敏是婴儿最常见的食物过敏之一,在欧美发达国家,婴儿牛乳过敏发生率为 2% ~7.5%。50%牛乳过敏婴儿可能对其他食物也产生过敏。牛乳过敏是由乳及乳制品中蛋白过敏原所引发的一种变态反应。绝大多数牛乳蛋白都具有潜在的致敏性,但目前普遍认为酪蛋白、α - 乳白蛋白和 β - 乳球蛋白是主要的过敏原,而牛乳中的微量蛋白(牛血清白蛋白、免疫球蛋白、乳铁蛋白)在过敏反应中也起着非常重要的作用。

海产食品过敏反应经常发生在沿海人群中,以前我们只知道引起过敏的海产种类如虾、贝类和一些鱼类。现有研究发现主要海产品过敏原为热稳定性糖蛋白,且各种甲壳类动物过敏原具有高度交叉反应性。

③转基因食品过敏原:转基因食品的安全性问题中,其致敏性是一个突出的问题。转基因食品中含有新基因所表达的新蛋白,有些可能是致敏原,有些蛋白质在胃肠内消化后的片断也可能有致敏性,它们是新的致敏原。美国曾把巴西坚果中的基因引入花生,这种转基因花生引起了食用者过敏,于是停止了该项目的研发。另据报道,转基因 Bt 玉米是利用遗传工程技术在玉米基因中插入 Bt 蛋白(一种苏云金杆菌杀虫毒素)基因,Bt 蛋白一般对人体无毒,但对害虫有毒,由于有些 Bt 蛋白耐热和不能消化,就有可能成为食物过敏原。

(3)控制措施

①避免疗法:不摄入含致敏物质的食物是预防食物变态反应的最有效方法。当经过临床诊断或根据病史已经明确过敏原后,应当完全避免再次摄入此种过敏原食物。比如对牛乳过敏,就应该避免食用含牛乳的一切食物,如添加了牛乳成分的雪糕、冰淇淋、蛋糕等。

②对食品进行加工:通过对食品进行深加工,可以去除、破坏或者减少食物中过敏原的含量,一旦去除了引起食物变态反应的过敏原,那么这种食物对于易感者来说就是安全的了。比如可以通过加热的方法破坏生食品中的过敏原,也可以通过添加某种成分改善食品的理化性质、物质成分,从而达到去除过敏原的目的。在这方面,大家最容易理解、也最常见的就是酸奶。牛乳中加入乳酸菌,分解了其中的乳糖,从而使对乳糖过敏的人不再是禁忌。

③替代疗法:简单地说就是不吃含有过敏原的食物,而选用不含过敏原的食物代替。比如说对牛乳过敏的人可以用豆浆代替等。

④脱敏疗法:脱敏疗法主要就是针对某些易感人群来说,营养价值高、想经常食用或需要经常食用的食品可以采用脱敏疗法。

6. 农药残留

农药残留是指农药使用后残存于生物体、食品(农副食品)和环境中的微量农药原体、有毒代谢物、降解物和杂质总成。残存数量称为残留量,表示单位为 mg/kg 食品或农作物。当农药过量或长期施用,导致食物中农药残存数量超过最大残留限量(MRL)时,将对人和动物产生不良影响,或通过食物链对生态系统中其他生物造成毒害。

我国是世界上农药生产和消费大国,近年生产的高度杀虫剂主要有甲胺磷、甲基对硫磷、久效磷、对硫磷等,因而,这些农药目前在农作物中残留最严重。

(1)有机氯农药残留   有机氯农药具有高度的物理、化学生物学稳定性,在自然界不易降解,属于高残留品质,具有广谱、高效、残效长、价廉、急性毒性小等特点。有机氯农药易在体内蓄积,由于该农药有高度的选择性,多贮存在脂肪组织或含脂肪多的部位。

有机氯农药于 1983 年即已停止生产和使用,但对食品污染与残留极普遍,而且一般有机氯农药残留规律是动物性食品远高于植物性食品,植物性食品残留的顺序为植物油大于蔬菜、水果。植物性食品的六六六和滴滴涕残留量与施药量有直接的关系,而动物性食品其农药残留来源于饲料和环境。

食品中残留的有机氯农药不会因贮藏、加工、烹调而减少,因此,长期摄入含高残留量的有机氯农药,可使体内农药蓄积量增加而产生毒性作用。部分有机氯农药的 LD_{50} 见表 2-1。

表 2-1   部分有机氯农药对大鼠经口的 LD_{50} 单位:mg/kg 体重

杀虫剂	LD_{50}	杀虫剂	LD_{50}
DDT	500~2500	五氯酚钠	78
艾氏剂	25~95	毒杀芬	60~69
狄氏剂	24~98	工业品六六六	600
氯丹	150~700	七氯	100~163

有机氯农药属低毒和中等毒性,主要是对神经系统和肝、肾的损伤,当人体摄入量达到 10mg/kg 体重时,即可出现中毒症状。中毒者中枢神经应激性显著增加,可引起头晕、恶心、肌肉震颤等症状。严重者可造成心肌损伤、肝脏、肾脏和神经细胞的变形,常伴有不同程度的贫血、白细胞增多、淋巴细胞减少等病变,有些中毒者可出现昏迷、发热、甚至呼吸衰竭而死亡。长期低剂量摄入有机氯农药,也可导致慢性中毒。有机氯还可通过胎盘屏障进入胎儿体内,使用这类农药较多的地区,其畸胎率和死胎率比使用该类农药较少的地区高 10 倍左右。

(2)有机磷农药残留   有机磷农药是我国使用最主要的一类农药。

由于有机磷农药在农业生产中的广泛应用,导致食品发生了不同程度的污染,粮谷、薯类、蔬果类均可发生此类农药残留。一般残留时间较短,在根类、块茎类作物中相对比叶菜类、豆类作物中残留时间要长。

有机磷农药的生产和应用也经历了有高效高毒型(如对硫磷、甲胺磷、内吸磷等)转变为高效低毒低残留品种(如乐果、敌百虫、马拉硫磷等)的发展过程。这类农药化学性质不稳定,分解快,在作物中残留时间短。有机磷农药污染的食品主要是在植物性食物,尤其含有芳香物质的植物,如水果、蔬菜最易吸收有机磷,而且残留量也高。有机磷农药的毒性随种类不同而有所差异。各种有机磷农药的LD_{50}见表2 - 2。

表2 - 2 　　　　　　　部分有机磷农药对鼠经口的LD_{50} 　　　单位:mg/kg 体重

名称	LD_{50}(小鼠)	LD_{50}(大鼠)	名称	LD_{50}(小鼠)	LD_{50}(大鼠)
对硫磷	5.0~10.4		敌敌畏	50~92	450~630
甲拌磷	2.0~3.0	1.0~4.0	杀螟松	700~900	870
二嗪磷	18~60	86~270	乐果	126~135	185~245
倍硫磷	74~180	190~375	马拉硫磷	1190~1582	1634~1751
敌百虫	400~600	450~500	久效磷		8~23
辛硫磷		1845~2170	磷胺		17~30

有机磷酸酯属于神经毒剂,可竞争性抑制乙酰胆碱酯酶的活性,导致神经传导抵制递质乙酰胆碱的累积,从而引起中枢神经中毒,表现出一系列的中毒症状,如流涎、流汗、流泪、恶心、呕吐、腹痛、腹泻、心动过缓、瞳孔缩小等。严重者可出现呼吸麻痹,支气管平滑肌痉挛甚至窒息死亡。

有些中毒者可出现迟发型神经病。较重者肢体远端出现肌萎缩,少数可发展为痉挛性麻痹,病程可持续多年。

(3)氨基甲酸酯类农药残留　用于农业上的这类农药包括N - 烷基化合物和N - 芳香基化合物,前者用做杀虫剂,后者用做除草剂。氨基甲酸酯类农药具有高效、低毒、低残留、选择性强等优点。这类农药被微生物分解后产生的氨基酸和脂肪酸,还可作为土壤微生物的营养来源,促进微生物的繁殖,同时还可提高水稻蛋白质和脂肪的含量,改善大米品质。

氨基甲酸酯类农药虽然克服了有机氯农药的高残留和有机磷农药的耐药性的缺点,但在农业生产中实施后,仍可污染食品而导致农药残留。氨基甲酸酯类在作物上的残留时间一般为4d,在动物肌肉和脂肪中的明显蓄积时间约为7d。

氨基甲酸酯类农药可对人体产生急性毒性和慢性毒性。发生急性中毒时,可出现流泪、颤动、瞳孔缩小等胆碱酯酶抑制症状。其慢性毒性具有致畸、致突变、致癌作用,但还有待进一步研究证实。氨基甲酸酯农药具有氨基,在环境中或动物胃内酸性条件下与亚硝酸盐反应易生成亚硝基化合物,具有致癌作用。

（4）拟除虫菊酯类农药　拟除虫菊酯类农药是近年发展较快的一类农药。主要使用的有氰戊菊酯、溴氰菊酯、氢氰菊酯、杀灭菊酯（速灭杀丁）、苄菊酯（敌杀死）和甲醚菊酯等。菊酯类农药是我国替代有机氯农药的主要农药之一，特别是在作物上降解快、残留浓度低，在番茄上氰戊菊酯半衰期为 2～3d，但对多次性采收的蔬菜，尽管半衰期短，仍有严重污染的危险，应该遵守农药安全使用准则，应在安全间隔期采摘、合理使用。

拟除虫菊酯类农药的杀虫原理是作用于神经膜，可改变神经膜的通透性，干扰神经传导而产生中毒，是一种神经毒剂。因其用量低，一般对人的毒性不强。人的急性中毒多因误食或在农药生产和使用中接触所致。对拟除虫菊酯类农药是否具有致突变作用，曾经进行过 Ames 试验、小鼠骨髓细胞微核试验、染色体畸变分析、显性致死突变试验和精子畸形等试验，但是结果不很一致。但是曾有动物实验表明，大剂量溴氰菊酯饲喂动物，有诱变性和胚胎毒性，而且体外实验中，溴氰菊酯可以在大鼠肝线粒体诱发脂质过氧化，对小鼠脑组织脂质过氧化也有促进作用等。

农药污染食品的途径主要有如下几种。

（1）直接污染食用作物　如对蔬菜直接喷洒农药，其污染程度主要取决于农药性质、剂型、施用方法、施药浓度、施药时间、施药次数、气象条件、农作物品种等。

（2）通过灌溉用水污染水源造成对水产品的污染，如污染鱼、虾等。

（3）通过土壤中沉积的农药造成对食用作物的污染　对农作物施用农药后，大量农药进入空气、水和土壤中，成为环境污染物。而这些环境中残存的农药又会被作物吸收、富集，而造成食品污染。

（4）通过食物链污染食品　农药残留被一些生物摄取或通过其他方式吸入后累积于体内，造成农药的高浓度贮存，再沿着食物链移动转移至另一生物，经过食物链生物富集作用后，若食用该类生物性食品，可使进入人体的农药残留量上千倍甚至上万倍的增加，从而严重影响人体健康。一般在肉、乳品中含有的残留农药主要是畜禽摄入被农药污染的饲料，造成体内蓄积，尤其在动物的脂肪、肝、肾等组织中残留量较高。动物体内的农药有些可随乳汁进入人体，有些则可以转移至蛋中，产生富集作用。鱼虾等水生动物摄入水中污染的农药后，通过生物富集和食物链可使体内农药的残留浓集至数百至数万倍。

（5）意外事故造成的食品污染　运输及贮运过程中由于和农药混放，可造成食品污染。尤其是运输过程中包装不严或农药容器破损，会导致运输工具污染，这些被农药污染的运输工具未经彻底清洗，又用于装运粮食其他食品，从而造成食品污染。另外，事故引发的农药泄露也会对环境造成严重污染。如印度博帕尔毒气灾害就是美资联合炭化公司一化工厂泄漏农药中间体硫氰酸酯引起的。

食品中大多数残留农药进入机体后，可引起食用者急性中毒，如摄入过量的有机磷酸酯类和氨基甲酸酯类宁要后，能迅速抑制胆碱酯酶而阻断胆碱能传递，引起一系列神经症状。一部分有机磷农药能对人产生迟发型神经毒性，中毒者常常在急性中毒后 7~20d 出现肢体麻痹和运动失调,神经障碍等症状。

长期或大剂量摄入农药残留的食品后,还可能对食用者产生遗传毒性、生殖毒性、致畸和致癌作用。

目前控制食品中农药残留的措施主要有以下两种。

(1)严格执行有关农药法规,加强对食品原料的生产与管理　严格按照 GB 4285—1989《农药安全使用标准》、GB/T 8321.1—2000、GB/T 8321.2—2000、GB/T 8321.4—2006、GB/T 8321.5—2006《农药合理使用准则》等施药。根据标准和准则对主要作物和常用农药严格按规定使用量和稀释倍数,最多使用次数和间隔期,最后一次距收获期的天数,以保证食品中农药残留不致超标。同时按 2010 年我国国务院修改的《农药管理条例》规定,强调对农药的经营和管理,做好农药的登记、安全生产和监督,对于未取得农药登记和农药生产许可证的农药一律不得生产、销售和使用。

(2)合理饮食　对国民加强科普知识的宣传教育,注意饮食安全和卫生,在食用食物前应充分洗涤、削皮、烹饪、加热等处理。据试验,粮食中的六六六经加热处理可减少 34%~56%,滴滴涕可下降 13%~49%。各类食品经加热处理(94~98℃)后,六六六的平均去除率为 40.9%,滴滴涕为 30.7%。有机磷农药在碱性条件下更易消除。

7. 兽药残留(食品中常见的农药残留及其毒性、控制措施)

兽药残留是指动物产品任何可食部分所含兽药的母体化合物及(或)其代谢物,以及与兽药有关的杂质的残留。这表明,兽药残留既包括原药,也包括药物在动物体内的代谢产物,以及药物或其代谢产物与内源大分子结合产物,统称为残留。兽药残留主要来自动物性食品原料,特别是存在于肉制品、乳类品和鱼类食品。为预防和治疗家畜家禽、水产养殖鱼等疾病而大量投入抗生素,如磺胺类药物、呋喃类药物以及激素制剂、驱虫药等,造成药物残留于动物组织中。

(1)抗生素药物残留　抗生素类多为天然发酵产物,如青霉素类、氨基糖苷类、大环内酯类、四环素类等,是临床应用最多的一类抗菌药物,广泛应用于治疗人和动物的多种细菌性感染。

由于抗生素应用广泛,用量也越来越大,不可避免会存在残留问题。有些国家动物性食品中抗生率的残留比较严重,如美国曾检出 12% 肉牛,58% 犊牛,23% 猪,20% 禽肉有抗生素残留;日本曾有 60% 的牛和 93% 的猪被检出有抗生素残留。但是,许多调查结果表明,抗生素残留很少超过法定的允许量标准,个别使用抗生素类兽药治疗的动物则发现含有不能接受的残留水平。近几年来抗生素在蜜蜂中在逐渐增多。因为在冬季蜜蜂常发生细菌性疾病,一定量的抗生素可治疗细菌性疾病。由于大量的使用抗生素治疗,致使蜂蜜中残留抗生素,主要的抗生素残留有四环素、土霉素、金霉素等。

若给予动物大于推荐剂量的抗生素或长期小剂量的抗生素,则需要延长休药期。因而在药物从动物体内完全排出之前,动物性食品中可能会含有超过限量的药物残留,存在一定的安全问题。

首先青霉素类是最容易引发超敏反应的一类抗生素。此外有四环素、链霉素等抗生素有时也能引发超敏反应。轻者表现为接触性皮炎和皮肤反应,严重者可表现为致死性过敏性休克。

其次经常使用低剂量的抗生素残留的食品可使细菌产生耐药性。动物在反复摄入某一种抗菌药物后,体内将有一部分敏感菌株逐渐产生耐药性,形成耐药菌株,这些耐药菌株可通过动物性食品进入人体,当人发生某些感染性疾病时,就会给临床治疗带来一定的困难。

再次长期摄入氨基苷类抗生素残留严重超标的动物性食品,还会损伤肾脏近曲小管上皮细胞,出现蛋白尿、管型尿、血尿甚至无尿,导致肾功能失调。

最后当长期摄入抗生素残留严重超标的动物性食品后,敏感菌株受到抑制,而不敏感菌株,在体内可大量繁殖生长,导致二次感染。同时,某些能够合成人体所需要的 B 族维生素和维生素 K 的有益菌群被破坏,可引起长期腹泻或维生素缺乏症。

(2)磺胺类药残留　磺胺类药物是一类具有广谱抗菌活性的化学药物,广泛应用于人和动物的多细菌性疾病。磺胺类药物主要作为临床治疗用药,常在短期内使用。常用的磺胺类药物有:磺胺嘧啶、磺胺二甲嘧啶、磺胺异恶唑(菌得清)、磺胺甲基异恶唑(新诺明)等,磺胺类药物常和一些磺胺增效剂合用,增效剂多属苄氨嘧啶化合物,国内外广泛使用的有三甲氧苄氨嘧啶(TMP)、二甲氧苄氨嘧啶(DVD)和二甲氧甲基苄氨嘧啶(OMP)。由于增效剂常和磺胺类药合并使用,因此它们的残留情况也就发生变化。磺胺类药物可在肉、蛋、乳中残留。因为其能被迅速吸收,所以在 24h 内均能检查出肉中兽药残留。磺胺类药物残留主要发生在猪肉中,其次是小牛肉和禽肉中残留。磺胺类药物大部分以原形态自机体排出,且在自然环境中不易被生物降解,从而容易导致再污染,引起兽药残留超标的现象。

近年来,磺胺类药物在动物性食品中的残留超标现象是所有兽药中最严重的,长期摄入含有磺胺类药物残留的动物性食品后,药物可不断在体内积蓄。磺胺类药物主要以原形和乙酰磺胺的形式经肾脏排出,在尿中浓度较高,其溶解度较低,尤其当尿液偏酸性时,可在肾盂、输尿管或膀胱内析出结晶,产生刺激和阻塞,造成泌尿系统损伤。引起结晶尿、血尿、管型尿、尿痛、尿少甚至尿闭。

经常食用含有低剂量磺胺类药物的食品能使易感的个体出现超敏反应,出现皮疹、光敏性皮炎、药热等。个别严重者可发生剥脱性皮炎结节性多发性动脉炎。还可抑制骨骼出现白细胞减少症、血小板减少症、再生障碍性贫血、溶血性贫血。

(3)呋喃类药物　呋喃类药物具有抗菌谱广、抑菌和杀菌作用不受脓液和组织分解产物的影响,不易产生耐药性,口服吸收迅速,与磺胺类药物和抗生素类药物无交叉耐药性,在兽医临床上广泛使用。由于常用的呋喃类药物如呋喃西林,其外用时很少被人体吸收,呋喃唑酮内服时极少吸收以及呋喃妥因吸收后排泄迅速,因此,一般常用呋喃类药物在组织中的残留问题也就不显得那么重要。由于呋喃西林毒性太大,所以通常被禁止内服。

通过食物摄入超量呋喃类药物残留后,对人体造成的危害主要是胃肠道反应和超敏反应。剂量过大或肾功能不全者可以起严重的毒性反应,主要表现为周围神经炎、药热、嗜酸性白细胞增多、溶血性贫血。长期摄入不当可引起不可逆性神经损伤,如感觉异常、疼痛及运动障碍等。

(4)激素类药物　在畜牧生产中使用激素主要是用来防治疾病、调整繁殖和加快生长发育速度。使用于动物的激素类药物有性激素和皮质激素。

正常情况下,动物性食品中天然存在的性激素含量是很低的,当人食入后经胃肠道的消化作用后大部分已丧失活性,因而不会干扰到人的激素代谢和生理功能。如在畜牧生产中不适当地大量使用人工合成的性激素,通过摄入性激素残留的动物性食品,可能会影响人的正常生理功能,并具有一定的致癌性。可能导致儿童性早熟、儿童发育异常、儿童异性趋向、肿瘤等。

兽药进入动物体的途径主要是如下几种。

①预防和治疗畜禽疾病的用药:各类用于治疗或预防疾病的用药主要通过口服、注射、局部用药等途径进入动物体内,从而残留于动物体内,导致动物性食品污染。

②饲料添加剂或动物保健品的使用:主要用于提高动物的繁殖和生产性能,预防某些疾病。经常是长期的、小剂量的方式拌入饲料或饮水中,从而造成动物性食品中的兽药残留。

③动物性食品加工、保鲜贮存过程中加入的兽药:为了抑制微生物生长和繁殖,结果造成不同程度的药物残留。

含兽药残留的食品进入人体后:残留兽药可以在体内蓄积,当浓度达到一定量时,可能产生毒副反应,其表现为中毒现象,如磺胺类药引起的肾损伤、过敏反应和变态反应;又如青霉素引起的过敏、细菌耐药性以及肠道菌群失调等。有的还可能引起致畸、致突变、致癌作用等,所以必须控制兽药的残留量。具体措施如下:

①严格合理使用药物,包括合理配制用药;

②严格规定和执行兽用休药期,执行动物性食品用药的最大残留限量(MRL);

③加强监督,强化检测,特别动物食品检验部门、监督检查部门密切配合加强对饲料、动物食品的药物残留检测,加强流通领域的监控,建立和完善分析系统,保证动物性食品的质量,让广大消费者吃上放心肉。

8.案例分析——黄曲霉毒素污染及控制

英国火鸡事件:1960 年在英格兰东南部的农庄中,人们突然发现饲养的火鸡走起路来如同一个醉汉东倒西歪。过了两天,这些火鸡全都耷拉着脑袋,不能取食,不到一周的时间便都陆续死去。这种不明的"瘟神"迅速扩展到其他的地方,农民们眼睁睁地看着自己饲养的火鸡一只一只地死掉。

在当时,由于人们对这种疾病原因不明,故称做"火鸡 X 病"。与此同时,在非洲的乌干达也发现了类似的小鸭死亡事件,根据各种可能的疑迹,科学家们开始了追捕"凶犯"的调查与分析。

最开始,科学家们检查了当地农民施用的农药,结果排除了农药致死火鸡的可能性。随后又对各种致病微生物作了大量的检测分析,认为它们也不可能引起如此规模的火鸡死亡。最后通过仔细调查,终于在伦敦的一家碾米厂找到了疑点,认为"凶犯"与碾米厂所供应的饲料有关,其主要毒性则在饲料里的花生粉中。科学家们用这些花生粉对小鸡和小鸭做试验,结果发现它们都呈现出典型的"火鸡 X 病"症状。由此证明,这种花生粉具有强毒性。至此,"凶犯"的来龙去脉已被查明,原因是从非洲和南美洲进口的花生粉被污染了。

在随后的两年时间里,科学家们集中地对这些花生粉作了分析研究,通过各种高科技手段最后确认这个"凶犯"便是黄曲霉菌,其致火鸡于死地的有毒物质便是这种霉菌所排泄出来的黄曲霉毒素。这类毒素的毒性之强,简直让人难以置信。取这类毒素中毒性最强物质仅 1g,便能毒死小鸭成千上万只。黄曲霉毒素这个"超级杀手"不仅可以成批成批地杀死动物,而且对我们人类的安全也直接构成威胁。1974 年 10 月,在印度西部的农村里,曾发生过一起黄曲霉毒素中毒事件,涉及 200 多个村庄,共 397 人生病,其中死亡 106 人。

(三)食品加工过程的化学性污染物

1. 保证食品安全的加工技术

要保障食品安全就是应当防止食品污染和有害因素对人体健康的危害以及造成的危险性,不会因食用食品而导致食源性疾病的发生和产生任何危害作用。保证食品安全的基本原理是改变食品的温度、水分、pH、渗透压以及采用抑菌、杀菌等措施,防止食品腐败变质。常用的方法介绍如下。

(1)低温保存　冷藏和冷冻:冷藏温度为 $-2 \sim 15℃$,$4 \sim 8℃$ 是常用冷藏温度,在此温度范围内,食品贮存期从几天到数周。冷冻温度为 $-23 \sim -12℃$,以 $-18℃$ 为宜,食品的贮藏期可达数月到一年或更长。冷藏和冷冻可降低或停止微生物的增殖速度,食品中酶活力和一切化学反应也同时降低,对食品质量影响较小,一般情况下,温度每下降 $10℃$,化学反应速度可降低 $1/2$, $-10 \sim -7℃$ 时只有少数霉菌生长,所有细菌和酵母几乎都停止了生长。当温度急剧下降到 $-30 \sim -20℃$ 时,微生物细胞内所有酶反应实际上几乎全部停止。所以冷藏和冷冻是一种最常用的预防食品腐败和食品保藏方法。

(2)高温灭菌　食品经高温处理,微生物体内的酶和细胞膜被破坏,细胞内原生质呈现不均一性,蛋白质凝固,细胞内一切代谢反应停止,如果高温处理再结合密封、真空和冷藏等方法,更可预防食品腐败,达到长期保藏食品。

（3）超高压食品　以压力代替温度,在400～700MPa压力下辅以相应温度维持数分钟,使基质内微生物大部或全部杀灭的食品,称超高压食品或高压食品。此法的优点是热致敏物质的破坏降低到最低限度,其他营养物也极少损害,还能改善食品的感官。克服了因过高温度引起食品过度变性、色变(变为棕褐色),甚至热解产生有诱变性的杂环胺类化合物。

（4）脱水与干燥保藏　脱水保藏是一种普遍应用的防腐保藏法,主要是将食品中水分降低至微生物生长繁殖所必需的含量以下,如细菌在食品含水10%以下,酵母在20%以下,霉菌在13%～16%以下,水分活性(A_w)在0.6%以下,一般微生物即不能繁殖。方法有热风干燥、接触干燥、辐射干燥、冷冻干燥等根据物料不同采用不同的方式。

（5）食品腌渍防腐　使食盐或食糖渗入食品中,降低其水分活性,提高渗透压,达到控制微生物繁殖,防止食品腐败。常见的腌渍法有:提高酸度、盐浓度和糖浓度的方法。酸渍法既常用又有效,泡菜、醋渍黄瓜、糖醋蒜以及酸奶等就是很好的实例。熏制,虽有少许防腐物,但主要靠食盐、脱水及肠衣防污染等措施,效果有限,且有致癌污染物的疑虑。

（6）辐照　食品辐照保藏是利用原子能射线的辐照能量照射食品或原材料,进行杀菌、杀虫、消毒、防霉等加工处理,抑制根类食物的发芽和延迟新鲜食物生理过程的成熟发展,以达到延长食品保藏期的方法和技术。

（7）食品的化学保藏　食品的化学保藏就是在食品生产和贮运过程中使用食品添加剂提高食品的耐藏性和尽可能保持它原来品质的措施,它的主要作用就是保持或提高食品品质和延长食品的保质期。

2. 食品加工过程中形成的有害化学物

（1）杂环胺类　20世纪70年代末,人们发现从烤鱼或烤牛肉炭化表层中提取的化合物具有致突变性。而且其致突变活性比苯并[α]芘强烈。随后在鱼和肉制品以及其他含氨基酸和蛋白质的食品中也发现类似的致突变性物质。经过20多年的研究证明,这类致突变物质主要是复杂的杂环胺类化合物,如咪唑、喹啉、甲基咪唑喹啉等。因为杂环胺类具有较强的致突变性,而且大多数已被证明可诱发实验动物多种组织肿瘤,所以,它对食品的污染以致对人类健康的危害,已经备受关注。

模拟试验发现,肉类在油煎之前分别添加氨基酸和肌酸,其杂环胺产量均比对照高许多倍,但添加氨基酸者对致突变有很大的影响,而添加肌酸者与对照没有差别,不影响致突变。另外,经检测发现许多高蛋白低肌酸的食品如动物内脏、牛乳、奶酪和豆制品等产生的杂环胺远低于含有肌肉的食品。

美拉德反应除能产生诱人的焦黄色和独特风味外,还可形成许多杂环化合物。从美拉德反应中得到的混合物,表现为许多不同的化学和生物特性,其中,有促氧化物和抗氧化物、致突变物和致癌物以及抗突变物和抗致癌物。

在食品加工过程中,加工方法、加热温度和时间对杂环胺形成影响很大。试验显示,煎、炸、烤产生的杂环胺多,而水煮则不产生或产生很少;油煎猪肉时将温度从 200℃提高到 300℃,致突变性可增加约 5 倍;肉类在 200℃油煎时,杂环胺产量在最初的 5min 就已很高,但随着烹调时间延长,肉中的杂环胺含量有下降的趋势,这可能是部分前体物和形成的杂环胺随肉中的脂肪和水分迁移到锅底残留物中的缘故。

Ames 试验结果显示,杂环胺对鼠伤寒沙门菌 DNACG 碱基序列点的改变具有很高的亲和性。同时杂环胺对哺乳类细胞也具有显著的遗传毒性作用,表现为诱发基因突变、染色体畸变、姐妹染色单体交换、DNA 链断裂和程序外 DNA 合成等。动物试验表明,大多数杂环胺可在体外和动物体内与 DNA 共价结合形成杂环胺 - DNA 加合物,可见这类化合物是高度潜在的致突变物质。DNA 加合物的形成在肝脏中含量最高,其次为肠、肾脏和肺脏。

在大剂量时,杂环胺对动物具有致癌性。大多数杂环胺主要在肝脏中代谢转化,因此它们在肝脏中的含量最高,其致癌的主要靶器官也是肝脏,同时还可诱发其他组织器官的肿瘤。另外,一些其他致癌物、促癌物和细胞增生诱导剂还可能会大大增强杂环胺的致癌性。

控制食品中杂环胺产生的措施主要有如下四种:一是改进加工方法,避免明火接触食品,采用微波加工可有效减少杂环胺的产生量;二是尽量避免高温、长时间烧烤或油炸鱼和肉类;三是不食用烧焦、炭化的食品,或者将烧焦部分去除后食用;四是烹调肉和鱼类食品时,添加适量抗坏血酸、抗氧化剂、大豆蛋白、膳食纤维、维生素 E 及黄酮类物质等,可减少杂环胺的形成。

(2)丙烯酰胺　丙烯酰胺是一种白色晶体化学物质,是生产聚丙烯酰胺的原料。聚丙烯酰胺主要用于水的净化处理、纸浆的加工及管道的内涂层等。淀粉类食品在高温(高于 120℃)烹调下容易产生丙烯酰胺。研究表明,人体可通过消化道、呼吸道、皮肤黏膜等多种途径接触丙烯酰胺,饮水是其中的一条重要接触途径。2002 年 4 月瑞典国家食品管理局和斯德哥尔摩大学研究人员率先报道,在一些油炸和烧烤的淀粉类食品,如炸薯条、炸马铃薯片等中检出丙烯酰胺,而且含量超过饮水中允许最大限量的 500 多倍。之后挪威、英国、瑞士和美国等国家也相继报道了类似结果。

科学家的研究结果表明,丙烯酰胺的形成与加工烹调方式、温度、时间、水分等有关。因此不同食品加工方式和加工条件,其形成丙烯酰胺的量有很大差异,即使不同批次生产出的相同食品,其丙烯酰胺含量也存在差别。在食品中由于有葡萄糖等还原糖与天冬酰胺等游离氨基酸以及其他小分子物质的存在,在 100℃以上时丙烯酰胺开始生成,在 175℃左右丙烯酰胺的生成量最大,而在 185℃时丙烯酰胺含量开始减少,这也表明丙烯酰胺最适宜生成的温度区域为 120 ~ 175℃。食物在水中煮沸时最高温度不会超过 100℃,这时很少形成丙烯酰胺,或无丙烯酰胺形成。烘烤、油炸食品在最后阶段水分减少、表面温度升高后,其丙烯酰胺形成量更高。

根据近年对动物进行的试验,丙烯酰胺被认为是一种致癌物质,并能引起神经损伤,具有中等毒性。常人每天允许的最大暴露量不超过 0.05g/kg,鼠一次经口 $LD_{50}150 \sim 180mg/kg$。皮肤接触可致中毒,症状为红斑、脱皮、眩晕、运动功能失调、四肢无力等。在食品中检测出丙烯酰胺之前,饮水和吸烟是人们已知的获取丙烯酰胺的主要途径。WHO 和欧盟曾分别规定饮水中丙烯酰胺限量值为 0.5g/L 和 0.1g/L,该数据可为食品中丙烯酰胺危险度评价提供参考。

丙烯酰胺引起的神经毒性作用主要为周围神经退行性变化和脑中涉及学习、记忆和其他认知功能部位的退行性变;生殖毒性作用表现为雄性大鼠精子数目和活力下降且形态发生改变和生育能力下降。

丙烯酰胺在体内和体外试验均表现有致突变作用,可引起哺乳动物体细胞和生殖细胞的基因突变和染色体异常,如微核形成、姐妹染色单体交换、多倍体、非整倍体和其他有丝分裂异常等,显性致死试验结果呈阳性,并证明丙烯酰胺的代谢产物环氧丙酰胺是其主要致突变活性物质。

动物试验研究发现,丙烯酰胺可致大鼠多种器官肿瘤,包括乳腺、甲状腺、睾丸、肾上腺、中枢神经、口腔、子宫、脑垂体等。国际癌症研究机构(IARC)1994 年对其致癌性进行了评价,将丙烯酰胺列为 2 类致癌物(2A)即人类可能致癌物,其主要依据为丙烯酰胺在动物和人体均可代谢转化为其致癌活性代谢产物环氧丙酰胺。

由于煎炸食品是我国居民主要的食物,为减少丙烯酰胺对健康的危害,我国应加强膳食中丙烯酰胺的监测与控制,开展我国人群丙烯酰胺的暴露评估,并研究减少加工食品中丙烯酰胺形成的可能方法。主要是尽量避免过度烹饪食品(如温度过高或加热时间太长),但应保证做熟,以确保杀灭食品中的微生物,避免导致食源性疾病。提倡平衡膳食,减少油炸和高脂肪食品的摄入,多吃水果和蔬菜。建议食品生产加工企业,改进食品加工工艺和条件,研究减少食品中丙烯酰胺的可能途径,探讨优化我国工业生产、家庭食品制作中食品配料、加工烹饪条件,探索降低乃至可能消除食品中丙烯酰胺的方法。

(3)多环芳烃和苯并芘 多环芳烃(PAH),是指煤、石油、煤焦油、烟草和一些有机化合物的热解或不完全燃烧过程中产生的一系列化合物。多环芳烃是含有两个或两个以上苯环的碳氢化合物。多环芳烃的基本结构单位是苯环,环与环之间的连接方式有两种:一种是稀环化合物,即苯环与苯环之间各由一个碳原子相连,如联苯;另一种是稠环化合物,即相邻的苯环至少有两个共有的碳原子的碳氢化合物,如萘。这里所述的 PAH 都是含有三个以上苯环,并且相邻的苯环至少有两个共用的碳原子的稠环化合物,也称稠环芳烃。

室温下所有 PAH 皆为固体。其特性是高熔点和高沸点、低蒸汽压、水溶解度低。PAH 易溶于许多溶剂中,具有高亲脂性。

食品中的 PAH 主要来自于环境的污染和食品中的大分子物质发生裂解、热聚。食品在烟熏、烧烤过程中与染料燃烧产生的 PAH 直接接触所受到的污染是构成食品污染的主要因素。某些设备、管道或包装材料中含有 PAH。橡胶的填充料炭黑和加工橡胶用的重油中含有 PAH,在采用橡胶管道输送原料或产品时,PAH 将发生转移,如酱油、醋、酒、饮料等液体食品输送。

煤、柴油、汽油及香烟等有机物不完全燃烧产生大量的 PAH,通过大气排放进入环境,受污染的空气尘埃降落又造成了水源和土壤的污染。生产炭黑、炼油、炼焦、合成橡胶等行业"三废"的不合理排放,也是造成环境 PAH 污染的因素。

PAH 的致癌性与结构关系的研究表明,多环芳烃类化合物中 3 ~ 7 个环的化合物才具有致癌性,2 个环与 7 个环以上的化合物一般不具备致癌活性。

PAH 具有致突变性和遗传毒性。PAH 大多为间接致突变物,二苯并(a,h)蒽和苯并(α)蒽及萘对小鼠和大鼠有胚胎毒,可造成胚胎畸形、死胎及流产等。

试验中观察到的对动物的慢性损伤是引起动物肿瘤。对人类尚无多环芳烃致癌的直接证据,但许多流行资料表明,PAH 可能和人类的癌症有关。

(4)反式脂肪酸　食用油脂多是三酰甘油,它由一份甘油与三份脂肪酸酯化而成。根据脂肪酸碳键上的单双键结构,可分为饱和脂肪酸和不饱和脂肪酸两类。与饱和脂肪酸单键的碳链结合不同,在以双键结合的不饱和脂肪酸中,从其分子结构上可能会出现不同的几何异构体,若脂肪酸均在双键的一侧为顺式,而在双键的不同位置为反式。

在天然的油脂中很少有反式脂肪酸存在。然而,许多加工油脂产品,为了改善油脂物理性质,如熔点、质地、加工性及稳定性,常将植物油脂或动物油脂及鱼油予以部分氢化加工,即在不饱和脂肪酸的双键位加入氢离子,使液态油中不饱和双键变为固态油脂的单键结构(该工艺也可称为硬化),则会异构化产生反式不饱和脂肪酸(一般 10% ~ 12%),氢化油脂变为固态或半固态状,熔点上升,以供制造人造奶油及起酥油和炸油。此外,油脂在精炼脱臭工艺中,由于高温及长时间加热操作,也有可能产生一定量反式脂肪酸。

反式脂肪酸出现在很多人们常吃的食物中,从快餐店到超市,从炸薯条、炸鸡、冰淇淋到奶油蛋糕、蛋黄派、饼干、咖啡伴侣,随处可见反式脂肪酸的影子。如果一种食品标示使用人工黄油(奶油)、转化脂肪、人造植物黄油(奶油)、人造脂肪、氢化油、氢化棕榈油、起酥油、植物酥油等,那么这种食品就含有反式脂肪酸。我国台湾地区对市场上快餐业所使用的 25 种烹饪油检验发现,其 19 个样品中或多或少都含有反式脂肪酸,范围在 0.8% ~ 33.9%,以人造奶油、起酥油所含的反式脂肪酸较多。这一调查结果与欧美等国家的调查数据(0.2% ~ 60%)相比,差异不大。欧洲 8 个国家联合开展的多项有关反式脂肪酸危害的研究显示,对于心血管疾病的发生发展,反式脂肪酸有着极大的关联。它导致心血管疾病的概率是饱和脂肪酸的 3~5 倍,甚至还会损害人的认知功能。此外,反式脂肪酸还会诱发肿瘤(乳腺癌等)、哮喘、Ⅱ型糖尿病、过敏等疾病,对胎儿体重、青少年发育也有不利影响。

反式脂肪酸会增加人体血液的黏稠度和凝聚力,容易导致血栓的形成,对于血管壁脆弱的老年人来说,危害尤为严重。

反式脂肪酸会减少男性激素的分泌,对精子的活跃性产生负面影响,中断精子在身体内的反应过程。怀孕期或哺乳期的妇女,过多摄入含有反式脂肪酸的食物会影响胎儿的健康。研究发现,胎儿或婴儿可以通过胎盘或乳汁被动摄入反式脂肪酸,他们比成人更容易患上必需脂肪酸缺乏症,影响胎儿和婴儿的生长发育。除此之外还会影响生长发育期的青少年对必需脂肪酸的吸收。反式脂肪酸还会对青少年中枢神经系统的生长发育造成不良影响。当反式脂肪酸结合于脑脂质中时,将会对婴幼儿的大脑发育和神经系统发育产生不利影响。

研究认为,青壮年时期饮食习惯不好的人,老年时患阿尔兹海默症(老年痴呆症)的比例更大。反式脂肪酸对可以促进人类记忆力的一种胆固醇具有抵制作用。

反式脂肪酸不容易被人体消化,容易在腹部积累,导致肥胖。喜欢吃薯条等零食的人应提高警惕,油炸食品中的反式脂肪酸会造成明显的脂肪堆积。

欧美国家纷纷对人造脂肪进行立法限制。在欧洲,从 2003 年 6 月 1 日起,丹麦市场上任何人造脂肪含量超过 2% 的油脂都被禁,丹麦因此成为世界上第一个对人造脂肪设立法规的国家。此后,荷兰、瑞典、德国等国家也先后制定了食品中人造脂肪的限量,同时要求食品厂商将人造脂肪的含量添加到食品标签上。2004 年,美国食品和药品管理局(FDA)也规定,从 2006 年起,所有食品标签上的"营养成分"一栏中,都要加上人造脂肪的含量。FDA 同时提醒人们,要尽可能少地摄入人造脂肪。因此在日常饮食中应当适量控制烹调中氢化植物油的用量,不宜过多食用含氢化植物油的加工食品,如威化饼干、奶油面包、派、夹心饼干等食物。

3. 食品添加剂

随着食品工业的发展,食品添加剂也成为加工食品不可或缺的原料之一,它对改善食品质量、提升食品档次和营养价值发挥着积极作用。在食品生产加工过程中,正确、科学和合理地使用食品添加剂,不仅使食品在色、香、味、形和质等方面丰富多彩,而且在提高食欲、改善营养等方面有很大的作用,同时添加剂还能够抑制微生物的滋生,防止食品腐败变质和延长保质期等。食品添加剂在食品工业加工过程中是其他物质无法替代的,是食品工业现代化的重要标志。

(1)安全评价分类　FAO/WHO 下设的食品添加剂联合专家委员会(JECFA)为了加强对食品添加剂安全性的审查与管理,制定出它们的 ADI(人体每日允许摄入量),并向各国政府建议。该委员会建议把食品添加剂分为四大类,即第一类至第四类。

第一类为安全使用的添加剂。该类一般认为是安全的添加剂,可以按正常需要使用,不必制定 ADI。

第二类为 A 类。该类是 JECFA 已经制定 ADI 和暂定 ADI 的添加剂,它又分为 A1、A2 两类。

A1 类为经过 JECFA 评价认为毒理学资料清楚,已经制定出 ADI 或认为毒性有限,无需规定 ADI 者。

A2 类为 JECFA 已经制定暂定 ADI,但毒理学资料不够完善,暂时许可用于食品者。

第三类为 B 类。该类是 JECFA 曾经进行过安全评价,但毒理学资料不足,未建立 ADI,或者未进行过安全评价者,它又分为 B1、B2 两类。

B1 类为 JECFA 曾进行过安全评价,因毒理学资料不足,未制定 ADI 者。

B2 类为 JECFA 未进行过安全评价者。

第四类为 C 类。该类是 JECFA 进行过安全评价,根据毒理学资料认为应该禁止使用的食品添加剂或应该严格限制使用的食品添加剂,它又分为 C1、C2 两类。

C1 类为 JECFA 根据毒理学资料认为,在食品中应该禁止使用的食品添加剂。

C2 类为 JECFA 认为应该严格限制,作为某种特殊用途使用的食品添加剂。

由于毒理学、分析技术以及食品安全性评价的不断发展,某些原来经 JECFA 评价认为是安全的品种,经过再次评价后,安全评价结果有可能发生变化,如糖精,原来曾经被划分为 A1 类,后经大鼠试验可致癌,经过 JECFA 评价后已暂定其 ADI,为 $0 \sim 2.5mg/kg$ 体重。因此,对于食品添加剂的安全性问题应该及时注意新的发展和变化。

(2)食品添加剂的安全性

①防腐剂:防腐剂是能防止食品腐败、变质,抑制食品中微生物繁殖,延长食品保存期的物质。我国许可使用的品种有苯甲酸、苯甲酸钠、山梨酸、山梨酸钾、丙酸钠、丙酸钙等。

a. 苯甲酸、苯甲酸钠。别名安息香酸与安息香酸钠。苯甲酸有一定的毒性,主要认为它在生物转化过程中,与甘氨酸结合形成马尿酸或与葡萄糖醛酸结合形成葡萄糖苷酸,并随尿排出体外。目前也有苯甲酸引起叠加中毒的报道,因此在使用上仍有争议,应用范围较窄。苯甲酸钠的急性毒性较小,动物的最大无作用剂量(MNL)为 $500mg/kg$ 体重。但在人体胃肠道的酸性环境下可转化为毒性较强的苯甲酸。1996 年 FAO/WHO 限定苯甲酸及其盐的 ADI 值以苯甲酸钠为 $0 \sim 5mg/kg$ 体重。日本在进口食品中对苯甲酸和苯甲酸钠有限制,甚至在部分食品中禁止使用。本品价格低廉,在我国仍作为主要防腐剂使用。

b. 山梨酸与山梨酸钾。山梨酸又名花楸酸,是一种直链不饱和脂肪酸,可参与体内正常代谢,并被同化而产生 CO_2 和水,几乎对人体没有毒性。动物实验表明即使长时间大剂量的摄入山梨酸,也不会出现明显的异常。其慢性毒性作用可忽略不计。山梨酸钾比苯甲酸钾毒性小。

②抗氧化剂:抗氧化剂是能阻止或推迟食品氧化变质、提高食品稳定性和延长

储存期的食品添加剂。主要用于油脂及高油脂食品中,可以延缓该类食品的氧化变质。按作用可分为天然抗氧化剂和人工合成抗氧化剂。目前常用的抗氧化剂有丁基羟基茴香醚(BHA),2,6 – 二叔丁基对甲酚(BHT)、叔丁基对苯二酚(TBHQ)、没食子酸丙酯(PG)、茶多酚(TP)、异抗坏血酸等。

BHA 的急性毒性较小,对动物经口的 LD_{50} 小鼠为 2000mg/kg 体重,大鼠为 2200 ~ 5000mg/kg 体重。BHA 可引起慢性过敏反应和代谢紊乱,还可造成试验动物的肠道上皮细胞损伤。目前 BHA 在我国消耗量已很小,已逐渐被新型抗氧化剂所替代。GB 2760—2011 规定 BHA 在食用油脂、油炸食品、干鱼制品、饼干、方便面、速煮米、果仁罐头、腌腊肉制品中最大使用量为 0.2g/kg,早餐谷物类食品为 0.2g/kg,糖果用香精为 0.1g/kg。

BHT 的急性毒性作用也比较小,对动物经口的 LD_{50} 小鼠为 1390mg/kg 体重,大鼠为 1977mg/kg 体重。BHT 被认为具有致癌性,还可能抑制人体呼吸酶的活力。未发现其他慢性毒性作用。1996 年 FAO/WHO 重新将 ADI 定为 0 ~ 0.125mg/kg 体重。GB 2760—2011 规定 BHT 在食用油脂、油炸食品、干鱼制品、饼干、方便面、速煮米、果仁罐头、腌腊肉制品中最大使用量 0.2g/kg,早餐谷物类食品 0.2g/kg,口香糖 0.4g/kg。

PG(没食子酸丙酯)的急性毒性小,对动物经口的 LD_{50} 小鼠为 2500 ~ 3100mg/kg体重,大鼠为 2500 ~ 4000mg/kg 体重。用含 5% 与 1% PG 的饲料喂饲大鼠两年,均未呈现毒性作用。1994 年 FAO/WHO 规定 PG 的 ADI 值 0 ~ 1.4mg/kg 体重。我国食品添加剂使用卫生标准规定,没食子酸丙酯的使用范围和最大使用量为 0.1g/kg 体重,与其他抗氧化剂复配使用时,PG 不得超过 0.05g/kg 体重。GB 2760—2011 规定 PG 在食用油脂、油炸食品、干鱼制品、饼干、方便面、速煮米、果仁罐头、腌腊肉制品最大使用量为 0.1g/kg。

③发色剂:发色剂又名护色剂或呈色剂,是一些能够使肉与肉制品呈现良好色泽的物质,主要有硝酸盐、亚硝酸盐、葡萄糖酸亚铁、硫酸亚铁等。

硝酸盐在细菌作用下可还原为亚硝酸盐,在婴儿饮水中加入 100mL/L(以亚硝酸钠计)可引起中毒。成人摄入 4g/日以上或一次摄入 1g 以上可发生中毒;摄入 13 ~ 15g,大部分可致死。硝酸钠对大鼠经口的 LD_{50} 为 1100 ~ 2000mg/kg 体重。慢性毒性发现可抑制大鼠生长,也有研究报道硝酸钠有致畸性,孕妇摄入大量的硝酸钠后会引起婴儿先天畸形。对其致癌性上有很大争议,主要认为硝酸钠转化生成的亚硝酸钠是亚硝胺的前体。1994 年 FAO/WHO 规定硝酸钠的 ADI 值为 0 ~ 5mg/kg 体重。

亚硝酸钠属中等毒性物质,小鼠经口的 LD_{50} 为 200mg/kg 体重,大鼠为 85mg/kg 体重。人中毒剂量为 0.3 ~ 0.5g,致死量为 3g。亚硝酸钠可干扰碘的代谢,造成甲状腺肿大,可影响血液中氧的运输而发生肠原性青紫症,长时间摄入也可破坏体内的维生素 A,并可影响胡萝卜素转化为维生素 A。亚硝酸钠是亚硝胺的前体,因此亚硝酸钠有引发某些癌症的可能。1994年FAO/WHO规定亚硝酸钠的ADI值为0~0.2mg/kg体重。欧盟儿童保护集团(HACSG)建议不得用于儿童食品。

④着色剂:着色剂又称色素,是以食品着色、改善食品的色泽为目的的食品添加剂。可分为食用天然色素和食用合成色素两大类。

食用天然色素主要是指由动植物组织中提取的色素,大多数是植物色素,也有微生物色素和少量无机色素。这类色素大多是可食资源,除了少数如藤黄有剧毒不许食用外,其余对人体健康一般无害,安全性较高。1994年FAO/WHO将食用天然色素的ADI值规定的品种有:姜黄素0~0.1mg/kg体重。但由于天然色素提取成本高,故其使用成本较高。

合成色素有着色泽鲜艳、着色力强、稳定性较好、宜于调色和复配、价格低的优点,故其在食品中的应用较为普遍和广泛。但食用合成色素对人体可能具有一般毒性、致泻性与致癌性,特别是致癌性应引起注意。它们的致癌机制一般认为可能由于偶氮化合物在体内进行生物转化,可形成芳香胺,在体内经代谢活化,即可以转变成致癌物。食用合成色素具有一定的毒性,其中油溶性色素不溶于水,进入人体后不易排出体外,毒性较大,现在各国基本上不再使用。水溶性色素一般认为磺酸基越多,排出体外越快,毒性也越低。

许多合成色素除本身或其代谢产物具有毒性外,在生产过程中可能混入铅、汞、砷等有害金属,还可能混入一些有害的中间产物,对人体可产生多种危害,因此必须对合成色素的种类、生产、质量、用法用量进行严格管理,确保其使用的安全性。由于一些食用合成色素在部分人群中可引起过敏反应,有些国家已开始禁止使用。

⑤漂白剂:漂白剂是指可使食品中有色物质经化学作用分解转变为无色物质,或使其褪色的食品添加剂。有还原性漂白剂和氧化性漂白剂两类。

我国使用的大都是以亚硫酸类化合物为主的还原性漂白剂。它们通过所产生的二氧化硫的还原作用而使食品漂白。主要有二氧化硫、焦亚硫酸钠、亚硫酸钠、低亚硫酸钠、亚硫酸氢钠等。硫黄中含有微量砷、硒等有害杂质,在熏蒸时可变成氧化物随二氧化硫进入食品,食用后可产生蓄积毒性。亚硫酸盐有一定的毒性,进入人体内被氧化为硫酸盐、游离亚硫酸,对胃肠道有刺激作用。大鼠用含0.1%亚硫酸钠的饲料饲喂1~2年,可发生多发性神经炎与骨髓萎缩等症,也可对生长产生障碍。亚硫酸在食品中有破坏维生素B_2的作用,亚硫酸盐在体内氧化成为硫酸时,可使体内钙损失,从尿中排出。1994年FAO/WHO规定了亚硫酸盐的ADI值为0~0.7mg/kg体重。并要求在控制使用量的同时还应严格控制SO_2残留量。我国GB 2760—2011规定,黄花菜中SO_2残留量小于0.2g/kg,酸菜制品中SO_2残留量小于0.05g/kg,葡萄酒、果酒SO_2残留量小于0.05g/kg。

过氧化苯甲酰为白色结晶体或粉末,略带刺激性气味,微溶于水,稍溶于乙醇,溶于乙醚、丙酮、氯仿和苯。在加热或受到摩擦时易产生爆炸,对人体上呼吸道有刺激性,对皮肤有强烈刺激及致敏作用。过氧化苯甲酰是在面粉中使用的添加剂,能脱色漂白面粉,杀死微生物,加强面粉弹性和提高面制品的品质。但超量使用就会严重影响人体健康,有的甚至引发疾病。过氧化苯甲酰的使用也会破坏面粉的营养,导致面粉中的类胡萝卜素、叶黄素等天然成分丧失。过氧化苯甲酰水解后产生的苯甲酸,进入人体后要在肝脏内进行分解。长期过量食用过氧化苯甲酰后会对肝脏造成严重的损害,极易加重肝脏负担,引发多种疾病,严重时肝、肾会出现病理变化,生长和寿命都将受到影响,短期过量食用会使人产生恶心、头晕、神经衰弱等中毒现象。面粉中残留的未分解的过氧化苯甲酰,在面食加热制作过程中能产生苯自由基,进而会形成苯、苯酚、联苯,这些产物都有毒性,对健康有不良的影响;自由基氧化会加速人体衰老,导致动脉粥样硬化,甚至诱发多种疾病。联合国粮食与农业组织和世界卫生组织食品添加剂和污染专家委员会的研究结果也表明,动物食用625mg/kg过氧化苯甲酰的饲料后会出现不良症状。另外。过氧化苯甲酰中含有微量砷和铅。对人体也有一定的毒副作用。由于过氧化苯甲酰可使人中毒,在欧盟等发达国家已禁止将过氧化苯甲酰作为食品添加剂使用。我国的 GB 2760—2011 标准中规定面粉中过氧化苯甲酰的最大使用量为 0.06g/kg。

⑥乳化剂:食品乳化剂属于表面活性剂,由亲水和疏水(亲油)部分组成。由于具有亲水和亲油的两亲特性,能降低油与水的表面张力,能使油与水"互溶"。它具有乳化、润湿、渗透、发泡、消泡、分散、增溶、润滑等作用。乳化剂在食品加工中有多种功效,是最重要的食品添加剂,广泛用于面包、糕点、饼干、人造奶油、冰淇淋、饮料、乳制品、巧克力等食品。乳化剂能促进油水相溶,渗入淀粉结构的内部,促进内部交联,防止淀粉老化,起到提高食品质量、延长食品保质期、改善食品风味、增加经济效益等作用。

蔗糖脂肪酸酯根据蔗糖羟基的酯化数,可获得不同亲水系油平衡值(HLB 为 2~16)的蔗糖脂肪酸酯系列产品。具有表面活性,能降低表面张力,同时有良好的乳化、分散增溶、润滑、渗透、起泡、黏度调节、防止老化、抗菌等性能。软化点 50~70℃,分解温度 233~238℃。有旋光性。在酸性或碱性时加热可被皂化。用于肉制品、香肠、乳化香精、水果及鸡蛋保鲜、冰淇淋、糖果、面包、八宝粥、饮料等中,最大使用量为 1.5g/kg;用于乳化天然色素,最大使用量为 10.0g/kg;用于糖果(包括巧克力及巧克力制品),最大使用量为 10g/kg。大鼠经口 LD_{50} 39g/kg 体重。ADI 暂定 0~20g/kg 体重(脂肪酸蔗糖酯与甘油蔗糖酯的类别 ADI,FAO/WHO,1995)。

⑦甜味剂:甜味剂是指赋予食品甜味的食品添加剂,按其来源可分为天然甜味剂和人工合成甜味剂;以其营养价值可分为营养型甜味剂和非营养型甜味剂。蔗糖、葡萄糖、果糖、麦芽糖、蜂蜜等物质虽然也是天然营养型甜味剂,但一般被视为食品,不作为食品添加剂。

糖精钠,又称可溶性糖精,是糖精的钠盐,为无色结晶或稍带白色的结晶性粉末,一般含有两个结晶水,易失去结晶水而成无水糖精,呈白色粉末,无臭或微有香气,味浓甜带苦。甜度是蔗糖的 500 倍左右。耐热及耐碱性弱,酸性条件下加热甜味渐渐消失,溶液大于 0.026% 则味苦。糖精钠最大添加量,在饮料、酱菜类、复合调味料、蜜饯、配料酒、雪糕、冰淇淋、饼干、糕点中 0.15g/kg,在花生果、去壳炒货食品中 1.0g/kg,在芒果干、无花果干中 5.0g/kg。

环己基氨基磺酸钠的商品名为甜蜜素,是人工合成的非营养型甜味素。摄食环己基氨基磺酸钠后约 40% 从尿中排出,60% 从粪便中排出。环己基氨基磺酸钠对动物的急性毒性作用也很低,经口 LD_{50} 小鼠为 10 ~ 15g/kg 体重,大鼠为 6 ~ 12g/kg 体重。其致癌作用引起了世界各国的争议,至今都没有达成一致看法。从环己基氨基磺酸钠的化学结构分析,经水解后能形成有致癌威胁的环己胺,虽然单胃动物消化系统中的酶不会产生环己胺,但肠道微生物可导致这一反应,且环己胺的主要排泄途径是尿,因此可能对膀胱致癌的危险性最大。经过长时间的研究,1982 年 FAO/WHO 联合食品添加剂专家委员会重新认定,环己基氨基磺酸钠的 ADI 为 0 ~ 11g/kg 体重。

食品添加剂在安全性监督管理下,在允许的范围内按照要求使用一般来说是安全的。控制食品添加剂安全的主要措施:

一是遵守食品添加剂使用原则;

二是进一步理顺我国食品(包括食品添加剂)安全监督管理体系;

三是完善食品添加剂的法律法规和标准体系建设;

四是加大宣传力度,科学、合理、正确使用食品添加剂;

五是强化企业的法律意识,加大监督指导和处罚力度;

六是在食品生产企业中,积极推行食品安全管理体系并应用新技术和工艺,提高食品添加剂研发水平。

⑧案例分析——溴酸钾和亚硝酸盐的使用和管理历史:

a. 溴酸钾。溴酸钾常用作品质改良剂。它能抑制面粉中蛋白质分解酶的活力,从而改良面筋的强度、延展性、弹性和稳定性,可缩短面团发酵时间并使其体积增大,可制成均一的,品质柔软的面包。在焙烤业被认为是最好的面粉改良剂之一。溴酸钾在足够长的烘烤时间和温度下会耗尽,但是如果在面粉中添加的太多就会有残留。采用更敏感的试验方法得出的结果已经证实,即使溴酸钾以可接受的允许剂量用于面粉的处理时,面包中仍然存在着溴酸钾。

通过口服的长期的毒性/致癌性研究表明,溴酸钾会导致老鼠患肾细胞瘤,腹膜间皮瘤,以及甲状腺小囊泡细胞瘤并且使仓鼠肾细胞瘤发病率轻微上升。由这些研究以及通过活体及实验室的诱变试验结果可以得出,溴酸钾是一种致癌的有害物质,对眼睛、皮肤、黏膜有刺激性。口服后可引起恶心、呕吐、胃痛、腹泻等。严重者发生肾小管坏死和肝脏损害,高铁血红蛋白症,听力损害,大量接触可致血压下降。

自 1999 年 8 月起,溴酸钾在新加坡、泰国、澳大利亚和新西兰被禁止使用,

2005 年 7 月 1 日中国全面禁止溴酸钾在面粉中使用。

　　b. N – 硝基化合物。N – 亚硝基化合物是对动物有较强致癌作用的一类化合物,截至 20 世纪 80 年代,已研究了 300 多种亚硝基化合物,其中 90% 具致癌性。亚硝基化合物的前体物质是硝酸盐、亚硝酸盐和胺类物质,它们广泛分布于自然界,经过化学或生物学途径合成各种各样的 N – 亚硝基化合物,给人造成危害,摄入过量或误食硝酸盐可引发急性中毒。

　　硝酸盐、亚硝酸盐广泛分布于自然界,是自然界最普通的含氮化合物。中国农业科学院蔬菜花卉研究所分析了 34 种不同的蔬菜,发现硝酸盐含量差异很大。其顺序为:根菜类 > 薯芋类 > 绿叶菜类 > 白菜类 > 葱蒜类 > 豆类 > 瓜类 > 茄果类 > 食用菌。其中芹菜含量最高达 3912mg/kg,油菜达 3466mg/kg,菠菜 2464mg/kg,生菜 2164mg/kg。亚硝酸盐含量多数低于 1mg/kg。但是硝酸盐在还原菌的作用下,条件适宜时,可还原为亚硝酸盐。近数十年来,由于世界上氮肥使用量增长快,造成土壤中硝酸盐含量增加,硝酸盐由土壤渗透到地下水,造成水体污染。水体中亚硝酸盐含量一般不太高,但它的毒性是硝酸盐的 10 倍。

　　食品是硝酸盐、亚硝酸盐的主要来源,人体通过蔬菜摄入的硝酸盐含量占硝酸盐总摄入量的 70% ~90%,部分是通过肉,特别是腌制肉和水体,进入人体的。乳制品、啤酒等食品亦都含有微量亚硝胺类物质(0.5~5.2g/kg)。

　　口腔内由于唾液微生物活动可将硝酸盐还原为亚硝酸盐,另外,通过研究人体对硝酸盐的摄入和排出平衡,发现人体内具合成硝酸盐的能力。当 pH<3 时正常人胃中(pH 为 1~4)可以合成亚硝胺,而缺乏胃酸的人则可能将硝酸盐还原为亚硝酸盐,由此,人体可形成一定量的内源性亚硝基化合物。

　　N – 亚硝基化合物可引起甲状腺肿大,干扰碘的代谢;在肠道可使维生素 A 氧化及破坏,而且干扰胡萝卜素向维生素 A 转变;亚硝酸盐被大量吸入血液后,可使血液中血红素的 Fe^{2+} 氧化为 Fe^{3+},而失去结合氧的能力,称为氧化血红蛋白症,从而出现机体组织缺氧的急性中毒症状,对于婴儿则更为严重。

　　控制食品中亚硝基化合物、硝酸盐和亚硝酸盐的措施主要有如下几种。

　　一是防止食物霉变、减少其他微生物污染。这样不但可以减少因细菌而还原硝酸盐为亚硝酸盐,而且可以减少某些微生物分解蛋白质转化为胺类化合物,减少酶促亚硝基化作用。

　　二是控制原料中硝酸盐的含量。人体所摄入的硝酸盐约有 80% 来自于蔬菜,尤其是来自于叶菜类蔬菜。粮食和蔬菜中的硝酸盐主要来源于土壤中的氮肥、污水和腐殖质,因此,蔬菜种植过程中,要科学合理地施用化肥,禁止使用污水灌溉,实行污水、垃圾与粪便无害化处理等环保措施以保护地表水与地下水源不遭受硝酸盐和亚硝酸盐污染。

　　三是控制食品加工中硝酸盐和亚硝酸盐的使用量。强化腌制食品生产管理,保证加工环境的卫生。在腌制食品加工中保证食品原料的新鲜,防止微生物污染,对降低食品中亚硝酸盐含量至关重要。对腌肉制品的生产控制尽量少用或不用硝酸盐和亚硝酸盐。我国对亚硝酸盐的添加量也有严格的规定,国家标准 GB 2762—2012 规定腌渍蔬菜中的亚硝酸含量不高于 20mg/kg。另外,生产用水应符合 GB 5749—2006《生活饮用水卫生标准》的要求。

四是许多食物或食物成分有防止亚硝基化合物的危害。如维生素 C、维生素 E 和酚类都有阻断亚硝基化的作用。大蒜和大蒜素可抑制胃内硝酸盐还原菌,使胃内亚硝酸盐含量明显降低。茶叶对亚硝胺的生成有阻断作用。

五是保证腌制蔬菜的成熟度。研究证明,蔬菜自然发酵过程中产生 1 个或几个亚硝酸盐高峰(亚硝峰),其值可达新鲜菜的十几倍,甚至几十倍。实验发现,发酵初期细菌生长量和亚硝酸盐有相似的变化趋势,"亚硝峰"的形成与发酵初期存在的微生物有很大关系。"亚硝峰"的形成是由于发酵初期大量革兰阴性菌,如肠杆菌、假单胞菌等硝酸还原反应阳性菌,把蔬菜中部分硝酸盐还原为亚硝酸盐而导致的。进入发酵中期,乳酸菌的迅速繁殖,降低了发酵环境中的 pH,低的 pH 环境抑制了肠杆菌、假单胞菌等杂菌的生长。发酵后期,亚硝酸盐含量急剧下降,到 10 天后其含量低于室温储藏的蔬菜,小于 ADI 值,可以放心食用。

(四)来自于容器、加工设备和包装材料的化学污染物

1. 塑料包装材料及容器

塑料是以高分子聚合物(合成树脂)为主要原料,再加以各种助剂(添加剂)制成的高分子材料,如聚乙烯(PE)、聚丙烯(PP)、聚氯乙烯(PVC)、聚苯乙烯(PS)、丙烯腈-丁二烯(ABS)树脂等。塑料因其原材料来源丰富、成本低廉、性能优良,成为近 40 年来世界上发展最快、用量巨大的包装材料。塑料由于具有质量轻(其密度为铝的 30%~50%)、运输销售方便、化学稳定性好、易于加工、装饰效果好、良好的食品保护作用等特点而受到食品包装业的青睐,并逐步取代玻璃、金属、纸类等传统包装材料,使食品包装的面貌发生了巨大的改变,体现了现代食品包装形式的丰富多样、流通使用方便的特点,成为食品销售包装中最主要的包装材料之一。

塑料包装得到广泛应用,其大多数塑料材料可达到食品包装材料卫生安全性要求,但也存在不少影响食品安全的因素。塑料包装材料污染物的主要来源有以下几方面。

(1)塑料包装材料本身的有毒残留物迁移 塑料材料本身含有部分有毒残留物质,主要包括有毒单体残留、有毒添加剂残留、聚合物中的低聚物残留和老化产生的有毒物,它们将会迁移进入食品中,造成污染。塑料以及合成树脂都是由很多小分子单体聚合而成的,小分子单体的分子数目越多,聚合度越高,塑料的性质越稳定,当与食品接触时,向食品中迁移的可能性就越小。用于塑料中的低分子物质或添加剂很多,主要包括增塑剂、抗氧化剂、热稳定剂、紫外光稳定剂和吸收剂、抗静电剂、填充改良剂、润滑剂、着色剂、杀虫剂和防腐剂。这些物质都是易从塑料中

迁移的物质,都应该预先采取措施加以控制。

挥发性单体聚苯乙烯(PS)中的残留物质苯乙烯、乙苯、异丙苯、甲苯等挥发物质等均有一定毒性,单体氯乙烯有麻醉作用,可引起人体四肢血管收缩而产生疼痛感,同时还具有致癌、致畸作用。热固性塑料聚酯是一类由苯乙烯聚合而成的聚合物。已证明在此类型聚合物中,每千克塑料有 1000~1500mg 的挥发性迁移物。进入包装食品中的迁移物主要包括苯、乙苯、苯甲醛和苯乙烯,它们的迁移对人体具有非常大的危害性。

(2)增塑剂 为增加塑料的可塑性和柔韧性,提高塑料制品的强度,在塑料制品中往往添加增塑剂。邻苯二甲酸二丁酯(DBP)和邻苯二甲酸二辛酯(DOP)这两种增塑剂成为塑料工业中经常使用的酞酸酯类增塑剂。增塑剂的急性毒性很低,人体摄入后几乎没有急性中毒的表现,如呕吐、发烧、腹泻等现象。但其慢性毒害对人类的危害相当大。国外的动物研究结果表明,增塑剂可导致动物存活率降低、体重减轻、肝-肾功能下降、血中红细胞减少。2000 年,同济大学基础医学院厉曙光教授在其科研报告中指出,用塑料桶装食用油,食用油中会溶进对人体有害的增塑剂。实验结果表明,当含有增塑剂的塑料制品在接触到食品中所含的油脂等成分时,增塑剂便会溶入这些成分中。塑料中增塑剂的含量越高,可能被溶出的增塑剂数量就越多,且增塑剂的慢性毒性具有致突变性和致癌性。

(3)着色剂 塑料着色剂具有光学着色性能,在塑料内不会发生迁移,且在特定的加工条件下是不会变色的。塑料中有机着色剂口服 LD_{50} 大多数大于 5000mg/kg,其致癌性一直存在不同看法,目前没有实验数据证明塑料中有机着色剂具有致癌性。

食品包装材料的安全与卫生直接影响包装食品的安全与卫生,为此世界各国对食品包装的安全与卫生制定了系统的标准和法规,用于解决和控制食品包装的安全卫生及环保问题。世界上许多国家制定了食品包装材料的限制标准。我国在这方面也做了一定的工作,制定了食品中包装材料的卫生标准,见表 2-3。

表 2-3　　　　　　　　我国对几种塑料或制品的卫生标准

指标名称	浸泡条件	聚乙烯	聚丙烯	聚苯乙烯	二聚氰胺	聚氯乙烯
单体残留量/(mg/kg)	—					<1
高锰酸钾消耗量/(mg/L)	蒸馏水	<10	<10	<10	<10	<10
蒸发残渣量/(mg/L)	4%醋酸	<30	<30	<30		<20
	65%乙醇	<30	<30	<30		<20
	蒸馏水	—			<10	<20
	正己烷	<60	<30			<20

续表

指标名称	浸泡条件	聚乙烯	聚丙烯	聚苯乙烯	二聚氰胺	聚氯乙烯
重金属(以 Pb 计)/(mg/L)	4%醋酸	<1	<1	<1	<1	<1
脱色试验	冷餐具	阴性	阴性	阴性	阴性	阴性
	乙醇	阴性	阴性	阴性	阴性	阴性
	无色油脂	阴性	阴性	阴性	阴性	阴性
甲醛	4%醋酸	—	—	—	<30	—

2. 橡胶包装材料及容器

橡胶单独作为食品包装材料使用的比较少,一般多用作衬垫或密封材料。它有天然橡胶和合成橡胶两大类。天然橡胶是天然的长链高分子化合物,本身是对人体无毒害的,其主要的食品安全性问题在于生产不同工艺性能的产品时所加入的各种添加剂。天然橡胶的溶出物受原料中天然物(蛋白质、含水碳素)的影响较大,而且由于硫化促进剂的溶出使其数值加大。合成橡胶是由单体聚合而成的高分子化合物,影响食品安全性的问题和塑料一样,主要是单体和添加剂残留。在对橡胶的水提取液做较为全面的分析后,可以发现有 30 多种成分,其中 26 种具有毒性。这些成分包括硫化促进剂、抗氧化剂和增塑剂。如二硫化氨基甲酸盐硫化促进剂有致畸倾向。其他促进剂大多为有机化合物,如醛胺类、胍类、硫脲类、噻唑类等,它们大部分具有毒性。

橡胶制的包装材料除奶嘴、瓶盖、垫片、垫圈、高压锅密封圈等直接接触食品外,食品工业中应用的橡胶管道对食品安全也会有一定的影响。橡胶制品可能接触乙醇饮料、含油的食品或高压水蒸气而溶出有毒物质,这点必须加以注意。

3. 纸包装材料及容器

纸是以植物纤维为原料制成的材料的通称,是一种古老而又传统的包装材料。作为包装材料,纸最初被用于包裹物品。现代纸类包装制品已经扩大到纸箱、纸盒、纸袋、纸质容器等。

随着环境污染的加重和现代制纸工业的发展,纸质包装材料的安全隐患也不容忽视,其主要原因是造纸过程中需在纸浆中加入化学品如防渗剂/施胶剂、填料(使纸不透明)、漂白剂、染色剂等。防渗剂主要采用松香皂;填料采用高岭土、碳酸钙、二氧化钛、硫化锌、硫酸钡及硅酸镁;漂白剂采用次氯酸钙、液态氯、次氯酸、过氧化钠及过氧化氢等;染色剂使用水溶性染料和着色颜料,前者有酸性染料、碱性染料、直接染料,后者有无机颜料和有机颜料。

目前,食品包装用纸的食品安全问题主要是:①纸原料不清洁,有污染,甚至霉变,使成品染上大量霉菌;②经荧光增白剂处理,使包装纸和原料纸中含有荧光化学污染物;③包装纸涂蜡,使其含有过高的多环芳烃化合物;④彩色颜料污染,如糖果所使用的彩色包装纸、涂彩层接触糖果造成污染;⑤挥发性物质、农药及重金属等化学残留物的污染。另外食品安全卫生法规定,食品包装材料禁止使用荧光染料。

4. 金属包装材料及容器

铁和铝是目前使用的两种主要的金属包装材料。其中最常用的是马口铁、无锡钢板、铝、铝箔等。另外,还有铜制品、锡制品、银制品等。

马口铁罐头罐身为镀锡的薄钢板。锡起保护作用,但由于种种原因,锡会溶出而污染罐内食品。在过去的几十年中,由于罐藏技术的改进,已避免了焊缝处铅的迁移,也避免了罐内层铅的迁移。如在马口铁罐头内壁上涂上涂料,这些替代品有助于减少铅、锡等溶入罐内。但有实验表明,由于表面涂料而使罐中的迁移物质变得更为复杂。

铝质包装材料主要是指铝合金薄板和铝箔。包装用铝材大多是合金材料,合金元素主要有锰、镁、铜、锌、铁、硅、铬等。铝制品主要的食品安全性问题在于铸铝时和回收铝中的杂质。目前使用的铝原料的纯度较高,有害金属较少,而回收铝中的杂质和金属难以控制,易造成食品的污染。食物侵蚀铝质器皿的作用随 pH、温度、共存物质的性质而不同。铝的毒性表现为对脑、肝、骨、造血和细胞的毒性。临床研究证明,透析性脑痴呆症与铝有关;长期输入含铝营养液的患者,可发生胆汁淤积性肝病,肝细胞有病理改变,同时动物实验也证实了这一病理现象。铝中毒时常见的是小细胞低色素性贫血。

5. 玻璃包装材料及容器

玻璃也是一种无机物质的熔融物,其主要成分为 $SiO_2 \cdot Na_2O$,其中无水硅酸占 67% ~ 72%,烧成温度为 1000 ~ 1500℃,因此大部分都形成不溶性盐。玻璃包装容器的主要优点是无毒无味、化学稳定性极好、卫生清洁和耐气候性好。玻璃是一种惰性材料,一般认为玻璃对绝大多数内容物不发生化学反应而析出有害物质。但是因为玻璃的种类不同,还存在着来自原料中的溶出物,所以在安全检测时应该检测碱、铅(铅结晶玻璃)及砷(消泡剂)的溶出量。

玻璃的着色需要用金属盐,如蓝色需要用氧化钴,茶色需要用石墨,竹青色、淡白色及深绿色需要用氧化铜和重铬酸钾,无色需要用碱。因此,玻璃中的迁移物与其他食品包装材料物质相比有不同之处。玻璃中的主要迁移物质是无机盐或离子,从玻璃中溶出的主要物质是二氧化硅(SiO_2)。

6. 搪瓷和陶瓷容器

搪瓷器皿是将瓷釉涂覆在金属坯胎上,经过焙烧而制成的产品;陶瓷器皿是将瓷釉涂覆在由黏土、长石、石英等混合物烧结成的坯胎上,再经焙烧而制成的产品。

陶瓷容器在食品包装中主要用于装酒、咸菜、传统风味食品。陶瓷容器美观大方、促进销售,特别是其在保护食品的风味上具有很好的作用。但由于其原材料来源广泛,反复使用以及在加工过程中所添加的物质而使其存在食品安全性问题。

陶瓷容器的主要危害来源于制作过程中在坯体上涂的陶釉、瓷釉、彩釉等。釉是一种玻璃态物质,釉料的化学成分和玻璃相似,主要是由某些金属氧化物硅酸盐和非金属氧化物的盐类溶液组成。搪瓷容器的危害也是其瓷釉中的金属物质,釉料中含有铅(Pb)、锌(Zn)、铬(Cr)、锑(Sb)、钡(Ba)、钛(Ti)等多种金属氧化物硅酸盐和金属盐类,它们多为有害物质。当使用陶瓷容器或搪瓷容器盛装酸性食品(如醋、果汁)和酒时,这些物质容易溶出而迁移入食品,甚至引起中毒。

(五)新型食品中的安全性问题

1. 转基因食品

根据联合国粮食与农业组织及世界卫生组织(FAO/HO)、食品法典委员会(CAC)及卡塔尔生物安全议定书的定义,"转基因技术"是指利用基因工程或分子生物学技术,将外源遗传物质导入活细胞或生物体中产生基因重组现象,并使之遗传和表达。"转基因食品"即基因工程食品,是指用转基因生物所制造或生产的食品、食品原料及食品添加剂等。从狭义上说,转基因食品就是利用分子生物学技术,将某些生物的一种或几种外源性基因转移到其他的生物物种中去,从而改造生物的遗传物质使其有效地表达,从而获得了物化特性、营养水平和消费品质等方面均符合人们需要的新产品。

(1)转基因食品的安全性　关于转基因生物安全性的争论主要在两个方面:一是通过食物链对人产生影响;二是通过生态链对环境产生影响。当前人们关注的转基因食品质量安全问题主要有以下几个方面。

①转基因食品可能产生的过敏反应:食品过敏是一个世界性的公共卫生问题,据估计有近2%的成年人和4%~6%的儿童患有食物过敏。食物过敏是人体对食品所含有害物质的反应,它涉及人体免疫系统对某种或某类特异蛋白的异常反应。真正的食物过敏是指人对食物中存在的抗原分子的不良免疫介导反应。

②抗生素标记基因可能使人和动物产生抗药性:由于转基因食品研发中使用了抗生素抗性标记基因,用于帮助在植物遗传转化筛选和鉴定转化的细胞、组织和再生植株。标记基因本身并无安全性问题,有争议的一个问题是会有基因水平转移的可能性。因此对抗生素抗性标记基因的安全性考虑之一是转基因植物中的标记基因是否会在肠道水平转移至微生物,从而影响抗生素治疗的有效性,进而影响人或动物的安全。

③食品品质的改变:转基因食物营养学的变化也是值得引起重视的问题。转基因食品在营养方面的变化可能包括营养成分构成的改变和不利营养成分的产生。通过插入确定的 DNA 序列可以为宿主生物提供一种特定的目的品质,称为预期效应,在理论上也有一些生物获得了额外的品质或使原有的品质丧失,这就是非预期效应。对转基因食品的评价应包括这类非预期效应。许多研究致力于用基因工程技术改变作物以期获得更理想的营养组成,由此提高食品的品质。如淀粉含量高、吸油性低的马铃薯,有利于酿造的低蛋白的水稻,不含芥子酸的卡诺那油菜等,但也出现了非预期的效应,如一种遗传工程大豆提高了赖氨酸含量,却降低了脂类的含量。

④潜在毒性遗传修饰在打开一种目的基因的同时,也可能会无意中提高天然植物毒素的含量。如芥酸、龙葵素、棉酚、组胺、酪胺、番茄中的番茄毒素、马铃薯中的茄碱、葫芦科作物中的葫芦素、木薯和利马豆中的氰化物、豆科中的蛋白酶抑制剂、油菜中致甲状腺肿物质、香蕉中胺类前体物、神经毒素等。生物进化过程中,生物自身的代谢途径在一定程度上抑制毒素表现,即所谓的沉默代谢。但是在转基因食品加工过程中由于基因的导入有可能使得毒素蛋白发生过量表达,增加这些毒素的含量,给消费者造成伤害。

⑤影响人体肠道微生态环境:转基因食品中的标记基因有可能传递给人体肠道内正常的微生物群,引起菌群谱和数量变化,通过菌群失调影响人的正常消化功能。

⑥影响膳食营养平衡:转基因食品的营养组成和抗营养因子变化幅度大,可能会对人群膳食营养产生影响,造成体内营养素平衡紊乱。此外,有关食用植物和动物中营养成分改变对营养的相互作用、营养基因的相互作用、营养的生物利用率、营养的潜能和营养代谢等方面的作用,目前研究的资料很少。

(2)转基因食品的安全控制

①实验室研究控制:转基因食品安全控制首先要进行各项转基因食品安全性评价技术的研究,在实验室里从理论上进行控制,这些评价技术包括食物成分营养评价技术、流行病学研究、生物信息学技术、分子生物学技术、致敏性评价技术、毒理学评价技术等;其次,要进行各种转基因食品检测技术的研究,从而为转基因食品的安全性评价原则的制定、评价技术的应用实施、转基因食品的管理等各项工作的开展奠定坚实的理论基础和技术支撑。

②安全性评价:目前国际上对转基因食品的安全评价遵循以科学为基础、个案分析、"实质等同性"原则和逐步完善的原则。安全评价的主要内容包括毒性、过敏性、营养成分、抗营养因子、标记基因转移和非期望效应等。

在对转基因食品进行安全性评价时一般要考虑以下原则。

a.分析转基因食品的生物特性。分析转基因生物本身的特性,有助于判断某种新食品与现有食品是否有显著差异。分析的内容主要包括供体、受体、载体和目标基因及其插入特点。

b."实质等同性"原则。以传统方法生产和使用的食品被认为是安全的为前提,如果一种新的食品或成分与一种传统的食品或成分"实质等同"(即它们的分子结构、成分与营养特性等数据,经过比较而认为是实质相等),那么该种食品或成分即可视为与传统品种同样安全。只有当转基因食品或其成分完全不同于传统食品时,则须进行食品安全性评估。现在,"实质等同性"已被一些国际组织如联合国粮食与农业组织、世界卫生组织以及现在美国、加拿大和一些北欧国家用作对转基因食品进行安全性评价的主要依据。

c.国际食品生物技术委员会提出采用判定树的原则对转基因食品进行安全性评价。

d. FAO/WHO 联合专家评议会制定的转基因食品的安全性评价原则。

e. 国际生命科学会欧洲分会新食品领导小组提出的食品安全性评价的"等同或相似原则"等。

转基因食品安全性评价技术包括食物成分营养评价技术、流行病学研究、生物信息学技术、分子生物学技术、致敏性评价技术、毒理学评价技术等。

③转基因食品管理制度：为了统一评价转基因食品安全性的标准，联合国粮食与农业组织和世界卫生组织所属的国际食品委员会制定了转基因食品的国际安全标准。从世界范围看，从事转基因动、植物研究开发的国家都在制定相应的政策与法规以保障转基因食品的安全。我国转基因食品安全的管理制度也正在形成和逐步完善。

我国转基因食品安全的管理体系和法规现在已经形成，对转基因的检测、安全评价、安全管理、市场管理等一系列标准的标准体系正在形成和完善；转基因的机构，比如食品转基因安全评价中心等正在不断增加；2001 年成立了转基因食品安全管理办公室，进行安全性的管理，同时成立了协调管理办公室；各类检测机构有40 多家，包括环境评价、植物、食品等，其中环境评价的 13 家，食品检测的有 3 家，还有其他的转基因成分检测机构 20 多家。农业部专门设立办公室负责农业转基因生物安全评价管理工作，受理转基因生物的安全性评审等，以个案审查为准则，产品经审定、登记或者评价，确定安全等级，实行分级分阶段管理，确保经过安全评价和检测的转基因产品是安全的。

2. 辐照食品

食品辐射是指通过辐射对食品进行辐射灭菌、辐射杀菌或彻底杀菌。

辐射灭菌是指用一种电离辐射剂量处理食品的方法，该法使一些活的特异性的腐败性微生物显著地减少而足以提高食品储藏质量。该法应用于各种动物的肉和食品配料，如肉类盒菜净膛家禽、碎肉及鱼等。

辐射杀菌是指用一种电离辐射剂量处理食品的方法，该法足以使一些无芽孢形成的特异性活致病菌的量减少到用任何公认的细菌检验方法不能检出的水平。辐射杀菌的一个特别的应用是香料灭虫，因为加热消毒会挥发所需的香味，而通常用氧化乙烯处理会留下不良的残留物。

彻底灭菌是指用一种电离辐射剂量处理食品的方法，该法足以使微生物的数量和活动减少到极少，用任何公认的细菌学或真菌学的试验方法检验处理后的食品时即使能检出量也是极少的。该法广泛应用于对火腿、腌肉、牛肉等产品彻底杀菌的加工。

（1）辐射对食品安全的影响

①放射性的污染和放射性物质的诱发：大量的研究结果和理论分析都表明，辐射食品不存在放射性污染和放射性物质的诱发问题。食品辐照是外照射，食品同辐射源不接触，不会产生污染。但是是否带有放射能即产生放射性的危害性问题，

曾引起很大的关注。食品中放射能的诱发受射线种类、能量、剂量及食品中含有成分等的影响。从目前食品辐照中使用的射线和放射剂量来看,诱导辐照不会引起健康危害。

②毒性物质的生成和照射会不会使食品产生有毒物质是一个很复杂的问题。迄今为止,研究结果还未证实会产生有毒、致癌和致畸物质。至于有无致突变作用,仍在继续深入研究。

食品经过辐射,随着剂量不同会相应地生成各种物质,但这些物质在数量上远比加热处理时少得多。尽管如此,在利用这种经辐射处理过的新型食品时,都必须通过与食品添加剂同等乃至更严格的动物实验来鉴定其毒性。在迄今为止所做的大量动物实验中,即使给实验动物投以多种经过 50kGy 剂量照射过的食品,却从未发现急性毒性和慢性毒性,也没有发现有致癌物质生成。

③致癌物质的生成:关于多脂肪食品经辐照后生成过氧化物和放射线引起化学反应产生的游离基等,是否有生成致癌性或致癌诱因性物质的问题,1968 年美国曾对高剂量辐照的火腿进行动物实验,观察到受试动物的繁殖能力及哺乳行为下降,营养阻碍因子生成,死亡率提高,体重增长率下降,血液中红细胞减少,还观察到肿瘤的发生率比对照动物高,所以对其安全性有很大怀疑。然而,中剂量($10^3 \sim 10^4$Gy)、低剂量辐照食品的实验,还未能发现致癌物质。到目前为止的研究结果表明,食品在允许辐照条件下辐照时,不会产生具有危害水平的致癌物。

④微生物类发生变异的危险:食品辐照加工所达到的生物学上的安全性是完全可以与其他现行的食品处理方法相比拟的。关于某些耐辐射性强的微生物,已经再次研究了其天然的辐射性以及辐照后可能复活的后果,没有证明这些有机体产生新的健康危害。至今尚没有人证明辐照微生物能增加其致病性,或者被辐照的细菌增加了毒素的形成力或诱发了抗菌力。但也有实验证实,在完全杀菌剂量($4.5 \times 10^{-2} \sim 5.0 \times 10^{-2}$Gy)以下,微生物出现耐放射性,而且经反复辐照,其耐性会成倍增长。这种伤残微生物菌丛的变化,生成与原来腐败微生物不同的有害生成物,造成新的危害,这是值得关注的。

⑤遗传诱变物的生成:食品辐照可能生成具有诱变和细胞毒性的少量分解产物,这些产物可能诱导遗传变化,包括生物学系统中的染色体畸变。实验表明,用经过辐照的培养基来饲育果蝇,其突变率增加,数代后死亡率增加。

⑥对营养物质的破坏:食品在辐照后,蛋白质、糖类、脂肪的营养价值不会发生显著变化,它们的利用率基本不受辐照的影响。但是其物理化学性质会有一定的变化,如影响蛋白质的结构、抗原性等。脂肪可能产生过氧化物,碳水化合物是比较稳定的,但在大剂量照射时也会引起氧化和分解,使单糖增加。

⑦包装材料的化学变化:辐照可以引起食品及包装材料发生化学变化,致使包装材料中的成分(或这些成分的降解物)转移到食品中。辐照会引起交联,交联可能会减少上述转移,但它也可以导致物质分解成为低分子质量分子实体,从而增加

了其转移特性。金属罐如镀锡薄板罐和铝罐,对使用杀菌剂量照射是稳定的。但是,超过600kGy剂量范围(在食品辐射保藏中不会使用如此高的剂量)会使钢基板、铝出现损坏现象;金属罐中的密封胶、罐内涂料对杀菌剂量水平也是稳定的;在金属罐形状方面,最理想的是立方体,因为辐射源能最好地利用,剂量分布与控制也最好。塑料包装的食品,在剂量接近20kGy或更低时,辐照对其物理性质没有明显影响。在剂量超过20kGy时,塑料薄膜如聚乙烯、聚酯、乙烯基树脂、聚苯乙烯薄膜的物理性质会发生变化,但这种变化影响较小。如果辐照超过了10kGy,玻璃纸、氯化橡胶会变脆。在塑料包装中被辐照的大多数食品会出现异味。在灭菌剂量下辐照,聚乙烯会放出令人讨厌的气味,会对食品产生影响。

⑧辐射伤害和辐射味:所有果品、蔬菜经射线辐射后都可能产生一定程度的生理损伤,主要表现为变色和抵抗性下降,甚至细胞死亡。但是,不同食品的辐射敏感性差异很大,因此致伤剂量和生理损伤表现也各不相同。如马铃薯块茎经50Gy辐照,维管束周围组织即有褐变,并随剂量增大而加重。高剂量照射食品特别是对肉类,常引起变味,即产生所谓辐射味。这种情况一般在5kGy以上才发生。有些水果、蔬菜用低剂量照射也有异味产生。辐射味随食品的种类、品种不同而异。辐射伤害和辐射味基本上都是电离和氧化效应引起的。

(2)辐照食品安全性控制 辐照食品的安全性保证关键在于辐照生产的管理。世界上许多国家都制定了相应的辐照食品管理法规。国际食品法典委员会(CAC)在1983年批准的"辐照食品通用标准"和"食品辐照设施推荐规程"奠定了食品辐照技术的合法性,但标准中规定辐照处理的安全剂量在10kGy以下。随着食品辐照技术发展和应用研究的深入,该标准在1999年由国际食品辐照咨询小组(ICGFI)申请修订,在2003年得到正式批准。

SN/T 1887—2007"进出口辐照食品良好辐照规范"的出台为我国辐照食品规范生产提供了良好的借鉴体系。

3. 其他新资源新技术食品

新资源食品是指一些新研制、新发现、新引进的本无食用习惯或仅在个别地区有食用习惯而符合食品基本要求的物品。以新资源食物生产的食品为新资源食品(包括新资源食品原料及其成品),如在我国正在兴起的花卉食品、蚂蚁食品、昆虫食品等。新资源食品在生产销售前,需要进行一系列严格的毒理、喂养实验,并向卫生及有关部门申报,经批准后方可生产销售。

目前,新资源食品分为以下三类。

第一类:在我国无食用习惯的动物、植物和微生物。具体是指以前我国居民没有食用习惯,经过研究发现可以食用的对人体无毒无害的物质。动物是指禽畜类、水生动物类或昆虫类,如蝎子等。植物是指豆类、谷类、瓜果菜类,如金花茶、仙人掌、芦荟等。微生物是指菌类、藻类,如某些海藻。

第二类:以前我国居民无食用习惯的从动物、植物、微生物中分离出来的食品原料。具体包括从动物、植物中分离,提取出来的对人体有一定作用的成分,如植物固醇、糖醇、氨基酸等。

第三类:在食品加工过程中使用的微生物新品种。如加入到乳制品中的双歧杆菌、嗜酸乳杆菌等。

食品安全问题日益成为全球关注的焦点。近年来由于经济全球化和新的科学技术的迅猛发展,许多食品新工艺、新的生物技术不断涌现,只有局部地区食用习惯的食品在全球范围内迅速推广。食品新技术新资源的应用带来新的食品安全隐患。这些新的食品资源及其形成的新资源食品作为商品流通其安全性还没有得到充分评价,人群消费的安全性没有根本保障,因此世界各国都在试图建立一套完善的新资源产品上市前的评审和上市后的监督体系,以确保新资源食品的食用安全。

其中,新资源植物源性食品很多都是药食同源的植物,也有很多是具有药效的中草药,具有潜在的毒性。目前有一种倾向,以为"药食同源"就可以把药品(中草药等)当食品吃。实际上,中医学所讲的"药食同源"是主张普通食物也应当"辨证施食",注意食品的性味和归经,而决不是主张把药品当食品吃。

另外,新资源食品仍然不能等同于普通食品。由于植物本身成分组成复杂,很多植物源性新资源食品中可能存在特异性的过敏原、毒蛋白,以及有毒的生物碱、酶、苷类等,对某些人群或禽畜等可能造成毒害作用。

因此,必须对新资源植物源性食品进行安全性评价和管理控制等。

新资源食品的开发前景广阔。但是必须遵循积极慎重的原则。每一个新开发的新资源植物源性食品均应有科学性,应当严格按照《食品安全法》及有关法规、规章、标准的规定,对人体不得产生任何急性、亚急性、慢性或其他潜在性健康危害。

对新资源植物源性食品必须进行安全性评价,主要包括:申报资料审查和评价、生产现场审查和评价、人群食用后的安全性评价、安全性的再评价。

对新资源食品标签除了需符合国家有关食品标签的标准要求外,新资源食品名称及内容要与卫生部公告内容一致;禁止宣传或暗示产品的疗效及保健作用,以区别于药品和保健食品。

三、物理性安全因素的来源及危害

食品中非食源性的物理危害包括任何在食品中发现的不正常的潜在危害的外来物。物理危害物质夹杂在食品中,可能对消费者造成人体伤害,如卡住咽喉或食管、划破人体组织和器官,特别是消化道器官、损坏牙齿、堵塞气管引起窒息等,或者其他不利于健康的后果。

(一)物理危害物质及其筛选

1.食品中常见的物理危害物质及可能会造成的危害

(1)玻璃　割伤、流血或需要外科手术查找,并去除危险物。

（2）石头　窒息、损伤牙齿。

（3）金属　割伤、窒息或需要外科手术查找，并去除危险物。

（4）塑料、木屑　窒息、割伤、感染或需要外科手术查找，并去除危险物。

（5）昆虫及其他污秽　疾病、外伤或窒息。

2. 常用的筛选方法

（1）对原材料中物理危害进行控制要建立完整供货商保证体系，利用金属探测器、磁铁吸附、过筛、水洗、人工挑选等方法在生产前对原料筛选。

（2）在生产过程中的关键过程中根据实际情况制定和实施甄别和筛选工序，如对有可能混入金属碎片的半成品采用金属探测器检测。

（3）对可能成为食品中物理危害来源的因素进行控制，如经常检修设备、生产用具以保证其安全和完整性；对生产场所的周边环境进行控制，清除可能带来危害的物质；对职工加强教育和培训，减少人为因素造成的物理危害。

（二）各类食品中非食源性物质的剔除方法

（1）发酵酱油生产中非食源性物质的剔除方法　设置过滤工序，采用孔径小于1mm的筛将成品酱油中可能会存在的一些细铁丝、铁钉、碎玻璃等杂质进行过滤除去。

（2）水产品加工过程中非食源性物质的剔除方法　水产品加工步骤中存在的非食源性危害物质主要是泥沙等异物，可通过反复冲洗剔除。

（3）火腿类熟食肉制品加工过程中非食源性物质的剔除方法　火腿类熟食肉制品加工步骤中，存在非食源性物质的剔除方法见表2－4。

表2－4　　　　火腿类熟食肉制品存在非食源性物质的剔除方法

加工步骤	非食源性物质	剔除方法
接受原料肉	金属、碎骨等	①后工序金属探测消除 ②原料肉解冻后自检剔除
接受辅料	沙子、小石子等	①严格按照企业辅料采购标准采购 ②使用前过滤或过筛 ③香辛料以多层网布包裹后使用 ④姜、蒜等辅料清洗后使用
绞制、搅拌	设备锈蚀、维修等带入	①设备维修后严格检查 ②停产后，开工前设备彻底清洗
贴标、装箱	金属污染、表面杂质	①贴标金属探测仪检测 ②感官检验

（4）超高温灭菌乳产品加工过程中非食源性物质的剔除方法　超高温灭菌乳产品加工过程中，存在非食源性物质的加工步骤剔除方法，见表2－5。

表 2－5　　　　　　超高温灭菌乳存在非食源性物质的加工步骤剔除方法

加工步骤	非食源性物质	剔除方法
接受原料乳	杂草、牛毛、乳块、昆虫、灰尘等	①挤乳过程按标准执行,操作车间有防蝇防虫措施 ②净乳机过滤
接受包装材料	膜的厚薄、避光性、印刷图案清晰度等	①严格检查 ②后工序车间操作工及时反馈膜的质量稳定性
净乳	杂草、乳块灰尘等	①过滤器过滤,离心机定时排渣 ②抽样检验净乳效果,杂质度≤2mg/L
储存	环境污染物	封闭容器
标准化生产	杂物、质量不达标	①根据检验结果调整鲜乳质量达标要求 ②按工艺要求将原料乳与辅料混合
脱气	空气含量超标	保证空气质量达标

　　(5)热灌装果汁加工过程中非食源性物质的剔除方法　热灌装果汁加工过程中,非食源性物质的剔除方法,见表 2－6。

表 2－6　　　　　　热灌装果汁中非食源性物质的剔除方法

加工步骤	非食源性物质	剔除方法
接受浓缩果汁	杂质	对原料进行检查,合格接受
接受包装材料	杂质	对原料进行检查,合格接受
调配	杂质	在灭菌前进行过滤
过滤	杂质	清理或更换过滤设备
水处理	导电、浊度不合格	①自检 ②按要求更换原件
空气过滤	过滤效率低、空气中杂质含量超标	及时更换原件

　　(6)粮食及制品中非食源性物质的剔除方法　粮食及制品中非食源性物质的存在着非正常的具有潜在危害的外来异质,常见的有玻璃、铁钉、铁丝、石块、骨头、鱼刺、贝壳、蛋壳碎片、金属碎片等。对粮食及制品中非食源性物质进行控制主要靠预防及适当仪器和手段进行甄别和筛选。

[项目小结]

　　本项目主要介绍了涉及食品安全领域的化学性安全因素、来源、危害及控制措施。重点阐述了环境中、食品原料中、食品加工过程及加工设备、包装材料中的化学性污染物对食品安全的影响。

[项目思考]

1. 简述食源性疾病与食物中毒的区别。

2. 简述食源性细菌性传染病有何共同点？如何预防其发生？

3. 简述单核细胞增多性李斯特菌有何特点？如何预防其发生？

4. 简述寄生虫是如何造成机体损伤的？

5. 简述囊虫病的感染途径有哪些？如何开展预防？

6. 简述高致病性禽流感(HPAI)病毒有何特点？如何进行预防？

7. 简述疯牛病病毒有何特点？如何进行预防？

8. 简述食品加工过程中,生物性不安全因素有哪些？应如何预防和控制危害的产生？危害产生后,可采取哪些方法消除危害？

项目三 各类食品生产中常见的质量安全问题

[知识目标]

(1) 了解各类食品的主要卫生问题。

(2) 熟悉各类食品的卫生管理措施。

(3) 能够合理运用食品安全、卫生管理知识对食品安全卫生进行评价。

[必备知识]

一、乳与乳制品

乳是奶畜产犊(羔)后由乳腺分泌出的一种具有胶体特性、均匀的生物学液体,其色泽呈白色或略带微黄色,不透明,味微甜并具有香气。乳中含有幼畜生长发育所必需的一切营养成分,是幼龄哺乳动物和人类最适宜的营养物质。

乳制品是指包括以生鲜牛(羊)乳及其制品为主要原料,经加工制成的产品。常见乳制品包括:液体乳类(杀菌乳、灭菌乳、酸牛乳、配方乳);乳粉类(全脂乳粉、脱脂乳粉、全脂加糖乳粉和调味乳粉、婴幼儿配方乳粉、其他配方乳粉);炼乳类(全脂无糖炼乳、全脂加糖炼乳、调味/调制炼乳、配方炼乳);乳脂肪类(稀奶油、奶油、无水奶油);干酪类(原干酪、再制干酪);其他乳制品类(干酪素、乳糖、乳清粉、初乳制品等)。

(一)乳及乳制品生产过程中存在的质量安全问题

改革开放以来,乳制品业取得了巨大成就,从一种老百姓极难购买的奢侈品成为了老百姓日常消费品。近几年,我国乳制品工业保持高速发展的态势,生产销售都取得了较好业绩。乳制品行业的销售收入占全国食品制造业的23.25%,成为食品制造业中最大的行业。但面对经济全球化发展趋势和社会和谐发展大局,我国乳及乳制品业在生产中也存在不少问题。

1. 散户饲养难以控制原料乳的标准和质量

目前我国很多乳制品企业采用"公司 + 农户"的方式组织原料乳的生产,在乳制品加工旺季争相提价,抢夺乳源;在乳制品加工淡季,不管奶农的利益需求,少收甚或拒收乳源。奶农的利益得不到保障,原乳质量受到影响。原料乳的贮运、乳制品加工、流通和消费无论哪个环节出现问题,都会严重影响乳制品的质量。

2. 很多乳制品企业技术设备落后

我国乳制品业真正发展的时间不过二十几年,乳制品设备同世界先进国家比大约有20年的差距。目前进口设备占国内50%的份额,现有的乳制品生产企业中,只有15%的企业拥有进口设备。我国乳制品企业生产设备、检测设备的可靠性、智能化、信息化、现代化与国外方面存在较大差距,不能有效保障乳制品的质量安全。

3.奶牛经营户的技术、管理水平低

目前我国奶牛养殖"小、散、低",奶牛的种质、饲料质量差,原乳中营养成分的含量低,达不到国家规定的标准。挤奶设施落后,80%是手工挤奶,容易滋生细菌,导致原料乳细菌超标。

4.小型乳制品企业没有完善的内部质量监管体系,产品质量难以保障

我国规模以上的大型乳制品企业都建立了完善的质量监控体系,而很多小型乳制品企业只追求数量,不注重质量,缺乏对乳制品质量安全的监管。主要表现在以下方面:缺少必要的检验设备和专职检验人员,无法对产品质量进行监控;缺少标准化工序和设备,不能按标准化的乳制品加工工艺组织生产,导致产品质量不符合标准要求;设备陈旧,无法控制干燥的温度致使一些维生素被氧化分解,产品质量不符合要求;乳制品加工从业人员没有严格的体检标准和制度。

(二)乳及乳制品生产、贮运的卫生控制与管理

1.乳及乳制品的生产卫生

乳品厂的厂房设计与设施的卫生应符合《乳品厂卫生规范》(GB 12693—2010),乳品厂必须建立在交通方便,水源充足,无有害气体、烟雾、灰沙及其他污染地区。供水除应满足生产需要外,水质应符合《生活饮用水卫生标准》(GB 5749—2006)。有健全配套的卫生设施,如废水、废气及废弃物处理设施、清洗消毒设施、良好的排水系统等。乳品加工过程中,各生产工序必须连续进行,防止原料和半成品积压变质而造成致病菌、腐败菌的繁殖和交叉污染。奶牛场及乳品厂应建立化验室,对投产前的原料、辅料和加工后的产品进行卫生质量检查,乳制品必须做到检验合格后方可出厂。

乳品加工厂的工作人员应保持良好的个人卫生习惯,遵守生产时的卫生制度,定期接受健康检查,取得健康合格证后方可上岗工作。传染病及皮肤病患者应及时调离工作岗位。为防止人畜共患传染病的发生及对产品的污染,奶牛应定期预防接种及检疫,发现病牛及时隔离饲养,其工作人员及用具等须严格分开。

挤奶的操作是否规范,直接影响到乳的卫生质量。挤奶前应做好充分的准备工作,如挤奶前1h,停止喂干料,并消毒乳房,保持乳畜的清洁干净和挤奶环境的卫生,防止不良气味进入乳中以及微生物的污染。挤奶的容器、用具应严格执行卫生要求,挤奶人员应穿戴清洁干净的工作服,洗手至肘部。挤奶时应注意,每次开始挤出的第一、二把乳应废弃,以防乳头部细菌污染乳汁。此外,产犊前15d内胎乳、产犊后7d内的初乳,应用抗生素期间和停药后5d内的乳汁,患乳房炎的乳汁等应废弃,不得供食用。

挤出的乳应立即进行净化处理,除去乳中的草屑、牛毛、乳块等非溶解性的杂质。净化可采用过滤净化或离心净化等方法。通过净化可降低乳中微生物的数

量,有利于乳的消毒。净化后的乳应及时冷却。

对乳进行消毒的目的是杀灭致病菌和多数繁殖型微生物。一般可以采用巴氏消毒法、超高温瞬间灭菌法、煮沸消毒法、蒸汽消毒法等进行灭菌处理。

2. 乳的贮运卫生

为防止微生物对乳的污染和乳的变质,乳的贮存和运输均应保持低温,贮乳容器应经清洗消毒后才能使用,运送乳应有专用冷藏车辆。瓶装或袋装消毒乳夏天自冷库取出后,应在 6h 内送到用户,乳温不高于 15℃。

(三)乳及乳制品生产的安全管理

1. 乳及乳制品生产的不安全因素

(1)原料乳生产的不安全因素　在养殖环节中的奶牛乳房炎,在原料乳收购环节中奶站挤奶操作的不规范,牛乳检测环节技术手段的落后,对挤奶、贮奶、运奶设备的冲洗不彻底及冷藏设施的落后等均会造成牛乳质量的降低。奶牛的饲料安全问题是乳品安全的另一源头,其中饲料中有害物质及农药残留,其他辅料的理化及微生物指标如达不到相应的标准,特别是各种食品添加剂的使用也会存在安全隐患。

(2)乳品加工过程的不安全因素　乳品企业在加工过程中,如果不注意管道、加工器具、设备的清洗和消毒,就会影响乳制品的质量安全。在生产加工环节中生产设备和工艺管理水平是否先进,新产品配方设计是否符合国家相关标准,甚至包装材料是否污染均会影响乳及乳制品的品质和安全性。不同乳制品种类有各自特定的工艺过程,整个工艺过程的任何一环出现问题都将直接或间接对最终产品质量产生影响。

2. 安全生产管理

由于乳及乳制品营养丰富,极易导致产品的质量问题。因此液体乳要求从原料、加工过程、成品贮存到运输各个环节必须保持冷链(2 ~ 6℃)。调查显示,无论是设备先进的大企业,还是中小企业,每年尤其是夏季都会发生一定比例的产品变质事件,同时还有少量的由细菌如李斯特菌、沙门菌、大肠菌群和链球菌等引起的食源性疾病事件,因此寻找比传统质量控制系统更为有效的质量管理体系以是当务之急。

3. 乳及乳制品生产的安全管理分析(以酸乳 HACCP 体系的建立为例)

(1)危害因素分析

①原辅料的因素:酸乳生产中原料的品质优劣势是保证产品质量的先决条件,乳中主要含有的微生物类型是微球菌、链球菌、不形成芽孢的革兰阳性杆菌和革兰阴性杆菌(包括大肠菌类)、芽孢杆菌极少量的酵母与真菌、病原菌等。应注意乳中能引起人畜共患病的致病菌的控制。鲜乳中菌数高低视挤奶卫生工作的好坏而定,用平板菌落计数法测定鲜乳中的菌数在$10^3 \sim 10^6$个/mL 范围内,如卫生工作到位,菌数应低于 10^4个/mL。生乳在贮运过程中的温度应低于4℃,贮运时间不超过

2h,以确保原料乳的卫生质量要求。

　　风味凝固性酸乳所用辅料可以是果酱或果汁等,经检验其中含有一定数量酵母,如果未经杀菌而加入到发酵乳中,那么酵母菌即成为污染该种酸乳的主要来源。

　　②加工过程中的危害因素分析:凝固型发酵酸乳的生产加工过程在正常工序情况下,不会有大的危害,或者可以通过后继工序加以克服。因此除了原料,其生产中会发生危害的工序过程主要如下。

　　a.巴氏灭菌。若原料乳或果汁受污染又杀菌不彻底,会残留一定数量的微生物,尤其是乳中耐热菌能耐受巴氏灭菌而继续存活。因此,原辅料的巴氏灭菌过程的温度与时间控制是至关重要的。

　　b.发酵剂。发酵剂的品质好坏直接影响酸乳质量,因此菌种要纯且富活力,鲜乳应无污染。如果发酵剂污染了杂菌,将使酸乳凝固不结实,乳清析出过多,并产生气泡和异味。发酵剂质量取决于菌种和培养条件,需重点控制。

　　c.保温发酵。原料乳和果汁经90~95℃经20min加热,可杀死其中大部分微生物,特别是大罐混合后的原料乳应尽可能不含酵母菌。即使发酵剂中污染了少量酵母,在40~45℃条件下保温发酵,因乳酸菌数量大并繁殖迅速,此时环境并不利于大多数酵母菌的生长而导致酵母菌不会占绝对优势。但是,如果污染了嗜热性酵母菌,可能有潜在危害性,因为该酵母能在40~45℃条件下生长良好。

　　③环境、设备因素:从酸乳车间的空气中以及地面、墙壁表面均检出酵母菌、霉菌,这是由于环境温度高,换气不良,卫生条件差,酵母与霉菌大量繁殖,使其孢子飘于空气之中,造成对空气的污染。

　　如果加工设备包括搅拌机、发酵罐(桶)、灌装机等清洗杀菌不彻底,会因残乳垢而积聚大量微生物,成为酸乳生产的主要污染源。此外,塑杯由厂家购进,如未经严格消毒,其表面可检出一定数量的微生物。

　　酸乳在发酵凝固、冷藏至销售过程中,污染酸乳的某种酵母可能繁殖(特别贮温高时)并占优势,致使杯装酸乳出现膨胀鼓盖现象。其原因:一是酵母可以在酸乳贮存温度低于10℃环境下繁殖;二是酵母能向细胞外分泌脂酶和蛋白酶,水解乳中的脂肪和乳蛋白;三是酵母能发酵牛乳中的乳糖或蔗糖而产生 O_2 及乙酯;四是酵母可消化利用酸乳中的乳酸、柠檬酸等。

　　(2)关键控制点及控制

　　①确定CCP:根据上述对危害因素的分析,可以确定污染酸乳的微生物主要来源是原辅料、发酵剂、设备、塑杯、包装材料、环境、空气等。因此,只有将这些污染源严格控制起来,使其污染程度降低到最低极限,才能保证产品质量。酸奶生产过程关键控制点应设以下几个方面,并要进行严格检测和控制:严格控制原辅料质量,严防细菌总数,尤其防止嗜热耐酸的酵母菌与霉菌数目超标;严格实施巴氏灭菌的操作规程,保证对原料乳及果汁等辅料杀菌达标;严格按无菌操作制备发

酵剂,防止杂菌污染;严格控制发酵剂的添加量和发酵温度,并注意菌种活力,以保证保加利亚乳杆菌与嗜热链球菌在数量上保持相对平衡(1∶1),以缩短发酵时间;加强生产全过程的卫生管理工作,对设备、工具及包装材料等应彻底清洗杀菌。

②确定控制措施:

a. 原材料。制作酸乳应选择新鲜品质好的牛乳做原料,乳中菌数不能太高,一般低于 10^4 个/mL,不含抗生素和消毒药;贮藏时间长的牛乳杂菌数会增高,不宜选用。患乳房炎的乳牛产的乳不适于制作酸乳,因其在治疗时使用的抗生素会抑制发酵菌种的生长繁殖,导致发酵失败。如缺少鲜乳可考虑选用乳粉为原料。

白糖:应符合国家绵白糖卫生标准,感官上结块、酸败、变黄的白糖禁止使用。

辅料:应符合国家食品卫生标准,果酱和果汁中不得检出酵母菌与霉菌。为了减少染菌概率,使用辅料前应进行加热杀菌。

b. 工艺操作要求。原料乳杀菌应保证确实有效,一般采用 90～95℃ 经 30min 处理,以杀死乳中病原菌和其他全部繁殖体。

制备发酵剂接种时,应按无菌操作要求进行,注意防止污染。最好在无菌室内制作发酵剂,以减少空气中杂菌污染,保证发酵剂中无酵母菌、霉菌。对于菌种保藏、活化菌种及制备发酵剂所使用的脱脂乳应严格灭菌,一般采用 68.6kPa 高压蒸汽灭菌 20～30min。一旦发现发酵剂污染了杂菌,应立即停止使用,采用乳酸菌培养基(如乳清培养基、番茄培养基等)重新分离培养。纯粹培养、显微镜检查无杂菌后,菌种方可使用。品质好的发酵剂应能使乳凝固均匀致密,乳清析出少,无气泡和无异味出现,镜检不应有杂菌。添加发酵剂总量为 3%,保加利亚乳杆菌与嗜热链球菌的添加量分别为 1.5%,并于 43℃ 保温发酵,以保证两种菌在数量上的平衡趋势,从而可借两种菌良好的共生关系,缩短发酵时间,提高生产效率。因为保加利亚乳杆菌在发酵过程中,对蛋白质有一定分解作用,产生的缬氨酸、甘氨酸和组氨酸等能刺激嗜热链球菌的生长,而嗜热链球菌在生长过程中产生的甲酸又被保加利亚乳杆菌所利用。因此,两种菌短时间内(2～3h)迅速生长繁殖,发酵乳糖产生乳酸,当 pH 降至 4.5～4.6,乳凝固性状良好时,即酸乳发酵成熟。

为了防止酸乳 pH 过低,风味发生改变,以及杂菌繁殖,发酵成熟后的酸乳应立即冷藏于 4℃ 条件下,直至饮用。反之,如果成品酸乳在温度高的地方贮藏,会使其继续发酵,造成 pH 太低与芳香物质含量减少。

c. 卫生管理。对酸乳车间的空气要定期消毒,可采用紫外线或化学喷雾剂等方法消毒。此外,条件许可也可采用空气过滤器对酸乳车间进行空气过滤除菌。

每周用 100～200mg/kg 氯水对车间地面喷洒消毒一次,每次 4h 以上。利用一种高效防霉剂掺入涂料中粉刷墙壁,起抑制霉菌作用。定期有效地清洗消毒生产加工设备,可先用 1%～4% 氢氧化钠溶液清洗,然后以蒸汽或化学杀菌剂消毒。例如每天用 50mg/kg 的氯水消毒设备 1h,可杀死酵母和其他微生物。

实现自动化无菌包装系统,分装后应立即封口,以防杂菌污染。对于包装材料也要清洗干净并紫外线照射杀菌。

二、肉与肉制品

(一)肉制品生产中常见的质量问题

肉与肉制品是人民日常生活膳食中十分重要的一个部分,影响肉与肉制品安全的因素众多。生物因素方面有动物本身带有的寄生虫、细菌和病毒,以及因生产和保存不当而导致肉类变质的细菌、霉菌等;化学因素方面有肉类中残留的农药兽药,动物通过食物链摄入和富集的有毒元素,生产过程中加入的食品添加剂;此外还有物理因素及一些新生动物疫病。我国肉产品生产形势不容乐观,肉类产品安全已经成为制约我国畜牧业发展和危及人民健康的首要问题。影响肉与肉制品安全的因素如下。

(1)自身因素　动物肉中富含营养物质和水分,是微生物良好的培养基。当动物体被屠宰后,有机体内各种酶类的拮抗作用消失,酵解酶和分解酶开始发挥作用,使有机体迅速分解;动物肉的组织结构较疏松,其间有多量的肌间结缔组织,有利于细菌的繁殖和蔓延,极易造成肉类的腐败,由此决定了动物性食品与其他食品相比较在食用安全方面表现得更为敏感和脆弱。

(2)环境因素　环境中的污染物主要体现在:饲养场未配备无害化处理设施、排放的废弃物处理不当、工业"三废"的不合理排放等。这些因素会引起大气、土壤、水域及动植物的污染,致使动物遭受到化学性污染。在动物生产过程中,环境中的放射性元素通过牧草、饲料和饮水进入畜禽体内,并蓄积在组织器官中,特别是鱼贝类等水产品对某些放射性元素有较强的富集作用。

(3)生物性因素　微生物超标是肉类产品不安全的主要问题。屠宰后的动物即丧失了先天的防御功能,微生物侵入组织后迅速繁殖,特别动物性食品含有丰富的蛋白质,为微生物的繁殖提供了良好的养料,所以在加工过程中也极易被微生物污染,造成微生物超标、原料腐败变质等问题。

参与肉类腐败过程的常见的微生物有腐生微生物和病原微生物。腐生微生物包括有细菌、酵母菌和霉菌,它们都有较强的分解蛋白质的能力。当这类菌污染肉品时,可使肉品发生腐败变质。病畜、禽肉类还可能带有各种病原菌,如沙门菌、金黄色葡萄球菌和结核分枝杆菌等。它们对肉的主要影响是传播疾病,造成食物中毒。

(4)物理因素　物理性危害物能在动物性食品加工的任何阶段进入食品产品中。物理性危害物是指可以引起消费者疾病或损伤,在食品中没有被发现的外来物质或物体;同时也会给生产造成严重损失,导致产品召回、生产线关闭甚至法律纠纷等问题。物理性危害物有玻璃、金属、石头、木块、塑料和害虫残体等。

(5)新生动物疫病　新生动物疫病包括发生在动物群体内的新型传染病以及

先前已经存在但其发病频率和发病范围快速增加的传染病。例如,牛海绵状脑病(疯牛病)是发生在牛群内的新型传染病,口蹄疫是先前已经存在但其发病频率和发病范围快速增加的传染病。随着人类生存和生活方式的改变,动物产业的高度集约化,新生动物疫病不断出现,已经严重制约了动物产业的发展,并危害到肉与肉制品安全和人类健康。

（6）违规添加和违规加工

①饲料添加剂的滥用:为谋取更大的经济利益,部分养殖户在养殖过程中添加盐酸克伦特罗、盐酸多巴胺、莱克多巴胺等物质,俗称"瘦肉精"（为促进瘦肉生成,抑制动物性脂肪生成的物质被统称为"瘦肉精"）,它在减少脂肪、增加瘦肉率方面起到很大的作用。添加过瘦肉精的猪肉,瘦肉率高,色彩漂亮,深得消费者喜爱。但是,瘦肉精对人体有很大危害,轻则导致心律失常,重则会引起心脏疾病。瘦肉精易在动物的肝和肺等器官积聚,摄入大量动物内脏,可能会立即出现恶心、头晕、肌肉震颤、心悸和血压升高等中毒症状。有研究表明,1mg/kg 的克伦特罗添加于猪饲料中,用于增加瘦肉率,人食用该猪肝或猪肺可引起中毒,而长期食用含有瘦肉精的肉制品可能引起染色体畸变,导致癌变。

②兽药残留、滥用:抗生素可用于动物疾病预防、降低病死率和促进生长,因此在畜牧业生产中大量应用。但如果不按照科学的使用方法和施用量,不遵守有关食品卫生法规和相关特殊药物停药期的规定,或大量使用甚至滥用,可导致在动物细胞与组织器官或可食性产品中过量蓄积,人们通过取食或接触从而造成人体病变。有些国家动物性食品中抗生素残留比较严重,如美国曾检出12%的肉牛、58%犊牛、23%猪肉、20%禽肉有抗生素残留。过量摄入抗生素可导致人体耐药性增加、肠道内的菌群失调、影响内分泌以及致畸致癌致突变。我国常见的抗生素残留种类主要有四环素、土霉素、金霉素等。

另一类兽药残留主要来自于激素类药物。在畜牧业生产中使用激素主要是用来防治疾病、调整繁殖和加快生长发育速度。如不适当地大量应用人工合成的性激素,人们摄入性激素超标的肉及肉制品后,可能会影响机体的正常生理功能,并具有一定的致癌性,可能导致儿童早熟、发育异常、异性趋向和肿瘤。

③食品添加剂的滥用:食品添加剂被广泛应用到现在的食品加工中。当今的食品安全事件多与食品添加剂有关。其实在发生的诸多食品安全事件中,首先要分清违规添加的到底是什么? 能不能添加? 如"瘦肉精"、甲醛等是不能添加在食品中的,在我国是属于食品违禁物质。而有些食品添加剂是允许添加到食品中的,但是其添加的范围和数量都有明确规定。

④甲醛的违规使用:甲醛具有改善肉制品外观的作用,但是添加到肉类中会对人体造成极大危害。在对部分肉制品的抽样检验中,极个别样品中检出甲醛。甲醛具有凝固蛋白,从而使特性的蛋白质变性,用甲醛处理过的肉组织变得均匀交错而且具有很大的弹性。甲醛又与构成生物体本身的蛋白质中的氨基发生反应,因

此它具有防腐、杀菌、延长食品保质期的性能。但是,甲醛"会缩短人体血液细胞的正常寿命,红细胞异常,杀死血小板,进一步导致人体贫血,破坏人的免疫系统;人体长期大量摄入甲醛,会使骨髓造血功能受到抑制,引发白血病、骨髓瘤、淋巴瘤等血液病",因此甲醛是禁止添加在食品中的。

(二)肉及肉制品安全管理措施

1.饲养与原料管理

在畜禽饲养环节,一定要强化产地检疫站岗位责任制,严格检疫报检和临栏检疫措施,确保上市畜禽的产地检疫合格率达到 100%。畜禽的宰前检验与管理也是保证肉制品卫生质量的重要环节,贯彻执行病、健隔离,病、健分宰制度,对于防止肉制品污染,提高肉制品卫生质量等方面起着至关重要的作用。而宰后的胴体要进行终点检验,这通常与胴体的等级划分、加盖印章相结合。当感官检查无法准确判断肉质的质量安全时,则必须要进行细菌学和病理组织学等检验,只有检验指标合格方能进入流通领域。

2.生产工艺管理

生产工艺管理主要包括从生肉到产品的温度管理以及各工艺之间的连接条件管理。

生产工艺中,一般对动物胴体应采用快速二段冷却法(即新鲜生肉经 1.5 ~ 2h、−20℃的快速冷冻,胴体表面形成一层干油膜,阻止微生物及有害物质侵入,然后迅速进入 0 ~ 4℃排酸库进行 12 ~ 16h 排酸处理),在规定时间内使动物胴体温度降到 4℃以下。因为在冷藏温度 4 ~ 10℃条件下,嗜冷菌易于生长,酵母和真菌也能缓慢生长,而一般的大气温度,嗜温菌和大肠杆菌群、需氧菌和厌氧菌均能迅速繁殖。在 4℃的条件下,仅部分嗜冷菌可生长,但生长很缓慢。

半成品在各加工环节中首先是原料肉解冻的温度控制,解冻间环境温度要求控制在 14 ~ 16℃,可通过蒸汽加热或制冷机制冷来调节,每 6h 检查一次温度,以及时调节。其次是如高速斩拌、乳化等不同生产工艺之间的温度变化的控制,高速斩拌肉制品的温度应控制在 7℃以下,斩拌温度的升高会造成脂肪颗粒的破裂,影响乳化效果。

3.配套设施管理

肉类屠宰场、加工厂在投入使用之前首先要符合《屠宰和肉类加工企业卫生管理规范》(GB/T 20094—2006《屠宰和肉类加工厂企业卫生注册管理规范》)中的卫生要求或标准,办理有关的许可证或注册手续。肉制品加工厂卫生设施要齐全,比如要设有废弃物临时存放设施,废水、废气处理系统,与职工人数相适应的更衣室、厕所以及洗手、清洗、消毒设施等。

4.产品检测管理

按照国家颁布的卫生标准,对最终产品的微生物数量、添加物含量、营养价值、感官质量、尝味期限等须严格进行检测。在成品入库前对产品进行感官检查,必要时切开检查。包装后的产品要检查其品名、生产日期、包装是否污染等,真空保障还要检查是否漏气。熟肉制品要符合 GB 2726—2005《熟肉制品卫生标准》,腌肉制品要符合 GB 2730—2005《腌腊肉制品卫生标准》。

5. 流通领域管理

肉制品的贮藏仓库卫生不达标、新鲜产品与过期产品交叉摆放或者通风防潮设备管理不当等都可能造成产品的二次污染。肉制品运输时所用的车辆未经消毒或消毒不严、车内存放有化学物品、销售环境和条件不符合国家规定都会造成污染。另外,如果是冷冻制品,其贮藏间、运输工具内的温度也要控制适当,防止肉制品腐败变质。

三、水 产 品

(一)水产品及相关概念

美国联邦法规 21 章第 123 款中列出了水产、水产品等 20 个术语,强调:"水产"指的是除鸟和哺乳动物外,适于人类食用的淡水或海水的有鳍鱼、甲壳动物、水生动物(包括鳄鱼、蛙、海龟、海蜇、海参、海胆和它们的卵),以及所有软体动物;"水产品"指的是以水产为主要成分的人类食品,如果某些食品仅含有少量的水产品成分,例如含有不作为主成分的鳗酱的辣沙司,不作为水产品看待。我国 SC/T 3009—1999《水产品加工质量管理规范》对水产品、水产加工品、水产食品的定义为:水产品指海水或淡水的鱼类、甲壳类、藻类、软体动物以及除水鸟及哺乳动物以外的其他种类水生动物。水产加工品指水产品经过物理、化学或生物的方法加工如热、盐渍、脱水等,制成以产品为主要特征配料的产品。包括水产罐头、预包装加工的方便水产品、冷冻水产品、鱼糜制品、鱼粉或动物饲料的副产品等。水产食品指以水产品为主要原料加工制成的食品。

我国水产品在国际贸易中具有一定的竞争优势,但这种优势主要是由于生产要素成本和生产原料价格低廉造成的。由于在发展过程中重数量、轻管理,水产品质量安全受到影响,也威胁到人民群众的健康。如 1987 年年底至 1988 年 3 月间,上海市因食用带有病毒性病原体的毛蚶导致 31 万人患上了甲肝,死亡 47 人;2002 年 7 月,安徽广德县发生因食用鲍鱼致 50 人中毒,原因是鲍鱼内含有来源于饲料的盐酸克伦特罗(瘦肉精)。我国加入 WTO 后,因水产品有毒有害物质和药物残留超标,导致我国水产品出口屡次遭受贸易堡垒。如 2003 年 3 月,日本厚生省宣布对我国动物产品实施严格检查;2003 年 4 月,美国 FDA 在截获虾和淡水螯虾中含有氯霉素的报告后,开始严格检查进口虾类中是否含有这种抗生素的残留物;2004 年,美国提出对中国的小龙虾进行反倾销调查;2005 年,欧盟、日本和韩国从我国江西、福建等地进口的鳗鱼产品中先后检出孔雀石绿等禁用药物残留,引起日本、韩国和欧盟等国家和地区的高度关注。我国主动停止烤鳗对外出口。

以上发生的一系列水产品安全问题已引起日本、美国、欧盟等发达国家和地区的不安和关注。为保障中国的水产品出口,对水产品饲养、生产加工进行规范化管理,已经成为水产品产业可持续发展的关键。

(二)影响水产品质量安全的主要因素

水产品作为食品的一个重要类别,其生产、加工、贮藏、运输、销售等各环节已经充分社会化。水产品的产业链从池塘到餐桌,涉及环境、投入品、加工设备和程序、销售途径和烹饪方式等领域的诸多环节。

1. 环境污染

现代社会环境污染物最终大都会汇集到水产品生活的江河湖海里,并造成其污染。环境污染主要包括以下几个类别。

(1)无机污染物　一些陆源排放的污水中的无机污染物主要是氰化物和重金属,目前无机污染物的超标已经严重影响到水产品质量安全。如我国居民消费者喜爱的鱿鱼、乌贼等头足类水产品是重金属等污染物富集的主要载体,长期食用被汞、铬、铅及非金属砷污染的水产品,会使人发生急、慢性中毒或导致机体癌变,危害严重。

(2)有机污染物　化学工业产生的有机污染物如多环芳烃、多氯联苯、苯并芘等在水产品中经常被检出,有时严重超标。我国的近海水域养殖和捕捞的水产品不同程度上都存在这类物质。不恰当或者违规使用食品添加剂、食品加工消毒剂等也是导致水产品存在有害有机污染物的重要原因,如冻银鱼、冻虾仁等使用甲醛。另外,随着工业生产的发展,由于废弃的工业油料和石油等物质不加控制地排放对水域造成的污染,也会导致生活在被污染水域中的水产品有异味、有毒有害物质含量超标等安全卫生危害。

(3)"赤潮"毒素　近年来我国渤海、东海和南海等海域连续发生赤潮,并逐年加重。赤潮的形成是由于工业污水、生活用水及水产养殖废水等对海洋环境的污染日渐严重,大量富含氮磷钾的污染物流入海洋,使海域的海水富营养化,导致海洋中的微藻迅速成长为藻华。有些微藻具有微藻类毒素,形成赤潮毒素危害。赤潮已经严重影响着所在水域的海洋水生动物的生长,大量鱼、虾、蟹和贝类会因缺氧而死亡。

2. 农渔兽药残留

(1)农兽药残留　农药的大量使用导致内陆水域的药残污染正在加重,对水产品质量安全造成了潜在危害。水产品中的农兽药残留主要来自三个方面,一是在养殖过程中,使用农药杀虫剂对水体进行除病害消毒;二是加工过程中作为驱蝇驱虫剂和防鼠药剂的非法使用;三是受废水、废气、废渣的"三废"污染。我国许多地区的水产品已经陆续检测出菊酯类药物和有机磷农药超标。农兽药残留不仅会对地球整个大气圈、水循环圈、生物圈产生不良影响,而且会通过食物链的富集和传递作用,对食用者身体健康造成危害,严重时造成身体不适、呕吐、腹泻甚至死亡的严重后果。

（2）渔药残留　渔药的广泛使用在水产养殖持续发展提供技术保障的同时，其抗药性的产生、药物残留问题带来的副作用也日益凸现。目前,我国对渔药在水生动物体内的作用机制、给药种类、给药剂量、给药间隔时间、休药期、最终用药时间等都没有一个明确的标准,在水产品养殖生产过程中滥用药物的现象普遍存在。此外,在渔用饲料中滥用添加药物和生长强壮类激素等也成为严重的问题。渔药的滥用会破坏生态平衡,进一步加重水生动植物病害,形成恶性循环;同时水生动植物耐药性增强,增加了疾病防治的难度;更为严重的是药物在水生动植物体内聚积、残留,直接危害到人的身体健康和生命安全。

(三)水产品质量控制措施

1. 外来投入品

目前,我国水产品安全事件多数是由有毒、有害物质和药物残留超标引起的,而外来投入品是唯一途径。因此,外来投入品的控制是水产品安全管理的源头。加强水域环境生态保护,控制好水质;严禁有害物质向水域排放,不使用污染的水源;水产品的养殖与加工生产中,对苗种、饲料、药物、消毒剂、水质改良剂等投入品进行严格控制是保障水产品质量安全的重要途径。

2. 水质监测与调控

在养殖过程中,采取实验室检测或现场速测等方法对水产养殖用水进行定期或应急检测,内容包括水温、pH、溶解氧、亚硝酸盐、透明度、盐度等,随时掌握水质变化情况,为采取加水、换水、消毒、生物调节等技术措施提供依据。

3. 饲料渔药研发

目前,渔用饲料缺乏安全性问题普遍存在,部分渔用饲料厂不按国家和行业标准生产,大量添加抗生素等添加剂。渔药缺乏高效、安全的专用药物,使用的多数是兽药和人药,针对高发、频发、死亡率高的病害的有效安全药物几乎空白,无奈之下使用孔雀石绿、甲醛、硝基呋喃等禁药。应加速研制渔用专用药物,生产低毒、无毒、安全的渔用药物,从效果和价格上替代目前的违禁药物。

四、谷物类食品

谷类食品主要包括大米、小麦、大麦、高粱、薯类等。其中以大米和小麦为主,谷类食品在我国膳食构成中的比例为49.7%。谷类为我国居民提供日常膳食中50%~70%的热能,55%左右的蛋白质,以及部分无机盐及 B 族维生素。

(一)谷类的主要卫生问题

1. 霉菌和霉菌毒素的污染

谷类在农田生长期、收获、贮存过程中的各个环节均可能受到霉菌的污染。当环境湿度较大,温度增高时,霉菌易在谷类中生长繁殖,并分解其营养成分,产酸产气,使谷类发生霉变,不仅改变了谷类的感官性状,降低甚至失去营养价值,而且还可能产生相应的霉菌毒素,对人体健康造成危害。常见的污染谷类的霉菌主要有曲霉、青霉、毛霉、根霉和镰刀菌等。

2.农药残留

谷类中的农药残留的来源主要有两个方面：一是防治病虫草害时直接施用于谷类作物上的农药产生的残留；二是农药施用于作物时，还对周围环境造成一定的污染，随空气漂浮，进入土壤和水体，当这部分环境中的农药进入谷类作物后，产生农药残留。常见的农药残留种类为有机磷和拟除虫菊酯类农药残留。

3.其他有毒物的污染

谷类作物中主要的有毒物还包括重金属残留，如汞、镉、砷、铅以及酚类物质和氰化物等，这些有毒物主要来自于未处理或处理不彻底的工业废水和生活污水对农田和菜地的灌溉。因此在进行污水灌溉时要注意监测水质中的各项有毒物指标。

4.仓储害虫

仓储害虫主要危害是取食谷物时造成的重量损失；取食、排泄、蜕皮、尸体等对食品的色、香、味等造成质量影响；排泄、以及仓储害虫产热等原因造成霉菌生长，发生霉变，使谷物失去食用价值。仓储害虫在原粮、半成品谷类上都能生长，并使其发生变质，降低甚至失去食用价值。我国每年因病虫害而损失的粮食达5%～30%。目前我国常见的仓储害虫有甲虫（大谷盗、米象、黑粉虫等）、螨虫（粉螨）及蛾类等超过50种。

（二）谷类的卫生管理

1.谷类的安全水分

谷类含水分的高低与其储藏的时间长短密切相关。应将谷类的水分控制在安全储存所要求的水分含量以下。谷类籽粒饱满，成熟度高，外壳完整，其储藏性好，因此应加强入库前的质量检查，与此同时，还应控制谷类储存环境的温度和湿度。一般认为，禾谷类粮食的安全水分以温度为0℃时、水分安全值18%为基点，在0～30℃的温度范围内，温度每升高5℃，安全水分降低1%。

2.粮仓的卫生及环境要求

仓库建筑应坚固、不漏、不潮，能防鼠、防雀；粮库应保持清洁卫生，定期清扫、消毒；仓库内的温湿度应严格控制，按时翻仓、晾晒，降低粮温，掌握顺应气象条件的门窗启闭规律；应加强监测谷类温度和水分含量的变化，发现问题立即采取相应措施。此外，仓库使用熏蒸剂防治虫害时，要注意使用范围，控制用量。熏蒸后粮食中的药剂残留量必须符合国家卫生标准才能出库、加工和销售。

3.谷类运输与销售的卫生要求

运输谷类时，应搞好粮食运输和包装的卫生管理，运输应有清洁卫生的专用车辆，防止意外污染。粮食包装必须专用。

谷类销售单位应按食品卫生经营企业的要求，加强成品粮的卫生管理，做到不加工、销售不符合卫生标准的谷类。

4. 防止农药及有害金属的污染

防止农药的污染，应遵守《农药安全使用规定》和《农药安全使用标准》，根据农药的毒性和在人体内的蓄积性、不同作物及条件，选用不同的农药和剂量；明确农药的安全间隔期；确定合适的施药方式；并制定农药在食品中的最大残留限量标准。

使用污水进行灌溉时，废水应经过活性炭吸附、化学沉淀、离子交换等方法处理，使灌溉水质符合《农田灌溉水质标准》，根据作物品种，掌握灌溉时间及灌溉量；定期检测农田的污染程度及作物的毒物残留水平，防止污水中有害化学物质对粮食的污染。

为防止各种储粮害虫，常用化学熏蒸剂、杀虫剂和灭菌剂（如甲基溴、磷、氰化氢等）施用时应注意其质量和剂量，其在谷类中的残留不超过国家标准限量。近年来我国研究用 ^{60}Co 的 γ – 射线低剂量辐照粮食，可杀死所有害虫，且不破坏谷类的营养成分及品质，效果良好，我国已颁布了相应的卫生标准。

5. 防止无机夹杂物及有毒种子的污染

在谷类加工过程中安装过筛、吸铁和风车等设备可有效去除无机夹杂物。有条件时，可逐步推广无夹杂物、无污染物或者强化某些营养素的小包装谷类产品。

为防止有毒种子的污染，应加强选种，农田管理及收获后的清理工作，尽量减少或完全清除有毒种子；制定谷类中各种有毒种子的限量标准并进行监督。

五、食用油及其制品

食用油产品分为普通食用油（烹调油、色拉油、调和油）、食用专用油脂（煎炸油、起酥油、人造奶油、蛋黄酱、代可可脂）与其他脂类产品（磷脂、糖脂、生物柴油）等。我国的主要食用油产品有二级油、一级油、高级烹调油、色拉油以及调和油等。它们都是按照各自的质量标准，经过一定的精炼工艺制得。

（一）食用油脂的安全问题

1. 油脂酸败

（1）油脂酸败的原因　油脂酸败的程度与紫外线、氧、油脂中的水分和组织残渣以及微生物污染等因素有关，也与油脂本身的不饱和程度有关。酸败的发生可能存在两个不同的过程：一是酶解过程，动植物组织残渣和食品中微生物的酯解酶可使三酰甘油分解成甘油和脂肪酸，使油脂酸度增高，并在此基础上进一步氧化；二是脂肪酸，特别是不饱和脂肪酸因紫外线和氧的存在而自动氧化产生过氧化物，后者碳链断链生成醛、酮类化合物和低级脂肪酸或酮酸，从而使油脂带有强烈的刺激性异味，某些金属离子在油脂氧化过程中起催化作用，铜、铁、锰离子可缩短上述过程的诱导期和加快氧化速度，在油脂酸败中油脂的自动氧化占主导地位。

（2）反映油脂酸败的常用指标

①酸值：中和 1g 油脂中的游离脂肪酸所需 KOH 的质量（mg）称为油脂酸值。

我国规定精炼食用植物油的酸值不高于 0.5mg/g,棉籽油的酸值不高于 1mg/g,其他植物油的酸值均应不高于 4mg/g。

②过氧化值:油脂中的不饱和脂肪酸被氧化形成过氧化物,其含量多少称为过氧化值,一般以 1kg 被测油脂使碘化钾析出碘的量(mmol)表示。过氧化值是油脂酸败的早期指标,我国规定花生油、葵花籽油、米糠油的过氧化值不高于 20mmol/kg,其他食用植物油过氧化值不高于 12mmol/kg,精炼植物油的过氧化值不高于 10mmol/kg。

③羰基值:反映油脂酸败时产生醛、酮总量的指标。正常油脂的总羰基值不高于 20mmol/kg,而酸败油脂和加热劣化油的羰基值大多数大于 50mmol/kg,有明显酸败味的食品,其羰基值可高达 70mmol/kg。我国规定普通食用植物油的羰基值不高于 20mmol/kg,精炼食用植物油的羰基值不高于 10mmol/kg。

④丙二醛含量:丙二醛是猪油油脂酸败时的产物之一,其含量的多少可灵敏地反映猪油酸败的程度。我国在猪油卫生标准中规定丙二醛含量不高于 2.5mg/kg。

在油脂酸败过程中,脂肪酸的分解及氧化必然影响其固有的理化常数,如碘值、熔点(凝固点)、相对密度、折射率和皂化值等,但是这些常数基本上不作为油脂酸败的指标。

2. 防止油脂酸败的措施

(1)从加工工艺上确保油脂纯度,不论采用何种制油方法,产生的毛油必然经过水化、碱炼或精炼,去除动、植物残渣。水分是酶显示活力和微生物生长繁殖的必要条件,其含量必须严加控制,我国规定油脂的含水量应小于 0.2%。

(2)创造适宜的储存条件,防止油脂自动氧化。应创造一种密封、隔离和遮光的环境,同时在加工和储存过程中应避免金属离子污染。

(3)油脂抗氧化剂的应用。应用油脂抗氧化剂是防止食用油脂酸败的重要措施,常用的抗氧化剂有丁基羟基茴香醚(BHA)、二丁基羟基甲苯(BHT)和没食子酸丙酯(PG)。柠檬酸、磷酸和对酚类抗氧化剂(特别是维生素 E)与 BHA、BHT 具有协同作用。

3. 油脂污染和天然存在的有害物质

(1)黄曲霉毒素　黄曲霉毒素全部来源于油料种子,极易受到黄曲霉菌污染的油料种子是花生,其他油料种子如棉籽和油菜籽也可受到污染,严重污染的花生榨出的油中黄曲霉毒素的含量可高达每千克数千微克,碱炼法和吸附法均为有效的去毒方法。我国规定一般食用油中的黄曲霉毒素应不高于 10μg/kg,花生油中的黄曲霉毒素应不高于 20μg/kg。

(2)苯并芘　食用油中的苯并芘主要来源有 4 种。一是来自于作物生长期间的工业降尘。资料表明,工业区菜籽榨取的毛油中苯并(α)芘的含量是农业区的 10 倍。二是油料种子的直火烟熏烘干产生的苯并芘。资料表明,未干、晒干及烟熏干的原料生产的椰粒油,其苯并芘的含量分别为 0.3μg/kg、3.3μg/kg 和 90.0μg/kg。三是压榨法的润滑油混入或浸出法的溶剂油残留,机油的苯并芘含量可高达 5250 ~ 9200μg/kg,有少量混入就可使油脂产生严重污染。四是反复使用的油脂在高温下热聚,形成苯并芘。

(3)棉酚　棉酚是棉籽色素腺体中的有毒物质,包括游离棉酚、棉酚紫和棉酚绿三种。冷榨法产生的棉籽油游离棉酚的含量甚高,长期食用含有棉酚的生棉籽油可引起慢性中毒,其临床特征为皮肤灼热、无汗、心悸、无力及低钾血症等;此外,棉酚还可导致性功能减退及不育症。降低棉籽油中游离棉酚的含量主要有两种方法:一种是热榨法;另一种是碱炼或精炼,碱炼或精炼的棉籽油中棉酚的含量在0.015%左右。国外研究证明,棉籽饼中游离的棉酚含量在0.02%以下时对动物不具毒性,我国规定棉籽油中游离棉酚的含量应小于0.02%。

(4)芥子苷　芥子苷普遍存在于十字花科植物中,油菜籽中含量较多。芥子苷在植物组织中葡萄糖苷酶的作用下可分解为硫氰酸酯、异硫氰酸酯等,硫氰化合物可导致甲状腺肿大,其机制为阻断甲状腺对碘的吸收,使甲状腺代偿性肥大。一般可利用芥子苷挥发性加热去除。

(5)芥酸　芥酸是一种二十二碳单不饱和脂肪酸,在菜籽油中含20% ~ 50%。芥酸可使多种动物心肌中的脂肪聚积,心肌单核细胞浸润并导致心肌纤维化。除此之外,还会形成动物生长发育阻碍和使生殖功能下降,但有关其对人体会产生毒性的报道尚属少见。为了预防芥酸对可能产生的危害,欧盟规定食用油脂的芥酸含量不得超过5%。

(二)防止食用油品质变劣的控制措施

控制影响油品质量的因素方法,即适当地控制对油品质量贮藏有影响的光线、水分、杂质、空气及大气温度等条件因素的作用,加强油品质量的检查和管理,防止可能发生的氧化、酸败,以保证油品安全贮存。为此在日常中应采取以下几种方法。

(1)防日晒　货物周围可种树,油库门窗要遮盖、密闭,避免日光直接照射,减少光线、高温影响。

(2)防潮湿　干燥天气可适时对仓库通风干燥,雨天不开盖检查。

(3)防氧化　旋紧桶盖,减少不必要的过桶以防空气过多的进入。

(4)防渗漏　渗漏主要发生在油罐的焊接处,有漏缝和阀门未关紧时,油品渗漏与空气接触易变质。要做到勤检查,看油罐或油桶是否有漏缝和阀门是否关紧,及时发现及时处理。

(5)防酸败　油品酸败的规律一般是先油脚后清油,要定时检查油品是否出现明显沉淀油脚,如有可以用转桶倒油脚的方法进行处理。清油也要定期作酸值测定,进行油情分析和排队,作为安全贮存和推陈贮新的依据。

(6)增加抗氧化剂的效能　在采取添加抗氧化剂方法贮油时,必要时加入柠檬酸、酒石酸等金属钝化剂,即可破坏金属对油品的影响,又可增加抗氧化剂的效能。

六、调　味　品

(一)酱油类调味品的管理

1.原料的管理

不得使用变质或除去有毒物质的原料来加工制作酱油类调味品,大豆、脱脂大豆、小麦、麸皮等必须符合 GB 2715—2005《粮食卫生标准》的规定;生产用水符合GB 5749—2006《生活饮用水卫生标准》;不得用味精废液来配制酱油。

2.酱油类调味品中食品添加剂的使用

防腐剂和色素的使用必须符合 GB 2760—2011《食品添加剂使用卫生标准》。

生产酱油时用于酱油的主要食品添加剂是焦糖色素。我国传统的焦糖色素是食糖加热聚合生成的一种深棕色色素,安全性较高。但如果以加胺法生产焦糖色素,不可避免会产生 4 - 甲基咪唑,这是一种可引起人和动物惊厥的物质,因此,在酱油类调味品中严格禁止使用加胺法生产焦糖色素。

在化学酱油生产时,用于水解大豆蛋白质的盐酸必须是食品工业级的,并限制酱油中砷含量不得高于 0.5mg/kg,铅含量不得高于 1mg/kg。同时需经省级食品卫生监督管理部门批准才能以化学法生产酱油。

3.人工发酵酱油的曲霉菌种管理

生产人工发酵酱油所接种的曲霉菌是专用曲菌,为一种不产毒的黄曲霉菌。鉴于黄曲霉菌产毒的不专一性和变异性,需要定期对菌种进行筛选、纯化和鉴定,防止杂菌污染、菌种退化和变异产毒。使用新菌种时应按照《新资源食品卫生管理办法》审批后,方可投产。限定酱油中黄曲霉毒素 B_1 的含量不得高于 $5\mu g/kg$。

4.酱油的防腐和灭菌

酱油含有丰富的可被微生物利用的营养物质。在较高温度下,由于产膜性酵母菌的污染,酱油表面会生成一层白膜,使酱油失去食用价值,因此酱油的生产、包装、消毒灭菌就变得极为重要。酱油生产采用机械化、密闭化生产系统,压榨或淋出的酱油必须加热灭菌后注入储存罐储存沉淀,然后取其上清液装罐。酱油的消毒多采用巴氏灭菌法,灭菌后的酱油须符合 GB 2717—2003《酱油卫生标准》。对生产中可回收使用的容器或材料(特别是回收瓶、滤布等)应采用蒸煮或漂白粉消毒的方式进行灭菌。为卫生安全起见应提倡使用一次性独立小包装而不使用回收瓶。

5.酱油中的食盐浓度

《酱油卫生标准》规定食盐浓度不得低于 15% ,所用食盐必须符合 GB 2721—2003《食用盐卫生标准》。

6.酱油中的总酸

酱油、酱具有一定的酸度。但当酱油或酱制品受微生物污染时,其中的糖可被微生物发酵成有机酸,使酱油或酱制品的酸度增加,发生酸败,导致品质下降,甚至失去食用价值。因此,GB 2717—2003《酱油卫生标准》规定其总酸度(以乳酸计)应不得高于 2.5g/100mL。

(二)食醋的卫生及管理

食醋因具有一定的酸度(3% ~ 5%),对不耐酸的细菌有一定的杀菌能力。但生产过程可污染醋虱和醋鳗,耐酸霉菌也可在醋中生长而形成霉膜,故食醋生产中经常添加防腐剂。

食醋生产按 GB 8954—1988《食醋厂卫生规范》执行,内容包括:生产原料采购、运输、贮藏的卫生,工厂设计及设施的卫生,工厂的卫生管理,运输的卫生管理、个人卫生和健康要求,生产过程中的卫生,产品出厂前的卫生与质量管理及产品贮藏、运输的卫生管理等。符合 GB 2719—2003《食醋卫生标准》的产品方可出厂销售。一是原料:生产食醋的粮食原料应无霉变、无杂质及无污染,符合 GB 2715—2005《粮食卫生标准》;生产食醋的用水需严格执行 GB 5749—2006《生活饮用水标准》;添加剂的使用应该严格执行 GB 2760—2011《食品添加剂使用卫生标准》。二是发酵菌种:食醋生产用发酵菌种应定期筛选、纯化及鉴定。菌种的移接必须按无菌操作规范进行,种曲应贮藏于通风、干燥、低温、洁净的专用房间,以防霉变。三是容器和包装:食醋含酸,具一定的腐蚀性,故不可用金属或普通塑料容器酿造或存放食醋,以防金属或塑料单体毒物溶出。包装瓶应清洗、消毒,包装后应消毒灭菌以防二次污染。

(三)食盐的卫生及管理

食盐的主要成分是氯化钠,包括海盐、地下盐或以天然卤水制成的盐。以化学工业的副产品生产的工业盐,因不可食用,不包括在内。

矿盐中的硫酸钠含量通常过高,使食盐有苦涩味,并影响食物的吸收,应以脱硝法去除。此外,矿盐、井盐还含有钡盐,钡盐是肌肉毒,长期食用可引起慢性中毒,临床表现为全身麻木刺痛,四肢乏力,严重时可出现弛缓行瘫痪。GB 2721—2003《食用盐卫生标准》中规定钡盐的含量须小于 15mg/kg。

食盐常因空气湿度大或遇潮而结块,传统的抗结剂是铅剂,现已不用。目前食盐的抗结剂主要是亚铁氰化钾,其最大使用量为 0.005g/kg。

按营养强化剂的卫生标准,碘盐中碘化钾的量为 30 ~ 70mg/kg。目前市售碘盐在生产时通常以 40mg/kg 进行强化,此量稍高于碘的推荐下限供给量,这是因为已考虑到碘盐在贮藏时碘化钾的分解及分解碘挥发的损失。

七、饮 料

饮料是指以水为基本原料,由不同的配方和制造工艺生产出来,供人们直接饮用的液体食品。饮料除提供水分外,由于在不同品种的饮料中含有不等量的糖、酸、乳、钠、脂肪、能量以及各种氨基酸、维生素、无机盐等营养成分,因此有一定的营养。

饮料一般可分为含酒精(乙醇)饮料和无酒精饮料,无酒精饮料又称软饮料。

酒精饮料系指供人们饮用且酒精含量在0.5%~65%(体积分数)的饮料,包括各种发酵酒、蒸馏酒及配制酒。无酒精饮料是指酒精含量小于0.5%(体积分数),以补充人体水分为主要目的的流质食品,大致分为碳酸类饮料、果蔬汁饮料、功能饮料、茶类饮料、乳饮料、咖啡饮料,包括固体饮料。

(一)饮料原料的质量安全

1.饮料的用水质量安全

水是饮料生产中主要原料,一般取自自来水、井水、矿泉水(或泉水)等原水。水含有一定量无机物、有机物和微生物,这些杂质若超过一定范围就会影响到冷饮食品的质量和风味,甚至引起食源性疾病。原料用水须经沉淀、过滤、消毒,达到GB 5749—2006《生活饮用水卫生标准》规定的要求方可使用。

饮料用水还必须符合加工工艺的要求,特别是饮料用水的溶解性杂质含量会影响水的硬度、pH、碱度、色度等,进而影响饮料的稳定性、色泽、风味、质地等。如水的硬度应低于8°(以碳酸度计),避免钙、镁等离子与有机酸结合形成沉淀物而影响饮料的风味和质量。

2.饮料的原辅料质量安全

饮料生产所使用的各种原辅料如乳、果蔬汁、豆类、茶叶、甜味料(如白砂糖、绵白糖、淀粉糖浆、果葡糖浆),以及各种食品添加剂如防腐剂、乳化剂、增稠剂等,其中使用的食品添加剂均必须符合GB 2760—2011《食品添加剂使用标准》;不得使用糖蜜或进口粗糖(原糖)、变质乳品、发霉的果蔬汁等作为饮料原料;碳酸饮料所使用的二氧化碳应符合食品级使用的标准。

(二)饮料加工、贮存和运输过程的质量安全

1.液体饮料

(1)包装容器的卫生 包装容器的种类有玻璃瓶、塑料瓶(袋)、易拉罐及纸盒等。各种包装容器所用的材质应无毒、无害、耐酸、耐碱、耐高温、耐老化,必须符合国家有关卫生标准,并在使用前经过清洗和消毒。

(2)灌装与杀菌 灌装生产的设备、管道、储料容器等应采用符合国家卫生要求的不锈钢、塑料、橡胶和玻璃材料。灌装前后均应对设备、管道、储料容器等进行清洗和消毒。

灌装后必须对成品彻底杀菌,杀菌后产品的卫生指标应符合国家冷饮食品卫生标准。根据产品的性质可选用巴氏消毒法、加压蒸汽杀菌法、臭氧杀菌法等杀菌消毒方法。

(3)防止污染 灌装多在暴露或半暴露条件下进行,空气不洁常造成微生物对产品的严重污染。因此,灌装间应与其他加工间隔开,避免发生空气交叉污染并对灌装间进行空气消毒(如紫外线消毒或过氧乙酸熏蒸消毒)。

(4)成品检验 依据国家标准规定,对产品标准中的卫生指标应进行检测。饮料灌装前后均应进行外观检查,其检瓶的光源照度应大于1000lx,检查空瓶可采

用间接灯或减弱的荧光灯,背景应洁白均匀;检查成品应采用较强的白炽间接灯。连续检瓶时间不宜超过30min,否则容易引起视力疲劳而造成漏检。

(5)成品储存与运输的管理 饮料在储存、运输过程中,应防止日晒雨淋,不得与有毒有害或有异味的物品混储、混运。运输车辆应清洁、卫生,搬运时注意轻拿轻放,避免碰撞。饮料应在阴凉、干燥、通风的仓库中储存,禁止露天堆放。饮料在储藏期间还应定期检查,以保证产品质量。

2. 固体饮料

固体饮料一般分风味固体饮料、果蔬固体饮料和蛋白固体饮料、茶固体饮料、咖啡固体饮料、植物固体饮料等。GB 7101—2003《固体饮料卫生标准》规定固体饮料的水分含量不得高于5%(5.0g/100g)。由于密闭包装且含水量少,在这类饮料中微生物不宜生长繁殖,尤其是这类饮料常用开水溶解,因此微生物污染不是主要问题,而水分含量、有毒金属等化学性污染却值得注意,其中铅含量不得高于1.0mg/kg,铜含量不得高于5.0mg/kg,总砷(以 As 计)不得高于0.5mg/kg。

在固体饮料贮运过程中,产品不应与有毒有害、有异味、易腐蚀的物品混装运输和储存;需冷链运输储藏的产品,应符合产品标识的储运条件。

[项目小结]

本项目主要针对乳与乳制品、肉与肉制品、水产品、谷物类食品、食用油及制品、调味品及饮料七大类的食品质量安全问题进行了全面的分析。重点叙述了针对影响乳与乳制品、肉与肉制品质量安全的因素及其控制措施。

[项目思考]

1. 乳及乳制品生产过程中质量安全的控制措施有哪些?

2. 肉与肉制品中违规添加的种类有哪些?

3. 水产品的质量控制措施有哪些?

4. 谷物类食品的主要安全问题及其控制措施有哪些?

5. 调味品的卫生及管理措施有哪些?

项目四　食品生产卫生控制及管理

[知识目标]

（1）熟悉食品工厂卫生设计的基本要求，包括选址、厂房、车间、工厂内部、车间入口、墙壁、天花板、地板、给排水系统、洗手消毒设施、废弃物处理等。

（2）了解食品加工设备的卫生设计，包括材料、结构及设备连接系统等。

（3）掌握食品生产卫生要求，包括生产环境、人员和工艺的卫生要求。

（4）了解食品生产卫生管理的关键职责和内容。

[必备知识]

一、食品工厂卫生设计

食品工厂卫生设计的主要目的是为了防止微生物和其他污染。

(一)工厂选址

工厂设计、施工和维护是保障生产免受污染的第一道外部屏障。厂址选择不但与投资费用、基建进度、配套设施完善程度及投产后能否正常生产有关，而且与食品企业的生产环境、生产条件和生产卫生关系密切。厂址区域应具备良好的空气质量、没有污染问题（如来自其他工业工厂的污染）和未被污染的土壤。在选择厂址时，既要考虑来自外环境的有毒有害因素对食品可能生产的污染，又要避免生产过程中产生的废气、废水和噪声对周围居民的不良影响。综合考虑食品企业的经营与发展、食品安全与卫生以及国家有关法律、法规等诸多因素，食品企业厂址选择的一般要求如下。

（1）在城乡规划时，应划定一定的区域作为食品工业建设基地，食品企业可在该范围内选择合适的建厂地址。

（2）有足够可利用的面积和较适宜的地形，以满足工厂总体平面合理的布局和今后发展扩建的需要。

（3）厂区应通风、日照良好、空气清新、地势高燥、地下水位较低、地面平坦而又有一定坡度、土质坚实。厂区一般向场地外倾斜至少达0.4%。基础应高于当地最大洪水水位0.5m以上，并应设在受污染河流和有废水排放工厂的地势上方。

（4）厂区周围不得有粉尘、烟雾、灰沙、有害气体、放射性物质和其他扩散性污染源；不得有垃圾场、废渣场、粪渣场以及其他有昆虫大量滋生的潜在场所。

（5）厂区应远离有害场所，生产处建筑物与外界公路或通路应有防护地带，其

125

距离可根据各类食品厂的特点来定。但总的原则是有毒、有害场所排出的含有害成分的废气、烟尘、废水、废渣等物质对食品企业不造成环境影响。

(6)厂区内建筑直接相连的部分不应有树木和灌木丛,并且也不能与草丛相连,而应由沙砾覆盖的碎石带相隔。在周边边界围栏处,每隔15~21m设置2条鼠饵线,并在靠近工厂入口的墙角处设置捕鼠陷阱。

(7)根据盛行风方向确定建筑物朝向,避免风直接吹到生产区。对于原材料需初步清洗的厂区,应选择绿植良好的区域,良好的绿化能减少尘埃进入厂区。围绕厂区的车辆路线布局也会影响灰尘吹入厂内,如有必要还需限制污染严重的车辆进入厂区。

(8)要有充足的水源,水质符合国家生活饮用水水质标准,以靠近自来水管网为好,同时考虑自来水的供给量及水压是否符合生产需要。采用深井水、河塘水,必须事先进行水质检验,为选址和水处理提供依据。

(9)动力电源、电力负荷和电压有充分保证。同时要考虑冷库、电热发酵等设施不能停电,必要时考虑备用电源。

(10)交通运输要方便。根据交通条件,建厂地点必须有相应的公路或水运、铁路运输条件。

(11)要便于食品生产中排出的废水、废弃物的处理,附近最好有承受废水流放的地面水体。

(12)既要考虑生活区用地,又要方便职工上下班。

(13)尽量不占或少占耕地,注意当地自然条件,预评价工厂对环境可能造成的影响。

(14)废料不能残留在敞口容器中,原料的任何逸漏都应及时清理,以免吸引鸟类、动物和害虫。

(15)有些昆虫需要水来维持生命周期,例如蚊子。任何能长时间蓄积水的地方都需要移除或控制。

(16)仓库的灯光和室外安全系统可能会吸引夜间飞行昆虫,建议采用优于汞蒸气灯的高压钠灯。晚上需照明的入口,应在距入口一定距离处开始照明,而不能直接在入口处照明,这样可以防止飞虫直接被吸引至门口。

(17)针对某类食品生产企业,其选址除了满足一般要求外,还应满足各自的卫生规范、生产规范(GMP)或其他法律法规和标准要求。如屠宰厂的选址除了满足上述一般要求外,根据屠宰行业的特点,还应满足 GB 50317—2009《猪屠宰与分割车间设计规范》的要求。

(二)厂房

食品厂若要做到合理布局,首先必须划分好生产区和生活区,见图4-1。

有的企业为了节约空间,建筑物采用复式结构,底层作车间,上层作生活区和办公区,这是不合理的。另外要保证建筑物、设备布局与工艺流程三者衔接合理,建筑结构完善,并能满足生产工艺和质量卫生要求;原料与半成品和成品、生原料与熟食品均应杜绝交叉污染。建筑物和设备设施的布局还应考虑生产工艺对温度、湿度和其他工艺参数的要求,防止毗邻车间受到干扰。

　　厂房可以是单层或多层,两种类型各有优缺点。对高风险处理(如冷藏食品)来说,单层建筑是首选,因其更适应于高风险区域的设计标准。多层建筑要特别关注泄漏问题,从上层食品加工区泄漏的空气和液体可能通过两个楼层间的缝隙进入高风险区。排水系统也会成为空气的流通渠道,将空气从低风险区带入高风险区。

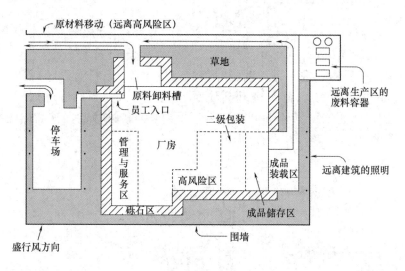

图 4 - 1　食品加工工厂卫生布局

　　厂房建筑是第二道屏障,也是主要屏障,能保护原材料、加工设备和已加工产品免受污染和破坏。潜在的环境污染源包括降水、风、河流、运输工具和灰尘、害虫以及外来人员。此外,厂房的设计和建造还要适应于生产需要,不能妨碍设备的布局和运行。厂房设计一般要求如下。

　　1. 地基

　　食品工厂外墙地基基础设计见图 4 - 2,图 4 - 3 补充了图 4 - 2 的地基部分。某些啮齿类动物可以垂直挖掘 1m,所以地基必须低于地面至少 600mm。如果厂房地基已有宽缘或路肩(图 4 - 2),其宽缘至少要突出 300mm。在一些老建筑中,地基较浅而不能防止啮齿类动物进入或穴居在下方。在此情况下,建议在外墙边再造一道墙,或是在地面至少 600mm 以下,底部部件在距离建筑 300mm 下转向建筑物,形成"L"形状。

　　2. 外墙

　　一种典型的合适外墙结构如图 4 - 3 所示。该外墙具有良好密封性,能抵抗虫害侵入,且能抗击外部车辆的撞击。厂房的一楼地面高度要高于外部地面,以

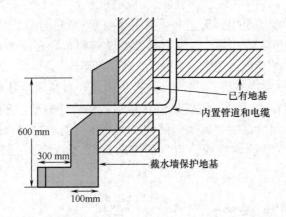

图4-2　食品工厂外墙地基基础设计

防泥浆、泥土、异物等进入,尤其限制运输工具(叉车、原料输送等)的污染物直接进入厂区内。墙的底部(从地基到地面)和顶部(天花板到屋顶)都具有良好的密封性,以防止脏物、灰尘和昆虫进入工厂内。防侵蚀板能保护墙体底部不受损坏和腐蚀。

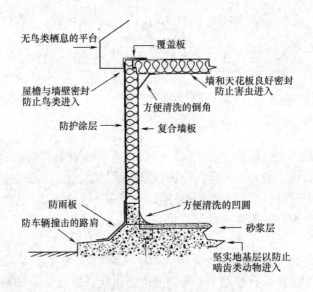

图4-3　食品工厂的外墙设计

3.服务设施

电缆、排水管道和设备穿过外墙和地面的地方都必须密封。排污管和下水道必须做好防护措施,并定期检查,防止啮齿类动物的进入或藏匿,或是以此进入工厂。任何受损的管道必须马上找到并修复。排水管道需用顶盖保护,并进行定期检查,以清除淤泥和落叶。排水管支管进口可以防止地面啮齿动物进入和攀爬。

如果以上都不适用,则可在排水沟处放置钢丝网(网格的直径必须小于6mm)来防止鼠类进入。钢丝网也可以安装在通风管道顶部,而不应该安装在排水管地底部,因为可能会堵塞管道。平滑的排水管表面或圆锥防护装置可以防止啮齿类动物在管道外攀爬。管道的高度应能实现足以清洗运输工具或交通工具,但不能高于门槛、装饰边缘或支管道,以免给啮齿类动物提供另外的路径进入工厂。

啮齿类动物可以通过小洞进入工厂。大鼠可以通过10mm裂缝,小鼠可以通过6mm裂缝。砖头、石头、混凝土墙面、地面上的孔洞,应填充砂浆;大洞应填充砖块或砂浆。如果这些都不切实际,也可采用混凝土。为了防止啮齿类动物在砂浆或混凝土定型期间进入,可加入25%速凝水泥。另外,填洞应尽早,以确保在天黑前混凝土能完全定型。

4.屋顶和通风

屋顶应及时维护,定期检查,任何丢失、损坏的石板或砖块要及时更换。屋檐接合处的洞必须密封,可采用切成适合形状的石块或砖块,也可使用不会被鸟类啄坏的材料。任何通风口都必须按照10目的尼龙细网,并配备一个可拆卸的PVC材料的框架,以便日常的检查和清洁。排气扇处应安装百叶窗,在排气扇闲置时,百叶窗应自动关闭。

5.窗

一般情况下,尽量少开门窗,比如高风险操作区域一般没有窗户。尽管加热、通风、空调系统足够成熟,但是仍有人对周围温度条件不适应,而必须打开门窗。若必须要有门窗,玻璃窗必须加一层光滑的增强聚碳酸酯或层压板材,最好能装双层,并永久关闭。工厂中使用的玻璃容器,应详细说明使用的玻璃类型和使用场合。加工区不得有玻璃,以免玻璃碎片污染产品。外部玻璃窗必须有一层保护膜以保护玻璃。外部玻璃可以染色,以此控制阳光照射。

窗框应采用耐用材料,比如UPVC、铝合金,并用品质优良的填料(如多硫化物双组分密封剂)密封窗框边缘。内窗台应倾斜(20°~40°),以防止将它们作为物品的临时摆放处,外窗台应有60°,以防止鸟类栖息。生产区的任何打开的窗口都必须要有网格窗,并且网格窗的设计要能防止误用和打开。网格窗和昆虫网的框架应用金属或PVC材料构建,并可拆卸清洗。网格规格可以是每平方厘米5/7股(或每英寸18/16股),但最大孔径为1.4mm。网格材料可以是尼龙、PVC、涂层玻璃纤维、不锈钢或铝。

6.门

根据安全、卫生和实际应用的考虑,外门可采取摇摆门、水平滑动门、卷帘门、铰链门、滑动折叠门、竖拉门等类型。

所有类型的门,都应满足以下设计准则。门和门框之间必须保持密封;使用适合的材料;每个门都能自动关闭;关闭、开启顺畅;表面非常干净;门把手容易清洁,不易积灰;设计符合卫生,表面光滑、边缘设计成圆角,并且做到接缝最小。

常用于门的材料有钢铁、包钢木材、橡胶和塑料(如 PVC 或玻璃钢 – 玻璃纤维增强塑料)。钢门使用广泛,但是往往不够坚固,容易扭曲,笨重且难以保养维护。木材不适合作为门窗框的材料,因为暴露的木材容易受到啮齿类动物的攻击。但在外面包有塑料层的木材则比较合适,因为其容易清洁、操作和维护,并能减少破损。

所有室外的门都应能自动关闭,且关闭时紧密贴合处的缝隙不得超过 6mm,最好小于 3mm。所有的外部门框与墙壁、地板的接合处必须密封,且要保持定期维护。门应该提供可视窗、门槛踏板和推板。可视窗应采用适当的材料,如聚碳酸酯。若需要防火门,推荐使用特殊的夹丝玻璃。外部的门不应直通食品生产区。如果门在夜间使用,在门外 9 ~ 12m 处安装照明灯是一个很好的做法,可以吸引昆虫,使昆虫远离门口。对于滑动门和手风琴式折门,门和门框之间的缝隙必须用毛刷条密封。卷帘门应紧贴地面,并且配有合适的橡胶条,使其与地面间的缝隙不大于 6mm。所有需要一直为运输和装载开启的门,可以安装快速滚动的 PVC 门。使用气帘可以有效驱赶昆虫,但不是唯一方法。

从外部进入生产区,必须通过两个带有空气锁的门或通过使用门厅每个尾端的门。在门厅处必须设置昆虫诱捕装置。大型门若不经常使用,可配备一个小门供人员通过。气帘或气门可以用来在正压下防止飞虫或水进入到冷库中。气帘的有效性依赖于空气流速、气帘的厚度角度、内部空气温度和压力。这些门对防风不是十分有效。冰鲜和冷冻产品需要气锁系统,以防止在装卸过程中空气涌入。厂房里需配备交通信号和门锁系统。若外门是一个卷帘门,内门需隔热,以满足温度需要。所有货车卸货门应采用栏杆或木桩保护,以免受到损坏。除非在紧急情况下,门始终保持关闭状态。为了避免防火门在运用时的不便利性和限制性,可以配备电磁感应装置。这些感应装置可以连接到消防报警系统,但必须得到消防部门的批准后再使用。

(三)车间分区

1. 车间分区要求

车间分区的基本要求通常包括以下几项内容:清洁区与非清洁区之间应给予有效隔离,以控制彼此间的人流和物流,防止交叉污染;加工品传递通过传递窗进行;清洁区与非清洁区应分别设置人员通道,分别设有单独的更衣室,个人衣物(鞋、包等物品)与工作服分别存放;清洁区、非清洁区加工人员及检验人员工作服、帽应用不同颜色加以区分,集中管理,统一清洗、消毒、发放;废水、废物、废气流向应从清洁区到非清洁区,或设置各自独立的排放系统。

2. 车间分区方法

为了保证食品在生产过程中减少污染,达到产品卫生的目的,食品生产企业一般将车间分为清洁区和非清洁区。总体可参照 GB 50073—2013《洁净厂房设计规范》进行设计。表 4 – 1 总结了食品生产各区域及其清洁度区分。

表 4 – 1　　　　　　　　　食品生产各区域的清洁度区分

厂房设施	清洁度区分	
原材料仓库 材料仓库 原材料处理场 内包装容器洗涤场 空瓶(罐)整列场 杀菌处理场(采密闭设备及管路输送者)	一般作业区	管 制 作 业 区
加工调理场 杀菌处理场(采开放式设备者) 内包装材料之准备室 缓冲室 非易腐败即食性成品之内包装室	准清洁作业区	
易腐败即食性成品之最终半成品之冷却及贮存场所 易腐败即食性成品之内包装室	清洁作业区	
外包装室 成品仓库	一般作业区	
品管(检验)室 办公室 更衣及洗手消毒室 厕所 其他	非食品处理区	

注:①原则上根据工艺过程排列,如果有法规规定,应以法规为准。

　　②内包装容器洗涤场之出口处应设置于管制作业区内。

　　③办公室不得设置于管制作业区内(但生产管理与品管场所不在此限,但是应该有适当之管制措施)。

　　根据食品生产企业的不同,其分区方法不同。

　　(1)屠宰加工企业的分区要求一般参照 GB/T 17237—2008《畜类屠宰加工通用技术条件》　非清洁区:致晕、放血、烫毛、剥皮和内脏、头、蹄加工处理的场所;半清洁区:从冷水池或剥皮后到检验的场所;清洁区:整修、复验、胴体加工、心肝脏加工、暂存发货间、分级、计量等场所。

　　(2)乳制品生产企业的分区要求一般参照《乳制品 HACCP 实施指南》　清洁作业区:指半成品贮存、充填及内包装车间等清洁度要求高的作业区域;准清洁作业区:指鲜乳处理车间等生产场所中清洁度要求次于清洁作业区的作业区域;一般作业区:指收乳间、原料仓库、材料仓库、外包装车间及成品仓库等清洁度要求次于准清洁作业区的作业区域。

　　(3)碳酸饮料生产企业的分区要求一般参照《碳酸饮料(汽水)类生产许可证审查细则》　非食品生产处理区:办公室、配电、动力装备等;一般作业区:品质实验室、原料处理、仓库、外包装等;准清洁作业区:杀菌车间、配料车间、预包装清洗消毒车间等;清洁作业区:灌装车间等。

(4)罐头生产企业的分区要求一般参照《出口罐头生产企业注册卫生规范》清洁区:实罐车间内卫生要求最高的生产区域,加工内容主要为烹调、装罐、容器密封等。清洁区一般为全封闭或者相对独立的加工区域,人员进入清洁区只能走专用通道,其他区域的人员不能直接进入清洁区。加工品通过流槽、传送带、管道等机械方式传递或者由人工通过物料窗口传递到清洁区进行进一步的加工,罐头容器密封后用机械或者人工方式通过物料窗口传递到非清洁区进行装笼、杀菌或者其他操作。准清洁区:实罐车间内除清洁区以外的生产区域。

(四)车间入口设施

1. 车间门

车间门应采用密闭性能好、不变形、不渗水、防腐蚀、光滑、无吸附性的材料制作;为便于清洁,需要时也可以进行消毒处理。

一般情况下,门应能自动闭合。防护门要能两面开,双层门能够减少害虫和污染物的进入。如果在门外安装风幕,便可进一步提高卫生水平。风幕应该具备一定的风速(最小为 500m/min)以阻止昆虫和空气污染物的进入。风幕的宽度必须大于门洞的宽度以便于进行彻底吹扫。风幕的开关应该直接与门开关相联,以保证门开风幕便开始工作,并持续到关门为止。门的位置应设置适当,且便于卫生防护设施的安装。产品或半成品通过的门,应有足够宽度,避免与产品接触。

2. 防鼠设施

车间入口有针对性地放置鼠笼、鼠夹、挡鼠板、粘鼠板、电子捕鼠器等。安放鼠笼(夹)要沿着墙脚,可提高捕杀率;鼠笼上的诱饵要新鲜,应是鼠类爱吃的食物。一般第一个晚上鼠类不易上笼,因有"新物反应",2d 后上笼率会提高。应规划灭鼠网络图,在放置鼠笼(夹)的灭鼠点应标号,以便于检查。

3. 防虫设施

防虫措施主要包括门帘、风幕机、灭蝇灯、暗道、纱窗、门禁、水幕等,可结合防虫效果和企业实际搭配使用。

(1)门帘 食品企业一般应安装棉帘或软皮帘,以遮光避免昆虫进入,同时还有控温的作用。

(2)风幕机 风幕机又称空气幕、风帘机、风闸,应用特制的高转速电机,带动贯流式、离心式或轴流式风轮运转产生一道强大的气流屏障,防止灰尘、昆虫、及有害气体的侵入。安装风幕机要注意气流的方向,风幕机的宽度应大于门的宽度。

(3)灭蝇灯 灭蝇灯按捕杀的功能可以分为电击式和粘捕式,其原理都是利用光线引诱虫蝇,诱使虫蝇靠近灭蝇灯灯管,接触高压电栅栏或粘蝇纸,将其电死或粘住,达到杀灭虫蝇的目的。食品企业一般安装粘捕式灭蝇灯,电击式容易击碎虫蝇,造成食品安全的隐患。

灭蝇灯应放置一定的高度,其下端离地面一般2m左右(《餐饮业和集体用餐配送单位卫生规范》卫监督发[2005]260号),既是苍蝇通常出现的高度,又能避免影响生产操作;顶部一般应离天花板0.5m左右。灭蝇灯使用时,关闭其他灯光可以提高灭杀效果,故食品企业车间入口一般应做成暗道。灭蝇灯应避免直接面对门、窗,防止出现吸引外界虫蝇的情况。灭蝇灯的效果跟灯管寿命密切相关,应定期更换粘蝇纸和灯管,定期检查灭虫效果和清理灭蝇灯。

(4)暗道　暗道,又称黑色通道,通过门或门帘的避光,使车间最外侧的门至车间之间形成光线昏暗的走道,食品企业车间入口处一般设计为暗道。暗道要有一定的长度,暗道内可以设置灭蝇灯,这样可以有效避免昆虫进入车间,污染产品。暗道可以设计为一个长且直的走道,也可以利用有限的空间计设成曲折迂回的通道。

(5)门禁　食品企业使用门禁主要是双门、多门联网门禁,比如车间入口处的第一道门和第二道门不能同时开启,从而避免昆虫由外界直接进入车间。

(6)水幕　在产品入口或产品传递窗还可以设置水幕,通过喷雾水防止昆虫进入车间。

4. 更衣室

更衣室应设数量足够的储衣柜或衣架、鞋箱(架),衣柜之间要保持一定距离,离地面20cm以上,如采用衣架应另设个人物品存放柜。更衣室还应备有穿衣镜,供工作人员自检,也可以在进入车间的通道内设穿衣镜。

清洁程度要求不同的区域应设有单独的更衣室,个人衣物(鞋、包等物品)与工作服应分别存放,避免造成交叉污染。更衣架和鞋架不能靠墙。储衣柜、鞋箱材料采用不易发霉、不生锈、内外表面易清洁的材料制作,保持清洁干燥。更衣柜应有编号,柜顶呈45°斜面。更衣室应配备紫外灯等空气消毒设施,并保持通风良好。易腐败即食性成品工厂的更衣室应与洗手消毒室相近。

5. 淋浴室

淋浴室应保持清洁卫生,排水畅通,并有排气设施(天窗或通风排气孔),地面、墙壁用的材料便于清洗,照明灯具应加防爆罩。凡采暖地区淋浴室冬天室温不得低于25℃。

6. 厕所

厕所设置应有利于生产和卫生,其数量和便池坑位应根据生产需要和人员情况适当设置。厂区内和车间内都可以设置厕所,只是生产区、办公区、生活区设置厕所的要求不一样,车间内设置厕所要比厂区内设置厕所的卫生要求更加严格。生产车间的厕所应设置在车间外侧,并一律为水充式,备有洗手(非手动开关)和排臭设施,备有洗涤用品和不致交叉污染的干手用品,其出入口不得正对车间门口,要避开通道;其排污管道应与车间排污管道分设;门应能自动关闭,门、窗不得直接开向车间,且关闭严密;卫生间的墙壁和地面应采用易清洗消毒、不透水、耐腐蚀的坚固材料。生产车间入口的厕所不能设置坑式厕所。员工如厕时,一般应更衣、换鞋。

7. 风淋室

洁净厂房车间入口一般设置风淋室,用于吹除进入洁净区域的人员和携带物表面附着的尘埃,同时起气闸作用,防止未经净化的空气进入洁净区域。单人空气风淋室按最大班人数每 30 人设一台。洁净区工作人员超过 5 人时,空气风淋室一侧应设旁通门。生产人员通过风淋室时,要举起双手,左右转动,使腋下等部位的尘埃吹除干净。

8. 缓冲间

原材料或半成品没有经过生产流程而直接进入车间时,为避免车间直接与外界相通,一般会在入口处设置两道门,物料先进入第一道门,经过一定的空气消毒等措施后再由第二道门进入车间,且两道门不能同时开启,两道门之间的缓冲场所构成了一个缓冲间。

(五) 墙壁、天花板、地板

1. 墙壁

欧盟标准中规定的墙壁卫生指标:不透水,不吸水,可清洁,无毒,光滑无裂缝。高风险区墙壁的建设标准参照最高标准。对于一般的食品企业,生产车间墙壁要用浅色、不吸水、不渗水、无毒材料覆涂,并用白瓷砖或其他防腐蚀材料装修成高度不低于 1.8m 的墙裙。墙壁的卫生评估技术标准可套用地板材料的卫生评估标准。Timperley 在 2003 年制定了墙壁设计和建筑指南。

高风险区的边界和各个房间的墙壁可采用许多类型的材料。墙体材料的选择需要考虑多项技术因素如卫生特性、绝缘特性和结构特性。材料具有耐食品材料的腐蚀性(例如含有机酸的原料),并且应能抗 85℃ 的高温。

对于非承重墙壁,多采用组合式隔热板。隔热板由三层构成,外部两侧绝缘薄钢板夹有 50～200mm 的隔热材料的内芯。对于墙体保温或涂层材料的选用,不仅靠考虑其阻燃性,还要考虑其对灭火消防操作的妨碍和其烟雾的毒性。薄钢板一般稍有棱纹,以提供更大的刚性。薄钢板和隔热内芯组成组合式隔热板,并用硅胶密封,以保证卫生。组合式隔热板可直接安装在地板或混凝土的竖直部分或底座(见图 4-4)。直接固定在地面上的墙体部分必须用适当的有机硅密封胶密封并形成内弯形,以提供一个易于清洗和防水的接合处。

考虑到墙体结构的膨胀和收缩,必须设计变形缝,且其设计必须与底板现有的变形缝一致。变形缝应填满合适的包装和密封材料,上面覆盖金属夹,以防止啮齿类动物进入。固定材料如螺栓、螺母、螺丝和钉子,应完全光滑。

为确保食品生产区墙体的外观和表面特性的连续性,有时使用 50mm 的超薄隔热板来覆盖外墙或承重墙。当采取此做法时,有可能在墙体两层之间滋生害虫。如果隔热板没有有效密封,出现害虫污染的概率将大大增加。虽然隔热板作为墙

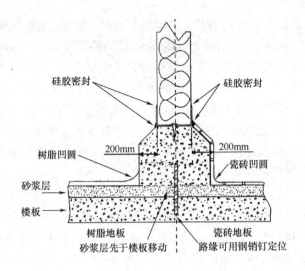

图4-4　厂房内部墙壁和地板的设计

壁结构的一部分是最佳选择,但某些情况下还可以使用聚丙烯、聚氯乙烯或不锈钢包层。然而,在包层和背景墙不平齐的墙壁,必须十分小心,防止霉菌生长或害虫虫蛀。

　　承重墙和防火墙往往由砖或砌块建造。由这些材料砌成的墙往往表面不够光滑,不能直接涂抹各种涂料。通常做法是在砖或砌块的表面粉刷水泥和砂浆层来达到涂层所需的表面平滑度,也可以覆盖其他材料如瓷砖或塑料板。在非常湿润或潮湿的地方,霉菌容易滋生,需要采用杀菌涂层。有证据表明,这种涂层的有效性能持续多年。

　　空心砌块或复合板的隔墙,必须在其顶部或底部进行密封,以防止啮齿类动物进入空心处。空心墙为啮齿类动物提供了绝佳的藏匿场所,并使它们能进入建筑物的各个区域。啮齿类动物常常通过空心砖或通风设备进入厂区,所以在这些地方设置孔径小于6mm的金属网。内部通风设备应该由金属或金属网防护的塑料来制造。墙壁的任何损坏都应及时修复。

　　最外层涂料必须无毒、光滑、易清洁、耐用且不渗透。液体基底涂料系统包括一层底漆,一层或多层内涂层,一层或多层外涂层。外涂层可以用乳胶漆、环氧或聚氨酯涂料、氯化或丙烯酸橡胶涂料。在高湿度或冷凝地区,需采用杀菌涂料来控制霉菌的生长。一些涂料依靠从涂料内部渗透出的化学物质来控制霉菌。这些涂料一般不适用于食品加工领域,因为其存在潜在污染和危害。玻璃纤维与环氧树脂混合的增强液体涂料的墙面,具有光滑、易于清洁、耐受多种化学试剂、耐冲击损伤、抗磨损等良好的卫生特性;但在实际应用中,很有可能存在潜在污染问题。

　　墙壁的整体形状也很重要。在设计阶段需要考虑到壁架和有相似特点的结构处(如窗户周围)可能存在碎片积累的危害。在安装地板和墙壁时,地板-墙壁、墙-墙、墙-天花板的接缝处的卫生构建至关重要。墙壁、地板和天花板接缝处的凹圆设计使得清洗便捷。一般认为,$\phi50mm$ 的凹圆或 $50mm \times 50mm$ 的倒角就足够大且能方便清洁(还需额外考虑来自移动工具如手推车或叉车的损坏)。

地板与墙壁接合处,可以使用 $\phi50mm$ 凹圆树脂或凹形瓷砖,该尺寸取决于地板材料(瓷砖的半径凹圆为 30mm)。接合处的上部由固定在墙上的镀锌钢或不锈钢止动条收尾,并与墙壁整体进行粉刷。树脂或瓷砖和止动条之间用硅胶密封,以允许墙壁和地板的热收缩或其他变形运动。地板搁栅或椽之间的空间必须填满,以防止啮齿类动物接触到墙顶部。

2. 天花板

天花板应光滑,无接缝;若有接缝,则必须密封。如果天花板上有吊顶,此空间(最小间隙是 1.5m)则应是人可以进入且易于清洁。作为建筑结构框架的内墙,吊顶可以采用合适的承重隔热板或部分悬吊的隔热板建造。使用这种隔热板可以形成一个易于清洁且不会有颗粒脱落的表面,来满足卫生要求。天花板需完全密封,以免天花板坠落物造成污染。电缆在线槽或管道中穿行,但是必须对入口进行有效的密封,以防止害虫和水分的进入。所有开关、控制按钮和非紧急停止按钮,应尽可能设置在远离食品加工区的独立房间内,尤其针对含水的操作。

照明可采用自然光和人工照明两者结合的方法。荧光灯管及其灯具必须用护罩保护,保护罩通常使用聚碳酸酯,以保护玻璃且在破损的情况下承接碎玻璃。悬吊部分应平整光滑,易于清洗,且要防水。一般建议,照明单元应采取插换式,以便在出现故障时,能将故障照明单元从食品加工区整体取出,送到指定车间维修。在理想情况下,从卫生方面考虑,天花板采用无缝隙的嵌入式照明,但维护困难。

3. 地板

地板是食品工厂加工区的基础设施,若地板建造有缺陷,进行修理时经常会导致长时间的生产中断以及财政损失。不够理想的地板会增加意外发生的概率,难以达到所要求的卫生标准并且增加卫生设施费用。因此必须同时考虑地板的物理耐用性和卫生安全性。地板的整体设计必须使其能进行有效地清洗、消毒和安全使用(如防滑),以及在清洗和正常生产状态下处于稳定状态(即不易碎裂,碎裂的结果可能会对加工的食品造成微生物或物理污染)。Timperley 编订(2002)了地板设计和建造准则。

地板的设计规范应该包括:楼板结构;防水膜高度超过墙壁的正常溢出水平;底层地板、地板周边、支撑柱周围以及机械底座周围应设计有伸缩缝;排水系统,应考虑设备的布局;砂浆层,需提供一个足够平坦的表面以装上地板,或未并入混凝土板时形成必要的坡度;地板表面可覆盖瓷砖或合成树脂。

生产过程中需考虑的因素包括下列各项:货运;预期操作中的冲击载荷与设备、机器安装的负荷;来自预期操作、新设备及机器安装的冲击载荷;产品溢出及与之相关的潜在腐蚀问题,热冲击和排水要求;使用的防滑化学清洁剂类型。

图 4-4 展示了一个典型的底层混凝土、表层瓷砖的地板横截面,并表明各层必须提供强度、稳定性和各种其他性能(如防潮)。楼板结构(即表层地板将铺设于其上的基座)应能承受所有的结构、热应力、机械应力,以及生产中产生的负荷。若楼板结构没有设计好,会损害表层地表的卫生特性。特别需要考虑到地板膨胀、收缩、开裂以及地下渗透出的潮气等问题。这些问题都可能导致楼板与地板之间的附着力失效。一般情况下,楼板应干燥、表面坚硬且不易受污染。

所有防水和耐腐蚀的地板需要铺设防水膜和耐酸膜。这一点对于架空地板尤其重要,因为重型负荷的移动可能导致地板变形、产生裂纹或裂缝,使腐蚀性液体(或清洁操作过程中的水分)渗透破坏混凝土结构。膜的主要要求如下:对指定的液体防渗透性;连续性;在地板检修期间,强度足够支撑负载和抵抗损伤;有弹性;高度超过墙壁的正常溢出水平。

地板材质可由多种不同的物质构成。虽然混凝土能抵抗来自碱、矿物油、许多盐类的腐蚀,但易被酸、动植物油、糖溶液和某些盐类腐蚀。再者,混凝土多空疏松,容易在冲击或磨损下粉碎。因此,混凝土一般不作为食品加工区的地板材料。但是,可对混凝土进行各种改进,使其能在某些食品储存区使用。

地板表面材料的选择,大致可分为三类:混凝土;充分玻璃化的陶瓷砖;无缝树脂整砂浆层。

混凝土地板(包括高强度人造石铺面混凝土表面处理)虽然广泛应用于工厂的其他部分,但不建议用于食品加工区。这是因为混凝土会吸收水分和营养成分,使微生物在表面下生长,导致难以实现卫生要求。

冲压或挤压的陶瓷砖已在食品工业使用多年,尤其广泛应用于食品加工区。近年来,由于成本的原因,陶瓷砖大部分被各种无缝树脂所取代。选择符合规范的瓷砖(完全玻璃化瓷砖)和正确铺砌(所有类型地板的一个重要先决条件),使得所选地板材料能完全适用于食品生产区且寿命长。

瓷砖铺设在沙子和水泥砂浆粘合的底层地板(薄层)上,或是铺设在半干沙子和水泥混合层(厚层)上。厚度约 20mm 瓷砖能为任何一种铺设提供足够的强度。较薄瓷砖(12mm)用振动的方式铺垫在树脂层。

瓷砖表面可以是光滑的,也可以是镶嵌或包含碳化硅颗粒,以提高防滑性。不建议使用镶嵌颗粒的瓷砖,因为这种表面清洁难度很大。理想情况下,应使用最易清洁表面的瓷砖。然而,在实践中,往往不能忽略防滑性,因此最终的选择应该反映相关因素之间的平衡。

接头处应根据实际情况尽快灌浆,否则接合面可能被污染。水泥灌浆不符合卫生要求,因此通常是使用树脂灌浆材料。地砖铺设后至少 3d 后才能使用,以使水分完全蒸发。环氧树脂被广泛用于灌浆,但其对高浓度的次氯酸钠抵抗力很有限,并且温度高于 80℃时会发生软化。聚酯和呋喃树脂更耐化学腐蚀。接头处需完全填补灌浆材料,深度至少要达到 12mm,并且表面要与瓷砖平齐。当瓷砖通过振动铺设树脂层时,将形成较薄的接头。这种做法能确保得到一个平整平面,且降低了使用过程中瓷砖边缘的破损的可能性。瓷砖地板有一个没被充分认识到的优点,即部分或局部地区的表面出现破损,容易替换,也容易找到搭配的颜色,从而使得地板的整体的水平和外观保持良好状态。

树脂基无缝地板铺设在坚实混凝土上,易形成卫生表面。对最终表面涂层的选择,可以是以各种树脂为基础的系统(主要是环氧或聚氨酯),也可以是由聚合物改性的水泥基系统。

另一个需要考虑的方面是所选地板是否符合法规要求。英国和欧盟法规强调地板需防水、防渗透和易清洁。地板绝对不能吸水,因为如果流体能渗透入地板材料内,微生物就能随之渗透到地板中,在此滋生繁殖,但却不能被化学清洁和消毒。当选择地板材料时,首先需考虑防渗透性和易清洁性。地板和墙壁或其他垂直表面例如柱基接合处应该呈凹圆形,以便于清洗。作为地板设计的一部分,还需考虑及时排水,即地板的物理形状应使水容易排出。坡度(或斜率)为1:60能满足一般要求,1:40能满足非常潮湿的地板要求,1:80适用于经常干燥的瓷砖地板。

(六)给排水系统

1.给水系统

给水系统的一般要求如下:给水系统应能保证工厂各个部位所用水的流量、压力符合要求;企业加工用自来水或井水或地下水应根据当地水质特点增设水质处理设施(软化装置、加氯装置等),以确保水质符合卫生要求;自备蓄水设施应有防护设施并定期进行清洁;车间内应设置清洗台案、设备、管道、工器具以及生产场地用的水龙头;水龙头的数量应足够用于车间清洗;各种与水直接接触的供水管均应用无毒、无害、防腐蚀的材料制成。生产、加热、制冷、冷却、消防等用水应用单独管道输送,并用醒目颜色的标志区别,不得交叉连接。热源的上方不得有冷水管通过,防止产生冷凝水;加工用水的管道应有防虹吸或防回流装置,避免交叉污染。

2.排水设施

排水系统设计是地板设计的重要组成部分。理想情况下,在地板设计之前,需确认生产设备布局和摆放的位置,以使排出物能直接排入排水管中。实际上,这通常不大可能实现,尤其在食品行业中,生长线的布局通常会频繁变化。设备不应覆盖排水管道,因为这会阻碍对排水管道的清洁。

排水系统包括排水沟、防止固体废弃物进入排水沟的装置(如算子等)、排水沟出口的防虫、防鼠、防异味溢出装置,如积水弯(见图4-5)、防鼠网。

车间内排水沟应为明沟,必要时应加盖。排水沟底角应呈弧形,易于清洗。排水沟应有坡度,保证排水畅通,不积水。

图4-5　积水弯

应避免加工用水直排地面,设备排水应有专门管道,直接导入排水沟,防止漫流。另外,可在设备周围建立一座矮墙,使其中的水和固体可被排出。当矮墙通道靠近墙壁时,通道不能直接面向墙壁,以免墙壁和地板的交界处漫水。管道应该设有栅栏,管道栅栏应该便于移动,拥有宽敞的口径(至少20mm)以便残渣进入管道。

较好的排水装置应该保证有足够的落差。通常地面与排水沟的落差应该在1/5到1%之间,这取决于操作过程和地面结构。在通常情况和安全条件下,一个折中的落差为1/80。

排水沟的类型的选择很大程度上取决于涉及的生产操作过程。涉及大量水和固体的操作,排水渠道往往最合适。对于生产过程中产生水和少量固体的操作,带筛网的排水渠道较为合适(见图4-6)。在多数情况下,渠道的坡度至少为1:100,底部呈圆形,深度不大于150mm,以便于清洁。为了安全起见,渠道还需装有格栅。格栅需易于拆卸,且布满小孔(孔径20mm以上),以使固体进入排水渠道。近年来,耐腐蚀性材料的使用显著增加,如不锈钢排水格栅。不锈钢也在其他排水配件中广泛应用,如各种设计的疏水阀以及较浅(小体积)的排水渠道。

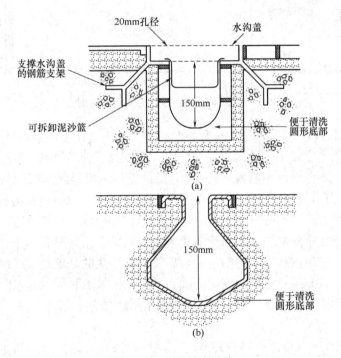

图4-6　通道排水设计

排水系统的水流方向与产品流动方向相反,即从高风险区流向低风险区,并且尽量避免排水管道中的污水从低风险区流向高风险区。实现理想排水的最佳方法是高风险区和低风险区各自分别排水。排水系统中的固体与液体应通过筛选(如可拆卸泥沙篮)尽快分离,以避免形成高浓度污水。疏水阀应设置在加工区外,易于操作,且经常清洁。

(七)服务设施

工厂的卫生设计还必须考虑服务设施,如水、蒸汽、压缩空气的管道,电力管道和线槽,人工照明,通风管道,压缩机,制冷/制热单元和泵。Ashford 在 1986 年提出建立一个绝缘的洁净空间,将所有服务设施和控制设备设置在屋顶和天花板的空隙内。服务设施和控制系统从结构框架内延伸出来,通过狭小的通道接入设备,如图 4-7 所示。如果恰当地进行这种布置,能消除加工区域的主要污染源。

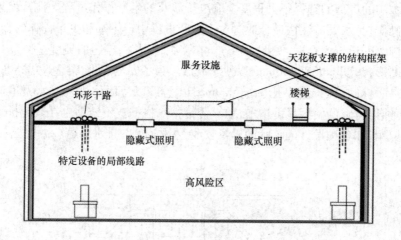

图4-7 工厂内部服务设施与生产分离的设计

服务管路应铺设在加工区外,沿墙壁铺设。架空管路不能通过开口容器和生产线。若管路架空通过生产区,有可能会有冷凝水滴、管路泄漏、剥落的油漆或灰尘污染产品。服务设施不能太靠近生产区的墙壁和地板,至少留有 50mm 的缝隙,以便清洁、检测、保养和维修。管道应集中进入生产区,并套在合适的材料中。

生产区墙壁开口的数量应尽量控制,以限制害虫和空气污染物进入。所有铺设在墙内和地板下的电缆和管道应防止害虫侵入。害虫容易在用于加热、水及其他服务的地下管道内和建筑物间走动。需要在每栋楼的外墙处设置障碍,防止害虫进入管道。凡是从建筑物的一个区域到另一个区域的管道,都应在每个楼层入口进行检查和清洁。穿过墙壁传递管道的最有效方法是套筒或开口。管道通过墙壁的方法如下。

(1)直接铸造在混凝土墙或砖墙内　这种方法造价昂贵且不切实际,并且需要单独固定管道。

(2)在每面墙壁上安置法兰　这种方法容易产生变形,且难以安装在混凝土墙内。

(3)管道通过螺栓固定　对管道和墙用双组分多硫化物密封剂进行密封,该密封剂能提供一定的挠性,能适应热运动和其他运动。

(4)管道通过墙壁的预留孔　使用混凝土或钢过梁来填补缺口,管道和墙壁之间的密封采用多硫化物。

加工区的管道可以是不锈钢、镀锌钢或是 PVC。蒸汽应在覆盖不锈钢的锻铸铁管中运送。支吊架应采用不锈钢或热浸镀锌钢板。管道表面材料必须是无缝隙且耐用的。

理想情况下,所有电缆应放置在墙后或天花板上方。如果在生产区难以实现,则应将电缆设置在封闭的圆形管道或支架内。管道不能藏污纳垢,并容易进行清洁、控制害虫和维修。为了避免灰尘积累,电缆架最好是直立的圆形支架。良好的照明也是必不可少的,生产区的照明水平不低于500lx。进料或输送区域的照明低于500lx,检验、灌装或包装区域的照明高于500lx。所有水系统的设计都要防止水停滞。为了限制水系统中的军团杆菌属繁殖,所有水箱和加热器都需密封、隔离。用于生产蒸汽、制冷或防火的非饮用水,不得通过加工区。非饮用水必须用单独的管道,以特定的管道颜色来区分,且不能与饮用水系统有交叉连接。

在多数情况下,因为自然风难以控制而应尽量避免使用自然通风。抽取系统是抽出热的或不新鲜空气和水蒸气的相对廉价的方法,但该方法过度使用会导致负压积聚,除非供应一个相应的新鲜空气来平衡大气。最好和最有效的系统是将供应和抽取系统结合,利用光压提供一个平衡和可控系统。生产区内的空气应该有一个小的正压(最小 25Pa),以防止外部污染物进入。压缩空气管道内的空气必须保持干燥,以防止微生物生长,若用于和食品接触,则需经过微生物灭菌(UV 照射)。通风系统应根据该区域的使用量而每小时提供一定量的空气更换。空气流动必须是从洁净或高风险区流向不洁、低风险区。清洁、无污染的环境需要通过通风、空气过滤、湿度和温度控制及压力变化等组合手段来实现。一般生产的湿度控制在 50% ~60%。风扇和冷凝器需放置在生产区域外。

布局上也应留出空间作为进行必要的程序和相关质量控制研究。再者,也需要为存储物资和材料、人员流动,维护设备提供空间。处理单元周围空间的最低限度为 915mm(3.0 英尺),一般建议 1830mm(6.0 英尺),以便易于生产、清洁和维护。

(八)洗手消毒设施

对食品企业而言,洗手消毒设施必须包括:洗手池、消毒设施、干手设施、纸篓。此外,为了保证洗手、消毒的时间,还应在洗手消毒处放置钟表;钟表应固定牢固。为了保证洗手效果和员工易于洗手,还应配备冷热水混合器,以便于调节水温。

1.洗手池

洗手池组成包括水池、非手动式水龙头、洗手液、指甲刷。

水池材料可以是不锈钢或瓷。非手动式水龙头可以采用感应式、脚踏式、膝顶式、肘动式,应根据企业具体情况选用。洗手液应按照使用说明书使用。指甲刷用于刷去指甲内的灰垢。

2. 消毒设施

最常见的消毒设施是消毒池,即盛有有效浓度消毒液的水池。通过浸泡手部到达消毒效果。消毒液应定期更换,以保持有效浓度。消毒液主要为氯类、碘类、季胺类消毒液。此三类消毒液的浓度可用试纸快速检测。也可使用喷雾式的手部消毒器。通过感应,消毒液自动喷洒于手心、手背,通过双手涂抹达到手部消毒。消毒液一般为酒精类。

3. 干手设施

可以采用烘手器、消毒纸巾、消毒干毛巾等。一般的喷气式烘手器,热风来自未消毒的空气,因此在保证手部卫生方面并不比消毒纸巾、消毒干毛巾效果好。

4. 纸篓

用以盛放使用后的纸巾、毛巾等,应为密闭、脚踏式。

(九)库房

食品企业一般设原料库、辅料库、包材库、半成品库、周转库、成品库、危险品库、工具和器材库等。原料库、辅料库、成品库内不得存放有碍卫生的物品;同一库内不得存放可能造成相互污染或者串味的食品。危险物品(有毒有害物质、易腐、易燃品等)和五金要设置专门的危险物品库和五金库。

库房门口应设置挡鼠板,挡鼠板一般贴墙壁安在门口,与地面及与墙壁接触处不能有缝隙,要有一定的高度,防止老鼠跳入。有的库房还要设置防鸟设施(如鸟网等)。库房照明灯具应安装防爆装置。有搬运车辆进出的库房还应设置防止车辆碰撞墙壁的设施。各类冷库,应根据不同要求,按规定的温、湿度贮存。冷库应配备自动温度显示、记录装置及湿度计,并定期校准。冷库设计可参照 GB 50072—2010《冷库设计规范》和《冷库管理规范》。冷库内的照明灯具宜选用外壳防护等级为 IP54 级并带有保护罩的防潮型白炽灯具,灯具的布置应避开吊顶式空气冷却器(冷风机)和顶排管。

原辅料、成品码放应配置垫仓板,所有物品均不得直接放置在地面,应保持适当的墙距和垛距。《出口速冻果蔬生产企业注册卫生规范》规定成品码放与墙壁距离至少 30cm,与地面距离至少 15cm,与顶棚距离至少 60cm。《肉类屠宰加工企业卫生注册规范》《水产品生产企业卫生注册规范》规定,成品码放与墙壁距离不少于 30cm,与地面距离不少于 10cm,与天花板保持一定的距离。垛位之间应有适当的间隔,一般至少能使工人通过。根据批次,及时调整码放位置,先入库的原辅料应先使用,先入库的成品应先出库。库房出入应建有台账;不同批次的原辅料、成品应分别码放,并建有标识卡。出入台账、标识卡与库房物资三者应相符。

(十)废弃物处理设施

废弃物处理设施主要指生产过程中废弃物、报废品、废弃的杂物或危险物质的收集暂存容器以及转运容器,他们的设计和使用以不产生污染为原则。

(1)合适的地点 不同清洁区应分设废弃物处理设施,废弃物产生的区域和废弃物处理设施的地点也不应相距太远,以避免废物转运过程中产生污染。

(2)明确的标识　无论是转运废弃物的容器还是盛装废弃物的容器,应具有特殊的可辨认性,都应该与盛装产品的容器有明显区别,可以通过颜色、标志、标识加以区分。

(3)防止外溢　废弃物处理容器应采用合适的材料制作,防止液体等流出,必要时可内衬塑料袋。垃圾桶或废物收集容器应加盖。用来装危险物质的容器应当有明显标识,而且适当情况下,可以上锁以防止蓄意或偶发性食品污染。

(4)及时清理　废弃物应及时清理,并对容器和工具清洗消毒。

二、食品设备卫生设计

(一)设备卫生设计的目的

通过卫生设计,能够给产品最大的保护;对所有与产品接触的表面进行一些必要的处理,使其便于检查和机械清洗;尽可能地减少或消除清洗死角,避免化学污染和微生物污染;提供设备清洗、消毒、检查的方法。其达到的目的如下。

1.保障安全

良好的卫生设计可以防止产品被污染,保护消费者的健康。食品污染源可能有微生物(如致病菌)、化学物(如润滑剂、清洗剂)和机械物(如玻璃、螺母)等。由于设备设计的缺陷,可能导致产品召回、产量下降甚至停工停产的后果。

一切设备系统和周围场所必须符合安全和卫生法规要求:没有滞留液体或残渣的凹陷及死角(见图4-8);防止混入杂质;与外界隔离;零件、螺丝、插头和螺帽等不会因震动而松离;投入原料及排出产品均能卫生操作;构造面可防止害虫侵入。

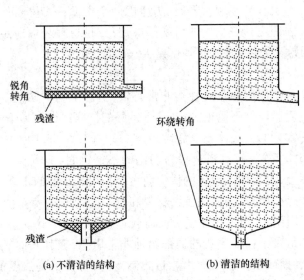

(a)不清洁的结构　　　　　(b)清洁的结构

图4-8　自排容器设计

2. 便于清洗

清洁的本质就是防止污染。如果产品残滓积累,微生物能以此为营养迅速繁殖,使本来就难清洗的设备不得不提高清洁的频率、使用更加高效的清洗剂和更多的清洁时间,结果导致费用增加、合格产品减少、设备寿命缩短和产生更多的废水。为了更有效地清洗设备,设备的表面必须保持光滑,没有裂痕、尖角、突出的部分。

因此,设备的设计必须考虑易于清洗。所有与产品接触的表面应便于检查和机械清洗;各部件要便于拆开,以达到彻底清洗的要求。所有设备在首次使用之前,先进行清洗和钝化(对能与产品表面反应进行灭活处理),在某些情况下,由于设备某部分的变化需要进行再钝化。

设备必须安装在易于操作、检查和维修的场地上,其环境应易于清洗,以保证卫生,使产品受污染的可能性减少到最低程度。部件结构(支柱、曲柄、基座等)设计,对集污的可能性必须减少到最低的程度。

3. 便于检查

实践证明,检查、测试和检验卫生的质量是非常重要的。在设备的维护保养以及生产过程中,经常需要检查清洁度,因此,设备设计师必须确保设备中的相关区域便于检查。

(二)设备材料

在正常或可预见的情况下,直接接触食品的材料不可将其组分转移至与之接触或可能接触的食品中,以至对人体健康造成威胁或使食品的感官性质遭到破坏,或使食品本身性质、品质发生无法接受的改变。食品直接接触材料必须满足一系列要求,在工作条件下(包括不同的温度、压力、清洗剂和消毒剂),保持惰性,且耐腐蚀、无毒、机械稳定、光滑和易于清洗。食品非直接接触的材料则应机械稳定、光滑和易于清洗。选用食品接触材料时,需考虑两个方面:一是无毒,所有应用于食品加工的材料必须证明其安全后才可实际应用;二是材料表面应足够光滑以便于清洗,表面粗糙度参数轮廓算术平均偏差 $R_a = 0.8 \mu m$。

1. 金属

食品加工中可供使用的金属种类非常有限,主要使用不锈钢。在某些设备的结构材料中会使用奥氏体不锈钢,因其具有良好的抗腐蚀性和易于清洗消毒。

食品加工中常见的奥氏体不锈钢为 AISI—304(18% Cr、10% Ni)和 AISI—316(17% Cr、12% Ni、2.5% Mo)。当选择易切割的不锈钢时,应确保这种不锈钢中不含铅和硒。实际上,食品加工设备的供应商大多采用 316 型的不锈钢,但是某些特殊的设备如板式热交换器,会使用多种材料。

在多数实际应用中,奥氏体不锈钢具有较理想的使用寿命。但它也有缺点,其中最主要的问题是对于各种形式的局部腐蚀非常敏感,在其表面氧化膜局部磨损的地方,如发生磨损或摩擦磨损而不能自我修复时,若再受到强烈的局部攻击时,往往会造成较轻金属的损耗和组件故障。发生局部腐蚀的四种最常见的形式为点蚀、裂隙腐蚀、沉积腐蚀、应力腐蚀。尽管在适当的条件下运作,腐蚀疲劳仍是一种可能的失效形式。不锈钢的局部腐蚀通常与环境中存在的卤离子有关,食品加工业中通常是氯化物。

选择合适型号的不锈钢取决于产品的耐腐蚀性、消毒剂、清洗剂(特别要注意含氯的流体会导致点蚀、应力腐蚀开裂)和耐腐蚀性。AISI—304 在不含任何氯化物的情况下应用广泛,而含氯化合物会导致腐蚀。如果有氯存在的情况下,可使用含钼(有时候是钛)的 AISI—306 型不锈钢。AISI—316 和 AISI—316L 适用于工作温度适中(<60℃)的含氯的设备和管道制造。AISI—316 型不锈钢在 60℃ 以下不会因为氯的存在而发生腐蚀,而在 60~150℃ 温度范围内则会发生腐蚀。AISI—316 适用于设备的部件,如阀门、铸件、转子、轴等,而 AISI—316L 则被用于管道和容器,因为它能增强可焊接性。AISI—410、AISI—409 及 AISI—329 不会受到应力腐蚀开裂,因此可作为特殊设备的材料。

铝合金的抗腐蚀性不佳,通常应避免其作为与食品直接接触的材料。当使用铸镍或铸铁的设备时,镀层必须可靠且完整。在使用条件下,镀层不能污染食品,且对食品级消毒剂有耐腐蚀性。

钝化是不锈钢的重要表面处理过程,有助于有效地保证不锈钢产品表面抵抗腐蚀。不锈钢具有抗腐蚀的性能是因为在其表面有一层既薄又不易损伤的铬氧化膜,使不锈钢具有"不锈"的特性。不锈钢表面的钝化膜是由铁、铬和一些钼的氧化物混合组成的。如果不锈钢是既干净又干燥的,在空气中可瞬间地形成铬氧化膜。但如果产品的接触表面不干净或含有表面缺陷,那么将不会形成完整的氧化膜。

钝化过程包括:机械清洗、脱脂、去油、检查、钝化(浸泡或喷雾)、漂洗。清洁和脱脂能除去表面的污染物,并在钝化前的检查阶段来验证清洁度。局部钝化可采用硝酸浸泡或喷雾(根据钝化面积)。使用氧化性酸(如硝酸)进行钝化的目的有两个:一是酸能溶解高碳钢;二是氧化性酸能保证得到一个均匀清洁的表面且使得惰性的铬氧化膜稳定。

2.塑料

塑料应用于众多领域,经常被用作保护工具,又因其可塑性和耐腐蚀性,可作为软管,实现金属管道之间的连接。但值得注意的是,某些塑料具有多孔性,可能吸收产品的组分并藏匿微生物。塑料类型多样,要拥有像不锈钢一样明确的标准是不可能的。在食品工业中应用的塑料,必须经过食品有关部门批准,且要求提供批准的认证细节和展示在适当情况下的正确使用的协定。"污染"转移是指食品扩散至塑料中,随后塑料转移至食品,而溶有塑料的这部分食品又回到原食品中。因此,必须确定扩散率和机械性能的变化。再者,一些清洁剂会破坏塑料,因此需要选择合适的清洁剂。

随着时间的推移,塑料在特定的化学环境中会降解,且机械应力会加快降解过程,并导致环境应力开裂(ESC)。加速试验可以帮助我们选择合适的塑料,但加速试验需要进行验证,即预测性地推断其有效性。特定塑料应适用于特定的操作条件并符合预期的寿命,如纤维增强复合材料(FRP)和玻璃纤维增强塑料(GRP)被用于储存原料。

常用的易于清洗、可应用于卫生设计的塑料包括聚丙烯(PP)、不加增塑剂的聚氯乙烯(PVC)、聚乙缩醛、聚碳酸酯(PC)、高密度聚乙烯(PE)。

如果使用聚四氟乙烯(PTFE)应当特别注意,因为它具有渗透性并很难清洗。任何暴露的塑料添加物(如玻璃、碳纤维和玻璃珠)不应该接触到产品,除非添加物和塑料之间的黏合物无法渗透到产品中去。

3.合成橡胶

橡胶是食品材料和设备中应用最广泛的材料之一。橡胶具有高弹性,去除压力可以恢复到原形的能力,使得橡胶材料广泛应用于垫圈、盖、软管制造等。合成橡胶有许多成分,如弹性体(橡胶)、矿物填料、增塑剂、活性剂、抗氧化剂、催化剂、硫化剂。橡胶的性能主要来源于弹性体,弹性体由不同来源的重复结构形成的长分子链组成,如 NR(天然橡胶)、EPDM(三元乙丙橡胶)、CIIR(氯化丁基橡胶)、NBR(丁腈橡胶)、SBR(丁苯橡胶)。

4.其他材料

陶瓷通常只用于高度专业化的领域,如用作旋转设备的机械密封元件等。通常不使用玻璃,因为玻璃易破损;但如果已经使用了玻璃,则必须在其表面用塑料涂层进行保护。

木材只在极少数的情况下使用,如在相对湿度调节或微生物生态(如干酪催熟,酒、醋的生产等)发挥有利作用的情况下采用。木制品表面必须进行有效的清洁和消毒,因为其表面会残留微生物,且微生物会在产品的养分下生长繁殖。木屑还可能导致外来物污染。

(三)卫生设备的结构

设备转角必须很好地打磨成圆角,以便于清洗。圆角的最适宜半径应不小于6mm,最小半径为3mm。必须避免锐角转角(<90°)。对于特殊设备,其锐角转角必须不断清扫,如凸轮泵。如果由于技术原因,锐角转角不能避免,那么角的半径必须小于3mm,这种设计用于补偿损失的清洗性能。如果用作衬垫角,这个角必须是锐角,用以在与产品和垫圈界面最接近的部位形成一个足够紧的衬垫。边缘需要去除毛刺。图4-9显示了无锐角转角焊接的方法。

最常见的失败的卫生设计之一就是用不合适的紧固件,如螺母、螺栓和螺丝钉。紧固件的使用存在两个问题:首先是安全性低,他们可能在使用过程中逐渐松动,最终掉入产品中;其次是在与金属接触的过程中,会增加磨损,造成更多裂缝,导致产品残留。如果必须使用螺帽或螺丝钉,最理想的方式是将它们安装于产品的背面。

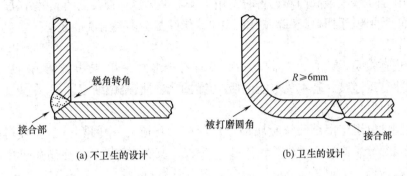

(a) 不卫生的设计　　　　　　　　(b) 卫生的设计

图 4 - 9　不卫生焊接的转角和卫生焊接的转角

　　软管经常用来连接工艺管线(如填料机的可动装料头)的移动和静止部分。安装时注意不要产生不可清洁缝隙。

　　搅拌器、均质器、混合器或铣刀等设备可能会产生相当大的卫生风险。必须防止由金属对金属的触点产生的裂隙和凹槽内的死角。

　　轴承应该尽可能设计在产品接触区域的外面,这样可以防止润滑油对产品造成污染(除非润滑油是可食用的),也能防止因产品进入轴承而造成的故障。轴封必须设计得易于清洁。当轴承位于产品接触区域内部时(如容器搅拌轴的底部轴承)应该可以拆卸,从而方便清洁。

　　门、盖和面板的设计应注意防止污垢的进入和积累。它们的外面应该是斜面,而且容易拆下清洁。如果使用铰链盖子,铰链必须可拆除或者易于清洗,并且要求能够防止积累产品、灰尘和异物(包括昆虫)。透过或附加在盖子上的管道、工具应该焊接在盖子上,或者仔细地封口。

　　产品设备的外缘设计(即容器、滑道盒子)必须避免产品有可能产生聚集,或者是难以清洗的地方。开放的顶部外缘必须设计成圆形的或是倾斜的,以便避免液体残留。

(四)设备连接系统

　　在食品加工设备中,管路系统对于每个加工单元中流体的运输是必需的,比如原材料的接收,在搅拌槽中的储存、发酵、热处理、装罐等。管路系统中典型的部件是管道(管子、弯管、T 型构件)、管道连接件、阀门和泵。食品工业中管路系统的卫生设计需要和常规的设计综合起来,以保证食品加工过程的安全性,这与一贯的工厂设计不同。卫生设计和加工的基本方面包括:材料和表面的卫生、排水能力、清洁度、避免死角。

　　管路系统应具有倾斜度 1:100 的排水能力,管道组必须有足够的支撑,以防管道下沉变形。建议每隔 3～4m 安装一个支柱。在关键点设置微生物检测点也非常重要,尤其是在难清洗的部位。

　　管路系统的卫生设计,必须保证在清洗过程中产品接触到的区域都能够被清洗到。在加工线安装阀门和设备时使用 T 型部件仍然是较常见的。另外,凹槽、圆顶盖、润滑油槽、小凹痕、裂缝、缺口、尖角或螺纹都会影响清洗的效率。

1. 管道连接

管道连接是设计的一个重要方面,要求易于维修保养、装拆方便、有较大的韧性。卫生管道连接的基本要求应包括:可靠的严密性,避免细菌进入;易清洗;机械强度高;方便操作保养。

典型的管道连接是两块金属部分被焊接在管道上,中间有一个聚合物垫圈。两个金属部分主要是通过法兰螺丝钉、V 形夹钳或螺纹项圈螺母连接在一起。

2. 密封件

对于零件间的紧密连接,密封件是不可缺少的。对于密封件的一般要求是:能承受处理时的温度和压力;能承受蒸汽灭菌;与制造的原材料兼容以及能抵御产品和清洁、消毒所用的化学药品;在上面提及的所有温度和压力情况下对细菌的封密性;能有大约一年的有效寿命。

密封件通常是用聚合物材料做成的。密封件材料种类、性质和使用见表 4 – 3。使用合适的材料和为放置密封件的部分提供正确的设计一样重要。与不锈钢相比,人造橡胶的热膨胀性很高。如果在封闭系统的设计时不适当考虑热膨胀,密封件可能遭受严重的损害。除了密封件将会更快地老化并变得不适用于有效的清洁处理之外,它们还可能折断,而且产品可能被人造橡胶材料的碎片污染。食品、CIP(就地清洗)的清洗液和卫生设施的蒸汽可能溶解一些聚合物材料。合适的材料和良好的封闭系统设计能很大程度地提高密封件的寿命。另外,密封件必须是具耐磨性的零件,而且一定要在固定的周期里替换使用。密封件也需要润滑油和减少摩擦。

当拉伸应力过大或垫片因几何形状的不同而导致的压差过大时,密封件都有可能会出现裂缝,这通常发生在锋利的转角处。如果这些角落做成倒角,将高压到低压的过渡变慢,可以防止裂纹的扩大。

值得注意的是,密封件的设计也需考虑人造橡胶的热膨胀性高于不锈钢。如果密封件没有扩张的空间,温度的升高将导致人造橡胶变形和突出。理论上,当温度降低时,人造橡胶将会恢复到原始位置。但在实践中,由于温度和人造橡胶延伸变形,在摩擦力的影响和弹性性能损失下,这种变形的回复会随时间而降低。人造橡胶突出将会吸附污染物或折断,从而污染产品。因此,必须控制暴露在产品处的垫圈区域尽可能小。

3. 阀门

每个加工设备都需安装阀门。根据系统的大小,一个运输液体的管道设备能有数百甚至数以千计的阀门。在加工设备或车间中阀门具有许多功能:关闭、打开管道、切换、控制和在压力过度或不足或管道交叉点处不兼容介质情况出现时起保护作用。

阀门的一般卫生条件如下。

(1)清洁度　所有与产品接触的表面必须清理,特别注意支座和密封件。

(2)表面　表面粗糙度对清洁度有很大影响。表面粗糙度越高,所需的清洁时间也越长。原则上,产品接触面的处理会导致粗糙度 $R_a \leq 0.8\mu m$。一个较粗糙的表面在某些情况下可被接受,但是必须清楚地详细说明偏离的表面粗糙度(例如,在饮料产业中,表面粗糙度 $R_a = 1.6\mu m$ 通常是可以接受的)。

(3)材料　阀门(包括那些静态和动态的密封件)的材料,必须符合已实施的工序。

(4)几何结构　阀门设计必须确保在与产品接触的所有空间中都有充足的液体交换。除了在生产和清洁处理时的液体交换外,液体流过时气泡不留在阀门中也是很重要的。因此,在产品区域、凹点、裂缝和间隙处,应该避免有锐利的边缘、螺线和死角。如果不能够避免死角,则需尽可能地将其缩短,并使之可以被清洗到。如果清洁度取决于某个特定的程序(如 CIP 的流程方向),则必须清楚地指出这个程序。

(5)排水能力　至少有一个安装部位(无需拆除的)中,有能够完全将污水排出沟外的阀门。

(6)密封件　一个阀门的密封件的数量应该尽可能的少。必须采取措施来确保在所有的情况下密封材料的变形特性是可控制的。密封件变形太少同变形过多一样,都是不利的。

(7)弹簧　应该避免弹簧与产品接触。当弹簧与产品接触时,它们必须是最小范围的表面接触。

(8)泄漏检查　阀门的设计应该提供内部泄漏的快速外观检测,如通过隔膜阀和防混阀。除此之外,泄漏的液体一定要流回到产品区域。

(9)外表面　阀门的外表面应易于清洗。

(10)说明书　应该注释关于阀门的安装、操作、清洁和维护的全面资料和建议。

(11)微生物的不透性　对于无菌性应用,与产品接触的动态密封的移动轴必须包括一个环境和产品之间的屏障,以避免微生物的入侵。密封件的双重配置最好设计为两个密封件的距离超过轴的冲程。如果不是这种情形,必须证明能够防止微生物入侵。对于无菌性应用,阀门的移动轴最好通过隔膜或波纹管与产品分离。

(五)卫生设计的验证

食品生产加工设备的设计在卫生方面常常需要验证。这是因为:一是证明其符合食品卫生方面的法律、法规或规范的要求;二是设备制造者用于检查设计的质量及其制造过程;三是确保满足购买合同要求;四是确定新的或改良后的设计不会与卫生学的设计标准相冲突。

食品企业中,最常见的卫生效果的验证有4种:巴氏杀菌效果的验证;高温杀菌效果的验证;防止微生物污染的能力验证;清洗效果的验证。

1. 巴氏杀菌效果和高温杀菌效果的验证

在测试设备巴氏杀菌效果和高温杀菌效果时,试验用微生物通常用梭状产芽孢杆菌(*Clostridium sporogenses*)PA3679芽孢(设备用于生产低酸性食品时)、巴氏固氮梭状芽孢杆菌(*Clostridium pasteurianum*)或凝结芽孢杆菌(*Bacillus coagulans*)芽孢(设备用于生产pH3.7以下酸性食品时)、乳酸菌,酵母(设备用于生产高酸性食品时)。当设备经过巴氏杀菌(90℃水经30min)或高温杀菌(120℃饱和水蒸气经30min)后,在无菌条件下装入营养培养基进行再培养,以检查是否仍有微生物存活。如果有,这些微生物将在适宜的培养基和条件下繁殖,最终被检出。

2. 防止微生物污染的能力验证

防止微生物污染的能力验证,即设备屏蔽微生物的能力或密闭性,所采用的指示菌是黏质沙雷菌,这是一种很小、活力很强的微生物,它能穿透很小的洞以及很难用其他的物理方法测试出的裂缝。将指示菌接入无菌肉汤蛋白胨培养液(TSB)中培养到一定数量后,在设备的可疑之处注射此培养液;同时,将无菌TSB加入设备中,然后在适宜指示菌生长的条件下运行设备。

具体过程大致如下:拆除、清洗和消毒待验证的设备,并在无菌条件下将其安装好。先将TSB中指示菌的含量稀释成每毫升10^9个,然后用注射器将其均匀地注入设备上所有可疑之处。要求注射器能注入到所有难以接近的地方,至少在3天内每天处理2次可能发生渗漏的地方,每次处理后设备要运行10次。为了能有效的混合并确保在装入无菌TSB肉汤的设备中能快速检测出微生物的增长繁殖,肉汤在设备中每天循环两个小时。在污染程序中,设备保存在室温(20~25℃)下。如果室温波动超出了一定的范围,则必须用试验方法来确认黏质沙雷菌的增长和运动性没有受影响。

接着,于室温(20~25℃)下保存5d。TSB肉汤每天在相同流速下循环2小时。5d后,如果肉汤还很清澈,就可以认为设备的密闭性良好,能有效防止外界微生物污染;如果肉汤变混浊,则先检查其中是否存在黏质沙雷菌。检验方法:将样品在30℃保存2d。如果肉汤中出现红色的污点则认为有黏质沙雷菌存在,此时设备就不合格,不具有屏蔽细菌的能力,不能满足无菌的要求。由于测试的指示菌抗热性很差,不能在初始杀菌处理(120℃经30min)中存活,但却可以从外界渗入。验证实验至少要进行3次。如结果有多种则须对测试过程和设备进行彻底检查。如3次均发现肉汤被污染,便可判断设备的密闭性差。

3. 清洗效果的验证

每个食品加工企业都需要一套清洗体系或卫生操作规范,以避免食品被灰尘、原辅料残渣和微生物污染。为了确认企业为员工提供的清洗方法是否有效,需要进行测试,以验证清洗效果。目前,清洗效果的验证方法很多,没有一个统一的标准。因为,设备的表面是否能清洗干净不仅取决于设备的设计,也取决于生产环境的污染程度。例如,即使采用相同且完美的卫生设计的设备,矿泉水生产线的清洗要比生产巧克力生产线的清洗更加简单。所以,要评价清洗效果,首先要设计验证清洗效果的方案。

验证食品加工设备清洗效果的方法有许多步骤,包括保证设备在测试前是清洁的;将有机土与指示菌混合,然后用其污染设备;清洗;清洗后检测表面是否有指示菌残留。

三、食品生产卫生要求

食品生产卫生是指生产过程中所采取的各种防止微生物污染、化学污染和物理危害的措施。食品的质量是生产出来的,而不是靠最后的分析检验出来的。在食品生产全过程中,必须采取各种措施,严格控制可能影响食品安全与卫生的因素,为生产安全、高质量的产品提供一个卫生的生产环境。食品生产卫生主要包括三方面的内容:生产环境卫生、生产人员卫生和生产工艺卫生。

(一)生产环境卫生要求

1. 不同生产区域的卫生要求

对于食品生产过程而言,生产环境包括两个重要区域,即外环境和内环境。首先,由于外环境可能影响内环境的卫生质量,外环境应该与对内环境有卫生或洁净度要求的规范化厂房相适应;其次,内环境对食品的安全和卫生有直接的影响,为了充分保证食品的安全与卫生,必须尽量避免或减少食品在生产过程的各环节中被污染。在整个生产流程中,要求成品不得与原料或任何中间产品相接触。理想的生产流程是原料和辅料在接收货物附近便开始处理,然后依次进入预处理区、加工区、包装区,最后进入成品库。

美国宇航局(NASA)曾提出了各类食品工厂中主要操作工段的清洁度要求(见表4-2)。食品生产企业可以这些数值作为标准,针对各类食品加工状况采取相应的措施和对策来净化空气。

表4-2　　　　　　　　　　食品工厂的清洁度

种类	作业工段	总颗粒数/(个/m³)
肉加工	火腿切片包装 汉堡包投料、冷却、包装	10000 1000~10000
鱼肉加工	鱼糕、鱼卷	1000~10000
啤酒	洗瓶、干燥、冷却、灌装、封盖	10000
酿酒	灌装、封盖	1000~10000

续表

种类	作业工段	总颗粒数/（个/m³）
乳品	干酪制造操作、包装	10000
	牛乳灌装	1000
糕点	西式糕点、冷却、包装和日式糕点制造操作包装	1000 ~ 10000
米和小麦制品	饼干制造操作、包装 面包冷却、包装 制面冷却、包装	1000 ~ 10000
副食品	快餐加工、包装	10000 ~ 100000
清凉饮料	果汁类饮料灌装	1000 ~ 10000

2. 生产区域的清洗与消毒

生产区域是清洗区，故对杀灭微生物的要求较高。由于食品的特殊性，清洗剂和消毒剂不能带入有毒有害物质和化学性污染物，这便要求选择一种高效但无毒的清洗消毒方式。同时，在使用高腐蚀性的清洗剂后，要求能将残余的清洗剂冲洗干净，不会污染下一批处理的食品。

（1）空气消毒　食品企业对空气进行消毒常用的方法有紫外线、臭氧、化学消毒剂熏蒸或喷雾。

紫外线对空气消毒是紫外线消毒的最佳用途，也是空气消毒的最简单且廉价的方法。常用的方法是将普通直管热阴极低压汞紫外线灯管悬挂在天花板上，或固定在墙壁上。普通紫外线灯管辐射的253.7nm紫外线强度必须达到一定数值方能有效杀菌，功率大于30W的灯管，不得低于$90\mu W/cm^2$；功率大于20W的灯管，不得低于$60\mu W/cm^2$；功率15W的灯管，不得低于$20\mu W/cm^2$。这种灯管在辐射253.7nm紫外线的同时，也辐射一部分184.9nm紫外线，故可产生臭氧。其使用要求是：①灯管安装数量应保证平均每平方米不少于1.5W；②安装高度一般应距地面1.8 ~ 2.2m，使人的呼吸带处于有效照射范围；③及时更换灯管，灯管的使用寿命一般不低于1000h，当灯管强度低于$70\mu W/cm^2$（功率≥30W）或低于新灯强度70%（功率<30W）时，应更换灯管；④适用于无人环境下的静态空气消毒，开灯时间不少于30min；⑤灯管表面应经常（1次/2周）用75%乙醇擦拭，除去其表面的污物，以减少对紫外线穿透的影响；⑥勿直视紫外线光源。

臭氧消毒的优点是对空气效果好，消毒比较彻底，不留死角，且无残留。

化学消毒剂熏蒸或喷雾，如使用500 ~ 1500mg/L有效氯对空气喷雾消毒、使用0.2% ~ 0.5%过氧乙酸20 ~ 30mL/m³对空气喷雾消毒、乳酸熏蒸等。甲醛因有致癌作用禁止在食品生产车间使用。

（2）工器具的消毒　工器具的消毒可以采用82℃热水浸泡或化学消毒剂浸泡。例如：①含氯消毒剂，100 ~ 200mg/L有效氯消毒液浸泡20 ~ 30min；②二氧化氯，250mg/L二氧化氯溶液浸泡15 ~ 30min；③过氧乙酸，0.1%过氧乙酸溶液浸泡 15min。

餐具和饮具的消毒还可以采用干热灭菌箱消毒。

（3）表面消毒　高强度紫外线消毒器可以对近距离的光滑表面消毒。其紫外线灯管辐射 253.7nm 紫外线的强度要求是：功率 30W 的灯管，不得低于 $170\mu W/cm^2$；功率 11W 的灯管，不得低于 $40\mu W/cm^2$。该法可用于聚乙烯类包装材料的消毒。

3.废弃物和副产品卫生要求

废弃物指食品生产中废弃不用的物品；副产品指食品生产中相对于主要产品生产的产品。废弃物是废物，副产品是产品。废弃物的存放地点有两个，一个是车间内，一个是车间外。车间外的废弃物贮存处也会贮存生活垃圾。副产品的产品形式也有两个，一个是食品，一个是非食品。

（1）废弃物

①车间内废弃物：车间内废弃物的管理应做到集中收集、及时清理、达标排放、保持清洁。

集中收集指应配备废弃物专用容器，容器应有明显的标识并配置非手工开启的盖。

及时清理指废弃物应及时清理出车间，避免成为污染源或污染的滋生源，做到日产日清，清理时间不应超过 24h。

达标排放指废弃物的排放与处理应符合国家环境保护有关规定。

保持清洁指在收集、清理过程中避免污染食品、食品接触面，贮存容器清理完废弃物后要清洗消毒。废弃物暂存容器应选用便于清洗消毒的材料制成，结构严密。

②车间外废弃物：车间外废弃物的存放应有适当的管理措施，废弃物不允许堆积在食品处理、贮存和其他工作区域周围附近。除非不得已的情况，否则应离工作区越远越好。

废弃物暂存场地应定期冲洗。

废弃物应及时清运，避免污染原辅材料、水源、设备和厂区道路。

（2）副产品　副产品的处理应以不污染主要产品为前提，做好与主要产品的分类收集。同时，如果副产品的用途是食品，应按照食品生产的卫生要求进行处理。

（二）生产人员卫生要求

1.保持生产人员卫生的重要性

人是食品生产中引起产品污染的最大污染源之一。人的活动会影响生产环境。人的移动会产生气流甚至湍流，这会引起尘埃的飞扬，减慢粒子的沉淀。人的机体也会给微生物的生长繁殖创造一个良好的环境。人的体表、鼻孔、喉咙、口腔以及肠道里面生长着各类微生物，见表 4-3。

表4-3 人体各部位的微生物

部位	常见的微生物
皮肤	葡萄球菌、枯草杆菌、类白喉杆菌、大肠杆菌、非致病性抗酸杆菌、真菌
口腔	葡萄球菌、绿色链球菌、奈氏菌属、类白喉杆菌、乳酸杆菌、梭状杆菌、放线菌、拟杆菌、螺旋体、真菌
肠道	葡萄球菌、类链球菌、大肠杆菌、变形杆菌、绿脓杆菌、乳酸杆菌、产气荚膜杆菌、破伤风杆菌、拟杆菌、双歧杆菌、真菌、腺病毒
鼻咽腔	葡萄球菌、链球菌、肺炎球菌、奈氏菌属、绿脓杆菌、大肠杆菌、变形杆菌、真菌、腺病毒
外耳道	葡萄球菌、类白喉杆菌、绿脓杆菌
眼结膜	葡萄球菌、结膜干燥菌
尿道	男尿道口:葡萄球菌、大肠杆菌、拟杆菌、耻垢分枝杆菌 女尿道口:革兰阳性球菌、大肠杆菌、变形杆菌等
阴道	葡萄球菌、乳酸杆菌、阴道杆菌、拟杆菌、双歧杆菌、类白喉杆菌、大肠杆菌、白色念珠菌、支原体

由于人体带有微生物,因此,在食品生产的各个阶段中,都可能发生由人造成食品污染的危险。有的通过未消毒的手直接接触食品使其污染;有的则经其他途径的接触而引起食品的污染。

皮肤上各种不同部位的微生物可以从每平方厘米几个到几百万个不等。微生物最多的部位是头、腋窝、膝盖、手和脚。存在于人体有关部位的"常居菌群"有"皮肤常居菌群""口腔常居菌群""肠道常居菌群"等。皮肤常居菌群为革兰阳性球菌,如葡萄球菌等。皮肤常居菌群通常是由汗和其他排泄物将其传递到皮肤表面,然后在穿衣服时散发到周围环境中的。

其他种类的微生物可由鼻子、嘴巴以及肠道排泄物接触了附近的环境而使微生物传到人体皮肤上。这些微生物的种类和数量取决于人员卫生状况以及周围环境中微生物菌群的占有量。

人的肠道常居菌群有着多种微生物,这些微生物会引起食品污染。大部分肠道常居菌群为革兰阴性菌。例如,大肠杆菌、变形杆菌和乳酸杆菌。

如上所述,我们所有的人,通过我们的呼吸、头发、皮肤等,不断地向周围环境散发污染。通常,这样的污染对于我们的日常生活来说是无害的,但对于管理状态下生产的食品却是不能容许的,甚至有可能还是致命的。要防止这种危险,食品生产人员的身体健康状况一定要符合卫生要求。

2. 个人健康

食品企业的生产人员,尤其是与食品直接接触的人员,其健康状况如何,将直接或间接地影响食品质量。为此,有必要采取一定的措施以保证他们的身体状况维持在一定的健康水平。这主要从三方面予以控制:一是入厂前的体格检查;二是定期的健康检查;三是生病或皮肤表面有暴露伤口时的报告与处理。

　　食品企业在招收新职工时,一定要对所有求职人员进行健康检查,以便及时发现身体条件达不到规定健康要求的求职者。应检查的项目往往与工作岗位的性质有关,但至少应保证求职人员不得患有急性或慢性传染病。

　　录用以后的职员应该建立个人健康档案,并按一定的分类方法保存在安全场所。食品企业的所有职工均应定期进行体格检查,检查的频率和项目要根据所从事的工作确定。为了便于管理,企业要制定书面的职工体格检查规程。

　　食品操作者患病或受伤不可避免,这些情况如果不管理,同样会影响食品卫生。食品企业应建立疾病问询制度,对患病和受伤员工应进行必要的医疗检查并将其调离与食品直接接触的岗位。这些情况包括:黄疸、腹泻、呕吐、发热、伴有发热的喉痛、可见性感染皮肤损伤(烫伤、割伤、碰伤等),以及耳、眼或鼻中有流出物。相对应,食品从业人员有义务及时向企业有关部门报告患病和受伤情况。

　　只有当上述症状消失48h后,相应人员方可重新从事与食品接触的工作。

　　患有割伤、碰伤的工作人员,若允许他们继续工作,则应用防水的敷料或创可贴包扎伤口,同时戴上一次性手套。使用的创可贴应含有金属丝或颜色比较鲜明,以利于脱落后能够及时发现和拣除。

　　3. 个人清洁

　　满足健康要求的人员,在食品操作过程中应保持适当水平的个人清洁。表4-4是食品操作者的个人清洁要求。

表4-4　　　　　　　　　　　　食品生产操作者个人清洁要求

头发	洁净、整齐,无头屑,不染发,不做奇异发型;经常理发,男性不留长发,女性不留披肩发
眼睛	无眼屎,女性不画眼影,不用人造睫毛
耳朵	内外干净,无耳屎;女性不戴耳环
鼻子	鼻孔干净,不流鼻涕;鼻毛不外露
胡子	刮干净或修整齐,不留长胡子
嘴	不嚼口香糖等食物,女性不用口红
脸	洁净
脖子	不戴项链或其他饰物
手	洁净;指甲整齐,不留长指甲;不涂指甲油,不戴戒指
工作帽	整洁,端正,头发不外露
工作服	整洁

4. 手和手的卫生

手是我们工作的最重要的器官。只要你触摸被污染的东西,微生物就会到手上,并随你的手到下一个你接触的东西上去。手的表面创伤是微生物繁殖的良好场所,因而手的表面有伤口时不允许与产品直接接触。不要使用指甲油,也不能戴戒指和其他装饰品,因为它们均易积污。假如使用手套,要确认是无破损的;如果使用的是非一次性使用的手套,必须在清洁干燥以后方可再用,而且要注意手套内部的干燥。戴手套前一定要除去戒指,因为后者易于戳破手套。

手是极易弄脏的,手上的汗毛、油脂和皮屑均可能沾上污垢、细菌和化学品,从而污染所接触到的每一件物品。因此,在从事食品加工过程中,必须一直保持手的清洁,在下列情况之一时要洗手:①工作前;②饭前与饭后;③大小便后;④吸烟喝茶休息后;⑤打电话后;⑥接触生肉、蛋、蔬菜等以及不干净的餐具、容器之后。

大多数人都认为自己是会洗手的,但实际上有时看上去干净的手,其实并不真正干净。肥皂和流水洗手均不能达到完全清洁状态,最佳洗手方式是适当使用消毒剂,方能达到清洁的目的。

美国疾病预防与控制中心指出,洗手和消毒是防止可能导致感染与食品滋生致病细菌和病毒的唯一最有效的手段。大约25%的食品污染可归因于不正确的洗手方式,洗手有利于切断细菌经手的传播路线,减少常居细菌。

洗手、消毒的程序、方法应基于标准指南或实验数据。我国《餐饮业和集体用餐配送单位卫生规范》规定了洗手程序、标准洗手方法和标准手消毒方法。

①洗手程序:

a. 在水龙头下先用水(最好是温水)把双手弄湿;

b. 双手涂上清洗剂;

c. 双手互相搓擦20s(必要时,以干净卫生的指甲刷清洗指甲);

d. 用清水彻底冲洗双手,工作服为短袖的应洗到肘部;

e. 用清洗纸巾、卷轴式清洗抹手布或干手机弄干双手;

f. 关闭水龙头(手动式水龙头应用肘部或以纸巾包裹水龙头关闭)。

②标准洗手方法:六步洗手法,如图4-10所示。

③标准的手消毒方法:清洗后的双手在消毒剂水溶液中浸泡20~30s,或涂擦消毒剂后充分揉搓20~30s。

需要指出的是,上述手消毒方法中并未说明消毒剂的种类和浓度。食品企业应根据使用的消毒剂种类和浓度,通过消毒后的手部的涂抹试验,来确定消毒时间。

目前尚无标准规定手部的消毒后的微生物指标,食品企业可参考 GB 14934—1994《食(饮)具消毒卫生标准》。

洗手、消毒的程序、方法应在洗手消毒处标识(文字或图片),以便从业人员严格遵守,如图4-11所示。

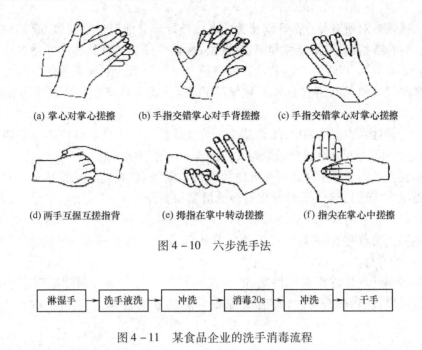

(a) 掌心对掌心搓擦　　(b) 手指交错掌心对手背搓擦　　(c) 手指交错掌心对掌心搓擦

(d) 两手互握互搓指背　　(e) 拇指在掌中转动搓擦　　(f) 指尖在掌心中搓擦

图 4－10　六步洗手法

淋湿手 → 洗手液洗 → 冲洗 → 消毒20s → 冲洗 → 干手

图 4－11　某食品企业的洗手消毒流程

《餐饮业和集体用餐配送单位卫生规范》规定接触直接入口食品的操作人员在有下列情形时应洗手:开始工作前;处理食物前;上厕后;处理生食物后;处理弄污的设备或饮食用具后;咳嗽、打喷嚏或擤鼻子后;处理动物或废物后;触摸耳朵、鼻子、头发、口腔或身体其他部位后;从事任何可能会污染双手活动(如处理货项、执行清洗任务)后。

5. 行为举止和工作方法

即使满足了食品从业人员的健康要求,并保持适当的个人清洗,食品操作者仍有可能带有致病菌。当他们接触身体部位后再处理食品,就可能会把致病菌污染到食品中。这就要求食品操作者行为举止和工作方法适当,这不仅关系到食品的卫生状况,也可以对外建立企业的良好食品卫生文化的形象。

食品操作者应禁止那些可能导致食品污染的行为。例如吸烟、吐痰、咀嚼或吃东西、在无保护食品前打喷嚏或咳嗽。

食品操作者不得将与生产无关的物品带入食品加工区。禁止食品操作者佩戴或携带个人佩戴物(如珠宝首饰、手表、饰针或其他类似物品)进入食品加工区内。

进入车间时应洗手、消毒并穿着工作服、帽、鞋,离开车间时换下工作服、帽、鞋。一次性手套应及时更换。

清洗区与非清洗区、质量检验等不同岗位的人员要穿戴不同颜色的工作服、帽或其他明显标志,以便区分。不同区域人员不准串岗。

6. 培训和检查

食品操作中的每个人都应认识到自己在防止食品污染和变质中的任务和责

任。如果没有对所有与食品活动相关的人员进行充分地卫生培训和（或者）指导、监督,就可能对食品的安全性和消费的适宜性构成威胁。食品加工处理者应有必要的知识和技能,以保证食品的加工处理符合卫生要求。对于那些使用清洗用的化学药品或其他具有潜在危害的化学品的人员,还应在安全操作技术方面加以指导。

在任何食品卫生体系中,培训都是十分重要的。一个良好的培训包括四个阶段:确定培训需求;设计和策划培训;提供培训;评价培训结果。

不仅要对培训和指导计划的有效性进行定期评审,而且还要做好日常的监督和检查工作,以保证卫生程序得以有效的贯彻和执行。

食品加工厂的管理人员和监督人员应具有必要的食品卫生原则和规范知识,以使他们在工作中能够对潜在的危害作出正确的判断并采取有效的措施修改缺陷。

对培训计划应进行常规性复查,必要时可作修订。培训制度应正常运作以保证食品操作者在工作中始终注意保证食品的安全性和适宜性所必需的操作程序。

7. 外来人员

进入食品生产、加工和操作处理区的参观人员,在适当的情况下应戴防护性工作服并满足卫生规范对健康状况、个人清洁、行为举止和工作方法、疾病和受伤等方面的要求。

食品企业可以通过健康问卷调查或外来人员的健康声明对上述个人卫生要求进行控制。

综上所述,对人员的卫生管理可以归纳为:准入管理——健康状况;日常动态管理——个人清洁、行为举止和工作方法、培训和检查;应急管理——疾病和受伤。

(三)生产工艺卫生要求

食品生产工艺就是将各种原材料加工成半成品或将原材料和半成品加工成食品的过程和方法,包括了从原材料到成品或将配料转变成最终消费品所需要的加工步骤或全部过程。除了生产环境、人员以外,食品生产中所使用的原材料、食品接触面、设施和设备以及生产工艺技术等均可能引起食品的污染。

1. 原辅料卫生要求

生产食品的原材料指原料及包装材料。原料指成品可食部分的构成材料,包括:主原料指构成成品的主要材料;配料指主原料和食品添加剂以外的构成成品的次要材料;食品添加剂指食品在制造、加工、调配、包装、运送、贮存等过程中,用以着色、调味、防腐、漂白、乳化、增加香味、安定品质、促进发酵、增加稠度(甚至凝固)、增加营养、防止氧化或其他用途而添加或接触于食品的物质;包装材料包括内外包装材料,内包装材料指与食品直接接触之食品容器如瓶、罐、盒、袋等及直接包裹或覆盖食品的包装材料,如箔、膜、纸、蜡纸等,其材质应符合卫生法令规定;外包装材料指未与食品直接接触的包装材料,包括卷标、纸箱、捆包材料等。

原材料是食品生产最主要的物质基础。食品的质量,在很大程度上取决于所用原材料的质量。食品加工的主要原料来源于农产品(面粉、水果、蔬菜)、水产品(鱼、贝类)和畜产品(食肉、蛋品、生乳),辅助原料有香辛料、调味料、食品添加剂等。这些原材料绝大多数是动、植物体生产出来的,在种植(饲养)、收获、运输、贮存等过程中都有可能受到环境及意外的微生物和寄生虫的污染,如食肉在畜舍、水果在果园、蔬菜在田地、鱼贝类在海(淡)水受到的一次污染。在收获、解体、保管等操作过程中,还有可能使原来动、植物体内所附着的微生物和寄生虫扩大污染。因此,食品原材料卫生是一个不容忽视的问题。

对企业而言,原材料的选择是多方面因素共同制约的结果。关键是要在价格与质量要求之间最优化,用尽可能低的价格得到尽可能的最高质量的原材料。同时要求:①负责具体采购工作的人员熟悉本企业所用的各种食品原料、食品添加剂、食品包装材料的品种及卫生标准和卫生管理方法,了解各种原辅材料可能存在的卫生问题;②采购食品原辅材料时,应对其进行初步的感官检查,对卫生质量可疑的应随机抽样进行质量检查,合格方可采购;③采购食品原辅材料,应向供货方索取同批产品的检验合格证或化验单,采购食品添加剂时,还必须同时索取定点生产证明材料;④采购的原辅材料必须验收合格后才能入库,按品种分批存放;⑤原辅材料的采购应根据企业食品加工和贮存能力有计划地进行,防止一次采购过多,短期内用不完而造成积压变质。

2. 食品接触表面卫生

食品接触面指直接或间接与食品接触的表面,包括器具及与食品接触之设备表面。间接的食品接触面,系指在正常作业情形下,由其流出的液体会与食品或食品直接接触面接触的表面。由于接触面是一种介质,必然会有一部分迁移进入食品中,故介质要求无毒无害。例如,长期放置食品的塑料盒中间会凹下一块,这就是因为迁移入食品的结果。因此,食品接触面的卫生将直接影响生产过程的卫生。

(1)食品接触面的材料　食品接触面的结构设计和安装应无粗糙焊缝、破裂、凹陷,要求表面光滑(包括缝、角和边在内);无不良的关节连接、已腐蚀部件、暴露的螺丝螺帽或其他可以藏匿水或污物的地方,真正做到表里如一。其目的是便于卫生操作,拆洗、维护、保养符合卫生要求,以及能及时充分地进行清洗和消毒。

①不锈钢:应选择较高的等级(美国推荐使用300系列),低等级的不锈钢容易被氧化剂腐蚀。

②塑料:选用无毒塑料,根据用途选择不同的颜色,如生区和熟区的塑料周转筐颜色不同。

③混凝土:初级食品加工时使用,也可作为蓄水池。应选择相应的混凝土配方

以防腐蚀,并注意表面抛光,减少表面微孔。

④瓷砖:不应含有铅等有害成分,质量要高,防止腐蚀和开裂,贴瓷砖时应使用水泥浆,防止砖与砖之间留有缝隙。

⑤木材:许多国家的法规中已明令禁止在食品加工过程中使用竹木器具,因此,除了传统工艺必须使用木材外,一般不推荐使用木材。即使例外使用,木材中的防腐剂含量也应符合国家规定标准,并注意及时清洗消毒。

(2)食品接触面清洗消毒的方法和管理要求 食品接触面的清洗消毒的方法有物理和化学方法。

物理方法:臭氧消毒、电子灭菌消毒、紫外线消毒等。肉类加工厂应首选82℃热水清洗消毒。

化学方法:一般使用含氯消毒剂,如次氯酸钠100~150mg/kg。

清洗消毒时,若使用化学清洗剂,一般分6个步骤,包括清除→预冲洗→使用清洗剂→再冲洗→消毒→最后冲洗。

首选必须进行彻底清洗,以除去微生物赖以生长的营养物质。如清除大的残渣,预冲洗去除表面附着的残渣,使用清洗剂清洗顽垢,冲洗清洗剂和去除顽垢。然后进行消毒并确保消毒效果。接着再进行冲洗,去除残留的化学消毒剂。

值得注意的是,所有的清洗方法,包括泡沫和浸洗都需要充分的接触时间来完全松动和剥离污物。弱碱性清洗剂通常需要10~15min来充分松动大部分水产品加工的污物。过长时间(超过20min)会使清洗剂变干、重新沉积为污垢或缩短设备寿命。因此,无论选择何种清洗剂,必须考虑接触时间。清洗液的温度对清洗效果也至关重要,一般来说温度较高比较容易清洗,但温度太高时,会使食品残渣中的蛋白质变性凝固,反而影响清洗效果。

清洗消毒频率根据不同的使用用途而不同。大型设备一般在每班加工结束之后进行;每2~4h清洗工器具;屠宰线上用的刀具是每用一次消毒一次(每个岗位至少两把刀,交替使用);加工设备、器具被污染之后应立即进行清洗消毒。

每次进车间前和加工过程中手被污染时,必须洗手消毒。要做到这一点,必须在车间的入口处、车间流水线和操作台附近设有足够的洗手消毒设施;在清洗区的车间入口处还应派专人检查手的清洗消毒情况,检查是否戴首饰、是否留着长指甲等。

手套比手更容易清洗和消毒,一般在一个班次结束或中间休息时应更换。手套不得使用线手套,所用材料应不易破损和脱落。肉类加工企业,特别是使用刀具的工序,推荐使用不锈钢丝编织的手套。手套清洗消毒后应贮存在清洗的密闭容器(包括塑料袋)中送往更衣室。

工作服包括淡色工作衣、裤、帽、鞋靴等,某些工序(种)还应配备口罩、手套、围裙、套袖等卫生防护用品。工作服应有清洗保洁制度,凡直接接触食品的工作人员必须每日更换清洗消毒过的工作服,其他人员也应定期更换(每周清洗两次以上),保持清洁。工作服应在专业的洗衣房进行集中清洗和消毒。洗衣设备、能力与实际需求相适应。不同清洗要求区域的工作服应分开清洗。工作服必须每天清洗消毒。一般每个工人至少配备两套工作服。

工作服清洗消毒方法:洗涤时应先去污、去油,然后进行消毒处理,可选择消毒液中浸泡2min或紫外线消毒。

值得提醒的是:工作服是用来保护产品,而不是用来保护加工人员自己的衣服的。因此,工人出车间、去卫生间,必须脱下工作服、帽和工作鞋。更衣室和卫生间的位置应设计合理。企业对此应加强监督管理。

工器具清洗消毒几点注意事项:要有固定的清洗消毒场所或区域;推荐使用82℃热水,但应注意水蒸气排放,防止产生冷凝水;要根据清洗对象的性质选择相应的清洗剂;在使用清洗剂、消毒剂时要考虑接触时间和温度,以求达到最佳效果。冲洗时要用流动的水,要注意排水问题,防止清洗、消毒水溅到产品上造成污染;要遵守科学的清洗消毒程序,防止清洗剂、消毒剂的残留。

(3)食品接触面清洗状况的监测 监测目标包括食品接触面的状况;食品接触面的清洗和消毒;使用的消毒剂类型和浓度;可能接触食品的手套和外衣是否清洗卫生,且状态良好。

监测方法如下:

①感官检查:表面状况良好,表面已清洗和消毒,手套和外衣清洗且保养良好。

②化学检测:消毒剂的浓度是否符合规定要求(试纸条或试剂盒,化学滴定)。

③表面微生物检测:检测方法主要包括接触平板、棉拭涂抹和发光法。棉拭涂抹:细菌总数少于100个/cm^2。发光法:是一种检查表面清洁度的快速检测方法,其机制为荧光虫光的酶反应原理。近年来在食品加工企业开始应用,它克服了微生物学检测方法耗时长的弱点,可以在开工前发现问题并及时纠正。检测方法是用棉拭擦拭消毒后的食品接触面,将棉拭上的物质放置于仪器中测量其产生的光的亮度,光亮度和表面的细菌和食品残渣的数量成正比。在某些情况下,因为有食品残渣导致仪器的读数值较高,而表面微生物的数量却很低。

其中感官检查频率一般在每天加工前、加工过程中以及生产结束后进行。洗手消毒主要在员工进入车间时、从卫生间出来后和加工过程中检查。实验室检测频率是按照实验室制定的抽样计划,一般每周1~2次。

3. 设备和设施卫生

设备和设施的卫生要求,应该从设计、布局就开始了。在食品生产过程中,需要为设备和设施的定期清洗提供必要的条件,包括场地、清洗设备和工具,以保持设备和设施的卫生,尤其是那些直接与原材料或成品接触的表面。目前主要使用的是就地清洗系统(CIP)、拆卸清洗(COP)和消毒设备。

(1)就地清洗系统(CIP) 随着劳动力费用持续增加和卫生标准要求的提高,

就地清洗系统(CIP)越来越受到欢迎。CIP 在乳品厂和啤酒厂已应用多年,被认为是需要专门设计、专用于解决特殊清洗问题的方法。CIP 设备非常适用于清洗水管、酿造桶、热交换器、集成式机器和均质器。

CIP 的工作原理是将清洗剂的化学活性优势与机械去污效果充分结合起来,在合适的时间、温度、清洗剂和作用力下,将清洗液洒到污垢表面。若要达到最佳清洗效果,必须用大量清洗液清洗污垢,清洗时间少则 5min,多则 1h。因此循环使用清洗液对充分利用清洗剂、节水、节能和节约清洗剂是十分必要的。

为充分利用水源并减少废水排放,CIP 将最后清洗用水作为下轮清洗的补充用水。乳品企业曾尝试利用超滤浓缩或蒸发浓缩回收清洗剂,将各种不同装置组合成一个具备各种单一系统之优点的综合性系统,已知这些系统能灵活利用各种回收水和清洗剂,减少具体清洗操作过程中的用水总量。这些装置在临时存贮槽中混合回收清洗剂和水,并将其作为下一轮清洗操作的预清洗用水,从而减少水、清洗剂和能源的消耗量。

决定 CIP 系统去污效果的 4 个主要因素是时间、温度、去污力和压力。

①时间:清洗时间过短会导致清洗效果不佳,清洗时间过长会影响有效产品的生产。总之,需要使用相对较大体积的清洗液对污染区清洗 5~60min。

②温度:清洗液的温度在很大程度上影响清洗效果。一般情况下,温度越高清洗效果越好。CIP 清洗的最适温度是 85~90℃,在对 UHT 清洗的过程中温度能达到 100~105℃,酸处理过程的清洗通常在 60~70℃。在特定情况下,如与酶结合,能增强清洗效果。在清洗的所有阶段,CIP 系统应该将温度保持在一个特定的目标温度。

③去污力(清洗液浓度):最佳的清洁效果需要有适宜的清洁液浓度,这取决于污染类型和使用的清洁液类型。浓度大小可以手动或自动控制。对于贮存罐、管道和发酵罐的清洗,NaOH 的浓度 1% 就足够;对于多用罐和板式换热器,建议清洗液的浓度需 1%~2%;而对于 UHT 设备的清洗,则浓度需要达到 2%~3%。因此,控制清洗液的浓度对清洗效果十分重要,特别对循环使用和多用的系统尤其重要。但高浓度的清洗液成本高,所以多用于重度污染的设备。

④压力(流速):CIP 泵需要传输充足的液体供喷头和管道的清洗。其中管道需要至少 1.5m/s 的流速,贮存罐的流量则要达到 $10m^3/h$。

有效的 CIP 系统应避免"死角",即清洗液无法到达的地方(如 T 形管)或清洗液没有达到清洗效果的地方。因此,应确保管道没有裂缝和尽量避免障碍物,当障碍物无法避免时,应使清洗液有合适的流向,以达到这些"死角"。

正确设计的 CIP 系统清洗某些设备的能力与用手工将设备拆卸下来清洗的效果是一样的,因此在许多食品企业中,CIP 设备已经完全或部分取代了手工清洗。表 4-5 列出了典型 CIP 系统的循环清洗过程。

表 4 - 5	典型 CIP 系统操作循环
操作	功能
预清洗(用热水或冷水)	除去大部分污垢
清洗剂清洗	除去残余污垢
清洗	除去清洗剂
杀菌	除去残余微生物
后清洗(根据消毒剂使用情况决定)	除去 CIP 清洗液及消毒剂

与 CIP 系统相应的工厂设计很重要,因为清洗过程中没有必要拆卸设备。

与传统的手工拆卸机器零件的清洗方式相比,CIP 设备的优点如下:

①节省人力:CIP 系统能就地清洗设备及贮罐,从而减少人工清洗。随着工资成本的升高,以及越来越难以安排独立操作工人,这个优点变得更加重要。

②更加卫生:自动操作能更有效、更连贯地进行清洗和消毒。利用时间控制或电脑控制的设备,能更加准确控制清洗和消毒操作。

③节省清洗液:通过自动计量和重复使用,使水、清洗剂和消毒剂的消耗量最优化。

④提高设备和贮罐的利用率:由于具备自动清洗程序,使设备、贮存罐和管道在完成清洗任务后立即被清洗干净,迅速进入下一道清洗任务,设备重复利用率高。

⑤提高安全性:用 CIP 设备清洗,不需要工人进入容器,因此排除了工人在光滑内壁跌倒的危险。

但是 CIP 系统也存在一些缺点:包括费用高,多数 CIP 系统是定制的,因而设计和安装增加了投资费用;维护费用高,许多复杂设备和系统要进行更多的维护;灵活性不够。这种清洗系统的使用限制在能安装设备的地方,而移动式设备可在更大区域内使用,污垢重的设备不能用 CIP 设备进行有效清洗,也很难设计出适用于所有食品加工设备的 CIP 装置。

为保证清洗的效果,CIP 清洗要执行一定的清洗程序。对于实际的污染情况,CIP 清洗程序应对清洗剂种类的配置、清洗液的浓度、清洗温度、清洗时间作相应的规定。例如对啤酒厂灌酒机的 CIP 清洗程序如下。

第一步清水洗:水温 50℃ 、5 ~ 10min;

第二步碱洗:氢氧化钠 0.5% ~ 1% 、水温 60 ~ 80℃ 、20 ~ 30min;

第三步冲洗:清水冲洗残留的清洗剂至中性;

第四步消毒:效氯溶液 150 ~ 300mg/L 、3 ~ 5min;

第五步冲洗:清水冲洗残留的消毒液。

(2)拆卸清洗(COP)　除了不拆卸设备的 CIP 清洗,还有拆卸设备的 COP 清洗。

拆卸清洗体系适用于需要分散和(或)搬离原来位置的设备清洗。液流是进行清洗的作用力,通常使用 1.5m/s 的流速。

COP 设备又称再循环零件清洗机,能有效清洗设备和容器的许多小零件以及一些小容器。该设备与消毒管道清洗机一样,有一台循环泵和一只喷射清洗液的分布喷嘴。一台 COP 设备也可作为 CIP 操作中的再循环装置。正常清洗的再循环时间为 30~40s,附加 5~10min 冷酸清洗或消毒清洗。

COP 设备通常由装有马达驱动刷的不锈钢双室洗涤槽组成,两只功率相同的马达将清洗液通过预先设定的管道送到刷子上,利用热偶控制加热器使清洗液维持在理想温度上(45~55℃)。第一个洗涤槽用于装清洗液,第二个洗涤槽用于喷淋清洗待洗的部件或器具。干燥过程通常利用 COP 内或排水板、干燥架内的气流完成。

COP 装置中起作用的设备是刷子、集中清洗以及盛放清洗液的贮存罐。许多 COP 设备配有用于清洗零件和容器内外的旋转刷子,清洗时清洗液通过刷子的内部流出。

COP 设备的主要优点在于它能有效清洗分散的零件以及小型设备和器具,而且这种设备还能减少人力和改进卫生。购买和维护 COP 设备所需的费用较为合理,它对规模操作的主要限制是最初投资费用较高、维护与装卸这些清洗机所需的劳动力较多。

(3)消毒设备

①消毒设备:使用消毒剂的设备从手工喷雾器(如用于杀虫剂和除草剂的设备)到壁挂设备和挂在加工设备上的喷嘴,有很多不同的型号。很多机械化清洗装置将消毒作为整个系统的功能之一。

集成高压低流清洗和泡沫清洗设备都具有消毒程序,利用软管和控制杆或通过加工设备特别是移动的传送带或输送装置上的喷淋嘴使用消毒剂消毒。后者的优点在于实现了消毒过程机械化,利用时间开关统一控制消毒过程。对消毒剂进行计量可以更精确地使用消毒剂。

壁挂消毒装置通过孔径控制高压清洗水的流量以及预先设定的流速。为了消毒,在高压水流过消毒剂注射器时定量注入消毒剂。在没有自动化装置的情况下,可利用注流消毒喷嘴将消毒剂有效喷洒到溶液中。

②消毒方法:有许多成熟的方法可将消毒剂送到指定的区域。在实际过程中要根据具体操作过程确定最佳方法。

化学消毒剂的常用方法如下。

①喷淋消毒:将消毒剂溶于水中,并用喷淋设备把消毒剂喷洒到待消毒区域。

②喷雾:利用细雾状消毒剂对室内的气体和表面进行消毒。

③注流消毒:将消毒剂溶于水中,大剂量冲洗以确保彻底消毒。越来越多企业采用这种方法消除单核细胞李斯特菌。该方法缺点是耗费大量消毒剂和水,导致

环境湿度增加。

④浸泡(COP)消毒:这种技术是将设备、器具、部件浸在盛有消毒液的槽中进行消毒处理。

⑤CIP消毒方法:CIP消毒主要通过消毒剂在管道内、设备内循环流动进行消毒。

4.生产过程卫生

(1)防止交叉污染　交叉污染指生物性危害(主要是病原菌)从污染源到食品的转移过程,污染的方式可以是食品的直接接触,也可能是通过接触食品的人、接触面或空气间接污染。

防止交叉污染的目的主要是防止对高风险食品(例如肉制品、乳制品、蛋制品等高蛋白食品)的污染。

防止交叉污染,必须保证生、熟食品分开贮藏,原材料、半成品和成品也要使用不同的冷库,对于不同的食品应提供有间隔的冰箱。冷藏可以是冰箱、冰柜,也可以是冷库,但无论什么情况其温度都应当在0~5℃范围内。所有冰箱和冷库都应备有温度计,温度计应设在冷藏间最温暖的地方。没有包装的原材料和半成品,应覆盖一次性无毒塑料保鲜膜,并粘贴生产日期标签。

为了防止环境对产品造成二次污染,每天应用紫外线消毒灯进行空气消毒,工作台、设备、器具等与食品接触的所有物品均应用消毒剂消毒。

生产设备、工具、容器、场地等在使用前后均应彻底清洗、消毒,维修、检查设备应在停止生产时进行,防止污染到食品。

防止交叉污染的基本原则如下。

①保持手和食品接触面的清洗:加工区域的进入应当加以控制,尤其是进入风险较大的加工区一定要经过更衣、要求人员在进入前必须穿戴包括鞋类的干净的保护服并洗手。与食品加工有关的表面、器具、设备、固定物及装置必须彻底清洗,必要时,在加工处理食品原料,尤其是肉类、禽类之后还应进行消毒。

②食品加工流程和方法的设计应减少交叉污染的可能性。

③不同区域和工序的工器具分开使用。

④确保生熟分开,原料、未加工食品与即食食品要有效地分离。

食品企业的一些防止交叉污染的操作,均根据此四个原则。具体操作方式如下。

a.手、设备、器械等在接触了不卫生的物品后应及时清洗消毒。

b.生产车间内禁止使用竹、木器具,禁止堆放与生产无关的物品。

c.所有加工中产生的废弃物应用专用容器收集、盛放,并及时清除,处理时防止交叉污染。

d.清洗区、非清洗区用隔离门分开,两区工作人员不得串岗,不同加工工序的工器具不得交叉使用。

e. 车间废水排放从清洁度高的区域流向清洁度低的区域,污水直接排入下水道中。

f. 生产所需要的配料应在生产前运进生产现场的配料库中,避免污染。原料、辅料、半成品、成品应分别暂存在不会受到污染的区域。

g. 盛放食品的容器不得直接接触地面。

h. 先处理熟物,再处理生食。

i. 生食、熟食应分开贮存;如果一定要使用同一容器,生食要放在熟食的下面,以避免血水等液体滴落到熟食上污染熟食。

j. 食物不宜裸露存放,以防止苍蝇等昆虫污染。

k. 不宜用相同的工器具处理生食和熟食;如果一定要使用同一工器具,处理熟食之前一定要对工器具彻底清洗消毒。

l. 为防止生食(生的肉、禽类、水产)的汁液污染冰箱内的其他食品,生食应放在密封的容器内。

m. 食品加工区域应防昆虫、鼠类和鸟类,并禁养动物和宠物,因为它们会传播病原菌。

n. 及时清理垃圾。

o. 不同区域的工器具用不同颜色和不同形状进行标识区分等。

(2)防止异杂物污染 控制异杂物污染必须考虑两个问题:在生产环境、原材料、生产过程中存在哪些异杂物以及他们是怎样进入食品中的;在食品生产过程中,采取什么方法识别异杂物污染,同时消除被异杂物污染的食品。

食品中的异杂物通常指玻璃、金属、塑料等与食品不同的物质,也包括与食品相关的物质,如骨头渣以及食品本身的一部分(如被误认为玻璃渣的糖和盐的晶体)。

(3)工艺技术卫生 食品生产过程包括从原料到成品的整个过程。食品原料经过各种形式的加工工艺,如冷冻、热处理、脱水、发酵、煎炸、膨化、烘烤、盐渍、罐藏等处理,成品经过包装贮存等。由于生产过程环节多,污染的可能性大,这就要求整个生产过程应处在良好的运行状态,即从制定合理的工艺流程着手,根据不同食品的特点,建立严格的生产工艺和卫生管理制度,避免食品在加工过程中受到污染。

在实际生产过程中应针对上述几种情况,采取科学、合理的工艺技术参数(如温度、时间、pH 等)和工艺流程,防止污染物产生,同时还要注意消除生物性危害。

①温度和时间:控制食品的卫生,最主要的是控制食品中微生物的生长和繁殖。因此,首先需要了解微生物生长繁殖的 6 个必要条件:

Food(食物);Acid(酸度);Temperature(温度);Time(时间);Oxygen(氧气);Moisture(湿度)。

每一个英文单词的第一个字母连起来:即 FATTOM。但是由于食物的复杂性,很多食品中的营养成分、酸度、含氧量、湿度很难改变,要控制微生物生长的环境,必须控制温度(Temperature)和时间(Time)。

加热是杀死微生物最有效,也是最安全的方式。为了确保加热效果,应当对食物加热的中心温度进行测量并记录。对于不同的原材料,根据其受污染的程度和所带菌相的不同,应加热到各自的安全核心温度。如禽、蛋类食品由于受污染程度普遍严重,且易受沙门菌污染,加热后其核心温度不能低于72℃。使用针式温度计检测食品的核心温度时,应注意对温度探针进行消毒。

由于微生物在危险温度带(5~63℃)中会快速的生长和繁殖,因此,热食在加热后要尽快地通过危险温度带。经过热处理后的食品温度要在65℃以上,并及时将其推入速冷库,在4h之内使其温度降至10℃以下,然后进行冷藏,2h之内必须保证食品的中心温度在0~5℃。

几点注意事项:

a. 经过热处理的食品,必须达到安全温度71~82℃,制成品中心温度达到71℃以上。

b. 烹调加工的生肉、生禽等,个体质量最大不超过3kg,以确保食品中心充分加热。

c. 热处理后的食品如需降温,应快速打冷,迅速通过危险温度带(5~63℃),避免微生物大量生长繁殖。

d. 在生产油炸类食品时,需要控制煎炸时温度和时间的上限,以保证油炸过程中不形成或尽量少形成有毒有害化学物。如防止苯并芘污染的主要措施是在食品加工过程中油温不要超过170℃。

②pH:微生物的生长有一定的最佳pH范围,在此范围之外微生物不能生长或生长缓慢,故调节pH也可以影响微生物的生长速率。同时,pH的变化也会对其他的杀菌流程的效果产生一定的影响。如热杀菌,研究表明,许多高耐热性的微生物,在中性时的耐热性最强,随着pH偏离中性的程度越大,耐热性越低,也就意味着死亡率越高。

总之,在有效控制生物性危害的同时,通过改进食品加工工艺和条件,是减少食品加工中形成有毒有害化学物质的可能途径。如防止亚硝胺污染食品的措施主要是改进食品加工方法——不用燃料木材熏制;在加工腌制肉或鱼类食品时,最好不用或少用硝酸盐,一定要用时须控制成品中的亚硝酸盐残留量不超过国家标准中的限值。

5. 成品贮存、运输和销售卫生

成品的贮存、运输是保证食品卫生质量的重要环节。生产出来的食品要经贮存、运输后送到经营部门,贮存过程不仅具有中转的作用,而且还起着检查产品稳定性的作用。食品的运输是联系生产者和经营者以及消费者之间的桥梁。因此成品的贮存、运输和其他生产环节一样,都应严格卫生管理,保证产品卫生质量不受影响。

（1）成品的卫生检验　食品厂应设立与生产能力相适应的卫生和质量检验室，并配备经专业培训、考核合格的检验人员从事卫生、质量的检验工作。卫生和质量检验室应具备所需的仪器、设备，并有健全的检验制度和检验方法。检验室应按国家规定的卫生标准和检验方法进行检验，要逐批次对出厂前的成品进行检验，并签发检验结果单。

检验用的仪器、设备，应按期鉴定，及时维修，使其处于良好状态，以保证检验数据的准确。应规定成品的品质规格、检验项目、检验标准及抽验检验的方法。除了自己要求对产品做检验外，应定期由当地行政管理部门监督检验。

对成品进行的微生物检验，通常一般检验细菌总数和大肠菌群等指示菌，有条件的可以根据产品的特点检验相应的致病菌，如沙门菌属、变形杆菌属、副溶血性弧菌属、致病性大肠杆菌、金黄色葡萄球菌、蜡状芽孢杆菌、肉毒杆菌、链球菌及志贺菌等。

国际食品微生物学标准委员会编写的出版物指出，检验微生物的方法不论如何准确，如果没有一个很好的采样计划是不能正确地评价食品的卫生质量的，随意的采样是不能令人满意的。

对各种微生物指标按照相应的实验方法进行检测，传统的方法需要在相应温度的培养箱内培养相应的时间，中间需要的周期较长，不能满足一些保质期短（如1d）的食品要求，因此企业可以采用一些快速检验方法，如微生物速测纸片、生化微量鉴定法、荧光检测法以及 DNA 鉴定法。但通常这些检验方法所用的仪器和耗材较贵，企业应根据自身的实际需求和经济承受能力进行选择。

试验过程中要详细记录样品名称、采样日期、采样地点及各项检验结果。操作人员、记录人员及审核人员必须签名。原始记录应齐全，并应妥善保存，以备查核。

（2）外界环境因素对贮运的影响　食品加工成型后仍受到多种环境因素的影响，促使其质量发生变化。

①光线的影响：光线对食品营养成分的影响是很大的，它会引发或加速食品中营养成分的分解，造成食品的腐变反应。光线中对食品破坏最大的是可见光谱中波长较短（450~500nm）的光线，对食品中各种成分之间起催化反应作用最大。波长大于上述范围的，对食品也具不同的不良作用。

光线对食品油脂的影响主要反映在以下几方面：促进食品中油脂的氧化反应，导致食品中油溶性食品的酸败；引起光敏感受性维生素（如维生素 B_2、胡萝卜素和硫胺素等）的破坏和食品的褪色；引起食品中蛋白质的变性。

②温度的影响：温度对食品中微生物增殖的影响和对食品品质变化的影响是相当明显的。尤其是在一定的湿度和氧气等条件下，食品受温度的影响程度更值得重视。大体来说，食品在恒定水分含量的条件下，温度每升高10℃，其变化反应速度将加快 4~6 倍。因此，现代食品冷藏和冷冻食品的温度分别控制在 0.5℃和

－18℃左右,防止食品组织的变化和细菌增殖(如冷藏冰淇淋)。

③湿度和水分的影响:一般的食品都含有不同程度的水分,这部分水分是食品维持其固有性质所必需的。

一类是食品中水分含量为1%～3%,其平衡相对湿度低于20%,甚至低于10%。这类食品是比较干燥的,其平衡相对湿度一般低于周围环境空气中的湿度,因此,很容易从空气中吸收水分。食品多数是多孔性的,其表面积都很大,因而更增加吸湿性。干燥的食品吸收水分以后,不但会改变和丧失它固有性质(例如香性和酥脆性),甚至容易导致食品的氧化腐变反应,加速食品的腐败。

另一类是食品中水分含量在2%～8%,平衡相对湿度在25%～30%。例如粉状调味品、脱水汤料和干燥乳粉等。它们也会因吸收潮湿水蒸气而引起食品变质。因为食品中的水分含量较高,给氧化反应和微生物的增殖提供了更为有利的条件。饼干和谷类等加工食品(如糕点、麦片等)属于这一类食品。它们往往包含脂肪和蛋白质等对氧化很敏感的成分,更容易因受潮而加速脂肪和蛋白质受氧破坏的速度。饼干的酥脆性对湿度也是非常敏感的,一旦吸收了水分,食品便失去了固有的性质。

第三类是食品中的含水量在6%～30%,属于这一类的食品有面粉、果脯等。在没有包装的条件下具有较长的贮存期,因为其本身的含水量与环境的相对湿度比较接近,但较长时间吸收水分,也会引起微生物的侵袭和增殖。如面粉贮存期的适当含水量为11%～13%,如果其含水量超过13%。真菌将迅速增殖,使面粉发生霉变。面包与糕点等焙烤食品刚加工后,其内部含水量可高达45%。在贮运过程中,水分会逐渐向表面转移,并散失到大气中去。面包的脱水过程也叫陈化。面包陈化后,会变得坚硬,失去固有的柔软新鲜的本性,无法销售和食用。

(3)影响贮运期间食品卫生质量变化的原因　食品在贮存、运输中因外界条件的影响,卫生质量发生变化,其主要原因如下。

①脂质酸败:脂质的酸败以氧化酸败为主,氧化酸败主要是油脂中含有不饱和脂肪酸引起。如花生酥糖含有较高的不饱和脂肪酸,其双键很不稳定,经自动氧化产生过氧化物、氧化物和氢过氧化物。这些产物都不稳定,进一步分解成许多碳链较短的产物,如醛、酮等。这就是油脂酸败形成"哈喇味"的主要原因。据报道,小于0.2mg/kg的油脂被氧化时即可引起异味。植物油脂由于含有较多的不饱和脂肪酸,因而更易氧化。

②淀粉老化:淀粉不溶于水,但其水悬液加热到一定温度时,淀粉粒会突然溶胀而破裂,形成均匀黏稠的胶体溶液,这一现象称为淀粉的糊化。处于这种糊化状态的淀粉,称为α－淀粉。在常温条件下,长期放置已经糊化的α－淀粉会逐渐变硬,这种现象称为淀粉的老化,也称为淀粉的凝沉。凝沉结块的淀粉,不能为水溶解,也不能被酸分解。在食品食用和保藏过程中,经常会碰到一些食味不可口的现象,如新鲜馒头和面包放置两天过后,就会出现硬化、颜色变暗、吸水力减小的现

象,从而使食品原有的柔软度、可口性变差。这实际上就是淀粉老化的缘故。

③食品褐变:食品在保藏过程中往往发生变色,这种变化不仅改变了食品外观,而且使其内部营养成分发生分解变化。食品褐变根据其发生机制可分为非酶褐变和酶促褐变两类。

非酶褐变:这种褐变常在一定的温度和水分条件下发生,如大米变黄、脱脂乳粉变色等。非酶褐变反应实质上就是还原糖的羰基和氨基酸的氨基之间的反应,简称为羰氨反应,一般称为美拉德反应。反应的结果是产生类黑色素,从而导致食品的褐变。

酶促褐变:食品在保藏和加工过程中,由于机械损伤或环境异常变化,如受热、受冻、受光时,影响代谢中氧化还原的平衡,发生氧化产物的积累,形成变色。这种变色作用是在与氧接触、酶催化下形成的,故称为酶促褐变,如青蚕豆变色、马铃薯和苹果切片及损伤部位变黑,糯米粉加水蒸煮变红等,都属于酶促褐变。

④微生物作用:食品是微生物生长繁殖的良好培养基。由于微生物的作用,促使食品营养成分迅速分解,使食品质量下降,变质腐败,甚至产生毒素。引起食品变质的微生物有细菌、霉菌和酵母菌。水产食品、熟肉及家禽、果蔬类食品以细菌的作用最显著;米、面及粮食制品则以霉菌的作用最显著。微生物对食品的变质腐败作用与食品的种类、成分以及贮存环境有关,因为微生物的生长繁殖要求一定的温度、湿度和气体条件。

⑤食品中生物化学反应:食品中含的酶所进行的生物化学反应也是促进食品变质腐败的一个原因。这些生化反应的结果,使食品中所含的营养成分被逐渐分解,使食品失去原有的色、香、味,甚至产生酸霉气味。例如,果实和蔬菜在贮存中的呼吸作用是限制其贮存和贮存时间长短的主要因素。食品中的生化反应速度也受到温度、湿度和气体成分等环境条件的影响。

(4)贮存的卫生要求　根据食品贮存所需温度的高低,可将仓库分为常温库、冷藏库和高温库。涉及食品贮存的卫生要求主要有以下两项内容:

①仓库的基本卫生要求:

a. 远离污染源。周围25m内没有污染源,包括垃圾场、厕所、猪圈以及粉尘、有害气体和其他扩散性污染源,不得有苍蝇等昆虫大量孳生的潜在污染源。

b. 仓库的容量应与生产规模、产品数量相适应。冷饮、糕点食品应存放在仓库中,经微生物检验合格后方可出厂,罐头食品灭菌后需在仓库存放1周观察有无胖听罐出现。因此,仓库容量应明显大于产品的班产量,以确保容纳产品和堆放有序。

c. 仓库的门窗配备防蝇、防尘、防鼠、防蟑螂等设施。保持仓库内无蝇、无鼠、无蟑螂、无有害昆虫,发现鼠害应及时采取灭鼠措施。保持库外的环境卫生,清除苍蝇孳生地。

d. 保持阴凉干燥。减少温度波动,装有遮光窗帘,避免阳光直接射入。

e. 尽量保持低湿。防止食品受潮或霉变。

f. 应辟设单间或隔离室。

g. 贮存成品油脂的容器,内壁涂料应符合卫生要求。定期清理或清洗,如发现油垢、水垢、异味,必须经认真清洗消毒,水冲干净后才能灌油。

②食品存放的卫生要求:

a. 贮存各类食品成品应与原料、半成品分库存放。

b. 对入库食品要做好验收工作,并有记录保证变质食品不入库。定期对库存食品进行卫生质量检验,发现问题及时处理。

c. 各类食品应标志明显,分类存放。干燥食品与含水量高的食品要分开堆放;糖果、糕点应存放在严禁防潮设施的库房内,以防吸湿发生溶化、霉变;有异味的食品与易于吸附气味的食品应分别堆放,以免相互串味;对库内卫生质量存在问题的食品与正常食品,以及短期存放与较长时间存放的食品也应做到分别堆放。

d. 堆放食品应做到隔离、离地。堆垛之间保持一定的距离,不能过分密集,以利于通风换气和检查。如使用托板,要做到一只托板仅放一个批次的产品。

e. 对库存食品做到先进先出,尽量缩短贮存期。

f. 需冷藏贮存的食品应分架堆放。一般冷藏食品不宜储存时间过长。如需长期冷藏,温度应保持在 −18℃以下。贮存冷饮等食品应专库存放。

g. 严禁在存放食品的仓库内堆放农药、化肥和其他有毒物品,以防污染食品,引起中毒。

(5)产成品的运输要求

①运输工具(包括车厢、船舱和各种容器等)应符合卫生要求。要根据产品特点配备防雨、防尘、冷藏、保温等设施。

②运输作业应避免强烈的震荡、撞击,轻拿轻放,防止损伤成品外形;且不得与有毒有害物品混装、混运。作业终了,搬运人员应撤离工作地,防止污染食品。

③生鲜食品的运输,应根据产品的质量和卫生要求,另行制定办法,由专门的运输工具进行运输。

(6)成品销售的卫生要求

①产品在销售过程中,应根据产品的特点进行存放。

②货架应离墙离地,做到防潮、防霉、防尘和防虫害。

③易腐食品要在冰箱或冰柜内存放。

四、食品生产卫生管理

(一)卫生管理的关键职责与内容

1. 人员培训

食品卫生监控管理和执行队伍是食品生产经营企业中非常宝贵的人才队伍。

因为,良好的生产环境和生产过程,必须依靠人来完成,如果员工既无经验也没有经过良好的培训,就会使卫生操作规范失效或实施不健全。

关于食品卫生管理和实施人员的重要性,主要体现在以下几方面。

(1)人是生产要素,产品安全与卫生取决于全体人员的共同努力。因此,各级人员在食品安全与质量保证中的重要性无论怎样强调都不会过分。

(2)人员必须经过培训,以胜任各自的工作。

(3)所有人员都必须严格"照章办事",不得擅自违背卫生操作规程。

(4)如实报告工作中的差错,不得隐瞒。

就基础卫生而言,培训员工卫生知识尤其重要,因为只有在食品加工企业所有设施都是清洁的前提下才能保证食品的安全与卫生。卫生管理人员应具有认真、奉献的专业精神,能正确理解卫生操作规程及其在组织中的作用。但是,传统上习惯的做法是雇用一些无经验的人员,不采取任何培训措施就将他们纳入员工队伍中。另一方面,人们往往错误地认为,经常更换不称职的员工可弥补培训与教育的不足。这种现实情况显然向卫生管理人员提出了挑战,卫生管理人员应该知道如何培训这样的员工,建立一支训练有素的员工队伍。

卫生管理人员应该具备食品微生物学、食品卫生学、食品工厂设计、食品加工设备的操作、清洁剂和消毒剂的作用等方面的知识和经验。因此,必须参加相关培训,以便能获得相关知识和经验。

总之,训练有素的员工队伍将有助于减少工厂卫生事故,减少产品回收,并能改善员工精神面貌,提升企业形象。培训为卫生管理人员提供了一个给员工强调卫生工作重要性及高质量完成工作必要性的有效渠道。通过培训使每个员工清楚地认识到,卫生和安全的食品是他们的努力生产的出来的,以强化员工内心的责任感和动力。

2. 管理与监控

监控是一个有计划的连续监测或观察过程,用以评估卫生操作规范是否得到有效实施。因此,它是保障食品卫生的重要的管理措施之一。将监控纳入卫生管理体系中,能及时识别员工违反卫生操作的行为,以便及时采取纠正措施,防止不卫生的生产环境或生产过程生产出不安全的食品。

监控通常应该包括以下四项内容:

(1)监控对象 监控对象常常是针对卫生操作规范实施过程中某个可以观察或测量的特性。例如,监控人员卫生时,对其工作服的清洁度、手的卫生状况的检查;监控食品接触面的卫生状况时,对其表面进行涂抹实验,检测其菌落总数的多少。

(2)监控方法 选择的监控方法必须能够迅速识别违背卫生操作规范之处,因为监控结果是决定采取何种预防(控制)措施的基础。

(3)监控频率 监测的频率取决于食品的性质(是否是高风险食品)以及食品

加工区域的卫生级别。在卫生操作规范中,为每个重要的卫生环节确定合适的监控频率是非常重要的。

(4)监控人员　明确监控责任是保证卫生操作规范得到有效实施的重要手段。负责监控卫生规范执行情况的人员可以是:流水线上的人员、设备操作者、监督员、维修人员、质量保证人员。一般而言,由流水线上的人员和设备操作者进行监控比较合适,因为这些人需要连续观察产品和设备,能比较容易地从一般情况中发现问题,甚至是微小的变化。

负责监控的人员必须经过培训,具备一定的知识和能力,充分理解保持卫生的重要性,能及时进行监控活动,准确报告每次监控结果,及时报告违反卫生标准操作规范的情况,以保证纠正措施的及时性。所有与清洁生产区有关的卫生记录和文件必须由实施监控的人员签章。

总之,监控是决定卫生操作规程成功与否的关键所在。在监控过程中,管理人员的任务包括审查卫生操作规程以确保正确执行各项规定。要求卫生操作规程能像黏合剂一样把卫生大厦的砖瓦连接起来。监控人员应时常保持警惕以识别那些可能在不知不觉中就发生了的不安全行为。同时,应不断加强与完善监控制度、连续培训程序,使员工时刻意识到自己的责任。

与监控相对应的措施是激励。如果能激励员工做好工作,那么管理人员的负担就减轻了,监控工作也会随之更加容易进行。有效培训可以作为一种鼓励力量,因为对员工进行专业培训能改进其能力,并能激发其工作积极性。

管理人员应明确表达其对卫生工作的态度——卫生工作是一项很重要的工作。员工的清洁工作应得到承认,而不应被忽略。管理人员应赞扬员工的清洁工作为维护环境卫生以及为生产安全食品所做出的贡献,而不能忽视他们的努力。这种工作激励方法能积极促进和鼓励员工做得更好。卫生管理队伍需要明确他们的工作是很有价值的,对食品的安全性也是至关重要的。

3.内外部沟通

为了确保在食品生产的每个环节中所有与卫生相关的食品安全危害均得到识别和充分控制,食品生产经营者必须保持有效的内部沟通和外部沟通。这意味着企业内部各部门之间、企业相关部门与外部机构,如政府监督部门、相关高校与研究机构之间必须进行有效沟通。

(1)内部沟通　确保食品生产经营企业内部的各种卫生标准操作规范都能获得充分的相关信息和数据,不同部门和层次的人员应通过适当的方法及时沟通,以保证信息传递的正确性,有助于提高组织效率,及时弥补或解决相关问题。

食品生产经营企业要对卫生操作的有关信息进行程序化管理,保证内部与外部信息能够畅通有效的交流。对各种外部信息,应该做到有序的、文件化的接收、处理与答复。信息指与食品卫生因素及食品卫生管理有关的信息,如与食品卫生和安全因素有关的法律法规的变化、有关化学物质的毒性、安全数据;食品卫生管理人员的任免、食品卫生管理方案实施中的困难等都可成为食品卫生信息交流的内容。

内部信息的迅速交流是食品卫生管理中的一项重要内容,任何信息的停滞和不畅都可能给企业带来经济损失。清洁和卫生计划、人员资格水平和(或)职责和权限分配、法律法规要求、表明与产品有关的健康危害的投诉、突发或新的食品安全危害及其处理方法的新知识等均是内部交流的重要内容。

内部沟通的方式包括:会议、传真、内部刊物、备忘录、电子邮件、纪要、口头或非口头的形式;沟通的正式化程度以及书面文件的需要程度均取决于组织的规模和活动的性质。

(2)外部沟通　为确保能够获得充分的食品安全卫生方面信息,食品生产经营者应制订、实施和保持有效的外部沟通方案,以确保相关知识的分享,便于有效识别、评定和控制卫生问题。

食品生产经营者应指定专门人员,作为与外部进行有关食品安全卫生沟通的途径,有利于信息的收集、传递和处置。外部沟通通常涉及的四个相关方如下:

①与供方和分包商的沟通:掌握共同关注的食品安全和卫生要求;

②与顾客沟通:针对客户意见或投诉,通过启动内部溯源程序,找出导致客户抱怨的原因,对与卫生相关的原因,要进行认真仔细分析,举一反三,预防相同事件的再次发生;

③与立法、监管部门沟通:确定食品安全卫生要求,并为食品生产经营者有能力达到该水平提供信息,如获取法律法规信息;

④其他相关方沟通:如获得食品卫生方面的技术支持等。

4. 验证

"验证才足以置信",这句话表明了验证的核心所在。因此,验证的目的是通过严谨、科学、系统的方法确认卫生操作程序是否有效(即所采取的各项卫生措施能否控制加工过程中的卫生问题),是否被正确执行(因为,有效的措施必须通过正确的实施过程才能发挥作用)。

利用验证过程,不但能确定卫生操作程序是否按预定计划执行,而且还可确定卫生操作程序是否需要修改和再确认。所以,验证是卫生操作程序实施过程中最复杂的程序之一,也是必不可少的程序之一。

正确制订并执行验证程序是确保卫生操作程序成功实施的基础。如对于卫生级别要求高的清洁区,需要对所有影响环境中微生物数量的因素进行研究并实施控制,并对生产环境和生产过程进行验证。

5. 食品卫生的持续改进

持续改进是所有食品生产经营者的永恒主题。

持续改进是指增强满足要求的能力的循环活动。因为,持续改进卫生标准操作程序的有效性,要求卫生管理人员不断寻求对卫生操作规范及其实施过程进行改进的机会,这些改进的机会或措施可以是日常渐进的改进活动,也可以是重大的改进活动。

持续改进是一个螺旋式提升的过程。持续改进的基础活动、步骤和方法包括:

①分析和评价现状,以识别改进区域;

②确定改进目标;

③寻找可能的解决方法,以实现这些目标;

④评价这些解决办法并做出选择;

⑤实施选定的解决方法;

⑥测量、验证、分析和评价实施的结果,以确定这些目标已经实现;

⑦正式采纳更改。

为促进卫生标准操作程序有效性的持续改进,卫生管理人员应考虑下列活动:

①通过食品卫生目标的建立,设立改进方向和目标,营造一个激励改进的氛围与环境;

②通过分析找出不满足卫生要求、过程不稳定的原因;

③利用内部检查和验证,不断发现食品卫生管理的薄弱环节;

④利用纠正措施和预防措施,避免违反卫生操作程序行为的发生或再发生;

⑤通过管理评审和内部审核等活动,发现对食品卫生有效性的持续改进的机会。

(二)相关操作程序与管理规范

食品企业控制食品质量安全的主要管理体系有质量管理体系(ISO9000)、良好操作规范(good manufacture practice,GMP)、危害分析及关键控制点(HACCP)、食品安全管理体系(ISO22000)、全面质量管理(total quality management,TQM)。

GMP是政府强制性的有关食品生产、加工、包装贮存、运输和销售的卫生要求。目前,采用GMP的行业主要有:食品工业、制药业及医疗器械工业。食品GMP一种包括4M管理要素的质量保证制度,即选用符合规定要求的原料(Materials),以合乎标准的厂房设备(Machines),由胜任的人员(Man),按照既定的方法(Methods),制造出品质既稳定而又安全卫生的产品的一种质量保证制度。因此,食品GMP是一种特别注重产品在整个制造过程中的品质与卫生的保证制度,其所规定的内容是食品生产加工企业必须达到的基本要求。GMP的基本精神为:①降低食品制造过程中人为的错误;②防止食品在制造过程中遭受污染或品质劣变;③要求建立完善的质量管理体系。

TQM是一种由顾客的需要和期望驱动的管理哲学。它通过全体员工的参与,改进流程、产品、服务和公司文化,以达到生产百分之百合格的产品,实现客户满意,从而获取竞争优势和长期成功。TQM是一门成功的管理哲学,对已接受TQM基本原理并实施TQM原则的公共卫生学专家和企业而言,团队合作将是实施TQM行之有效的手段。TQM已成功地应用于食品制造业和服务业。

HACCP 体系是为生产安全食品而采取的一种预防性措施,主要基于食品卫生中两个重要概念——预防和记录而建立的,其作用是判断影响食品安全的危害以何种方式、在哪道工序中存在以及应如何预防。这种积极的、以预防为主的体系致力于预防和控制三类食品安全危害:生物性危害、化学性危害和物理性危害。HACCP 的目标是确保有效的卫生设备、卫生程序及其他操作因素在生产安全卫生食品过程中的应用,并为食品企业是否遵循安全卫生操作规程提供证据。

只要食品生产经营企业符合质量安全管理的要求,且执行各项规定,那么其生产的食品就应该符合食品安全的要求。如果在日常生产中,偏离或违反了质量安全管理体系的要求,但又没有制度或方法及时识别这些偏离,那么,就有生产不符合食品安全要求的风险。也正是因为现实中偏离管理体系的情况时有发生,才很难杜绝与食品安全相关的投诉,甚至食品安全事件的发生。卫生标准操作程序(Sanitation satndard operation procedures,SSOP)就是在这种情况下应运而生的。

美国 FDA 推荐的 SSOP 应包括(但不限于)以下八个方面的内容。

(1)与食品接触或与食品接触物表面接触的水(冰)的安全。

(2)与食品接触的表面(包括设备、手套、工作服、工器具)的清洁度。

(3)防止发生交叉污染(食品与不洁物、食品与包装材料、人流与物流、高清洗区的食品与低清洗区的食品、生食与熟食)。

(4)手的清洗消毒设施以及卫生间设施的维护与卫生保持。

(5)防止食品、食品包装材料、食品接触面被污染物(润滑油、燃油、清洗剂、消毒剂、冷凝水、涂料、铁锈和其他生物性、化学性、物理性外来杂质)的污染。

(6)有毒有害化学物质的正确标记、储存和使用。

(7)雇员的健康与卫生控制。

(8)害虫的控制及去除(防虫、灭虫、防鼠、灭鼠)。

制定 SSOP 的意义在于:指导食品生产经营企业在加工过程中有效实施清洗、消毒和卫生保持,同时监控整个卫生情况,及时消除偏离或违反食品质量安全管理体系要求的状况或风险,以确保达到食品质量安全管理体系所规定的要求。SSOP 是食品生产经营企业根据自身基础设施、产品特点与要求所制定的非常具体的卫生标准操作规范。因此,SSOP 补充和完善了食品质量安全管理体系在实际应用或操作方面的不足。SSOP 的设计因企业各异且必须形成文件,这是食品质量安全管理体系没有要求的。

[项目小结]

食品设施和建筑的卫生设计是保证卫生操作规范有效实施的基本条件。在卫生设计过程中,首先需要选择无环境污染(如空气污染、害虫污染和致病性微生物污染)的场所。工厂的设计必须具备合理的排水系统,尽量减少来自环境的污染。各种食品加工设备都必须具有光滑、无渗透性的表面以防止害虫侵入。在加工设计中应注意成品不得与原料或半成品接触。

　　清洗设备的主要功能是分配清洗剂和消毒剂以便清洗、消毒和灭菌。有效清洗系统可以节约 50% 的劳动力。CIP 设备能有效清洗乳制品和饮料这类流体加工企业中的部分设备，且可以减少人工清洗。但这种设备造价昂贵，在污垢重的地方和存在不同加工系统的地方清洗效率低。复杂的 CIP 设备有控制操作参数的微处理控制装置。COP 设备能有效地清洗部件和小器具。利用机械化润滑设备，可以更卫生地润滑高速传送带和其他设备。

[项目思考]

　　1. 为什么说食品加工企业的厂址选择很重要？

　　2. 在选择食品加工企业的厂址时，必须考虑哪些问题？

　　3. 食品加工企业的墙壁应具有哪些性能？

　　4. 对食品加工企业而言，比较理想的屋顶结构是什么？

　　5. 为什么要安装风幕？

　　6. 为什么食品加工企业不主张用窗户？

　　7. 在食品加工企业中，为什么不推荐使用假天花板？

　　8. 加工设计的最佳流程是什么？

　　9. 应该怎样设计食品加工企业中的卫生设施以防害虫侵入？

　　10. 为什么采用不锈钢设施比其他金属好？

　　11. 清洗设备的主要功能和作用是什么？

　　12. 就地清洗（CIP）设备的特点和用途是什么？

　　13. 如何保证管道和设备表面的自我排水能力？

项目五　食品安全性评价

[知识目标]

(1)了解食品污染物对人体安全的危害。

(2)掌握食品安全风险分析的基本概念。

(3)熟悉食品安全毒理学评价的基本内容。

(4)掌握安全限值的概念和应用。

[必备知识]

一、食品安全风险分析

(一)食品的风险

1.食品的风险

(1)风险　"风险"是一种不良健康效应的可能性及该效应严重程度的函数,以概率及严重程度的可能性表示。这种效应可由食品中的一种危害引起,或由几种危害复合暴露所致。危害与风险都是客观存在的,但风险对于任何物质及状态而言是发生概率大小和严重程度的问题,风险评估结果存在不确定性,正如天气预报中对出现状况的预测存在不可预见性一样,是以一定范围的概率表示的。食品安全保障不能消除危害,只能将风险降低到可接受程度。

(2)可接受风险　从理论而言,几乎所有化学物质、大多数微生物等都是危害物,但毒理学上讲"剂量决定毒性",即只要接触剂量低于某阈值,其风险就可忽略。实际上,在多种因素的干扰下,人类认识危害的能力是有限的,如某些化学物阈值难以确定、微生物活体存在诸多变数等出现这样或那样的难题。尤其对于某种物质,其致癌性没有阈值可以衡量,由此提出的可接受风险的概念更具操作性。可接受风险是指公众和社会在精神、心理、经济及道德等各方面均能承受的风险。

食品安全风险(Risk)是指食品中或者食品食用过程中存在有不利于健康的影响的可能性,以及影响的严重程度和食品危害所引起的后果。食品安全危害(Hazard)是指食品中会对健康形成潜在不利影响的生物、化学或物理因素,或食品状态。

2.食品安全危害

食品安全危害主要包括毒性和损害作用。

(1)毒性　毒性(Toxicity)指外来化学物质能够造成机体损害的能力。描述一种化学物质的毒性总是和剂量相联系的。所谓毒性大的物质,是指使用较少的数量即可对机体造成损伤;而毒性较小的物质,是指需要较多的数量才可对机体造成损伤。从某种意义上说,只要达到一定的数量,任何物质都可能表现出毒性;反之,只要低于一定剂量,任何物质都不具有毒性。

衡量化学物质的毒性需要有一定的客观指标,包括生理、化学正常值的变化和免疫能力的改变等。随着科学技术的进步,毒性的观察指标越来越深入,目前已可观察到机体的受体、酶及其他大分子的变化。但死亡是最简单和最基本的指标,以死亡来描述物质毒性的概念主要有:

①绝对致死剂量(LD_{100}):指能造成一群机体全部死亡的最低剂量。由于个体差异,使群体间对化合物的耐受性不同,可能有个别或少数个体的耐受性过高或过低,并以此造成群体 100% 死亡的剂量变化,即在不同试验条件下的 LD_{100} 的不确定性。所以,一般情况下,很少使用 LD_{100} 来描述一种物质的毒性。

②半数致死剂量(LD_{50}):是一个用统计学方法表示的,能预期引起一群机体中 50% 死亡所需要的剂量。

③最小致死量(MLD):指能引起一群机体中个别个体死亡的最小剂量。

④最大耐受量(MTL):指能引起一群机体全部发生严重的毒性反应但无一死亡的最大剂量。

(2)损害作用　化学物质引起机体的损伤即它表现的毒性也和接触的剂量有关,在一定剂量下可对机体构成伤害,而在另一定剂量下则也可对机体无伤害作用。所谓损害作用是指在间断或连续摄入一种化学物质的过程中,引起机体功能容量的损伤或对额外应激状态代偿能力的降低。还包括在摄入一种化学物质期间或停止摄入后,所出现的维持机体稳态能力的降低是不可逆的,并使机体对其他环境因素不利影响的易感性有所增加。而无损害作用是指不引起机体在形态、生长、发育和寿命方面的改变;不引起机体功能容量的降低和对额外应激状态代偿能力的改变,所引起的生物学改变一般都是可逆的,停止接触该化学物质后,不能查出机体维持稳态能力的降低,也不能使机体对其他环境因素不利影响的易感性有所增加。以损伤作用来描述物质毒性的概念主要有:

①最大无作用剂量(Maximal no-effect level):在一定时间内,一种外来化学物质按一定方式或途径与机体接触,根据目前认识水平,用最灵敏的试验方法和观察指标,未能观察到任何对机体的损害作用的最高剂量。最大无作用剂量是评定外来化学物质毒性的重要依据,是制定一种外来化学物质的每日容许摄入量(Acceptable daily intake,ADI)和食品中最高容许限量的基础,具有十分重要的意义。ADI 是指人类终生每日摄入该外来化学物质而不致引起任何损害作用的剂量;最高容许限量指一种化学物质可以在食品中存在而不致对人体造成任何损害作用的限量。

②最小有作用剂量(Minimal effect level):即在一定时间内,一种外来化学物质按一定方式或途径与机体接触,能使某项观察指标开始出现异常变化或使机体开始出现损害作用所需的最低剂量,也可称为中毒阈剂量(Toxic threshold level),

或中毒阈值(Toxic threshold value)。理论上,最大无作用剂量和最小有作用剂量应该相差极微,但由于对损害作用的观察指标受此种指标观测方法灵敏度的限制,所以实际上最大无作用剂量和最小有作用剂量之间仍然有一定的差距。如果涉及外来化学物质在环境中的浓度,则称为最大无作用浓度或最小有作用浓度。

最大无作用剂量和最小有作用剂量所造成的损害作用,都有一定的相对性。严格的概念,不是"无作用"剂量或"有剂量",而是"未观察到作用"或"观察到作用"剂量。所以应该确切称为"未观察到作用的最大剂量(或浓度)"或"观察到作用的最小剂量(或浓度)"。由于外来化学物质的毒性作用大小受接触方式、接触时间、动物种属及观察指标的影响,所以当外来化学物质与机体接触的时间、方式或途径和观察指标发生改变时,最大无作用剂量或最小有作用剂量也将随之改变时,最大无作用剂量或最小有作用剂量也将随之改变。所以表示一种外来化学物质的最大无作用剂量和最小有作用剂量时必须说明试验动物的种属品系、接触方式或途径、接触持续时间和观察指标。

③耐受摄入量(Tolerable intake,TI):是针对化学污染物和天然毒素设立,对一种物质终生摄入保证不发生有害健康的风险的可耐受剂量,按每千克体重表示。最早由国际化学品安全规划署(the International Programme Oil Chemical Safety,IPCS)提出,目前食品污染物与天然毒素的耐受摄入量由 JECFA 推荐。如果污染物没有存在累积毒性,用每日耐受摄入量(Tolerable daily intake,TDI)表示;如果污染物存在累积毒性,就以每周耐受摄入量(Tolerable weekly intake,TWI)表示;由于污染物可能伴随科学认识和技术进步而改变,大多数以暂定(Provisional)表示,如PTWI 和 PMTDI;如二噁英和镉等由于更加长期才能出现,按月表示为暂定每月耐受摄入量(Provisional tolerable monthlv intake,PTMI)。

④参考剂量:参考剂量(Reference dose,RfD)和参考浓度(Reference concentration,RfC)是美国环境保护署(EPA)对非致癌物质进行风险评估提出的概念,与ADI 类似。参考剂量和参考浓度,是指一种日平均剂量和估计值。人群(包括敏感亚群)终身暴露于该水平时,预期在一生中发生非致癌(或非致突变)性有害效应的风险很低,在实际上是不可检出的。

⑤急性毒性参考剂量(Acute reference dose,ARfD):在 24h 或更短时间内,食物和/或饮水中摄入的物质在评估时间可以考虑的所有已知条件下不会对消费者产生明显风险的剂量,以每千克体重表示[农药残留联席会议(JMPR),2002]。目前主要用于农药残留。也与某些污染物(如 DON)和兽药残留有关。

⑥最高允许浓度:最高允许浓度(Maximal allowable concentration,MAC)指某一外源化学物质可在环境中存在而不致对人体造成任何损害作用的浓度。

⑦阈值(Threshold):指化学物质引起受试对象出现可指示最轻微的异常或改变所需要的最低剂量。阈值又分为急性阈值及慢性阈值,急性阈值为一次暴露所产生有害反应的剂量点,而慢性阈值是长期不断反复暴露所产生有害反应对应的

剂量点。有阈值与无阈值是从毒理学角度划分风险评估范畴的一个重要分界点。另外,对于有阈值化学物质风险评估,不同机构赋予剂量点不同的表征名。WHO对农药、兽药和食品添加剂采用了 ADI,WHO/IPCS 对狭义化学污染物和天然毒素采用了可耐受剂量(Tolerable intake,TI),美国环境保护局采用了参考剂量 RfD 或参考浓度 RfC,美国毒物与疾病登记署(ATSDR)采用了最小风险水平(Minimum risk level,MRL),加拿大卫生部采用了 EI 允许摄入量/日允许摄入浓度(Tolerable daily intake/Tolerable daily concentration,TDI/TDC)。

(二)风险分析框架

目前国际通用的食品安全性评价均采用"风险分析"的概念和框架。"风险分析"的概念首先出现在环境科学危害控制中,并在 20 世纪 80 年代出现在食品安全领域。食品安全风险分析的根本目标在于保护消费者的健康和促进公平的食品贸易。目前,食品安全风险分析的理念已经为许多国家和组织所采用,被认为是食品安全标准的制定基础,也是食品安全控制的科学基础。

风险分析是研究风险的产生、发展和对人们的危害以及如何进行预防、控制和规避风险的科学。风险分析是一个结构化的过程,主要包括风险评估、风险管理和风险交流三部分。在一个食品安全风险分析过程中,这三部分看似独立存在,其实三者是一个高度统一融合的整体。在这一过程中,包括风险管理者和风险评估者在内的各个利益相关方通过风险交流进行互动,由风险管理者根据风险评估的结果以及与利益相关方交流的结果制定出风险管理措施,并在执行风险管理措施的同时,对其进行监控和评估,随时对风险管理措施进行修正,从而达到对食品安全风险的有效管理。

1. 风险管理

风险管理与风险评估不同,是权衡不同管理策略并与相关机构商讨行政政策的决策过程,它在考虑风险评估结论基础上兼顾保护消费者及促进公平贸易,并在必要情况时选择与实施适当管理措施的过程。措施包括制定限量(MRL 或 ML)标准与控制规范,实施食品安全监控措施。当前,最佳的风险管理方式之一为应用危害分析与关键点控制(HACCP)体系来保证食品安全。

在食品法典委员会的定义中,风险管理是及时依据风险评估的结果,权衡管理决策方案,并在必要时,选择并实施适当的管理措施(包括制定措施)的过程。风险管理的第一步是在风险概述的基础上,对需要进行风险评估的食品及危害物做出具体的风险评估的要求;第二步是依据风险评估的结果,权衡管理决策方案,并在必要时,选择实施适当的控制措施的过程,其产生的结果就是制定食品安全标准、准则和其他建议性措施。

风险管理的主要内容包括四个方面:①风险评价(初步的风险管理活动);②确定并选择风险管理方法;③风险管理决策的实施;④监控和评估风险管理决策的实施。风险评价是在风险概述的基础上,对需要进行风险评估的食品及危害物做出具体的风险评估的要求,基本内容包括确认食品安全问题、描述风险概况、就风险评估和风险管理的优先权对危害进行排序、为进行风险评估制定风险评估决策、提供风险评估的人力物力、决定是否需要进行风险评估以及风险评估结果的审议等;风险管理策略评估和最终决策包括确定可行的管理选项、选择最佳的管理选项(包括考虑一个合适的安全标准)以及最终的管理决定,包括适宜保护水平(ALOP)的确定、有效风险管理决策的确定、优先风险管理决策的选择、最终风险管理决策。由于保护人体健康应当是首先考虑的因素,同时可适当考虑其他因素(如经济费用、效益、技术可行性、对风险的认知程度等),可以进行费用 – 效益分析,及时启动风险预警机制;并对管理措施的有效性进行评估以及在必要时对风险管理和(或)风险评估进行审查,以确保食品安全目标的实现。

风险管理必须遵循如下原则:①风险管理应当选择最优管理方法,可在管理框架内根据具体情况选择管理项目;②风险管理在保障人体健康、生态平衡或动物福利等的基础上注重成本节约并达到效益显著;③风险管理的决策和执行应当透明;④风险管理在功能上应当与风险评估进行严格分离,确保风险评估过程的独立性和科学完整性,减少风险管理者对风险评估的干扰与利益冲突;⑤风险管理决策应当考虑风险评估结果的不确定性。最后风险管理过程根据需要,应当保证与所有利益相关方进行有效的风险交流。

2. 风险交流

风险交流是指在风险分析全过程中,就危害、风险、风险相关因素和风险认知在风险评估人员、风险管理人员、消费者、产业界和其他感兴趣各方对信息和看法的互动式交流,交流内容包括对风险评估结果的解释和风险管理决定的依据。在风险分析的三个组成部分中,风险交流是联系风险分析过程中利益相关方的纽带。从本质上讲,风险交流是一个双向过程,它涉及了风险管理者与风险评估者之间、风险分析小组成员和外部的利益相关方之间的信息共享。在这个双向信息交换过程中,一方面就食品安全风险和管理措施向公众提供清晰、及时的信息,主要是保证利益相关方和公众对食品安全风险信息和决策过程的知情权和对决策过程的参与权;另一方面通过风险交流,风险管理者和风险评估者可以获取关键信息、数据和观点,并从受到影响的利益相关方那里征求反馈意见,这样的参与过程有助于形成决策依据。而在实际的运行中,风险管理者和风险评估者经常处于一个相对封闭的过程中,而且他们也认为风险分析过程主要由政府管理者和专家来完成,其他利益相关方和普通大众参与的较少。因此,风险交流的目的就是要在整个风险分析的过程中,通过互动式双向风险信息交流和互换来保证利益各方都能参与到风险管理和风险评估过程中,提高大众对风险管理决策的知情权和参与权。

3. 风险评估

风险评估是系统地采用一切科学技术及信息来定量、定性或半定量/定性描述某危害或某环境对人体健康风险的方法。明确到食品安全风险评估就是对人体暴露于某危害时产生或将产生有害效应的严重程度及可能性进行的科学评价。食品安全风险评估应当运用科学方法，根据食品安全风险监测信息、科学数据以及其他有关信息进行，食品安全风险评估作为一个科学、客观的过程，必须遵循客观规律、运用科学方法。即食品安全风险评估结果作为权威、专业的科学依据需要科学独立性，原卫生部按《食品安全法》组建了由医学、农业、食品、营养等方面专家组成国家食品安全风险评估委员会。风险评估的过程包括危害识别、危害描述、暴露评估及风险特征描述。

风险评估是指对人体接触食源性危害而产生的已知或潜在的对健康不良影响的科学评估，是一种系统的组织科学技术信息及其不确定性信息，回答关于健康风险的具体问题的评估方法。风险评估要求对相关资料做评价，并选择合适模型对资料做出判断。同时，要明确地认识其中的不确定性，并在某些情况下承认根据现有资料可以推导出科学上合理的不同结论。

二、食品安全风险评估

食品安全风险评估，即是指对食品、食品添加剂中生物性、化学性和物理性危害对人体健康可能造成的不良影响所进行的科学评估。科学原理的风险评估通常包含危害识别、暴露评估、危害特征描述和风险特征描述四个步骤。

(一) 危害识别

危害识别是指为确定某种物质的毒性(即科学家鉴定产生的有害效应)的过程，在可能时对该物质导致有害效应的特性进行鉴定。对于化学因素，包括食品添加剂、农药和兽药残留、污染物和天然毒素，可采取动物实验、志愿者实验、定量的结构-活性关系或流行病学调查研究等方式，也可采用"证据力"方法采用已证实的科学结论来获取危害程度的依据。所用方法可以是定性的，也可以是定量的，但定量方法目前更适合于化学危害的风险评估。

1. 流行病学研究

由于流行病学资料与人的健康危害直接相关，如果能够获得阳性的流行病学研究数据和临床研究数据，则应充分将之用于危害识别及其他步骤。阴性的流行病学资料难以在风险评估方面进行解释，因为大部分流行病学研究的统计学效力不足以发现人群中低暴露水平的毒性作用。

风险评估采用的流行病学研究必须采用公认的标准程序进行，并充分考虑遗传易感性、与年龄和性别有关的易感性、社会经济和营养状况等因素及其他潜在混杂因素的影响。

2. 动物实验

所有动物实验必须在良好实验室操作规范(GLP)和标准化质量保证或质量控制条件下实施，并保证资料真实可信。

长期(慢性)动物实验数据至关重要，并必须针对主要的毒理学作用终点，包括肿瘤、生殖或发育、神经毒性、免疫毒性等毒性效应,这样可保证长期终身食用对健康危害的风险可忽略。短期(急性)毒理学实验资料也非常有用。动物实验有助于毒理学作用范围、终点的确定,其设计应考虑到找出可观察到有害效应的最低剂量水平(LOAEL)、未观察到有害效应的剂量水平(NOAEL)。并应选择较高剂量以尽可能减少产生假阳性。

在可能的情况下,动物实验不仅要确定人体可能引起的不良效应,而且提供这些不良效应对人类健康风险的相关资料,包括阐明作用机制、给药剂量及其剂量 - 反应关系以及药物代谢动力学和毒效学研究结果。后续将重点介绍毒理学实验的具体内容。

3. 体外实验

相对于体内实验(*In vivo* test),体外实验(*In vitro* test)可作为作用机制的补充资料,如遗传毒性实验。这些实验必须遵循 GLP 规范或其他广泛接受的程序。但是,体外实验的数据不能作为预测对人体危害的唯一资料来源。

体内和体外实验的结果可以促进对作用机制和毒物代谢动力学、毒效学的认识。但在许多情况下无法取得这些资料,因而风险评估进程不能因为等待作用机制和毒物代谢动力学、毒效学资料而延误。给药剂量和药物作用剂量的资料有助于评价作用机制和毒物代谢动力学数据,评估时间尚需考虑化学物特性(给予剂量)和代谢物毒性(作用剂量)。

4. 结构 - 活性关系

结构 - 活性关系对于识别人类健康的加权分析有用。在对成组化学物作为一类(如多氯联苯类和四氯苯并二噁英)进行评价时,此类化学物的一种或多种有足够的毒理学资料,可采用毒性当量的方法来预测人类摄入该类化学物中其他化学物对健康的危害。

一般化学物结构活性关系具有一个定量关系,主要反映其化学物结构与其对生物体效应的因果关系和量变规律。化学物质包括其物理化学特性,如溶解性、熔点、沸点等;立体化学特性,如原子质量、电子密度等;量子化学特性,如分子容积、表面积等。其危害严重程度与其中的物理化学特性具有非常大的相关性,尤其是水溶性,根据—COOH、—CO、—OH、—NH$_2$、—CN 化学键,其毒性有增加的趋势。结构 - 活性关系对于暴露评估过程中了解化学物与度量终点之间关系效应也非常重要。

根据流行病学、动物试验、体外试验、结构 - 活性关系等科学数据和文献信息确定人体暴露于某种危害后是否会对健康造成不良影响、造成不良影响的可能性,以及可能处于风险之中的人群和范围。其目的在于确定人体摄入危害物的潜在不良作用、这种不良作用产生的可能性以及产生这种不良作用的确定性和不确定性。危害识别不是对暴露人群的风险性进行定量的外推,而是对暴露人群发生不良作用的可能性做定性评价。由于化学危害物危害识别的数据不足,因此可以借助一些权威机构已发表的和未发表的文献,查阅有关数据库资料等,同时也可以根据一些急性和慢性的化学危害物流行病学数据进行评议。此方法对不同研究的重视程度按如下顺序:流行病学研究、动物毒理学研究、体外实验,以及最后的量－效及构－效关系。由于流行病学研究所需费用昂贵,而且能够提供类似的研究数据非常有限,危害识别一般以动物和体外试验的资料数据为依据。其中构－效关系的研究对于提高人类健康危害识别的可靠性具有一定的作用。很多化学物质结构相似,起毒性作用的结构一致(如多环芳香烃、多氯联苯和二噁英),在同一级别的一种或多种物质有足够的毒理学数据,可以采用毒物当量预测人类暴露在同一级别其他化合物下的健康状况。

(二)危害特征描述

危害特征描述是对存在于食品中可能对健康产生不良影响的生物、化学和物理危害因子的定性和定量评价。

化学物质对机体的损害效应的性质和强度,直接取决于其在靶器官中的剂量。一般而言,暴露量越大,靶器官内的剂量也越大。通常暴露量以单位体重暴露于外源化学物质的量(如 mg/kg 体重)或环境中浓度(如 mg/kg 空气或 mg/L 空气)来表示。任何有害物质的效应首先取决于剂量。大多数化学物质在体内的生物学效应随剂量增加而转化。根据效应的转化可以把化学物质分为两个类型即 Ⅰ型和 Ⅱ型。

Ⅰ型(污染物):$\xrightarrow[\text{剂量增加}]{\text{无效应}\rightarrow\text{毒效应}\rightarrow\text{致死效应}}$

Ⅱ型(药物、营养素、功能因子):$\xrightarrow[\text{剂量增加}]{\text{无效应}\rightarrow\text{有益效应}\rightarrow\text{毒效应}\rightarrow\text{致死效应}}$

Ⅱ型比较复杂,因为其还包括有益效应,主要有营养保健功能,在一定剂量时可达到治疗疾病的作用,如营养素、药品抗生素;食品中的功能因子,如茶中咖啡因和茶多酚。目前,对该类物质实施风险－获益评估开始得到重视。

在危害特征描述这一过程中需要回答如下问题,诸如多大的剂量会使人感到不适,人们会有怎样的不良反应等问题。量－效评估是该过程中的一个重要手段,量－效关系的数学模型可以预测在给定剂量下产生不良影响的概率。

(三)暴露评估

一个化学物质的毒性及其在人群中暴露状况之间的基本关系是潜在的有毒化学物质现代风险评估的基石。换言之,只有进行暴露评估才能定量风险评估,也只有暴露评估才能最终评定一个化学物质是否对公众健康危害构成不可接受的风险(见图 5－1)。

1. 基本概念

在大多情况下,化学物质是通过空气、水、土壤及某种产品或其他某种媒介携带,并给人类带来危害(见表 5－1)。关于暴露评估有几个概念需要明确。

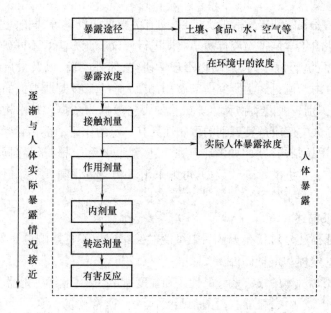

图 5 - 1　环境对健康暴露评估假设框架(IPCS)

表 5 - 1   暴露评估基本定义释义

项目	释义
危害	生物危害、化学危害、物理危害、单一危害、多重危害、多因素危害
危害来源	人类起源的/非人类起源的、区域性/局部性、不固定/固定、室内/户外
传播媒介	空气、水、土壤、垃圾、食品等
暴露途径	摄取被污染的食物,呼吸被污染的空气,触摸被污染的表面等
暴露浓度	mg/kg(食品)、mg/L(水)、$\mu g/m^3$(空气)、$\mu g/m^2$(接触表面),与 ω(质量)、m^3(空气)进行比较便可获得浓度
暴露途径	吸入、皮肤接触、饮食及多途径同时兼有
暴露时间	秒、分钟、小时、天、周、月、年、一生
暴露频率	连续、间断、循环、偶然、极少
暴露人群	普通人群、敏感人群及个体
暴露区域	实验室设计区域、地区、国家、国际、全球
时效性	过去、现在、将来及一直处于暴露状态

　　暴露是对可能经过食品摄入的及其他相关途径暴露的生物、化学和物理因素进行定性和定量评估的过程。对于农药和兽药残留、食品添加剂以及污染物、天然毒素等化学危害物暴露评估的目的在于求得某危害物对人体的暴露剂量、暴露频率、时间长短、路径及范围。

　　潜在剂量(Potential dose)指被人体摄取、呼吸或通过皮肤接触到,未经过体内代谢的真实剂量,该剂量类似暴露评估设计实验中所采用的剂量浓度。该剂量比较容易通过直接测定的方式获取。

接触剂量指外源化学物质与机体(如人、指示生物、生态系统)的接触剂量,可以是单次接触或某浓度下一定时间的持续接触。如皮肤接触、呼吸及消化道吸收过程,并非直接入口或经过皮肤接触后就直接作用于人体,还必须经过一定的作用途径和时间。

吸收剂量(Absorbed dose)又称内剂量(Internal dose),是指外源化学物质穿过一种或多种生物屏障,吸收进入体内的剂量。内剂量指的是某有害化学物质通过皮肤、消化道或呼吸作用等,经过一定代谢途径,如新陈代谢、体液转移及部分体表排除等过程后,作用于靶器官的实际有效浓度。实际上,内剂量是作用剂量的一部分。

靶器官剂量(Target dose 或 Biologically effective dose)即是指吸收后到达靶器官(如组织、细胞)的外源化学物质和(或)其代谢产物的剂量,是生物有效剂量,是表征人体真正毒理效应的作用剂量。

暴露评估是评价并鉴定评估终点的暴露情况。对于食品安全风险评估中的暴露评估是针对人群开展的。

在膳食暴露评估中需要考虑到的是,由于人类膳食中存在的化学物质很多,存在两种或两种以上化学物质之间的计量可加或效应可加。计量可加(Dose additivity,又称 Simple similar action 或 Loewe additivity)指化学物质以相同的机制作用于同一生物靶位,只是毒性高低不同。通常认为剂量可加的化学物质间量 – 效曲线平行,但也允许特例存在。效应可加(Response/effect additivity,又称 Simple dissimilar action 或 Bliss independence)是指化学物质产生的效应相同,且彼此间独立、无相互干扰。交互作用是化学物质相互间由于改变了本身或其药动学和药效学过程,使化学物质间的联合作用出现了比效应可加更强的协同作用或更弱的拮抗作用。需要指出,低暴露水平很难预测化学物质的交互毒性,当前化学物质联合效应的研究通常基于远高于实际暴露水平(如食物污染物含量)的浓度,而高浓度下的交互作用并不能说明低浓度下也存在交互作用。

多种化学物质暴露包括累积暴露(Cumulative exposure)和整合暴露(Aggregate exposure)。累积暴露是指具有相同毒性机制(Common mechanism group,CMG)的多种化学物质经某一特定途径(如食物)同时暴露的总量,而整合暴露指一种或多种化学物质经多种暴露来源(如食物、水)或途径(如消化道、呼吸道、皮肤接触等)的暴露总量。目前美国环境保护署已完成四组 CMGs 的评价,包括有机磷杀虫剂、氨基甲酸酯类化合物、三嗪类杀虫剂和氯乙酰替苯胺类杀虫剂,欧洲食品安全局(EFSA)也完成了一组包括 25 种化学物质的三唑类的评估,但是目前还没有一套国际上广泛认可的完善的评价方法。

2. 暴露评估的方法

暴露评估的具体方法可以对食品直接或间接进行监测,对产地环境进行监测,对人群个体与群体进行暴露生物监测等。人类暴露于许多化学物质及潜在危害当中,但通常毒理学实验及监管措施常常注重某一类危害,该危害由于食品加工不当或不良农业操作方式带来,存在于食品中、空气中、水中及土壤中。

暴露评估不确定因素很多,主要来自个体差异。即使同样一个暴露个体,其每天暴露也许会存在差异;不同人群在同一天中也会存在暴露的差异;暴露时间改变会带来差异,如季节变化;地域差异,如暴露地区热带、寒带、亚热带之间存在差异性等。另外,还存在诸多不确定因素给暴露评估带来不准确模拟真实的情况,如缺乏足够的具有代表性数据,则不能构建完整的数学暴露模型。

在实行食品安全风险评估过程中暴露评估是重要环节,尤其在制定 MRL 或 ML 标准时显得更为重要。急性和慢性的膳食暴露评估的一般表达式如下:

$$膳食暴露 = \sum (食品中化合物浓度 × 食物消费量) / 体重$$

式中,膳食暴露单位通常是 mg/kg(以体重计),食品中化合物浓度的单位是 mg/kg 体重。

开展本国的膳食暴露评估时,可以采用国际公认的营养及毒理学的参数,但需要本国的食物消费量及化合物浓度。同时也建议这些地区或国家机构向全球环境监测系统(GEMS)/Food 报告该国国家水平的食物消费量、食物中化合物的浓度及其开展的膳食暴露评估的结果。

原则上,国际膳食暴露评估需要对饮食中所有确定有风险的化学品进行评估检测,同样的原则也适用于食物中污染物、农药与兽药残留、营养素、适当的添加剂(包括香精香料)、加工助剂和其他化学物质的暴露评估。理想的暴露评估是在最小的花费下确认有安全问题的物质。因此,大多数暴露评估框架采用逐步递进式步骤的一组方法,最开始使用保守的筛选手段。如果没有发现风险相关的问题,那么就没有必要做额外的评估;如果有风险问题出现,那么风险评估接下来的步骤可以提供更详细的数据(当然需要更多的资源)。

在第一步中,膳食暴露可以使用基于保守假设的筛选方法进行评估。如果给定化合物的膳食暴露估计值超过其毒理阈值(如 ADI 或者 TI)或者没有达到营养阈值(AI、RDI),那么应该使用更精确的膳食暴露评估方法。方法分为单个的点估计和可充分表征消费者暴露统计分布的方法。

(1)总膳食研究　摄入量是通过测定市场上采集经过烹调、加工的食物样品中化学污染物含量,结合研究本身膳食调查得到的食物消费量数据计算得到的。考虑了烹调、加工的损失和污染,所得摄入量数据接近人的实际摄入,比较准确。适合于一个国家或地区大面积的人群研究,要求有严格的质量控制和先进可靠的分析方法。

(2)个别食品的选择性研究　摄入量是通过测定市场上采集未经过烹调、加工的食物样品中化学污染物含量,结合食物消费量数据计算得到的。没有考虑烹调、加工的损失和污染,所得数据不够准确。

(3)双份饭研究　摄入量是通过测定采集实验者本人实际消费的、经过烹调、加工的食物样品中化学污染物含量,结合实际称量得到的膳食消费量数据计算得到的。考虑了烹调、加工的损失和污染,所得摄入量数据接近人的实际摄入,不过由于实验费用高,所以双份饭研究不适合大面积的人群研究。

根据测定的食品中化学物含量进行膳食暴露量评估时,必须要有可靠的膳食食物消费量资料。评估化学物膳食暴露量时,居民食物消费量的均数(中位数)和不同人群详细的食物消费数据很重要,尤其是在易感人群的评估过程中。另外,在制定国际性食品安全风险评估时,必须注重膳食食物消费量资料的可比性,特别是世界上不同地方的主食消费情况。食品化学物质暴露量评估是由提供食品中污染与残留水平计算得到的估计值。计算膳食污染物摄入量需要知道它们在食品中的分布情况,只有通过灵敏和可靠的分析方法对有代表性的食物进行分析来得到。食品中污染物与残留在从农场到餐桌以及整个食物链过程中会发生变化,主要受下列因素的影响:食品的原料产地;烹调、加工、包装和贮存;食品的运输;消费者的文化特点及消费习惯。

(4)点评估　点评估是简单地描述消费者膳食暴露的某个参数值的单点估计。例如,消费者暴露的均数,就是通过对关注的食物的平均消费量和这些食物中某种化学物质的平均浓度水平的乘积进行计算得到的。所得到的暴露评估结果还可以通过适当的系数(如食物加工因子)来修正。此外,高端暴露消费者的点评估,如高于 90 百分位数(P_{90})的消费者,只要有相应的合适数据也可以计算。

点评估方法主要包括:①筛选方法;②基于消费暴露粗略估计的方法(基于生理参数限量、食品生产数据或使用或摄入值数据等默认因素)。例如,理论上最高每日摄入量(Theoretical added maximum daily intake,TAMDI)和其他模式膳食(兽药残留和包装材料);③基于实际食物消费量数据和化学物浓度数据开展更精确的暴露评估,如 TDS、选择性食品监测研究和双份饭研究。

3. 食物消费数据

食物消费数据反映了个体和分组人群对于固体食物和饮料(包括饮用水和营养素补充剂)的消费情况。食物消费量评估可以通过在个人和家庭水平开展的食物消费量调查(FCS)或者通过食物生产统计资料近似估计来进行。FCS 包括报告或记录、食品频率问卷(FFQ)、膳食回顾和 TDS。FCS 数据的质量取决于设计、使用的方法和工具,被调查者的配合和记忆,以及统计处理和提交方式(如购买的食品与用作消费的食品消费量)的数据。食物生产统计被定义为代表着可用于整个人群消费的食品,通常为生产原料形式的食物。

(1)食物消费数据的要求　理想状态下,在国际上使用食物消费数据时应该考虑不同地区的食物消费形式的差别。在可能范围内,用于膳食暴露评估的食品消费数据应包括信息的因素,它会影响食物消费模式或膳食暴露(无论增加还是减少风险)。这些因素包括人口样品(年龄、性别、种族、社会经济群体)、体重、地理区域、每天和每个季节收集的数据的统计学特征。食品消费模式应考虑敏感人群

（青少年、育龄妇女、老人），并且分布在这几种情况的极端状态下的人群也应该重点考虑。

给出的所设计的食物消费研究对于任何膳食暴露评估都有关键的影响，融洽的研究设计应该尽可能做到全面。所有的 FCS 应该包括饮用水，其他饮料和食品补充剂的消费数据。

理想状态下，包括发展中国家在内的所有国家都应该定期开展食物消费量调查，最好是基于个人饮食记录。

个人饮食记录数据通常提供最准确的食物消费评估。如果关注的食物中化学物质只在人群中的一部分人使用时，就没有必要开展包括全人群的食物消费形式的全面调查。如果资源有限，可开展适当的小规模调查，只要覆盖到特定的食物或者目标人群（例如儿童、哺乳期妇女、少数民族或者素食者）就可以了。这种方法可以提高对于特定人群或食物中化学物质的膳食暴露评估的准确性。

（2）收集食物消费数据的方法　可使用以人群、家庭和个人为基础的方法收集食物消费数据。

①以人群为基础的方法：国家水平的食物供应数据，如食物平衡表（Food balance sheets，FBS）或者食物消失数据，提供了有关国家可以得到的食物商品的粗略年度估计。根据这些数据也可计算每人每天的均数估计，可用于能量和微量元素以及暴露的化学物质（如杀虫剂、污染物）估计。因为这些数据用未加工和半加工的商品来表示消费量，在食品添加剂的膳食暴露评估中用处不大。国家食物供应数据的主要限制是因为它反映的是食物供应而不是食物消费量。烹饪或者加工，腐败和其他来源的浪费，还有保存时的损失，都不容易列入估算。根据 WHO 估计，FBS 消费量的评估比来自于家庭调查或者国家膳食调查的数据高 15%。这些数据不包括消费的水。在不能得到水消费数据的地方，根据《世界卫生组织饮用水质量导则》的规定，默认每个成年人每天消费 2L 水。

尽管有这些限制，FBS 数据在跟踪食品供应趋势和决定食物的获取性方面是很有用的，这些食物作为选择监控营养素或者化学物质和目标食物种类的重要来源具有潜力。但在评价个人营养吸收和食物中化学物质膳食暴露或者确认危险人群方面，食品供应数据用处不大。

②以家庭为基础的方法：在家庭水平方面，关于食物供应或者消费的信息可以通过多种方法收集。这些方法包括调查每个家庭购买食品的数据、后续消费的食物或者库存食物的变化量数据。在比较不同国家、地理区域和社会形态中食物供应的区别以及在追溯整个人群和某个人群中的饮食变化方面，这些数据是很有用的。但是，这些数据不能提供家庭成员中个人的食物消费分布的信息。

③以个人为基础的方法：以个人为基础的方法收集到的数据，能够提供食物消费形式的具体信息；但是，它们也有偏差。例如，一些研究表明，由 24h 回顾方法得到的摄入营养的数据，对于某些人的一些常量元素低于实际的摄入值。

在回顾数据与实际数据之间摄入量的回归分析显示了"平坡效应"。即出现一个平台,当消费量低时,倾向于高估实物量;当消费量高时,倾向于低估。在一些情况下,对于感觉上好的食物,个人会高估食物消费量;感觉不好的,会低估食物消费量。

a. 食物记录调查。食物记录,也被称为食物日记,需要被调查者(或者监护人)报告其在一个特定时期(通常几天或者更少)内消费的所有食物。这些调查通常不仅包括收集消费食物的种类,还要包括食物的来源(如是商店购买的还是家里制作的)和消费食物的时间和地点。每种食物所消费的总量记录与否,取决于研究的目标和目的。如果计算营养素摄入量和食物中化学物质的暴露量,食物消费量应尽可能准确估计,这可以通过测量质量和体积进行。

b. 24h 回顾法。24h 回顾法包括由前 1d 或者在 24h 期间,回顾调查之前消费的一系列食物和饮料(包括饮用水和一些膳食补充剂)。这些调查,通常包括消费食物的种类和数量,还包括食物的来源(如商店购买与家庭制作)和食物消费的时间和地点。在那些受过训练并知道如何获取信息的调查员帮助下,让被调查者通过记忆回忆起消费过的食物和饮料。一般都是通过入户访问,也可以通过电话和网络来进行访问。在某些情况下,回顾法可以由被调查者自己进行,但是这种方法获得的结果不是太可靠。研究人员开发了很多种指导方法为被调查者提供回忆24h 时段对于食物的具体细节和回忆额外的食物的机会。

c. 食品消费频率问卷调查(Food frequency questionnaire, FFQ)。有时也用以饮食历史为基础的方法表示,由个人食物或者食物组的结构单组成。食物单中的每一项,被调查者都要估计食物每天、每周、每月或者每年消费的次数。食物项目的数量和种类会有不同,还有频率类别的数量和种类也会不同。FFQ 可以不定量、半定量或者完全定量。不定量的调查问卷不指定食物的大小,但半定量需要提供特定的食物的大小。完全定量的 FFQ 允许受访者指出任何特定消费食物的量。一些 FFQ 包括这样一些问题:食物准备方法,肉的切法,膳食补充品的使用和一些常用消费食物种类的最常用的品牌。

用 FFQ 评判膳食模式的合理性依据调查问卷表中所列食物的代表性。FFQ 可以为膳食暴露评估提供有效的数据,但某些人认为其对一些宏量营养素的摄入量评估不可靠。

FFQ 通常用来对于所选食品或营养素的个体消费量进行排名。虽然 FFQ 不是按照测量绝对膳食暴露量进行设计,但对于化学物质摄入量均值在天与天之间波动大的食物或者仅限于少数来源的食物,它比其他方法更加准确。简单地说,FFQ 主要是关注一种或者几种特定的营养或者食品中的化学物质,局限于有限的食物种类。另外,FFQ 能够鉴定出绝对没有食用某些食物的消费者,或在指定时期内没有消费这种食物的人。

d. 膳食史调查法。基于餐饭饮食历史的方法是设计用来评估个人食物消费量的。由在规定的时间内,通常是"一周",每顿饭通常消费的食物和饮料的种类的清单组成。良好训练的采访者能够对被调查者在一周内每一天的食物消费习惯模式进行探查。所涉及的时间窗口通常是上个月或者前几个月;如果时间窗口是去年,则所反映的是季节性差异。

　　e.饮食习惯调查问卷。饮食习惯调查问卷是收集一般的或者特定种类的信息,例如对食物的感觉和信念、对食物的喜好、制备食物的方法、膳食补充品的使用,和进餐时周围的社会环境。这些类型的信息往往与其他四种方法一同使用,但也可作为数据收集的唯一基础来使用。这些方法通常用于快速评估的过程。取决于信息的要求,调查问卷可能是开放式的或者选择性的,可以自己填写,也可以面对面访问,也可以包括任何数量的问题。

　　f.综合法。收集食物消费数据的方法可以组合使用来提高准确性和便于膳食数据的确认。这可以出于实际目的来组合使用。例如,膳食记录法和24h回顾法组合使用。除了24h回顾法之外,FFQ法可以集中用于特定的营养物质。24h回顾法通常用于辅助制订典型的餐食计划。这些信息用膳食历史法效果更好。FFQ也可以交叉检查其他三种类型的方法。

　　欧洲食物调查方法项目推荐了一种协调国家间食物消费数据的方法:对于每个调查对象在不连续调查日中至少开展两次24h回顾法,然后结合对于很少消费的食物,开展一个消费习惯的问卷调查用以获得不食用人群的比例。不连续日反复开展回顾方法采集相关信息,可以为评估组间和个体间摄入量的模型技术提供数据。

　　(3)常见食品消费模型　在概率暴露评估时,容易得到的食品消费量数据,并不能代表真实长期的消费量(如消费量数据收集几天时间却通常用于代表其终身食品消费量)。从方法学的角度来看,从单一对象中获取有代表性的数据来反映消费者终身暴露量是困难的。然而,国家或群体水平的食品消费量数据可被用于模拟终身消费量。作为某一特定食品的终身消费量的近似值,将其用作成人对于此种食品的平均食品消费量是可以接受的。

　　用于估计长期消费量的方法包括将消费量信息与食品频率数据相结合,并使用统计模型利用短期消费数据估计消费人数。当关注的化学物质出现在各种各样的基本食品中,营养素摄入量或化学污染物膳食暴露量,不同于针对真实每人每天的零值,这些模型就十分合适。需要采用参数或非参数方法,较好地模拟在长期的基础上,偶尔食用的食品消费量频率。

　　应用此类方法可获得长期营养素摄入量或化学污染物膳食暴露量的分布,与直接由短期食品消费数据获得的膳食暴露量分布相比,前者的变异较低。

　　短期消费数据用于长期或常规消费量估计,需要考虑调查持续期限会影响消费者百分比估计(可能消费这一食品的人群比例)、食品消费量均值和高百分位数估计、作为食物或营养素消费高或低者的个体分类。因此,对于慢性膳食暴露评估的长期消费量的估计,应用这些调查的数据需要进行调整。

(4)食品消费量数据库

①基于人群方法采集的数据库:FBS 数据对于绝大多数国家来说通常是可用的。这些供人消费食物量数据,包括来源于国家食品产量、消失或利用的全国性统计数据,如由美国农业部(USDA)经济调查署或澳大利亚统计局所编报的数据。FAO 的统计数据库(FAOSTAT)有超过 250 个国家的相似统计数据的汇编。在没有成员国官方数据的情况时,用其食品消费量和国家统计数据进行汇编或估计。

GEMS/Food 区域膳食就是以 FAO 的选择性 FBS 为基础,代表每人每天的平均食品消费量。JMPR 和 JECFA 采用在国际基础上估测食品中农药残留和污染物的膳食暴露量以前使用 5 个区域膳食。现在使用群组聚类分析方法,基于 1997—2001 年间 FAO 现有的 FBS 数据产生了 13 个消费组膳食,并预定每 10 年更新一次。目前 13 个 GEMS/Food 聚类消费组膳食被用做国际慢性膳食暴露评估的工具。

②基于个体采集方法的数据库:通过基于个体的方法采集的某些食品消费量数据库包括以下几个。

中国于 1959 年、1982 年、1992 年和 2002 年共进行了四次全国营养调查,2009 年在中央财政转移支付经费的支持下,在 8 个省市做了营养与健康状况监测的试点工作,全国范围内的监测工作开始后,之前每 10 年开展一次的中国居民营养与健康状况调查改为常规性营养监测,此后每 5 年完成一个周期的全国营养与健康监测工作。

1994—1996 年和 1998 年美国农业部居民食物消费量连续调查(CSF Ⅱ)和 1999—2004 国家健康和营养调查(NHANES)提供两日(CSF Ⅱ)和一或两日(NHANES)的美国食物消费量的个体数据,同时还有对应的人口统计和人体测量个体数据(年龄、性别、种族、民族、体重、身高等)。

许多欧洲国家的国家膳食调查,如欧洲 FCS 和营养物质摄入数据总结自 1985 年开始以个人水平上报。

1995 年澳大利亚国家营养调查采集了年龄在 2 岁及以上的 13858 位居民 24h 内的食物消费数据。

1997 年新西兰国家营养调查采集了年龄在 15 岁及以上的 4636 位居民 24h 内食物消费数据及 2002 年儿童调查(针对 5~14 岁儿童)。

2002—2003 年巴西家庭预算调查提供来自 27 个州的 48470 个家庭在连续 7 天内获取的食物量。

(5)其他数据

①摄入值(Poundage data):摄入值提供了在一定时期内(通常是一年),对一个国家食品生产的某种化学物质的可用量的评估。因此,它既不是食品的浓度也不是食品消费数据。这些评估数字可能会考虑到进出口的化学物质、食品中和非食品用途的化学物质。摄入值的调查通常由生产协会执行,要求单一生产者报告其产量。每年的摄入值可能会有很大的变化,这在低生产量的物质更加明显。这就限制了单一按年统计摄入值的有效性。有时会将摄入值除以人口估算值,以对

某具体化学物质的人均利用率进行评估。在摄入值可用之前需要对数据质量进行评价,包括对生产者的报告要严格量化。

②体重:对膳食暴露评估,食品消费数据提交每个消费者的消费数据时,应有对应的个体消费者体重。如果个人体重无法获得或者是个别消费者体重与食品消费数据无法匹配,可以使用目标人群的平均体重(如成年人,GEMS/Food 消费群体聚类膳食)。大多数国家,成年人平均体重以 60kg 计,而儿童以 15kg 计;然而,在某些地区,成年人平均体重可能与 60kg 相差很大。对于亚洲人,成年人平均体重以 55kg 计。如果默认成年人体重 60kg 低于个体实际体重,那么每千克体重膳食暴露量的评估值要高于实际暴露量。同理,如果默认值高于个体实际体重,那每千克体重膳食暴露量的评估值要低于实际暴露量。

4.案例分析——中国六六六和滴滴涕农药在残留限量标准中的暴露量评估

六六六和滴滴涕(DDT)属国际禁用农药。然而,因其又是环境持久性有机污染物,仍然会通过环境食物链污染食品,所以需要制定再残留限量(EMRL)来保证食品安全。2001 年在原卫生部组织的食品卫生标准清理工作中,参照国际和国外标准以及本国的监测数据对六六六和滴滴涕进行了暴露量评估(见表5-2、表5-3),结果如下。

根据1992 年全国营养调查资料以及修订提出的标准残留限量,采用点评估法推算出理论暴露量分别为:每人每日摄入六六六 0.067mg,占 ADI 的48.4%;每人每日摄入 DDT 0.126mg,占 ADI 的21%。评估认为修订的标准指标既保证膳食安全性,又达到了科学合理的健康保护水平。

表5-2　　　　　　　　食品中六六六残留限量标准理论暴露量评估

食品类别	修订后限值/(mg/kg)	膳食摄入量/g[①]	允许暴露量[②]	结论
谷类	0.05	439.9		
豆类	0.05	3.3		
薯类	0.05	86.6		根据本标准评估六六六的理论暴露量为0.06678mg,相当于 ADI 的48.4%
蔬菜	0.05	310.3		
水果	0.05	49.2	六六六的 ADI 值约为 0.0023mg/(kg体重·d)	
禽畜肉类[③]	0.1(10%以下脂肪)1.0(10%以上脂肪)	58.9		
水产类[④]	0.1	27.5		
蛋类	0.1	16.0		
鲜乳	0.02	14.9		

注:①数据来源于1992 年全国营养调查,我国居民每标准人日摄入量。
②以 α-六六六、β-HCH、γ-HCH δ-HCH 总和计,根据工业品六六六中主要异构体比例估算。
③以脂肪计。
④水产品含鱼、甲壳类、软体动物及其制品,按鲜质量计。

表 5 - 3		食品中 DDT 残留限量标准理论暴露量评估		
食品类别	修订后限值/(mg/kg)	膳食暴露量/g[①]	允许暴露量[②]	结论
谷类	0.1	439.9		
豆类	0.1	3.3		
薯类	0.1	86.6		
蔬菜	0.1	310.3		根据本标准评估
水果	0.1	49.2	DDT 的 TDI 值为	DDT 的理论日暴
禽畜肉类[③]	0.2(10%以下脂肪)	58.9	0.01mg/(kg 体	露量为 0.126mg,
	1.0(10%以上脂肪)		重·d)	相当于 TDI 的
水产类		27.5		21.3%
蛋类	0.1	16.0		
鲜乳	0.02	14.9		
茶	0.2	—		

注:①数据来源于 1992 年全国营养调查,我国居民每标准人日摄入量。
②以 p,p'-DDT、o,p'-DDT、p,p'-DDE、p,p'-DDD 总和计。
③以脂肪计。

目前,根据 2002 年更新的食物消费数据再次采用点评估法推算出理论摄入量分别为每人每日摄入六六六 0.06678mg,占 ADI 的 48.4%;每人每日摄入 DDT 0.126mg,占 TDI 的 21.3%。估算的结论支持目前制定的限量水平。

2002 年开展的全国污染物监测项目中针对六六六和 DDT 的污染残留情况进行了调查。监测结果分别见表 5 - 4、表 5 - 5。

表 5 - 4			2002 年度全国总六六六污染监测结果						
食品类别	粮食	蔬菜	水果	肉类	鱼类	乳粉	乳类	植物油	所有食品
检测份数 n	620	637	426	311	215	39	78	88	2442
平均值/(mg/kg)	0.0042	0.0110	0.0025	0.0061	0.0041	0.0029	0.0076	0.0051	0.0060
P_{90}/(mg/kg)	0.0062	0.0177	0.0028	0.0140	0.0072	0.0062	0.0085	0.0117	0.0090
最大值/(mg/kg)	0.250	1.550	0.060	0.280	0.100	0.020	0.280	0.140	1.550
膳食摄入量/g	420.1	276.2	45	78.6	29.6		26.6	32.9	

由表 5 - 4 可知,六六六暴露量均数为 5.76μg,P_{90} 的暴露量为 6.81μg;以 60kg 体重计,分别占 ADI 值的 4.2% 和 5.0%。

表 5 – 5			2002 年度全国总 DDT 污染监测结果						
食品类别	粮食	蔬菜	水果	肉类	鱼类	乳粉	乳类	植物油	所有食品
检测份数 n	599	663	392	300	214	39	78	88	2378
平均值/（mg/kg）	0.0060	0.0072	0.0053	0.0077	0.0186	0.0364	0.0087	0.0222	0.0087
P_{90}/（mg/kg）	0.0084	0.0099	0.0056	0.0117	0.0400	0.0110	0.0103	0.0715	0.0141
最大值/（mg/kg）	0.100	0.270	0.180	0.140	0.820	0.940	0.070	0.760	0.943
膳食摄入量/g	402.1	276.2	45	78.6	29.6		26.6	32.9	

由表 5 – 5 可知，DDT 暴露量均数为 $6.26\mu g$，P_{90} 的暴露量为 $11.09\mu g$；以 60kg 体重计，分别占 ADI 值的 1% 和 1.8%。

（四）风险特征描述

风险特征描述是在危害识别、危害特征描述和暴露评估的基础上，对特定人群中产生已知或潜在不良健康影响的可能性及严重性进行定性和定量的估计，包括相关的不确定性。在对化学危害物的风险评估过程中，风险特征描述的结果是提供人体摄入化学物质对健康产生不良作用的可能性的估计，它是危害识别、危害描述和暴露评估的综合结果。

上述风险评估四步法（危害鉴定、量 – 效评价、暴露评估和危害特征描述）常局限于单种物质的单一途径暴露，对于建立某化合物暴露的"可接受水平"具有重要意义。但在实际生活中，人们每天都通过多种途径暴露于多种低水平的天然或合成的化学物质下，现已有研究证实，某些暴露会通过多种毒理学交互作用对人类健康产生危害。化学物质联合作用分无交叉和有交叉作用两种，前者又可分为剂量可加与效应可加，后者包括协同与拮抗两种形式。

三、食品毒理学评价基本内容

食品安全风险评估的大部分毒理学数据来源于试验动物研究。进行动物试验时，应遵循科学界广泛承认的标准化试验程序，如联合国经济合作发展组织（OECD）、美国环境保护署（EPA）等，无论采用哪种程序，所有研究都应当遵循良好实验操作规范和标准化质量保证或控制系统。

毒理学评价是根据一定的程序对食品所含的某种外来化合物进行毒性实验和人群调查，确定其卫生标准，并依此标准对含有这些外来化合物的食品做出能否商业化的判断过程。主要分四个阶段，分别如下。

第一阶段：急性毒性试验。经口急性毒性，LD_{50} 联合急性毒性。

第二阶段：遗传毒性试验、传统致畸试验、短期喂养试验。

第三阶段：亚慢性毒性试验——90d 喂养试验、繁殖试验、代谢试验。

第四阶段：慢性毒性试验（包括致癌试验）。

(一)一般毒性评价

化学物质在一定剂量、一定的接触时间和一定的接触方式下对试验动物产生的综合毒效应称为一般毒性作用(General toxicity),又称基础毒性作用(Basic toxicity)。一般毒性作用根据接触毒物的时间长短又分为急性毒性、亚慢性毒性和慢性毒性。相应的试验称为急性毒性试验、亚慢性毒性试验和慢性毒性试验。

一般毒性试验的方法包括急性毒性、蓄积性毒性试验、亚急性毒性和慢性毒性试验。各试验的实验周期和目的见图5-2。

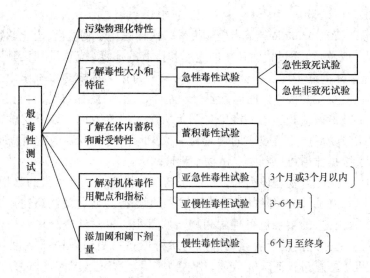

图5-2 一般毒性测试内容

1.急性毒性试验

急性毒性(Acute toxicity)是指机体(人或试验动物)1次接触或24h多次接触化学物质后在短期(最长14d)内所发生的毒性效应,包括一般行为、外观改变、大体形态改变及死亡效应。急性毒性试验是经口一次性给予或24h内多次给予受试物后,短时间内动物所产生的毒性反应,包括致死的和非致死的指标参数,致死剂量通常用1/2致死剂量LD_{50}来表示,其单位是每千克体重所摄入受试物质的毫克数,即mg/kg体重。

为了评价被检物的急性毒性强弱,国际上(FAO/WHO)提出了外来化合物的急性毒性分级。我国食品安全性毒理学评价借用国际的6级标准(见表5-6)。

表5-6   外来化合物的急性毒性分级

毒性分级	小鼠一次经口LD_{50}/(mg/kg)	大约相当体重70kg人的致死剂量
6级,极毒	<1	稍尝,<7滴
5级,剧毒	1~50	7滴~1茶匙

续表

毒性分级	小鼠一次经口 LD_{50}/(mg/kg)	大约相当体重 70kg 人的致死剂量
4级,中等毒	51～500	1 茶匙～35g
3级,低毒	501～5000	35～350g
2级,实际无毒	5001～15000	350～1050g
1级,无毒	>15000	>1050g

2.蓄积毒性试验

蓄积毒性(Accumulation)是指机体反复多次接触化学物质后,当化学物质进入机体的速度(或总量)超过代谢转化的速度和排泄的速度(或总量)时,其原形或代谢产物可能在体内逐步增加并储留,这种现象称为化学毒物的蓄积作用。蓄积系数法实验原理:受试物按一定时间间隔分次给予试验动物,如果受试物在体内全部蓄积,理论上其毒效应相当于一次染毒剂量所产生的毒效应。如果受试物的蓄积性小,则多次给予后产生毒效应的剂量与一次染毒产生相同毒效应所需剂量之间的比值就大,根据比值可以判断受试物蓄积性的大小。

事实上,外来化合物在体内的蓄积应包括两种概念。一种是量的蓄积,即化合物进入机体后,其从体内消除的数量少于输入的数量,以致化学物质在体内储留的量逐渐增加,此种量的蓄积也可理解为物质的蓄积。另一种概念是外来化合物进入机体后将引起一定的功能容量的降低与结构形态的变化,如果是一种不可逆的变化,或在机体修复过程尚未完成前,化学物质第二次又已进入机体,并再次造成损害,则这种功能或形态变化也可逐渐累积,即功能蓄积。

(1)蓄积系数的测定 将某种化学物质按一定时间间隔,分次给予动物,经过一定期间的反复多次给予后,如果该化学物质在体内全部蓄积,则多次给予的总剂量毒剂与一次给予同等剂量的毒性相当;反之,如果该化合物在体内仅有一部分蓄积,则分别给予总剂量的化学物质的毒性作用与一次给予同等剂量该化学物质的毒性作用将有一定程度的差别,而且蓄积性越小,相差程度越大。因此,可将能够达到同一效应分次给予所需的总剂量与一次给予所需的剂量之比作为蓄积系数,来表示一种化学物质蓄积性的大小,即:

$$K = LD_{50}(n)/LD_{50}$$

蓄积系数的测定方法主要有两种,分别是固定剂量法和定期剂量递增法。

①固定剂量法:测定化合物的急性 LD_{50}。

以急性 LD_{50} 的 1/20～1/5 选择一剂量,连续染毒至累积死亡 50%,得出 $LD_{50}(n)$。

$$K = LD_{50}(n)/LD_{50}$$

②定期剂量递增法:接触组开始按 0.1 LD_{50} 剂量给予受试物,以 4d 为一期,此后每期给予的受试物剂量,按等比级数 1.5 倍逐期递增,连续染毒至累积死亡

50%,得出 $LD_{50}(n)$。

蓄积系数的评价：

$K < 1$:高度蓄积；

$K \geqslant 1$:明显蓄积；

$K \geqslant 3$:中等蓄积；

$K \geqslant 5$:轻度蓄积。

从理论上说,K 不应 < 1,但实际测定中偶尔可出现,可能是由于功能性蓄积或者是与未被发现的其他毒物存在联合作用,也可能是动物的过敏反应。

(2)生物半衰期　进入机体的外来化学物质由体内消除 1/2 所需的时间,称为生物半衰期($T_{1/2}$)。

如果一种化学物质每次进入机体的间隙时间比生物半衰期长,则在体内蓄积可能极少,如果每次进入的间隙时间较生物半衰期短,则容易蓄积,如果两者相等,也将蓄积。

3. 亚急性毒性试验

亚急性毒性试验也称亚慢性毒性试验,是指试验动物连续多日接触较大剂量的外来化合物出现中毒效应的试验,其中较大剂量是小于 LD_{50} 的剂量,亚急性毒性试验一般指 30d 或 90d 喂养试验。其目的是探讨在较长时期,喂饱不同剂量受试物对动物引起有害效应的剂量、毒作用性质和靶器官,估计亚急性摄入的危害性。90d 喂养试验所确定的最大未观察到有害作用剂量,可为慢性试验的剂量选择和观察指标提供依据。当最大未观察到有害作用剂量达到人体可能摄入量的一定倍数时,则可以此为依据外推到人,为确定人食用的安全剂量提供依据。

4. 慢性毒性试验

慢性毒性(Chronic toxicity)是指人或试验动物长期(甚至终生)反复接触低剂量的化学毒物所产生的毒性效应。食品毒理学一般要求试验动物接触外来化合物的期限为 2 年。

慢性毒性试验的目的是确定长期接触化学毒物造成机体损害的最小作用剂量和对机体无害的最大无作用剂量,阐明毒作用的性质、靶器官和中毒机制,为制定人安全限量标准提供毒理学依据。了解经长期接触受试物后出现的毒性作用,尤其是进行性或不可逆的毒性作用以及致癌作用,最后确定最大无作用剂量,为受试物能否应用于食品最终评价提供依据。

(二)特殊毒性评价

特殊毒性包括致畸、致癌和致突变作用和生殖毒性。

致突变性、致癌性、致畸性、生殖系统毒性不易察觉,需要经过较长潜伏期或在特殊条件下才会暴露出来,虽发生率较低,但造成后果较严重而且难以弥补。这几种毒性试验常统称为特殊毒性试验。致突变试验:微生物回复突变试验、哺乳动物培养细胞染色体畸变试验和整体试验(常选用微核试验)。作用于生殖系统的药物,需进行动物显性致死试验;致癌试验:短期致癌试验和长期致癌试验;致畸胎试验:于孕鼠或孕兔胚胎的器官形成期给药,观察对子代的影响。

1. 致癌试验

致癌试验是检测受试物是否具有诱发肿瘤形成能力的试验。分为体外试验、短期致癌试验和长期致癌试验3类。由于致癌是一种后果严重的毒性效应,因此致癌性评定是一项极其重要、慎重而又复杂的工作。只有长期的、终生试验才被公认为可得到确切证据,说明对动物有无致癌性。但长期动物试验费时、费力并耗费大量经费,所以提出在进行长期动物试验前,先进行致突变试验。据此可对受试物的致癌性进行初步推测。但这些试验对非遗传毒性致癌物必然呈现阴性结果。因此需要进行体外恶性转化试验和短期动物致癌试验。

需注意的是,某些致癌化学物质没有直接的致癌作用,但在体内代谢后可转变为致癌物,称之为前致癌物;与此相对,直接具有致癌作用的物质称为终末致癌物。在进行体外致癌试验时,应考虑到受试物为前致癌物的可能,采取必要的措施,尽量模拟体内情况,如加入大鼠肝细胞 S_9 等。

2. 致畸试验

致畸试验是检测受试物生殖发育毒性的试验。化合物的生殖发育毒性分为两个方面:一是对生殖过程的影响即生殖毒性,二是对发育过程的影响即发育毒性。生殖毒性包括生殖细胞的发生、卵细胞受精、胚胎形成、妊娠、分娩和哺乳等过程的损害,表现为性冷淡、性无能和各种形式的性功能减退;发育毒性包括胚胎发育、胎仔发育、幼仔发育等方面的损伤,表现为胚胎生长迟缓、胚胎畸形、胚胎功能不全或异常、胚胎或胎仔死亡。

致畸试验有传统常规致畸试验、致畸物体内筛检试验法、及致畸作用和发育毒性的体外试验法。其中,传统常规致畸试验应用最为普遍。

传统常规致畸试验即为母体在孕期受到可通过胎盘屏障的某种有害物质作用,影响胚胎的器官分化与发育,导致结构和功能的缺陷,出现胎仔畸形。因此,在受孕动物胚胎着床后,并已开始进入细胞及器官分化期时给予受试物,可检测该受试物对胎仔的致畸作用。

3. 致突变试验

致突变作用是外来因素引起细胞核中的遗传物质发生改变的能力,而且这种改变可随同细胞分裂过程而传递。在毒理学范畴主要涉及3类突变类型,即基因突变、染色体畸变和染色体数目改变。

检验化学致突变作用,常用的试验主要有骨髓微核试验、骨髓细胞染色体畸变试验、鼠伤寒沙门菌回复突变试验(Ames 试验)等。

动物毒理学研究用于揭示其主要的生物体系,通常包括急性毒性、慢性毒性、遗传毒性、生殖和发育、致癌性和器官毒性,有时也包括神经毒性、免疫毒性的作用终点。动物试验的设计应考虑到找出无可见作用剂量水平(NOEL)、无可见不良作用剂量水平(NOAEL)或者最大耐受剂量(MTD),即根据这些终点来选择剂量。实验动物研究不仅要确定潜在不良作用,还要确定其风险性和作用机制等。在安全评价时,假设人体至少和最敏感的动物一样。在有些情况下,动物试验不大适合推测对人体的作用,可以用体外试验来研究一般毒性和反应机制。可以用体外试验资料补充作用机制的资料,例如遗传毒性试验。但体外试验的数据不能作为预测对人体风险的唯一资料来源。

四、食品安全限值的制定

根据风险评估结果,食品安全性可采用定性和定量两种方式进行描述。当缺乏必要的用于评估的信息和材料,不可知因素太多时,可以采用定性风险评估。定性风险评估是根据危害识别、危害描述以及暴露评估的结果,依靠先例、经验进行主观估计和判断,可提供给决策者低风险、中风险和高风险的定性判断。定量风险评估的目标是建立一个数学模型来阐明暴露于那些可造成健康损伤的因素所产生对健康不良作用的概率。

(一)有阈值化学物 ADI 值的获得方法

1. ADI 值的获得方法

无显著风险水平是指即使终生暴露在此条件下,该危险物都不会对人体产生伤害。ADI 是指人类每日摄入某物质直至终生,而不产生可检测到的对健康产生危害的量,以每千克体重可摄入的量表示,即 mg/(kg 体重・d)。获得其 ADI 的传统方法是依靠 NOAEL 来获取 ADI,而采用更为接近真实情况来模拟剂量 - 反应关系是最近的趋势,它利用统计学方法更有效利用剂量数据,目前最为广泛的是 BMD 法。下面仅介绍基于 NOAEL 获取 ADI 的方法。

对于有阈值的物质,NOEL 或 NOAFL 值除以合适的安全系数等于 ADI,即:

$$ADI = NOEL/UF$$

这种计算方式的理论依据是人体和实验动物存在合理的可比较剂量的阈值。食品中的各种化学危害物的含量通常很低,一般在 mg/kg 级或更低水平。在进行动物毒性试验时依据药物内在的毒力通常采用高剂量甚至采用几千个 mg/kg,通常在动物中产生的高剂量的不良反应来推测人群暴露的量 - 效关系。剂量 - 反应关系是建立食品中化学物质安全性的基础。通过动物实验首先要确定对靶器官的毒性以及导致毒理反应的化学机制;其次要估计 NOEL,低于这个剂量,无毒性反应发生。

把实验动物研究的结果外推到人所采用的基本方法有三种:安全系数法、药物动力学推论法(在药品的安全评价中广泛使用)或线性低剂量推论模型法。JMPK 一般采用第一种方法,即安全系数法,也称商值法。该方法必须通过一定安全系数(Uncertainty factor,UF)加以修正后才能获取 ADI,有的研究不能直接获得 NOAEL,所以在获得真正意义上的 NOAEL 时,必须考虑到不确定系数,当前 UF 有 6 个。

UF_1——种内差异,主要为人类之间差异,这时数据直接来自人体实验,合理结果采取外推 UF 设定为 10。

UF_2——种间差异,主要是试验动物外推到人类之间差异,对于 BMD 而言,当人群暴露研究不能直接采纳时,从试验动物外推到人类时,采用 UF 为 10;对呼吸暴露,人相对浓度 NOAEL 作为获取 ADI 方法时,该 UF 为 3,因为此时已考虑到了毒代动力学的差异。

UF_3——长期、中期及短期暴露差异,当从慢性(成本及可操作性等因素决定在动物试验中不会采纳)、亚慢性及急性动物试验推导时,采用 UF 为 10。

UF_4——由 LOAEL 推导出 NOAEL 时带来的差异,采用 UF 为 10。

UF_5——当资料不完善或可信度不是相当高时,如数据是否来自 GLP 实验室,采用 UF 为 10。

UF_6——修正系数(Modifying factor,MF),该系数在 0 ~ 10,数据可信度差异(不同对比实验分析),数据是否经过不同实验室重复实验,数据是否全面等。

经过这些不确定系数一系列复杂计算修正后的 NOAEL 才能采用,不确定系数一般基数为 10。目前一般选定的不确定系数 UF 为前两项,即 UF_1 与 UF_2,分别为种间差异和种内差异,每项取 10,所以不确定系数为 100。

在下列情况下,不对受试物提出 ADI:①安全性资料不充足;②认为在食品中应用是不安全的;③未制定特性鉴别及纯度检测的方法和规格说明。

2. 安全限值

对于有阈值的化学物,则对人群风险可以将摄入量与 ADI 值(或其他测量值)比较作为风险描述。如果所评价的物质的摄入量比 ADI 值小,则对人体健康产生不良作用的可能性为零。

$$安全限值(Margin\ of\ safety,MOS) = ADI/暴露量$$

MOS < 1,该危害物对食品安全影响的风险是可以接受的;

MOS > 1,该危害物对食品安全影响的风险超过了可以接受的限度,应当采取适当的风险管理措施。

(二)无阈值化学物的剂量 – 反应评估

无阈值是指在任何低的暴露水平下,仍然存在不良反应情况,换而言之,在任何情况下,只要有剂量存在有害反应即发生。这类物质包括具有遗传性毒性的致癌物质和性细胞致突变物质。

无阈值物质风险评估主要在低剂量长期暴露的条件下发生,在进行动物试验时,需要在终身暴露条件下的研究,即长期致癌试验研究,所需试验动物样本量非常大。更具价值的资料来自流行病学调查的方法,但真正能确定因果关系的数据多来自职业暴露,而对正常人群而言,这仍属于高剂量暴露。所以一般采取模型合理假设、风险管理目标推理等方法对无阈值物质实施剂量 – 反应评估。

对于遗传毒性致癌物,一般不能采用"NOEL – 安全系数"法来制定允许摄入

量,因为即使在最低的摄入量时,仍然有致癌的风险存在。该类物质对人类的风险是摄入量和危害程度的综合结果。即:

$$化学危害物风险 = 摄入量 \times 危害程度$$

因此,对无阈值物质的管理办法有两种:①禁止商业化地使用该种化学物品;②建立一个足够小的被认为是可以忽略的、对健康影响甚微的或社会能够接受的风险水平。在应用后者的过程中要对致癌物进行定量风险评估。

为此人们提出各种各样的外推模型。目前的模型都是利用实验性肿瘤发生率与剂量,几乎没有其他生物学资料。没有一个模型可以超出实验室范围的验证,因而也没有对于高剂量毒性、促细胞增殖、或 DNA 修复等作用进行校正。基于这样一种原因,目前的线性模型只是对风险的保守估计。这就通常使得在运用这类线形模型作风险描述时,一般以“合理的上限”或“最坏估计量”表达。这被许多法规机构所认可,因为它们无法预测人体真正或极可能发生的风险,加之不同人群的个体差异情况就变得更加复杂。许多国家试图改变传统的线性外推法,以非线性模型代替,采用这种方法的一个很重要的步骤就是,制定一个可接受的风险水平,如美国 FDA、EPA 选用百万分之一(10^{-6})作为一个可接受风险水平。它被认为代表一种不显著的风险水平,但风险水平的选择是每个国家的一种风险管理决策。

对于化学危害物采用一个固定的风险水平是比较切合实际的,如果预期的风险超过了可接受的风险水平,这种物质就可以被禁止使用。但那些已经使用并在环境中有一定积累的农药和兽药,尽管已经禁用,还是很容易超过规定的可接受水平。例如,在美国四氯代二噁英(TCDD)风险的最坏估计高达万分之一(10^{-4}),对于普遍存在的遗传毒性致癌污染物如多环芳香烃和亚硝胺,常常超过百万分之一(10^{-6})的风险水平。

(三)化学性危害限量标准的制定

食品安全风险评估最根本的意义便是对污染物限量(ML)和农药及兽药最大残留限量(MRL)的确定。国际水平 ML/MRL 标准与国家水平标准可以不同。制定国家层次的 ML/MRL 标准时,可以在国际水平的 ML/MRL 标准的基础上,结合本国的膳食结构进行暴露评估,通过等同采纳、等效采纳或不采纳国际标准的方法进行制定。对所有食品中所有危害都制定限量标准显然不科学、没必要,同时也不具备可操作性。因此,重点对存在高风险的食品如占 ADI 超过 5% 贡献率的食品进行风险管理制定限量可以更大限度节约资源(见图 5 - 3)。

农药及兽药等化学物 ML/MRL 标准制定程序大致类似,但因为在暴露评估过程中在动植物内代谢动力学途径等存在诸多差异,所以会存在差别。其一,农药 MRL 风险评估主要由 JMPR 机构负责,而兽药残留 MRL 主要由 JECFA 负责。其二,在进行膳食摄取评估的程序上两个机构均存在极大差异,如 JECFA 建立兽药 MRL 时,是基于作用于动物家畜从施药期到间隔期之间临床实验获得的结果与 ADI 进行比较来制定 MRL。而膳食摄入量则非常保守,通常对于大宗动物性食品,

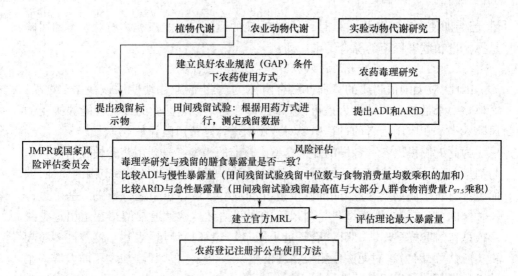

图 5 – 3 农药残留制定的基本原则

如肉类而言,每人摄取 300g/d;而乳类,每人摄取 1.5kg/d。JMPR 制定农药 MRL 标准是基于 GAP 标准,而长期摄取计算是基于残留中值 STMR 获取,其中膳食摄取基于区域及全球提供的 GEMS/Food 数据库中获取。另外,兽药残留制定中有的物质,既可纳入到农药登记也可纳入到兽药登记,而这里所指的农药残留则可直接通过皮肤暴露或直接从动物饲料中进入到动物体内,而兽药残留则通过家畜使用兽药后留在体内。由于兽药与农药分别由 JECFA 和 JMPR 两个不同机构实施评估,所以在制定该类物质 MRL 时会遇到交叉的矛盾,于是相互沟通与协调显得极为重要。

1. 国际水平 ML/MRL 标准的制定原则

(1)具备 TI 或 ADI 和(或)ARfD TI 或 ADI 是基于人类健康考虑的安全阈值,是由 JECFA 或 JMPR 根据化学物质的毒理试验数据或其他权威资料而制定的。原则上而言,如果 ADI 及大量毒理学试验数据暂不可得(如遗传致癌性化学物)或未积累到可实施评估条件时,不能为该物质建立 MRL。一方面有待于对该物质致癌性及其他毒性方面的信息,更多的了解和掌握,另一方面积累该类物质更为充分的毒理数据。对于非遗传致癌性物质,现在提出了实际安全剂量概念,即认为低于此剂量能以 99% 可信的水平使超额癌症发生率低于 10,即 100 万人中癌症超额发生低于 1 人。该概念的提出对于致癌物质的限量制定提供了风险评估依据。

在 TI 或 ADI 不可获取情况下,基于风险评估原则,原则上选择不制定该农业投入品的 MRL。在不能设定 MRL 情况下,国际惯例所采取的做法是不予以登记,也就是禁止该农业投入品使用,规定临时性 MRL 为"不得检出",目的是尽最大可能使安全性得到极大保障。

（2）具有足够的食品残留量监控数据　只有 TI 或 ADI 而没有食品中残留监控数据，不能直接获得 MRL。这是因为它一方面不能真实反映食品实际残留量，另一方面也不具备与 TI 或 ADI 比较提出 MRL 的科学依据。国际水平的 MRL 制定中，非常重要的是获取国际每日摄入量估计值（International estimated daily intake，IEDI）及田间残留试验中位数值（STMR）等，并基于 GEMS/Food 计划对全球食品消费量及对食品残留监控获取所需参数，食物消费量是按食物消费模式聚类获得，最大范围内具有全球代表性。所制定出的标准也适合于全球共享（见图 5 - 4）。但对某些特定食品存在消费过大的情况没有充分考虑，需要成员国根据自己的膳食结构进行国内每日摄入量估计值（NEDI）。

2. 国家食品安全标准 MRL 的制定原则

对国家食品安全标准 MRL 而言，首先必须具备国际水平框架中两个条件，只是暴露评估数据不来自 GEMS/Food，而是来自试图制定标准国家的食物消费量数据，并结合可得到的残留监控数据。除此而外，国家水平的 MRL 还必须具备如下条件。

（1）CAC 的法规框架　对于国家水平的 MRL 制定需要基于国际食品法典委员会的原则，对于加入 WTO 的成员国而言，更要注重此基本条件。

一般而言，如果 CAC 没有制定该化学物标准，其一，如果尚未确定 ADI，则不能制定相应 MRL。需要采取严格的管理措施，不允许使用该类农业投入品，规定为"不得检出"。其二，如果已经满足上述制定标准基本条件，但尚未确定 ADI 时，则可以根据 CAC 标准及其他国家（尤其是贸易国）制定的相关 MRL 标准进一步确定本国的 MRL。但总的原则是必须首先考虑本国暴露量在安全水平。

（2）其他国家的相关标准　考虑及采纳国外 MRL 标准时，当许多国家都对该食品中某农业投入品建立了 MRL，但根据进出口贸易等诸多原因都需综合考虑时，可采取加权平均的方法采纳国外标准。当这些标准之间存在的差异性极大，则取其中最为合理的标准，并使其在加权平均时所占的比重较大。当一个国家或组织制定的标准中存在两种或两种以上不同数据选择时，必须确定科学方法选择其中一项或对此首先进行一次加权平均筛选（见表 5 -7）。

表 5 -7　　　　　　　　　采纳不同国家或地区标准加权平均法

食品	临时最大残留限量（CAC）	美国	澳大利亚	加拿大	欧盟	新西兰
橘子	3.3 更正为 3.0	1		6	3	
中国甘蓝	0.036 更正为 0.04	0.02	0.04			0.05

图 5 - 4 是日本、澳大利亚、新西兰、美国、欧盟等发达国家和地区目前制定 MRL 所依据的通用原则。其一，一个国家并非对其所有允许使用或将来使用的农业投入品建立 MRL，而是针对 CAC 及国外都没有标准可参考的情况下才制定该标准。其二，如果一个国家是 WTO 成员国，必须考虑 CAC 所制定的所有关于 MRL

标准。另外,在参考国外标准时,必须注重该国家标准科学性及制定标准国与被参考标准国之间贸易进出口需要。最后是当国际 CAC 标准及国外标准发生变更,则该国标准也要随着变更而发生相应变更。如美国便是通过美国联邦(食品)法典(CFR)登记的官方文件进行更新来对更新标准进行适时发布。当一临时 MRL 制定并颁布后,如果此时有新的田间暴露试验,对生物富集情况研究及动物试验等成果提供新的数据或证据证明,该临时限量标准需要修改数值,则该标准可进行更新,以致标准确认为合理并确定为正式的 MRL。总而言之,CAC 制定 MRL 时完全基于风险评估科学性原则,而不受到风险管理中涉及的成本效益及国际贸易等因素影响,也是各国家制定其标准中最可信任与最具权威性的依据。而在国家层面制定 MRL 的决策树中还综合考虑到了上述提及为实现本国风险管理目标所必须考虑的因素,如必须考虑 CAC 法典同时兼顾主要贸易国要求。必须贯彻标准制定"科学严谨性"与"可操作实用性"相结合的原则。

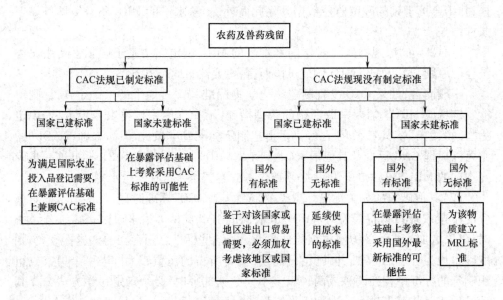

图 5 – 4   国家层次建立 MRL 决策树

3. MRL 的计算

食品中最高残留量可按下式进行计算:

$$食品中最高残留量限量(MRL) = ADI(mg/kg) \times 平均体重(kg) \div 每人每日食物总量(kg) \times 食物系数(\%)$$

食品容许限量标准的制定可依据以下程序进行:确定动物最大无作用剂量→确定人体每日容许摄入量→确定每日总膳食中的容许含量→确定每种食物的最大容许量→制定食品容许限量标准。

人体每日容许摄入量的确定已如前述,每日总膳食中的容许含量的确定由人体每日容许摄入量推断。由于人体每日接触的有毒物质不仅来源于食品,而且通过空气、饮水等也能摄入人体,因此,总膳食中容许含量要低于 ADI。一般来说,通过食物摄入的有害物质占总摄入量的 80% ~85% ,为保证消费者安全,可以 80% 计算。如某化合物 ADI 为 10mg/kg 体重,则总膳食容许含量为 8mg。

每种食物的最大容许量的确定,是通过膳食调查确定每一种食物的摄入量,根据此摄入量计算该食物中最大容许量。如每日摄入大米 400g,蔬菜 500g,水果 200g,肉、蛋 100g,则每种食物中的最大容许含量为:

$$大米 = [400 \div (400 + 500 + 200 + 100)] \times 8 = 2.7(mg)$$

其余的食品依此法计算获得。

危害物的最高容许限量可由它们的使用情况而定。例如,一定水平的残留量直到消费时都很稳定,这样最高残留值才与实际摄入量相当。但是很多情况下,我们关心的残留在消费前已经发生变化。如某些物质在食品储存过程中就可能降解或与其他物质发生反应。未加工食品在加工过程中可以降解,也可能累积放大。

制定最高残留限量时,必须考虑到食品在进入市场及其在一定条件下使用时残留的变化情况。如果农药残留物在食品中并没有涉及特殊的技术方面的问题,其限量的制定应在合理的范围内尽可能降低。

(四)微生物的安全限值

1. 食品安全目标(FSO)

国际食品法典认为,确保食品安全的工具是 GHP(Good hygiene procedure)和 HACCP(Hazard analysis and critical control point)系统。若要使企业明白在 HAC-CP 体系中什么是可接受的水平,则必须用"食品中可接受的危害水平"来表示国家适当保护水平 ALOP(Appropriate level of protection)。因此,国际食品微生物标准委员会(International commission on microbiological specification for foods, ICMSF)提出了食品安全目标(Food safety objective, FSO)的概念,ICMSF 推荐企业及管理机构采纳 FSO 概念。这个概念将"风险"定位为建立融合 GHP 和 HACCP 原则的食品安全管理体系的可定义目标。

微生物性 FSO 是消费者可以耐受的食品中一种微生物性危害的最大频率和浓度。理想上,FSO 应当基于食品中某种致病菌不会致病的频率或浓度。这等同于寻找无作用剂量,无作用剂量是用来为急性毒性化学物质设定每日暴露耐受水平的值。显然,某些食源性致病菌有已定的阈值水平,低于该水平不会对消费者产生风险。一般而言,假定某种产毒型食源性致病菌(即通过产生毒素导致疾病的微生物)有某个阈值浓度,那么低于这个浓度微生物就不会产生足以导致不良效应的毒素。例如,通常认为食品中低水平(即小于 10^4 CFU/g)的金黄色葡萄球菌不代表对人类的直接风险,而较高水平(即小于 10^5 CFU/g)将通过产生可能导致葡萄球菌 – 肠毒素病水平的内毒素而对人类有直接风险。例如目前已制定的 FSO 有:

①干酪中葡萄球菌肠毒素的量不得超过 $1\mu g/100g$;

②花生中黄曲霉毒素的浓度不得超过 15μg/kg;

③即食食品在食用时,单核细胞增生李斯特菌的水平不得超过 100CFU/g;

④乳粉中沙门菌的浓度必须低于 1CFU/100kg。

我国 GB 29921—2013《食品安全国家标准 食品致病菌限量》,规定了各类食品中允许存在的致病菌及其限量要求。

在许多情况下,将公共卫生目标设定为某给定的致病菌－食品组合中病例数几近于零(例如,来自于商业罐装、货架期稳定的低酸食品的肉毒毒素中毒),因此会采纳一个非常保守的 FSO。然而,实现这个目标的成本可能会超出一个社会可以承受的程度。必须谨记,FSO 将反映与降低风险相关联的成本和与接受风险相关联的成本之间的平衡。

有效的食品安全管理体系应达到管理当局通过风险管理程序建立的 FSO,或达到食品生产者在建立 HACCP 计划过程中设定的目标。这些目标可以通过执行控制措施来实现,旨在预防、消除或者减少微生物危害。控制措施是指为预防、消除或者减少食品安全危害到可容许水平而采取的行动。一般可分为控制初始水平、预防危害水平增加和降低污染水平这三类。其中,控制初始水平,包括避免曾被污染或引起中毒的食品(如生乳、特定条件下收获的生软体贝壳类)、选择原料(如巴氏杀菌液态蛋或乳)和使用微生物检验和标准去除不能被接受的原料或产品;预防危害水平增加,包括预防污染,如采用良好卫生规范(GHPs)来减少屠宰过程的污染,将生的食品和煮熟的即食食品分开,实施员工操作规范以减少污染,使用无菌填充技术。预防病原体生长(如适当的冷冻和保存温度、pH、A_w、防腐剂);降低污染水平,包括杀灭病原体(如冷冻杀死某些寄生虫、消毒、巴氏杀菌、辐照)和消除病原体(如清洗、超滤、离心)。

为达到界定的 FSO,就有必要在食品链的一个或多个环节实行一项或多项控制措施。在这些环节中,可预防、消除或减少危害;如果在这些步骤中没有实行适当的控制措施,则危害可能增加。因此,将这些控制措施的结果定义为执行标准。

在建立执行标准时,必须首先考虑危害的初始水平,以及产品在生产、运输、储存、制备和使用时的变化。执行标准最好小于或至少等于 FSO,可以用式 5－1 表示:

$$H_0 - \sum R + \sum I \leqslant \text{FSO} \qquad (5-1)$$

式中　FSO——食品安全目标

　　　H_0——危害的初始水平

　　　$\sum R$——危害降低总和(累积)

　　　$\sum I$——危害增加总和(累积)

FSO、H_0、R 和 I 以对数值 1g 单位表示。

虽然 FSO 看起来类似于微生物标准,但它们在许多方面是不同的。FSO 不应用于个别批次或者货物,不指明采样计划、分析单位的量等。FSO 定义了良好操作期望的控制水平,可以通过 GHP 和 HACCP 系统以及实施操作标准、处理或产品标准和(或)接受标准来达到。

FSO 的概念为管理部门和工业界提供了许多益处,因为它们可被用于:

①将公共卫生目标转变为可测量的控制水平,基于此可以设计食品的加工,并得到可接收的食品;

②证实食品加工操作来确保它们将满足期望的控制水平;

③通过管理部门或其他方评估一个食品操作的可接受性;

④突出食品安全关注,将其与质量和其他关注区分开;

⑤推动食品的改变并提高其安全性;

⑥当工业界的资源或状况不确定时,作为制定个别批次或者食品货物微生物标准的基础。

2. 菌落总数

食品的细菌总数是指被检食品中单位质量(g)、体积(mL)或表面积(cm^2)内所含的细菌数。由于采用的检验方法不同,有两种表示方式:一种是在严格规定的条件下,样品用培养皿培养,使适应培养条件的每个活菌必须而且只能生成一个肉眼可见的菌落,结果称为食品的菌落总数;另一种是将样品处理后,涂片染色镜检计数,所得结果称为食品的细菌总数。

两种表示方法均不能完全反映食品的细菌污染状态,用细菌总数表示时,无论是活菌还是死菌都被记录,使测定值大于了实际值;而菌落总数由于采用严格的培养条件,使那些不符合条件的活菌不能生成菌落,造成了测定值小于实际值。由于食品的污染菌主要来源于温血动物的粪便,因此测定菌落总数要比测定细菌总数能较客观地反映食品的污染状况。所以在我国和其他大多数国家,对细菌总数的检验采用菌落总数来进行,一般是在营养琼脂培养基,37℃ ±0.5℃、pH 7.0 下,培养 48 ~ 72h 所得的菌落数。

食品的细菌总数虽然不一定代表食品对人体健康的危害程度,但却反映了食品的卫生质量,是食品清洁状态的标志。食品中的菌在生长繁殖过程中可分解食品成分,造成食品的腐败变质,理论上食品的细菌越多,对食品的分解越快,食品腐败变质的发生越快,因此可以利用细菌总数来预测食品的储藏期。当然,有时细菌数量虽少,但若菌群内腐败菌呈优势时,食品的腐败反倒由于细菌间的相互制约减弱而加速。

3. 大肠菌群

肠杆菌科的埃希菌属、柠檬酸杆菌属、肠杆菌属和克雷伯菌属统称为大肠菌群。它们均来自人或温血动物的肠道,为革兰阴性杆菌,需氧与兼性厌氧,不形成芽孢,在35 ~ 37℃能发酵乳糖产酸产气。由于与其他肠道菌相比具有以下特点:①大肠菌群数量多,是温血动物肠道的优势菌,检出率高;②在外界的存活时间与肠道致病菌基本一致;③对杀菌剂的抵抗力与肠道致病菌一致;④操作简单,不需要复杂的设备;⑤灵敏度高,食品中的粪便污染量只要达到 0.001mg/kg 即可检出大肠菌群。因此许多国家把大肠菌值作为食品卫生质量的鉴定指标,用于判断食品是否受温血动物粪便的污染和肠道致病菌污染的可能性。一般采用乳糖发酵法进行检验,检验结果用相当 100g 或 100mL 食品中大肠菌群的近似数来表示,简称大肠菌群近似数(MPN)或大肠菌值。

大肠菌群在排出体外后,开始为典型大肠杆菌占优势,但两周后受外界环境因素的影响发生变异,因此,若在食品中检出典型大肠杆菌,表示食品近期受粪便的污染,若检出非典型大肠杆菌,说明食品受粪便的陈旧污染。

大肠菌群为嗜中温菌,在 5℃ 以下基本不能生长,因此不适于作低温水产品,尤其是速冻食品的污染指示菌。近年来,有研究提出将肠球菌也作为反映粪便污染的指示菌,其准确性还有待于进一步研究。

[项目小结]

本项目主要阐述了食品污染物的安全危害、安全性评价的基本内容、安全限值指标和制定原则。

食品安全风险评估本身就是一个科学的过程,但风险管理的决策过程则是一个考虑多方因素的过程,虽然利用了风险评估的科学结果,但决策本身并不是一个完全科学的过程,某种程度上是一个多方博弈的结果。因此,就风险管理决策的过程来讲,单纯考虑风险评估的结果显然是不够的,一个决策过程的作出往往还要考虑社会、经济和道德伦理等方面的评价结果。目前,食品安全风险分析机制的具体运行中,往往偏重于自然科学的评估结果,而社会科学,特别是对风险管理措施有影响的社会经济因素的评估较少。如对新的食品原料和成分的安全评估,也应就其对社会和人类的益处以及风险管理措施的成本等方面进行评估,这才有助于对风险做出全面的衡量和认识。对于突发食品安全风险,就其暴发原因而言非常复杂,但总体可分为两类:第一类是以前已经出现过的食品安全风险,而且人们已经对其形成机制较为清楚,主要是由于风险管理者或食品生产者对其评估、预警以及风险管理措施不到位而导致的风险暴发,如食品中已知的致病菌;第二类是以前从未出现过,或者是已经出现过,但风险形成的外界条件发生了变化,由于科学发展水平或人类的认知程度还不能掌握或不能完全掌握其形成机制,无法进行防控,从而导致风险的暴发,如疯牛病、二噁英以及非法添加非食品成分等欺诈行为。

[项目思考]

1. 食品安全危害与食品安全风险的区别是什么?
2. 食品安全风险分析三大部分之间的相互关系是什么?

3. 化学物质联合作用的评估方法是什么？

4. 遗传性致癌污染物的安全限值是如何设定的？

5. 如果要制定某一食品添加剂的 ADI 值，请简述其基本程序。

6. 如何制定产毒素致病菌的限量？

项目六　食品生产过程的质量安全控制

［知识目标］

　　(1)掌握 GAP、安全食品(无公害食品、绿色食品和有机食品)的概念、特点及操作规程。

　　(2)掌握 HACCP、ISO22000、GMP 和 ISO9000 几类质量保证体系的概念、特点和基本原理,并了解其主要内容和在食品工业中的应用。

　　(3)了解食品在流通和服务环节的安全质量控制操作规程。

［必备知识］

一、原料生产过程的安全质量保证

　　食品原料的生产过程安全质量保证,重点在于保证农产品原料及其初级加工品的质量安全。要确保食品生产过程的安全质量就必须实施从"农田到餐桌"的全程监管,即应执行良好农业规范(GAP)和各类安全食品(无公害农产品、绿色食品和有机食品)生产操作规范和标准。

(一)良好农业规范(GAP)

1.GAP 产生的背景

　　近三四十年农业的繁荣得益于化肥、农药、良种、拖拉机等增产要素的产生,而随着整个农业生产水平的提高和各种农业生产要素的日益完善,这些要素对增产的贡献率却呈现趋减态势。由于农业生产经营不当导致的生态灾难,以及大量化学物质和能源投入对环境的严重破坏,导致土壤板结、土壤肥力下降、农产品农药残留超标等不良现象大量出现。

　　1991 年联合国粮农组织(FAO)召开了部长级的"农业与环境会议",发表了著名的"博斯登宣言",提出了"可持续农业和农村发展(SARD)"的概念,得到联合国和各国的广泛回响和积极支持。"可持续"已成为世界农业发展的时代召唤。"自然农业"、"生态农业"和"再生农业",也已经成为当今世界农业生产无可替代的新方向。在保证农产品产量的同时,要合理地配置资源,寻求农业生产和环境保护之间的平衡点,而良好农业规范是可持续农业发展的关键。

2.GAP 的概念

　　近几年来,随着食品经济的迅速全球化,大多数利益相关者对粮食生产和安全、食品安全和质量以及农业环境可持续性加以关注和承诺,良好农业规范概念已经发生了转变。这些利益相关者包括政府相关部门、食品加工和零售业主、农民以及消费者,他们努力实现粮食安全、食品质量、生产效率、生计和环境保护等特定的中期和长期目标。GAP 规范提供了有助于实现这些目标的一种手段。

根据联合国粮农组织的定义,GAP(Good agriculture practice)——良好农业规范,广义而言,是应用现有的知识来处理农场生产和产后过程的环境、经济和社会可持续性,从而获得安全而健康的食物和非食用农产品。发达国家和部分发展中国家的许多农民已通过病虫害综合防治、养分综合管理和保护性农业等可持续农作方法来应用 GAP 规范。这些方法作用于一系列的耕作制度和不同规模的生产单位,其中包含对粮食安全的贡献,并得到辅助性政策和计划的促进。

3. 国际良好农业规范(GAP)的发展概况

为满足农民的需要和食物链的特定需求,一些政府、非政府组织、民间社会组织和私营部门制定了 GAP 相关规范,同时正在发展 GAP 规范的应用方式,但其发展方式不完全是整体的或协调一致的。在许多情形下,国际和国家二级 GAP 规范的发展得到地方一级更加具体的应用方式的补充。

(1)美国 GAP　1998 年,美国食品药品监督管理局和美国农业部联合发布了《关于降低新鲜水果与蔬菜微生物危害的企业指南》。在该指南中,首次提出 GAP 概念。

美国 GAP 阐述了针对未加工或最简单加工(生的)出售给消费者的,或加工企业的大多数果蔬的种植、采收、分类、清洗、摆放、包装、运输和销售过程中,常见微生物危害控制及其相关的科学依据和降低微生物污染的农业管理规范。这关注的是新鲜果蔬的生产和包装,但却不仅仅限于农场,而且还包含从农场到餐桌的整个食品链的所有步骤。FDA 和 USDA 认为采用 GAP 是自愿的,但强烈建议新鲜水果和蔬菜生产者使用本规范。同时鼓励各个环节上的操作员使用该文件中的基本原则评估他们的操作和评定现场的特殊危害,以便他们能运用和实施合理且成本有效的农业管理规范,最大限度的减少微生物对食品安全的危害。

《关于降低新鲜水果与蔬菜微生物危害的企业指南》(以下简称《指南》)关注的焦点是新鲜农产品的微生物危害,而且《指南》并没有提及相关食品供应或环境的其他领域(如杀虫剂残留、化学污染)的明确表述。在评估《指南》中的降低微生物危害建议的适用性时,种植者、包装者、运输者在其各自领域内都应致力于建立规范,防止无意地增加食品供应和环境的其他风险(如多余包装、不适当的使用抗菌化学药品的处置)。《指南》中列出了微生物污染的风险分析,包括 5 个主要领域方面的评估,分别是:水质;肥料/生物固体废弃物;人员卫生;农田、设施和运输卫生;可追溯性。

种植者、包装者、承运人应考虑农产品的物理特性的多样性以及影响和有关的潜在微生物污染源的操作规范,决定哪种良好农业管理规范对他们最有成本效益——《指南》关注的是减少而非消除危害。当前技术并不能清除用于生吃的新鲜农产品的所有潜在的食品安全危害——《指南》提供具有广泛性和科学性的原则。在具体环境下(气候、地理、文化和经济上的),操作者在使用本《指南》帮助评估微生物危害时,根据具体的操作使用合适的具有成本效益的减少风险的策略。当信息技术的提高扩大了对识别和减少微生物食品安全危害相关因素的理解时,相关机构将采取措施(如修正本《指南》,提供额外或补充指导性的合适文档)以更新《指南》中的建议及所含信息。

用《指南》中通常的建议去选择最合适的良好农业规范来指导各个环节的操作。以下是使用该《指南》的基本原则。

原则1:对鲜农产品的微生物污染,其预防措施优于污染发生后采取的纠偏措施(即防范优于纠偏);

原则2:种植者、包装者或运输者应在他们各自控制范围内采用良好农业规范;

原则3:新鲜农产品在沿着农场到餐桌食品链中的任何一点,都有可能受到生物污染,主要控制人类活动或动物粪便的生物污染;

原则4:应减少来自水的微生物污染;

原则5:农家肥应认真处理以降低对新鲜农产品的潜在污染;

原则6:在生产、采收、包装和运输中,应控制工人的个人卫生和操作卫生,以降低微生物潜在污染;

原则7:良好农业规范应建立在遵守所有法律法规和标准的基础上;

原则8:应明确农产品生产、储运、销售各环节的责任,并配备有资格的人员实施有效的监控,以确保食品安全计划所有程序的正常运转。

(2)EUREPGAP 1997年由欧洲零售商协会(EUREP:Euro – Retailer Produce Working Group)发起,旨在促进良好农业规范(GAP)的发展,并组织零售商、农产品供应商和生产者制定了GAP标准。

EUREPGAP所建立的良好农业规范框架(见图6-1),采用危害分析与关键控制点(HACCP)方法,从生产者到零售商的供应链的各个环节中,确定了良好农业规范的控制点和符合性规范。EUREPGAP的主要功能在于填补现有的食品安全的网络漏洞,增强消费者对EUREPGAP产品的信心,另外从环境保护上最大限度的减少农产品生产对环境所造成的负面影响,同时考虑到职业健康、安全、员工福利和动物福利。EUREPGAP不仅在控制食品安全的危害,而且还兼顾了可持续发展的要求,以及区域文化和法律法规的要求。其覆盖产品种类较全,标准体系较为完整、成熟。标准的实施与国际通行的认证要求融合较好。

EUREPGAP标准包括执行危害分析与关键点控制和良好农业规范(GAP)标准。GAP的基准体系也包括农产品生产框架下的有害物综合治理(IPM)和农作物综合管理(ICM)体系。

EUREPGAP已经制定了综合农场保证(IFA——包括作物、果蔬、畜禽)、综合水产养殖保证(IAA)和花卉及咖啡的技术规范,其中综合农场保证包括农场基础

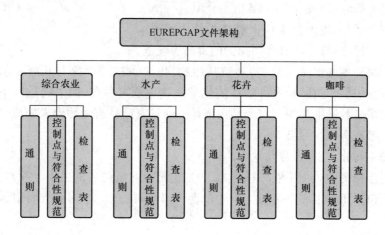

图 6 - 1　EUREPGAP 文件框架

模块、作物基础模块、大田作物模块、果蔬模块、畜禽基础模块、牛羊模块、奶牛模块、生猪模块、家禽模块、畜禽运输模块,2005 年 3 月 EUREP 已经对除了畜禽运输模块的其他 9 个模块作了修改,正式发布实施第 2 版。每类技术规范包括相应的认证通则和检查表,通则规定了执行标准的总原则,检查表则规定了认证机构对企业进行外部检查的依据,也是农户对企业每年进行内审的依据。

EUREPGAP 自诞生以来,一直保持着强劲的发展势头,到 2005 年 11 月,通过EUREPGAP 认证的面积达到 745503hm^2,已有 62 个国家和地区的 34586 多家农产品生产者获得认证。

(3)澳大利亚 GAP　由于在田间食品安全技术方面存在着诸多的不确定性和模糊概念,2000 年 5 月,由澳大利亚农林水产部(AFFA)领导的相关工作组实施和审核了园艺食品安全项目。在工作组项目"为获得等同性建立的示范模型而进行的案例研究"中首次为获得更一致的意见而提出编制澳大利亚 GAP 的需求,并决定以《指南》形式出版。在工作组的帮助下相关作者完成了本《指南》的编写,从而能够详尽地阐述这些内容,并提供了一套独立和稳定的关于田间新鲜农产品食品安全性的信息源。

该《指南》有助于评估新鲜农产品田间生产中所产生的食品安全危害的风险,并提供在良好农业规范中需预防、减少和消除危害的信息。这些规范的确定基于HACCP(危害分析与关键控制点)原理并为食品加工企业提供了食品安全计划。《指南》中食品安全危害是指导致农产品对消费者产生难以接受的健康风险的生物、化学或物理的物质或特性。《指南》中的新鲜农产品包括水果、蔬菜、药草和坚果等,而生产则覆盖了种植、收获、包装、储藏及农产品的分销,其中不包括苗芽的生产和对农产品进行最简单的加工(如新鲜切削)。

该《指南》主要内容分为以下几个部分:

①第 1 部分:澳大利亚 GAP 指南介绍。

②第 2 部分:澳大利亚 GAP 指南的使用范围。

③第 3 部分:与新鲜农产品相关的食品安全危害。

对于每类主要食品安全危害(包括生物、化学、物理)都要对其潜在的危害和污染源进行识别。虽然有多种潜在的化学及物理危害存在,但生物危害中的微生物污染仍将是其最主要的。农产品污染是指通过农产品与受污染表面或物质接触而受到直接或间接的污染。

④第 4 部分:操作步骤及输入。

加工流程图中包括了农作物种植、田地包装及遮蔽包装的主要工序。同时,流程图中还包括每个工序危害可能发生的范围,以及通过工序的输入而引入的食品安全危害。

⑤第 5 部分:评估污染风险。

企业需要识别与农作物生长有关的操作工序及输入,这将有助于分析食品安全危害的产生,并对其进行污染风险评估。良好农业规范(GAP)将有助于预防、减少、消除危害的发生(参照附录 2)。

输入有 3 种(包括土壤、肥料和土壤添加剂),因产品的种类和特定输入不同,农产品污染的风险会发生不同程度的变化。土壤是引入重金属和长期稳定性杀虫剂的污染途径,而肥料、土壤添加剂和水则是微生物和化学污染源。

该部分所提供的信息将有助于理解为何污染风险会因输入而变化。同时,还包含用于判定是否存在显著风险的判断指南。此外,在这些判断指南中还包含了一些关键限值,而这些都是基于研究、专家建议、法规要求及其他指南的。

⑥第 6 部分:新鲜农产品的化学及微生物测试。

该部分提供了新鲜农产品的化学及微生物测试对象、测试的频率、抽样信息以有助于检测方法的标准化信息(试验室的选择)。

⑦附录 1:微生物风险分类。

附录中将新鲜农产品分成 3 栏,以及微生物风险分类参照表。根据生长特性及消费者的最终用途(未烹饪即食、剥皮食用或者烹饪后食用)对农产品风险分类。该分类带有普遍意义,不能将其应用到绝对的微生物风险评估中。微生物污染的风险评估必须针对每一种农作物的加工步骤和所用到的添加物。

⑧附录 2:评审检查表——良好农业规范(GAP)。

该检查表是针对新鲜农产品田间食品安全计划的良好农业规范进行确认的表格。它根据潜在的污染源分为几个部分,同时引用基于 HACCP(危害分析和关键控制点)的企业食品安全计划评价方法对良好农业规范进行核对。

该检查表是现行认证机构或企业内部审核所用审核检查表的补充。同其他通用检查表相比,其中有些条款可能考虑得不周全,有些条款应该删除,而有些需要增加。

(4)加拿大 GAP　在加拿大农田商业管理委员会的资助下,由加拿大农业联盟会同国内畜禽协会及农业和农产品官员等共同协作,通过采用 HACCP 方法而建立的农田食品安全操守。目前,加拿大食品检验局的食品植物产地分局发布了初加工的即食蔬菜的操作规范。该规范主要是利用危害分析方法,对蔬菜种植土壤的使用、天然肥料使用管理、农业用水管理、农业化学物质管理、员工卫生管理、收获管理和运输及贮存管理等过程危害进行识别和控制,以降低即食蔬菜的安全危害和确保蔬菜食品的安全。

(5)FAO《农业管理规范框单》　2003 年 3 月,FAO 在意大利罗马召开的农业委员会第 17 届会议上,提出了良好农业规范应遵循的 4 项原则和基本内容要求,指导各国和相关组织良好农业规范的制定和实施。

以下是 4 项原则的内容:

①经济而有效地生产充足、安全而富有营养的食物;

②保持和加强自然资源基础;

③保持有活力的农业企业和促进可持续生计;

④满足社会的文化和物质需求。

基本内容要求包括:

①与土壤有关的良好规范;

②与水有关的良好规范;

③与作物和饲料生产有关的良好规范;

④与作物保护有关的良好规范;

⑤与家畜生产有关的良好规范;

⑥与家畜健康和福利有关的良好规范;

⑦与收获和农场加工及储存有关的良好规范;

⑧与能源和废物管理有关的良好规范;

⑨与人的福利、健康和安全有关的良好规范;

⑩与野生生物和地貌有关的良好规范。

4. 中国良好农业规范(ChinaGAP)介绍

(1)标准制定的基本原则　为改善我国目前农产品生产现状,增强消费者信心,提高农产品安全质量水平,促进农产品出口,填补我国在控制食品生产源头的农作物和畜禽生产领域中 GAP 的空白,受国家标准化管理委员会委托,国家认证认可监督管理委员会于 2003 年起,组织质检、农业、认证认可行业专家,开展制定良好农业规范国家系列标准的研究工作。基本原则的内容如下:

①以国际相关 GAP 标准为基础(参照 EUREPGAP—2005 年 2.0 版);

②遵循 FAO 确定的基本原则;

③与国际接轨,符合中国国情和法律法规。

(2)中国 GAP 系列国家标准目录及其框架

①我国良好农业规范于 2005 年 12 月 31 日发布,2006 年 5 月 1 日起正式实施;包括了认证实施规则和下列系列标准:

a. 良好农业规范　第 1 部分　术语

b. 良好农业规范　第 2 部分　农场基础控制点与符合性规范

c. 良好农业规范　第 3 部分　作物基础控制点与符合性规范

d. 良好农业规范　第 4 部分　大田作物控制点与符合性规范

e. 良好农业规范　第 5 部分　果蔬控制点与符合性规范

f. 良好农业规范　第 6 部分　畜禽基础控制点与符合性规范

g. 良好农业规范　第 7 部分　牛羊控制点与符合性规范

h. 良好农业规范　第 8 部分　奶牛控制点与符合性规范

i. 良好农业规范　第 9 部分　生猪控制点与符合性规范

j. 良好农业规范　第 10 部分　家禽控制点与符合性规范

k. 良好农业规范　第 11 部分　畜禽公路运输控制点与符合性规范

②良好农业规范系列国家标准体系框架:该框架内容见图 6-2。

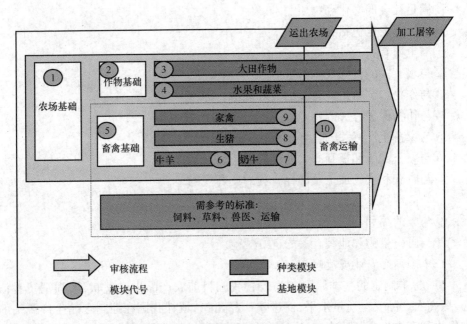

图 6-2　良好农业规范系列国家标准体系框架

(3)中国 GAP 国家标准基本内容

①生产用水与农业用水的良好规范:在农作物生产中使用大量的水。水对农产品的污染程度取决于水的质量、用水时间和方式、农作物特性和生长条件、收割与处理时间以及收割后的操作。因此,应采用不同方式、针对不同用途选择生产用水,保证水质以降低风险。高水平的灌溉技术和科学的管理将有效减少浪费,避免

过度淋洗和盐渍化。农业负有对水资源进行数量和质量管理的高度责任。

与水有关的良好规范包括:

a. 尽量增加小流域地表水的渗透率和减少无效外流;

b. 适当利用并避免排水来管理地下水和土壤水分;

c. 改善土壤结构,增加土壤有机质含量;

d. 利用避免水资源污染的方法如使用生产投入物,包括有机、无机和人造废物或循环产品;

e. 采用监测作物和土壤水分状况的方法精确地安排灌溉,通过采用节水措施或进行水再循环来防止土壤盐渍化;

f. 通过建立永久性植被或需要时保持或恢复湿地来加强水文循环的功能;

g. 管理水位以防止抽水或积水过多,以及为牲畜提供充足、安全、清洁的饮水点。

②肥料使用的良好规范:土壤的物理和化学特性及功能、有机质及有益生物活动,是维持农业生产的根本,其综合作用是形成土壤肥力和生产率的基础。

与肥料有关的良好规范包括:

a. 利用适当的作物轮作、施用肥料、牧草管理和其他土地利用方法以及合理的机械、保护性耕作方法,通过利用调整碳氮比的方法,保持或增加土壤有机质;

b. 保持土层以便为土壤生物提供有利的生存环境,尽量减少因风或水造成的土壤侵蚀流失;

c. 使有机肥和矿物肥料以及其他农用化学物的施用量、时间和方法应适合农学、环境和人体健康的需要。

合理处理的农家肥是有效和安全的肥料,未经处理或不正确处理的再污染农家肥,可能携带影响公共健康的病原菌并导致农产品污染。因此,生产者应根据农作物特点、农时、收割时间间隔、气候特点,制定适合自己操作的处理、保管、运输和使用农家肥的规范,尽可能减少粪肥与农产品的直接或间接接触,以降低微生物危害。

③农药使用的良好操作规范:按照病虫害综合防治的原则,利用对病害和有害生物具有抗性的作物,进行作物和牧草轮作、预防疾病暴发,谨慎使用防治杂草、有害生物和疾病的农用化学品,制定长期的风险管理战略。任何作物的保护措施,尤其是采用对人体或环境有害物质的措施,必须考虑到潜在的不利影响,并配备充分的技术支持和适当的设备。

与作物保护有关的良好规范包括:

a. 采用具有抗性的栽培品种、作物种植顺序和栽培方法,加强对有害生物和疾病进行生物防治;

b. 对有害生物和疾病与所有受益作物之间的平衡状况定期进行定量评价;

c. 适时适地采用有机防治方法;

d. 可能时使用有害生物和疾病预报方法；

e. 在考虑到所有可能的方法及其对农场生产率的短期和长期影响以及环境影响之后再确定其处理策略，以便尽量减少农用化学物使用量，特别是促进病虫害综合防治；

f. 按照法规要求储存农用化学物并按照用量和时间以及收获前的停用期规定使用农用化学物；

g. 使用者须受过专门训练并掌握有关知识；

h. 确保施用设备符合确定的安全和保养标准；

i. 对农用化学物的使用保持准确的记录。

在采用化学防治措施防治作物病虫害时，正确选择合适的农药品种是非常重要的关键控制点。

第一，必须选择国家正式注册的农药，不得使用国家有关规定禁止使用的农药；

第二，尽可能地选用那些专门作用于目标害虫和病原体、对有益生物种群影响最小、对环境没有破坏作用的农药；

第三，通过植物保护预测预报技术的支持，在最佳防治适期用药，提高防治效果；

第四，在重复使用某种农药时，必须考虑避免目标害虫和病原体产生抗药性。

在使用农药时，生产人员必须按照标签或使用说明书规定的条件和方法，用合适的器械施药。商品化的农药，在标签和说明书上，都标明了有效成分及其含量，说明农药性质的同时，一般都规定了稀释倍数、单位面积用量、施药后到采收前的安全间隔期等重要参数。按照这些条件标准化使用农药，就可以将该种农药在作物产品中的残留控制在安全水平之下。

④作物和饲料生产的良好规范。作物和饲料生产涉及一年生和多年生作物、不同栽培的品种等，应充分考虑作物和品种对当地条件的适应性，以及因管理土壤肥力和病虫害防治而进行的轮作。

与作物和饲料生产有关的良好规范包括：

a. 根据对栽培品种的特性安排生产，这些特性包括对播种和栽种时间的反应、生产率、质量、市场可接收性和营养价值、疾病及抗逆性、土壤和气候适应性，以及对化肥和农用化学物的反应等；

b. 设计作物种植制度以优化劳力和设备的使用，利用机械、生物和除草剂备选办法、提供非寄主作物以尽量减少疾病，如利用豆类作物进行生物固氮等；

c. 利用适当的方法和设备，按照适当的时间间隔，平衡施用有机和无机肥料，以补充收获所提取的或生产过程中失去的养分；利用作物和其他有机残茬的循环维持土壤、养分稳定存在和提高；

d. 将畜禽养殖纳入农业种养计划，利用放牧或家养牲畜提供的养分循环提高整个农场的生产率；

　　e.轮换牲畜牧场以便牧草健康再生,坚持安全条例,遵守作物、饲料生产设备和机械使用安全标准。

　　⑤畜禽生产良好规范:畜禽需要足够的空间、饲料和水才能保证其健康和生产率。放养方式必须调整,除放牧的草场或牧场之外,应根据需要提供补充饲料。畜饲料应避免化学和生物污染物,保持畜禽健康,以防止污染物进入食物链。肥料管理应尽量减少养分流失,并促进对环境所起的积极作用。应评价土地需要以确保为饲料生产和废物处理提供足够的土地。

　　与畜禽生产有关的良好规范包括:

　　a.牲畜饲养选址适当,以避免对环境和畜禽健康的不利影响；

　　b.避免对牧草、饲料、水和大气的生物、化学和物理污染；

　　c.经常监测牲畜的状况并相应调整放养率、喂养方式和供水；

　　d.设计、建造、挑选、使用和保养设备、结构以及处理设施；

　　e.防止兽药和饲料添加剂的残留物进入食物链；

　　f.尽量减少抗生素的非治疗使用；

　　g.实现畜牧业和农业相结合,通过养分的有效循环避免废物残留、养分流失和温室气体释放等问题；

　　h.坚持安全条例,遵守为畜禽设置的装置、设备和机械确定的安全操作标准；

　　i.保持牲畜购买、育种、损失以及销售记录,实施饲养计划、饲料采购和销售等记录。

　　畜禽生产需要合理管理和配备畜舍、接种疫苗等预防处理,定期检查、识别和治疗疾病,以及需要时利用兽医服务来保持畜禽健康。

　　与畜禽健康有关的良好规范包括:

　　a.通过良好的牧场管理、安全饲养、适宜放养率和良好的畜舍条件,尽量减少疾病感染风险；

　　b.保持牲畜、畜舍和饲养设施清洁,并为饲养牲畜的畜棚提供足够清洁的草垫；

　　c.确保工作人员在处理和对待牲畜方面受过适当的培训；

　　d.得到兽医咨询以避免疾病和健康问题；

　　e.通过适当的清洗和消毒确保畜舍的良好卫生标准；

　　f.与兽医协商及时处理病畜和受伤的牲畜；

　　g.按照规定和说明购买、储存和使用得到批准的兽医物品包括停药期；

　　h.坚持提供足够和适当的饲料和清洁水；

　　i.避免非治疗性切割肢体、手术或侵入性程序,如剪去尾巴或切去嘴尖等；

　　j.尽量减少活畜运输(步行、铁路或公路运输)；

　　k.处理牲畜时应谨慎,避免使用电棍等工具；

l.如可能保持牲畜的适当社会群体；

m.除非牲畜受伤或生病,否则不要隔离牲畜；

n.符合最小空间允许量和最大放养密度要求等。

⑥收获、加工及储存良好规范:农产品的质量也取决于实施适当的农产品收获和储存方式,也包括加工方式。收获必须符合与农用化学物停用期和兽药停药期有关的规定。产品应储存在所设计的适宜温度和湿度条件下专用的空间中。涉及动物的操作活动如剪毛和屠宰必须坚持畜禽健康和福利标准。

与收获、加工及储存有关的良好规范包括:

a.按照有关的收获前停用期和停药期收获产品；

b.为产品的加工规定清洁安全处理方式；

c.清洗使用清洁剂和清洁水；

d.在卫生和适宜的环境条件下储存产品；

e.使用清洁和适宜的容器包装产品以便运出农场；

f.使用人道和适当的屠宰前处理和屠宰方法；

g.重视监督、人员培训和设备的正常保养。

⑦工人健康和卫生良好规范:确保所有人员,包括非直接参与操作的人员,如设备操作工、潜在的买主和害虫控制作业人员都能符合卫生规范。生产者应建立培训计划以使所有相关人员遵守良好卫生规范,了解良好卫生控制的重要性和技巧,以及使用厕所设施的重要性等相关的清洁卫生方面的知识。

⑧卫生设施良好规范:人类活动和其他废弃物的处理或包装设施操作管理不当,可能会增加农产品污染的风险。厕所、洗手设施的位置应适当,配备应齐全并保持清洁,确保易于使用和方便使用。

⑨田地卫生良好规范:田地内人类活动和其他废弃物的不良管理可能显著增加农产品污染的风险,采收应使用清洁的采收储藏设备,保持装运储存设备卫生,放弃那些无法清洁的容器,以尽可能地减少新鲜农产品的微生物污染。在农产品被运离田地之前,应尽可能地去除农产品表面的泥土。建立设备的维修保养制度,指派专人负责设备的管理,适当使用设备并尽可能地保持清洁,防止农产品的交叉污染。

⑩包装设备卫生良好规范:保持包装区域的厂房、设备和其他设施以及地面等处于良好状态,以减少微生物污染农产品的几率。制定包装工人的良好卫生操作程序,以维持对包装操作过程的控制。在包装设施或包装区域外应尽可能地去除农产品泥土,修补或弃用损坏的包装容器,用于运输农产品的工器具使用前必须清洗,在储存中防止未使用的干净的和新的包装容器被污染。包装和储存设施应保持清洁状态,这些用于存放、分级和包装鲜农产品的设备必须用易于清洗的材料制成,它们的设计、制造、使用和一般清洁能降低产品交叉污染的风险。

⑪运输良好规范:应制定运输规范,以确保在运输的每个环节,包括从田地到

冷却器、包装设备、分发至批发市场或零售中心的运输卫生,保证操作者和其他与农产品运输相关的员工无误、细心操作。无论在什么情况下运输和处理农产品,都应进行卫生状态的评估。运输者应把农产品与其他的食品或非食品的病原菌源相隔离,以预防运输操作对农产品的污染。

⑫溯源良好规范:要求生产者建立有效的溯源系统,包括相关的种植者、运输者和其他人员所提供的资料,产品的采收时间、农场、从种植者到接收者的管理人员档案和标识等,追踪从农场到包装者、配送者和零售商等所有环节,以便准确地识别和有效地减少危害,防止食品安全事故的发生。一个有效的追踪系统至少应包括能说明产品来源的文件记录、标识和鉴别产品的机制。

(4)良好农业规范认证　《良好农业规范认证实施规则(试行)》规定了获得和保持良好农业规范综合农场保证认证所应遵守的原则、程序和要求。

①获得良好农业规范认证的意义:由于良好农业操作规范受到寻求满足食品保障(food security)、食品安全(food safety)、质量、生产效率和中长期环境受益等相关方,包括政府、食品加工业、食品零售业、种植和养殖业以及消费者的关注和准许,越来越受到各国的重视,并在各国以政府和行业规范的形式得到建立和发展。在欧洲,随着食品安全问题被关注程度的增加,欧盟对进口农产品的要求越来越严格,没有通过 EUREPGAP 的供货商将缩减在欧洲市场上占有的市场份额,甚至有可能被逐渐淘汰。

为改善我国目前农产品生产现状,增强消费者信心,提高农产品安全质量水平,促进农产品出口,填补我国在控制食品生产源头的农作物和畜禽生产领域中 GAP 的空白,国家认证认可监督管理委员会会同有关部委研究制定了《良好农业规范系列国家标准》和《良好农业规范认证实施规则(试行)》,作为当前 ChinaGAP 认证试点和建立良好农业规范认证示范基地的依据,并通过第三方认证的方式来推广实施 ChinaGAP。

2005 年 5 月,国家认监委与 EUREPGAP/FOODFULS 正式签署《中国国家认证认可监督管理委员会与 EUREPGAP/FOODPLUS 技术合作备忘录》。根据备忘录的规定,ChinaGAP 与 EUREPGAP 经过基准性比较后,良好农业规范一级认证等同于 EUREPGAP 认证,ChinaGAP 认证结果将得到国际组织和国际零售商的承认。我国农产品生产经营者获得 ChinaGAP 认证后,可以把其农产品供应的信誉转化为得到 ChinaGAP 认可的资源。因为 ChinaGAP 认证是对农产品安全生产的一种商业保证,这样就等同于获得了更多进入国际市场的机会。

②我国良好农业规范认证模式特征:良好农业规范认证是指,经认证机构依据相关要求认证,以认证证书的形式予以确认的某一种类(作物、果蔬、牛羊、生猪、奶牛、家禽)的种植或养殖对相关控制点要求的符合性。这分为农业生产经营者认证和农业生产经营者组织认证两种方式。认证级别分为两级,分别是一级认证和二级认证,其认证标志如图 6 - 3 所示。

(a) 中国良好农业规范一级认证标志　　　　(b) 中国良好农业规范二级认证标志

图 6-3　中国良好农业规范(ChinaGAP)认证标志

该认证以过程检查为基础,包括现场检查、质量保证体系的检查(适用于农场业主联合组织)和必要时对产品检测及场所管理情况进行风险评估。ChinaGAP 产品的生产和运输应依据 ChinaGAP 认证实施规范,而 ChinaGAP 认证实施规范只规定如何控制产品生产、运输的全过程。所以 ChinaGAP 认证不可能像其他工业产品认证一样,应用典型的第 5 种模式,而是对过程进行的一种检查。它通过对质量管理体系(适用于农场业主联合组织)、生产过程控制体系、记录追踪体系等过程进行检查来评价其是否符合 ChinaGAP 控制点的要求。

(5)良好农业规范 ChinaGAP 认证实施规则　国家认证认可监督管理委员会联合国家质量监督检验检疫总局发布了《良好农业规范认证实施规则(试行)》。实施规则规定了获得和保持良好农业规范综合农业保证认证所应遵守的程序和要求。实施规则的发布,为认证机构在我国开展 ChinaGAP 认证提供了明确的依据,为进一步提高农产品安全控制、动植物疫病防治、生态和环境保护、动物福利、职业健康等方面的保障能力,优化我国农业生产组织形式,提高农产品生产企业的管理水平,实施农业可持续发展战略,为农业生产者规范和提高农业生产水平,提供了技术参考。而且,当 ChinaGAP(中国良好农业规范)与 EUREPGAP(欧洲良好农业规范)完成基准性比较后,ChinaGAP 认证与 EUREPGAP 认证之间将实现互认。

《良好农业规范认证实施规则(试行)》是对认证机构在我国开展 ChinaGAP 认证程序的统一要求,分别对认证申请、认证级别、认证方式及要求、申请人/认证证书持有人的权利和义务、认证程序、认证证书的保持、认证证书和标志的使用、申诉和投诉、认证收费等作出了具体规定。

用于认证的良好农业规范 GB/T 20014—2005 系列国家标准为:

第 1 部分　术语

第 2 部分　农场基础控制点与符合性规范

第 3 部分　作物基础控制点与符合性规范

第4部分　　大田作物控制点与符合性规范

第5部分　　水果和蔬菜控制点与符合性规范

第6部分　　畜禽基础控制点与符合性规范

第7部分　　牛羊控制点与符合性规范

第8部分　　奶牛控制点与符合性规范

第9部分　　生猪控制点与符合性规范

第10部分　　家禽控制点与符合性规范

第11部分　　畜禽公路运输控制点与符合性规范

良好农业规范综合农业保证中的模块按种类(作物、果蔬、肉牛、肉羊、生猪、奶牛、家禽)和基地(所有农场基地、所有作物基地和畜禽基地)划分为种类模块和基地模块。种类模块明确了申请认证的范围。基地模块与种类模块配合使用——例如,对生猪养殖生产认证就包含对所有农场基地、畜禽基础要求、生猪养殖模块方面的审核,当申请奶牛这个种类模块时,牛羊模块必须也要检查。

(二)安全食品(无公害食品、绿色食品和有机食品)的生产操作规范和标准

1.无公害食品

(1)无公害食品概述　无公害农产品是指产地环境、生产过程和产品质量符合国家有关标准和规范的要求,经认证合格获得认证证书并允许使用无公害农产品标志的优质农产品及加工制品。无公害农产品生产系采用无公害栽培(饲养)技术及加工方法,按照无公害农产品生产技术规范,在清洁无污染的良好生态环境中生产、加工的,安全性符合国家无公害农产品标准的优质农产品及其加工制品。无公害农产品生产是保障大众食用农产品消费、有助于消费者身体健康、提高农产品安全质量的生产。广义上的无公害农产品,涵盖了有机食品(又称生态食品)、绿色食品等无污染的安全营养类食品。但从安全成分和消费对象及运作方式上划分,有机食品、绿色食品和无公害农产品之间又截然不同。

(2)无公害食品生产技术规程

①无公害农产品产地环境要求:GB/T 18407—2001《农产品安全质量　产地环境要求》分为以下4个部分:

a.GB/T 18407.1—2001《农产品安全质量　无公害蔬菜产地环境要求》。该标准对影响无公害蔬菜生产的水、空气、土壤等环境条件按照现行国家标准的有关要求,结合无公害蔬菜生产的实际作出了规定,为无公害蔬菜产地的选择提供了环境质量依据。

b.GB/T 18407.2—2001《农产品安全质量　无公害水果产地环境要求》。该标准对影响无公害水果生产的水、空气、土壤等环境条件按照现行国家标准的有关要求,结合无公害水果生产的实际作出了规定,为无公害水果产地的选择提供了环境质量依据。

c.GB/T 18407.3—2001《农产品安全质量　无公害畜禽肉产地环境要求》。

该标准对影响畜禽生产的养殖场、屠宰和畜禽类产品加工厂的选址和设施,生产的畜禽饮用水、环境空气质量、畜禽场空气环境质量及加工厂水质指标和相应的试验方法,防疫制度及消毒措施按照现行标准的有关要求,结合无公害畜禽生产的实际作出了规定。从而对促进我国畜禽产品质量的提高,加强产品安全质量管理和规范市场,促进农产品贸易的发展,保障人民身体健康,维护生产者、经营者和消费者的合法权益起到了不可替代的作用。

d. GB/T 18407.4—2001《农产品安全质量 无公害水产品产地环境要求》。该标准对影响水产品生产的养殖场、水质和底质的指标及相应的试验方法按照现行标准的有关要求,结合无公水产品生产的实际做出了规定。从而使规范我国无公害水产品的生产环境,保证无公害水产品正常的生长和水产品的安全质量,促进我国无公害水产品生产又迈上一个新台阶。

②无公害农产品产品安全要求:GB 18406—2001《农产品安全质量 产品安全要求》分为以下 4 个部分:

a. GB 18406.1—2001《农产品安全质量 无公害蔬菜安全要求》。本标准对无公害蔬菜中重金属、硝酸盐、亚硝酸盐和农药残留作出了限量要求和给出了试验方法,这些要求和方法使用了现行的国家标准,同时也对各地开展农药残留监督管理而开发的农药残留量简易测定总结出了方法原理,旨在推动农药残留简易测定法的探索与尝试。

b. GB 18406.2—2001《农产品安全质量 无公害水果安全要求》。本标准对无公害水果中重金属、硝酸盐、亚硝酸盐和农药残留作出了限量要求和给出了试验方法,这些要求和方法采用了现行的国家标准。

c. GB 18406.3—2001《农产品安全质量 无公害畜禽肉安全要求》。本标准对无公害畜禽肉产品中重金属、亚硝酸盐、农药和兽药残留作出了限量要求和给出了试验方法,并对畜禽肉产品微生物指标给出了要求,对这些有毒有害物质限量要求、微生物指标和试验方法采用了现行的国家标准和相关的行业标准。

d. GB 18406.4—2001《农产品安全质量 无公害水产品安全要求》。本标准对无公害水产品中的感官、鲜度及微生物指标作了要求,并给出了相应的试验方法,这些要求和试验方法采用了现行的国家标准和关的行业标准、产地环境标准。

③无公害食品标准:该标准参照无公害农产品产品安全标准。

④无公害食品生产操作规程标准:

a.农业综合防治措施如下。

选用抗病良种:选择适合当地生产的高产、抗病虫、抗逆性强的优良品种,少施药或不施药,是防病增产经济有效的方法。

栽培管理措施:一是保护地蔬菜实行轮作倒茬,如瓜类的轮作不仅可明显的减轻病害而且有良好的增产效果;室大棚蔬菜种植两年后,在夏季种一季大葱也有很好的防病效果。二是清洁田园,彻底消除病株残体、病果和杂草,集中销毁或深埋,切断传播途径。三是采取地膜覆盖。膜下灌水,降低大棚湿度。四是实行配方施肥,增施腐熟好的有机肥,配合施用磷肥,控制氮肥的施用量,生长后期可使用硝态氮抑制剂双氰胺,防止蔬菜中硝酸盐的积累和污染。五是在棚室通风口设置细纱网,以防白粉虱、蚜虫等害虫的入侵。六是深耕改土、垅土法等改进栽培措施。七是推广无土栽培和净沙栽培。

生态防治措施:主要通过调节棚内温湿度、改善光照条件、调节空气等生态措施,促进蔬菜健康成长,抑制病虫害的发生。一是"五改一增加"。即改有滴膜为无滴膜,改棚内露地为地膜全覆盖种植,改平畦栽培为高垅栽培,改明水灌溉为膜下暗灌,改大棚中部放风为棚脊高处放风;增加棚前沿防水沟,集棚膜水于沟内排除渗入地下,减少棚内水分蒸发。二是在冬季大棚的灌水上,掌握"三不浇三浇三控"技术,即阴天不浇晴天浇,下午不浇上午浇,明水不浇暗水浇;苗期控制浇水,连阴天控制浇水,低温控制浇水。三是在防治病虫害上,能用烟雾剂和粉尘剂防治的不用喷雾防治,减少棚内湿度。四是常擦拭棚膜,保持棚膜的良好透光。增加光照。提高温度,降低相对湿度。五是在防冻害上,通过加厚墙体、双膜覆盖,采用压膜线压膜减少孔洞,加大棚体,挖防寒沟等措施,提高棚室的保温效果,能使相对湿度降到80%以下,可提高棚温 3～4℃,从而有效地减轻了蔬菜的冻害和生理病害。

b. 物理防治措施如下。

晒种、温汤浸种:播种或浸种催芽前,将种子晒 2～3d,可利用阳光杀灭附在种子上的病菌;茄、瓜、果类的种子用55℃温水浸种 10～15min,均能起到消毒杀菌的作用;用10%的盐水浸种 10min,可将混入芸豆、豆角种子里的菌核病残体及病菌漂出和杀灭,然后用清水冲洗种子,再播种,可防菌核病,用此法也可防治线虫病。

利用太阳能高温消毒、灭病灭虫:菜农常用方法是高温闷棚或烤棚,夏季休闲期间,将大棚覆盖后密闭选晴天闷晒增温,可达 60～70℃、高温闷棚 5～7d 杀灭土壤中的多种病虫害。

嫁接栽培:利用黑籽南瓜嫁接黄瓜、西葫芦,能有效地防治枯萎病、灰霉病,且抗病性和丰产性高。

诱杀:利用白粉虱、蚜虫的趋黄性,在棚内设置黄油板、黄水盆等诱杀害虫。

喷洒无毒保护剂和保健剂:蔬菜叶面喷洒巴母兰 400～500 倍液,可使叶面形成高分子无毒脂膜,起预防污染效果;叶面喷施植物健生素,可增加植株抗病虫害能力,且无腐蚀、无污染,安全方便。

c. 科学合理施用农药。

严禁在蔬菜上使用高毒、高残留农药:如呋喃丹、3911、1605、甲基 1605、1059、甲基异柳磷、久效磷、磷胺、甲胺磷、氧化乐果、磷化锌、磷化铝杀虫脒、氟乙酸胺、六

六六、DDT、有机汞制剂等,并作为一项严格法规来执行,违者罚款,造成恶果者,追究刑事责任。

选用高效低毒低残留农药:如敌百虫、辛硫磷、马拉硫磷、多菌灵、托布津等。严格执行农药的安全使用标准,控制用药次数、用药浓度和注意用药安全间隔期,特别注重要在安全采收期采收食用。

2. 绿色食品

(1)绿色食品标准概述   绿色食品标准是绿色食品认证和管理的依据和基础,是整个绿色食品事业的重要技术支撑,它是全体从事绿色食品工作的同志们长期经验总结和智慧结晶。绿色食品是遵循可持续发展原则,按照特定生产方式生产,经专门机构认定,许可使用绿色食品标志商标的无污染、安全、优质、营养类食品。绿色食品特定的生产方式是指按照标准生产、加工,对产品实施全程质量控制,依法对产品实行标志管理。

绿色食品必须同时具备以下条件:

①产品或产品原料产地必须符合绿色食品生态环境质量标准;

②农作物种植、畜禽饲养、水产养殖及食品加工必须符合绿色食品的生产操作规程;

③产品必须符合绿色食品质量和卫生标准;

④产品外包装必须符合国家食品标签通用标准,符合绿色食品特定的包装、装潢和标签规定。

无污染、安全、优质、营养是绿色食品的特征。无污染是指在绿色食品生产、加工过程中,通过严密监测、控制,防范农药残留、放射性物质、重金属、有害细菌等对食品生产各个环节的污染,以确保绿色食品产品的洁净。绿色食品的优质特性不仅包括产品的外表包装水平高,而且还包括内在质量水准高;产品的内在质量又包括两个方面;一是内在品质优良,二是营养价值和卫生安全指标高。为了保证绿色食品产品无污染、安全、优质、营养的特性,开发绿色食品有一套较为完整的质量标准体系。

(2)绿色食品标准的技术分级   绿色食品标准分为 2 个技术等级,即 AA 级绿色食品标准和 A 级绿色食品标准。AA 级绿色食品标准要求,生产地的环境质量符合《绿色食品产地环境质量标准》,生产过程中不使用化学合成的农药、肥料、食品添加剂、饲料添加剂、兽药及有害于环境和人体健康的生产资料,而是通过使用有机肥、种植绿肥、作物轮作、生物或物理方法等技术,培肥土壤、控制病虫草害、保护或提高产品品质,从而保证产品质量符合绿色食品产品标准要求。A 级绿色食品标准要求,生产地的环境质量符合《绿色食品产地环境质量标准》,生产过程中严格按绿色食品生产资料使用准则和生产操作规程要求,限量使用限定的化学合成生产资料,并积极采用生物学技术和物理方法,保证产品质量符合绿色食品产品标准要求。

绿色食品标志(见图 6-4)是经中国绿色食品发展中心注册的质量证明商标,按国家商标类别划分的第 29、30、31、32、33 类中的大多数产品均可申报绿色食品标志,如第 29 类的肉、家禽、水产品、乳及乳制品、食用油脂等,第 30 类的食盐、酱油、醋、米、面粉及其他谷物类制品、豆制品、调味用香料等,第 31 类的新鲜蔬菜、水果、干果、种籽、活生物等,第 32 类的啤酒、矿泉水、水果饮料及果汁、固体饮料等,第 33 类的含酒精饮料。

图 6-4　绿色食品标志

(3)绿色食品技术类标准构成　绿色食品标准以"从土地到餐桌"全程质量控制理念为核心,由以下四个部分构成:

①绿色食品产地环境标准:即 NY/T 391—2013《绿色食品　产地环境技术条件》。制定这项标准的目的,一是强调绿色食品必须产自良好的生态环境地域,以保证绿色食品最终产品的无污染、安全性;二是促进对绿色食品产地环境的保护和改善。绿色食品产地环境质量标准规定了产地的空气质量标准、农田灌溉水质标准、渔业水质标准、畜禽养殖用水标准和土壤环境质量标准的各项指标以及浓度限值、监测和评价方法,还提出了绿色食品产地土壤肥力分级和土壤质量综合评价方法。对于一个给定的污染物在全国范围内其标准是统一的,必要时可增设项目,适用于绿色食品(AA 级和 A 级)生产的农田、菜地、果园、牧场、养殖场和加工厂。

②绿色食品生产技术标准:绿色食品生产过程的控制是绿色食品质量控制的关键环节。绿色食品生产技术标准是绿色食品标准体系的核心,它包括绿色食品生产资料使用准则和绿色食品生产技术操作规程 2 个部分。绿色食品生产资料使用准则是对生产绿色食品过程中物质投入的一个原则性规定,它包括生产绿色食品的农药、肥料、食品添加剂、饲料添加剂、兽药和水产养殖药的使用准则,对允许、限制和禁止使用的生产资料及其使用方法、使用剂量、使用次数和休药期等作出了

明确规定。绿色食品生产技术操作规程是以上述准则为依据,按作为种类、畜牧种类和不同农业区域的生产特性分别制定的,用于指导绿色食品生产活动,规范绿色食品生产技术的规定,包括农产品种植、畜禽饲养、水产养殖和食品加工等技术操作规程。

③绿色食品产品标准:该标准是衡量绿色食品最终产品质量的指标尺度。它虽然也跟普通食品的国家标准一样,规定了食品的外观品质、营养品质和卫生品质等内容,但其卫生品质要求高于国家现行标准,主要表现在对农药残留和重金属的检测项目种类多、指标严。而且使用的主要原料必须是来自绿色食品产地的、按绿色食品生产技术操作规程生产出来的产品。绿色食品产品标准反映了绿色食品生产、管理和质量控制的先进水平,突出了绿色食品产品无污染、安全的卫生品质。

④绿色食品包装、贮藏、运输标准:包装标准规定了进行绿色食品产品包装时应遵循的原则,包装材料选用的范围、种类,包装上的标识内容等。要求产品包装从原料、产品制造、使用、回收和废弃的整个过程都应有利于食品安全和环境保护,包括包装材料的安全、牢固性,节省资源、能源,减少或避免废弃物产生,易回收循环利用,可降解等具体要求和内容。贮藏运输标准对绿色食品贮运的条件、方法、时间做出规定。以保证绿色食品在贮运过程中不遭受污染、不改变品质,并有利于环保、节能。

⑤标签标准:除要求符合国家《预包装食品标签通则》外,还要求符合《中国绿色食品商标标志设计使用规范手册》规定,该手册对绿色食品的标准图形、标准字形、图形和字体的规范组合、标准色、广告用语以及在产品包装标签上的规范应用均作了具体规定。

(4)绿色食品生产操作规程　绿色食品生产过程控制是绿色食品质量控制的关键环节,绿色食品生产过程标准是绿色食品标准体系的核心。绿色食品生产过程标准包括2个部分:生产资料使用准则和生产操作规程。

①生产资料使用准则:生产资料使用准则是对生产绿色食品过程中物质投入的一个原则性的规定,它包括农药、肥料、兽药、水产养殖用药、食品添加剂和饲料添加剂的使用准则。

a.生产绿色食品农药使用准则。绿色食品生产应从作物 - 病虫草等整个生态系统出发,综合运用各种防治措施,创造不利于病虫草害孳生和有利于各类天敌繁衍的环境条件,保持农业生态系统的平衡和生物多样化,减少各类病虫草害可能造成的损失。

准则中的农药被禁止使用的原因有如下几种:高毒、剧毒,使用不安全;高残留,高生物富集性;各种慢性毒性作用,如迟发性神经毒性;二次中毒或二次药害,如氟乙酰胺的二次中毒现象;三致作用,致畸、致癌、致突变;含特殊杂质,如三氯杀螨醇中含有 DDT;代谢产物有特殊作用,如代森类代谢产物为致癌物 ETU(乙撑硫脲);对植物不安全、药害;对环境、非靶标生物有害。

对允许限量使用的农药除严格规定品种外,对使用量和使用时间作了详细的规定,对安全间隔期(在种植业中最后一次用药距收获的时间,在养殖业中最后一次用药距屠宰、捕捞的时间称休药期)也作了明确的规定。为避免同种农药在作物体内的累积和害虫的抗药性,准则中还规定在 A 级绿色食品生产过程中,每种允许使用的有机合成农药在一种作物的生产期内只允许使用一次,确保环境和食品不受污染。

b. 生产绿色食品的肥料使用准则。绿色食品生产使用的肥料必须是:一是保护和促进使用对象的生长及其品质的提高;二是不造成使用对象产生和积累有害物质,不影响人体健康;三是对生态环境无不良影响。规定农家肥是绿色食品的主要养分来源。

准则中规定生产绿色食品允许使用的肥料有 7 大类 26 种。在 AA 级绿色食品生产中除可使用 Cu、Fe、Mn、Zn、B、Mo 等微量元素及硫酸钾、煅烧磷酸盐外,不使用其他化学合成肥料,完全和国际接轨。A 级绿色食品生产中则允许限量地使用部分化学合成肥料(但仍禁止使用硝态氮肥),但应以对环境和作物(营养、味道、品质和植物抗性)不产生不良后果的方法使用。

c. 生产绿色食品的其他生产资料及使用原则。生产绿色食品的其他主要生产资料还有兽药、水产养殖用药、食品添加剂、饲料添加剂等,它们的正确合理使用与否,直接影响到绿色食品畜禽产品、水产品、加工品的质量。如兽药残留影响到人们身体健康,甚至危及生命安全。为此中国绿色食品发展中心制定了《生产绿色食品的兽药使用准则》《生产绿色食品的水产养殖用药使用准则》《生产绿色食品的食品添加剂使用准则》《生产绿色食品的饲料添加剂使用准则》,对这些生产资料的允许使用品种、使用剂量、最高残留量和最后一次休药期天数作出了详细的规定,确保绿色食品的质量。

②绿色食品生产操作规程:绿色食品生产操作规程是绿色食品生产资料使用准则在一个物种上的细化和落实。包括农产品种植、畜禽养殖、水产养殖和食品加工四个方面。

a. 种植业生产操作规程。种植业的生产操作规程系指农作物的整地播种、施肥、浇水、喷药及收获五个环节中必须遵守的规定。其主要内容包括植保方面,农药的使用在种类、剂量、时间和残留量方面都必须符合《生产绿色食品的农药使用准则》;作物栽培方面,肥料的使用必须符合《生产绿色食品的肥料使用准则》,有机肥的施用量必须达到保持或增加土壤有机质含量的程度;品种选育方面,选育尽可能适应当地土壤和气候条件,并对病虫草害有较强的抵抗力的高品质优良品种;在耕作制度方面:尽可能采用生态学原理,保持特种的多样性,减少化学物质的投入。

b. 畜牧业生产操作规程。畜牧业的生产操作规程系指在畜禽选种、饲养、防治疫病等环节的具体操作规定。其主要内容是:选择饲养适应当地生长条件的抗逆性强的优良品种;主要饲料原料应来源于无公害区域内的草场、农区、绿色食品种植基地和绿色食品加工产品的副产品;饲料添加剂的使用必须符合《生产绿色食品的饲料添加剂使用准则》,畜禽房舍消毒用药及畜禽疾病防治用药必须符合《生产绿色食品的兽药使用准则》;采用生态防病及其他无公害技术。

c. 水产养殖业生产操作规程。水产养殖过程中的绿色食品生产操作规程,其主要内容是:养殖用水必须达到绿色食品要求的水质标准;选择饲养适应当地生长条件的抗逆性强的优良品种;鲜活饵料和人工配合饲料的原料应来源于无公害生产区域;人工配合饲料的添加剂使用必须符合《生产绿色食品的饲料添加剂使用准则》;疾病防治用药必须符合《生产绿色食品的水产养殖用药使用准则》;采用生态防病及其他无公害技术。

d. 食品加工业绿色食品生产操作规程。其主要内容是:加工区环境卫生必须达到绿色食品生产要求;加工用水必须符合绿色食品加工用水标准;加工原料主要来源于绿色食品产地;加工所用设备及产品包装材料的选用必须具备安全无污染条件;在食品加工过程中,食品添加剂的使用必须符合《生产绿色食品的食品添加剂使用准则》。

(5)绿色食品标准的作用和意义 绿色食品标准对绿色食品产业发展所起的作用表现在以下几个方面。

①绿色食品标准是绿色食品认证工作的技术基础:绿色食品认证实行产前、产中、产后全过程质量控制,同时包含了质量认证和质量体系认证内容。因此,无论是绿色食品质量认证还是质量体系认证都必须有适宜的标准作依据,否则开展认证工作的基本条件就不充分。

②绿色食品标准是进行绿色食品生产活动的技术、行为规范:绿色食品标准不仅是对绿色食品产品质量、产地环境质量、生产资料毒负效应的指标规定,更重要的是对绿色食品生产者、管理者的行为的规范,是评定、监督和纠正绿色食品生产者、管理者技术行为的尺度,具有规范绿色食品生产活动的功能。

③绿色食品标准是指导农业及食品加工业提高生产水平的技术文件:绿色食品产品标准设置的质量安全指标比较严格,绿色食品标准体系则为企业如何生产出符合要求的产品提供了先进的生产方式、工艺和生产技术指导。例如,在农作物生产方面,为替代或减少化肥用量、保证产量,绿色食品标准提供了一套根据土壤肥力状况,将有机肥、微生物肥、无机(矿物质)肥和其他肥料配合施用的方法;为保证无污染、安全的卫生品质,绿色食品标准提供了一套经济、有效的杀灭致病菌、降解硝酸盐的有机肥处理方法;为减少喷施化学农药,绿色食品标准提供了一套从保护整体生态系统出发的病虫草害综合防治技术。在食品加工方面,为避免加工过程中的二次污染,绿色食品标准提出了一套非化学方式控制害虫的方法和食品添加剂使用准则,从而促使绿色食品生产者采用先进加工工艺、提高技术

水平。

④绿色食品标准是维护绿色食品生产者和消费者利益的技术和法律依据:绿色食品标准作为认证和管理的依据,对接受认证的生产企业属强制执行标准,企业采用的生产技术及生产出的产品都必须符合绿色食品标准要求。国家有关行政主管部门对绿色食品实行监督抽查、打击假冒产品的行动时,绿色食品标准就是保护生产者和消费者利益的技术和法律依据。

⑤绿色食品标准是提高我国农产品和食品质量,促进出口创汇的技术手段:绿色食品标准是以我国国家标准为基础,参照国际先进标准制定的,既符合我国国情,又具有国际先进水平的标准。企业通过实施绿色食品标准,能够有效地促使技术改造,加强生产过程的质量控制,改善经营管理,提高员工素质。绿色食品标准也为我国加入 WTO 后,开展可持续农产品及有机农产品平等贸易提供了技术保障,为我国农业,特别是生态农业、可持续发展农业在对外开放过程中提高自我保护、自我发展能力创造了条件。

绿色食品标准体系见图 6-5。

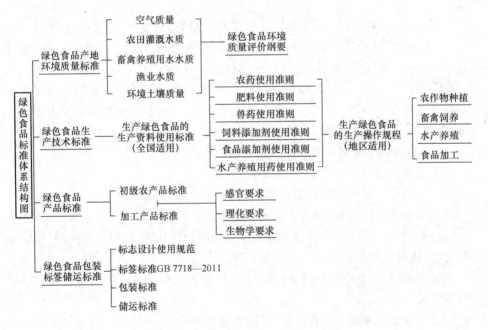

图 6-5　绿色食品标准体系示意图

3.有机食品的标准

(1)有机食品的概念　有机食品一词是从英文 Organic Food 直译过来的,其他语言中也有称作生态或生物食品等。有机食品指来自有机农业生产体系,根据有机农业生产要求和相应标准生产加工,并且通过合法的、独立的有机食品认证机构认证的农副产品及其加工品。

国家有机农业运动起源于20世纪20年代,在70年代以后获得迅速发展,在IFOAM与1980年首次制定有机农业生产和加工基本标准以后,西方发达国家纷纷制定有机食品标准。有机食品在我国是从20世纪90年代初开始起步的,因此,我国的有机食品标准制定起步也比较晚。原国家环境保护局于1994年建立了有机食品发展中心,从事有机食品法规、标准的研究制定工作。通过多年的探索有机食品标准成为一种生产体系控制标准。

有机食品标准是一种质量认证标准,不同于一般的产品标准。一般的产品标准是对产品的外观、规格以及若干构成产品内在品质的指标所做的定性和定量描述,并规定品质的标准检测方法。通过产品抽样检测,了解和控制产品的质量。有机食品标准则不然,它是对一种特定生产体系的共性要求,它不针对某个食品品种或类别,凡是遵守这种生产规范生产出来的农作物产品都可以冠以"有机农产品"的称谓进行销售,并可以在包装上印制特定的有机产品质量证明商标。确切地讲,它应该是"有机生产标准",而不是"有机食品标准",只是习惯上称为"有机食品标准"。

总的来说,它要求在有机食品的原料生产(包括作物种植、畜禽养殖、水产养殖等加工、贮藏、运输、包装、标识、销售)等过程中不违背有机生产原则,保持有机完整性,从而生产出合格的有机产品。在动植物生产过程中,不使用化学合成的农药、化肥、生长调节剂、饲料添加剂等物质,以及基因工程生物及其产物,而是遵循自然规律和生态学原理,采取一系列可持续发展的农业技术,使种植业和养殖业平衡,维持农业生态系统持续稳定的一种农业生产方式。

(2)有机食品标准制定的原则 该原则包括以下几项:

①为消费者提供营养均衡、安全的食品;

②加强整个系统内的生物多样性;

③增加土壤生物活性,维持土壤长效肥力;

④在农业生产系统中依靠可更新资源,通过循环利用植物和动物性废料,向土地归还养分,并因此尽量减少不可更新资源的使用;

⑤促进土壤、水及空气的健康使用,并最大限度地降低农业生产可能对其造成的各种污染;

⑥采用谨慎的方法处理农产品,以便在各个环节保持产品的有机完整性和主要品质;

⑦生产可完全生物降解的有机产品,使各种形式的污染最小化;

⑧提高生产者和加工者的收入,满足他们的基本需求,努力使整个生产、加工和销售链都能向公正、公平和生态合理的方向发展。

(3)有机食品应具备条件

①有机食品在生产和加工过程中必须严格遵循有机食品生产、采集、加工、包

装、贮藏、运输标准,禁止使用化学合成的农药、化肥、激素、抗生素、食品添加剂等,禁止使用基因工程技术及该技术的产物及其衍生物。

②有机食品生产和加工过程中必须建立严格的质量管理体系、生产过程控制体系和追踪体系,因此一般需要有转换期;

③有机食品必须通过合法的有机食品认证机构的认证,张贴有机食品标志(见图6-6)。

图6-6　有机食品标志

(4)有机食品标准的构成　有机食品标准内容涵盖有机食品的原料生产、加工、贮藏、运输、包装、标识、销售等过程、而它的核心是有机农业生产,包括有机作物生产、有机动物养殖。

①农作物有机生产的标准:

a. 有机食品标准中的基本概念。有机食品标准中基本概念包括农业生产单元的认证范围和对象,有机田块的缓冲隔离带,有机产品和常规产品的平行生产,作物轮作生产,土壤培肥管理的农场生态保护计划,内部质量控制。

b. 有机种植标准基本要求如下。

作物及品种选择:应优先选择获得有机认证的种子和作物。所选择的作物种类及品种应适应当地的土壤和气候特点,对病虫害有抗性。

作物生产的多样性:作物生产的基础是土壤及周围生态系统的结构和肥力,以及在营养损失最小化的情况下,提供物种多样性。包括豆科作物在内的多种作物轮作;在一年中要尽量通过种植不同类型的作物,是土壤得到适当的覆盖;土壤培肥中禁止使用任何人工合成的化学肥料;病虫杂草的管理严禁使用合成的农药、生产调节剂,禁止使用基因工程生物或其产品;水土的保持;污染控制;野生产品的采集。

②动物有机饲养标准:动物有机饲养的标准中包括动物饲养方式、转换期、养殖动物来源、动物品种和育种、动物营养、动物健康、运输和屠宰。

③有机食品加工和贸易：要求优化有机食品的加工和处理工艺，以保持产品质量和完整性，并尽量减少害虫的发生。有机产品的加工和处理应在时间或地点上与非有机产品的加工和处理分开，避免有机产品和非有机产品混杂。确定污染源，避免受污染。应该用物理方法从食品中提取调味品。有机产品的贮藏不能采用辐照技术。除了在常温下贮藏外，允许采用以下贮藏条件：空气调节、温度控制和湿度调节。其内容包含了害虫控制、配料、调节剂和加工助剂、加工方法和社会公正性。

目前经认证的有机食品主要包括一般的有机农作物产品（例如粮食、水果、蔬菜等）、有机茶产品、有机食用菌产品、有机畜禽产品、有机水产品、有机蜂产品、采集的野生产品以及用上述产品为原料的加工产品。国内市场销售的有机食品主要是蔬菜、大米、茶叶、蜂蜜等。

二、食品加工过程的安全质量保证

食品企业为了生产出满足规定和潜在要求的产品和提供满意的服务，实现企业的质量目标，必须通过建立、健全和实施食品生产质量管理体系（简称质量体系）来实现。当前在许多国家推广应用和在国际上取得广泛认可的食品质量管理体系主要有 GMP（良好操作规范体系）、HACCP（危害分析与关键控制体系）、ISO22000 食品安全管理体系和 ISO9000 质量管理体系。

（一）良好操作规范（GMP）

1. GMP 概述

（1）GMP 概念　GMP 是英语 Good Manufacturing Practice 的缩写，可译为良好操作（生产）规范，是一种注重制造过程中产品质量和安全卫生的自主性管理制度，是通过对生产过程中的各个环节、各个方面提出一系列措施、方法、具体的技术要求和质量监控措施而形成的质量保证体系。GMP 的特点是将保证产品质量的重点放在成品出厂前整个生产过程的各个环节上，而不仅仅着眼于最终产品。其目的是从全过程入手，从根本上保证食品质量。GMP 的中心指导思想是任何产品的质量是设计和生产出来的，而不是检验出来的。因此，产品质量和安全卫生必须以预防为主，实行全面质量管理。

良好生产规范在食品中的应用，即食品 GMP，主要解决食品生产中的卫生质量问题。它要求食品生产企业应具有精密的生产设备、合理的生产过程、完善的卫生与质量管理制度和严格的检测系统，以确保食品的安全性和质量标准度。

（2）GMP 的由来　GMP 的产生来源于药品生产领域，它是由重大的药物灾难作为导火索而诞生的。1937 年在美国由一位药剂师配制的磺胺药剂引起 300 多人急性肾功能衰竭，其中 107 人死亡，原因是药剂中的甜味剂二甘醇进入体内后的氧化产物草酸导致人体中毒。

20 世纪 50 年代后期至 60 年代初期，由原联邦德国格仑南苏制药厂生产的一种治疗妊娠反应的镇静药 Thalidomide(又称反应停)导致胎儿畸形,使在原联邦德国、澳大利亚、加拿大、日本以及拉丁美洲、非洲等共 28 个国家发生胎儿畸形 12000余例,其中西欧就有 6000～8000 例,日本约有 1000 例。造成这场药物灾难的原因,一是"反应停"未经过严格的临床前药理实验,二是生产该药的格仑南苏制药厂虽已收到有关反映停毒性反应的 100 多例报告,但他们却都隐瞒下来。这次畸胎事件引起公愤,被称为"20 世纪最大的药物灾难"。

这些事件使人们深刻认识到仅以最终成品抽样分析检验结果作为依据的质量控制体系存在一定的缺陷,事实证明不能保证生产的药品都做到安全并符合质量要求。因此,美国于 1962 年修改了《联邦食品、药品和化妆品条例》,将药品质量管理和质量保证的概念提升为法定的要求。美国食品药品管理局(FDA)根据这一条例的规定制定了世界上第一部药品的 GMP,并于 1963 年由美国国会第一次以法令的形式予以颁布,1964 年在美国付诸实施。1967 年 WHO(世界卫生组织)在出版的《国际药典》附录中对其进行了收载。

1969 年美国食品药品管理局将 GMP 的观点引用到食品的生产法规中,以联邦法规的形式公布了食品的 GMP 基本法《食品制造、加工、包装、储运的现行良好操作规范》,简称 CGMP 或 FCMP。该规范包括 5 章,内容包括定义、人员、厂房及地面、卫生操作、卫生设施与控制、设备与用具、加工与控制、仓库与运销等。WHO 在1969 年第 22 届世界卫生大会上,向各成员国首次推荐了 GMP。1975 年 WHO 向各成员国公布了实施 GMP 的指导方针。国际食品法典委员会(CAC)制定的许多国际标准中都包含着 GMP 的内容,1985 年 CAC 制定了《食品卫生通用 GMP》。一些发达国家,如加拿大、澳大利亚、日本、英国等都相继借鉴了 GMP 的原则和管理模式,制定了不同类别食品企业的 GMP,有的作为强制性的法律条文,有的作为指导性的卫生规范。

自美国实施 GMP 以来,世界上不少国家和地区采用了 GMP 质量管理体系,如日本、加拿大、新加坡、德国、澳大利亚、中国台湾等积极推行食品 GMP 质量管理体系,并建立了有关法律法规。

中国推行 GMP 是从制药开始的,且发展迅速。2002 年 9 月 15 日起实行的《中华人民共和国药品管理法实施条例》规定,2004 年 6 月 30 日前药品生产企业必须通过 GMP 认证,未通过的被停止其生产资格。食品企业质量管理规范的制定工作起步于 20 世纪 80 年代中期,从 1988 年起,先后颁布了 19 个食品企业卫生操作规范,简称"卫生规范"。卫生规范制定的目的主要是针对当时国内大多数食品企业卫生条件和卫生管理比较落后的现状,重点规定厂房、设备、设施的卫生要求和企业的自身卫生管理等内容,借以促进我国食品企业卫生状况的改善。这些规范制定的指导思想与 GMP 的原则类似,将保证食品卫生质量的重点放在成品出厂前的整个生产过程的各个环节上,而不仅仅着眼于最终产品上,针对食品生产全过程提出相应技术要求和质量控制措施,以确保最终产品卫生质量合格。

由于近年来一些营养型、保健型和特殊人群专用食品的生产企业迅速增加,食品花色品种日益增多,单纯控制卫生质量的措施已不适应企业品质管理的需要,因此,1998 年原卫生部发布了《保健食品良好生产规范》(GB 17405—1998)和《膨化食品良好生产规范》(GB 17404—1998),这是我国首批颁布的食品 GMP 标准,标志着我国食品企业管理向高层次的发展。

(3)实施 GMP 的意义　GMP 能有效地提高食品行业的整体素质,确保食品的卫生质量,保障消费者的利益。GMP 要求食品企业必需具备优质的生产设备,科学合理的生产工艺,完善先进的检测手段,高水平的工作人员素质,严格的管理体系和制度。因此食品企业在推广和实施 GMP 的过程中必然要对原有的落后的生产工艺、设备进行改造,对操作人员、管理人员和领导干部进行重新培训,因此对食品企业整体素质的提高有极大的推动作用。食品良好操作规范充分体现了保障消费者权利的观念,保证食品安全也就是保障消费者的安全权利。实施 GMP 也有利于政府和行业对食品企业的监管,强制性和指导性 GMP 中确定的操作规程和要求可以作为评价、考核食品企业的科学标准。另外,由于推广和实施 GMP 在国际食品贸易中是必备条件,因此实施 GMP 能提高食品产品在全球贸易的竞争力。

2. 食品 GMP

(1)食品 GMP 的原理和内容　GMP 实际上是一种包括 4M 管理要素的质量保证制度,即选用规定要求的原料(Material),以合乎标准的厂房设备(Machines),由胜任的人员(Man),按照既定的方法(Methods),制造出品质既稳定又安全卫生的产品的一种质量保证制度。因此,食品 GMP 也是从这四个方面提出具体要求,其内容包括硬件和软件两部分。硬件是食品企业的环境、厂房、设备、卫生设施等方面的要求,软件是指食品生产工艺、生产行为、人员要求以及管理制度等。具体有以下几方面:

①先决条件包括适合的加工环境、工厂建筑、道路、地表供水系统、废物处理等。

②设施包括制作空间、贮藏空间、冷藏空间的设置;排风、供水、排水、排污、照明等设施条件;适宜的人员组成等。

③加工、储藏、操作包括物料购买和储藏;机器、机器配件、配料、包装材料、添加剂、加工辅助品的使用及合理性;成品外观、包装、标签和成品保存;成品仓库、运输和分配;成品的再加工;成品抽样、检验和良好的实验室操作等。

④食品安全措施包括特殊工艺条件如热处理、冷藏、冷冻、脱水和化学保藏等的卫生措施;清洗计划、清洗操作、污水管理、虫害控制;个人卫生的保障;外来物的控制、残存金属检测、碎玻璃检测以及化学物质检测等。

⑤管理职责包括管理程序、管理标准、质量保证体系;技术人员能力建设、人员培训周期及预期目标。

（2）食品 GMP 的原则　实施食品 GMP 的目的主要是降低食品制造过程中人为的错误、防止食品在制造过程中遭受污染或品质劣变。因此，食品 GMP 基本上涉及的是与食品卫生质量有关的硬件设施的维护和人员卫生管理，是控制食品安全的第一步，着重强调食品在生产和贮运过程中对微生物、化学性和物理性污染的控制。

①食品生产企业必须有足够的资历，有合格的生产食品相适应的技术人员承担食品生产和质量管理，并清楚地了解自己的职责。

②确保生产厂房、环境、生产设备符合卫生要求，并保持良好的生产状态。

③具备合适的储存、运输等设备条件。

④按照科学和规范化的工艺规程进行生产。

⑤操作者应进行培训，以便正确地按照规程操作。

⑥有符合规定的物料、包装容器和标签。

⑦全生产过程严密并有有效的质检和管理。

⑧有合格的质量检验人员、设备和实验室。

⑨应对生产加工的关键步骤和加工中发生的重要变化进行验证。

⑩生产中使用手工或记录仪进行生产记录，以证明所有生产步骤是按确定的规程和指令要求进行的，产品达到预期的数量和质量要求，出现的任何偏差都应记录并做好检查。

⑪保存生产记录及销售记录，以便根据这些记录追溯各批产品的全部历史。

⑫将产品储存和销售中影响质量的危险性降至最低限度。

⑬建立由销售和供应渠道收回任何一批产品的有效系统。

⑭了解市售产品的用户意见，调查出现质量问题的原因，提出处理意见。

GMP 的重点是：确认食品生产过程安全性；防止物理、化学、生物性危害污染食品；实施双重检验制度；针对标签的管理、生产记录、报告的存档建立和实施完整的管理制度。

（二）危害分析与关键控制点（HACCP）与 ISO22000

1. HACCP 的概念和特点

（1）HACCP 的概念　危险分析与关键控制点（Hazard analiysis critical control point，HACCP），是一个以预防食品安全为基础的食品安全生产、质量控制的保证体系。食品法典委员会（CAC）对 HACCP 的定义是：一个确定、评估和控制那些重要的食品安全危害的系统。它由食品的危害分析（Hazard analiysis，HA）和关键控制点（Critical control points，CCPs）两个部分组成，首先运用食品工艺学、食品微生物学、质量管理和危险性评价等有关原理和方法，对食品原料、加工以至最终食用产品等过程实际存在和潜在性的危害进行分析判定，找出与最终产品质量有影响的关键控制环节，然后针对每一关键控制点采取相应预防、控制以及纠正措施，使食品的危险性减少到最低限度，达到最终产品具备较高安全性的目的。

HACCP体系是一种建立在良好操作规范(GMP)和卫生标准操作规程(SSOP)基础之上的控制危害的预防性体系,它比GMP更进一步,包括从原材料到餐桌整个过程的危害控制。另外,与其他的质量管理体系相比,HACCP可以将主要精力放在影响食品安全的关键加工点上,而不是在每一个环节都花费大量人力,这样在实施中更为有针对性。目前,HACCP被国际权威机构认可为控制食源性疾病、确保食品安全最有效的方法,被世界上越来越多的国家所采用。

(2)HACCP的特点　　HACCP是一个逻辑性控制和评价系统,与其他质量体系相比,具有简便易行、合理高效的特点。

①HACCP具有全面性:HACCP是一种系统化方法,涉及食品安全的所有方面(从原材料要求到最终产品的使用),能够鉴别出目前能够预见到的危害。

②以预防为重点使用HACCP防止危害进入最终食品,变追溯性最终产品检验方法为预防性质量保证方法。

③提高产品质量:HACCP体系能有效控制食品质量,并使产品更具竞争性。

④使企业产生良好的经济效益通过预防措施减少损失,降低成本,减轻一线员工的劳动强度,提高劳动效率。

⑤提高政府监督管理工作效率食品监管职能部门和机构可将精力集中到最容易发生危害的环节上,通过检查HACCP监控记录和纠偏记录可了解工厂的所有情况。

2. HACCP的由来和发展

(1)HACCP的由来　　HACCP是由美国太空总署(NASA),陆军Natick实验室和美国皮尔斯柏利(Pillsbury)公司共同研发而得来。20世纪60年代,Pillsbury公司为给美国太空项目提供百分之百安全的太空食品,研发了一个预防性体系,这个体系可以尽早地对环境、原料、加工过程、贮存和流通等环节进行控制。实践证明,该体系的实施可有效防止生产过程中危害的发生,这就是HACCP的雏形。1971年,皮尔斯柏利公司在美国食品保护会议上首次提出HACCP,几年后美国食品与药物管理局(FDA)采纳并用作酸性与低酸性罐头食品法规的制定基础。之后,美国加利福尼亚州的一个家禽综合加工企业Poster农场于1972年建立了自己的HACCP系统,对禽蛋的孵化、饲料的配置、饲养的安全管理、零售肉的温度测试、禽肉加工制品等都严格控制了各种危害因素。1974年以后,HACCP概念已大量出现在科技文献中。

(2)HACCP在国内外的发展　　HACCP在发达国家发展迅猛。美国是最早应用HACCP原理的国家,并在食品加工制造中强制性实施HACCP的监督与立法工作。加拿大、英国、新西兰等国家已在食品生产与加工业中全面应用HACCP体系。欧盟肉和水产品中实施HACCP认证制度。日本、澳大利亚、泰国等国家都相继发布其实施HACCP原理的法规和办法。

为规范世界各国对HACCP系统的应用,FAO/WHO食品法典委员会(CAC)

1993 年发布了《HACCP 体系应用准则》,1997 年 6 月作了修改,形成新版的法典指南,即《HACCP 体系及其应用准则》,使 HACCP 成为国际性的食品生产管理体系和标准,对促进 HACCP 系统的普遍应用和更好解决食品生产存在的安全问题起了重要作用。根据 WHO 的协议,FAO/WHO 食品法典委员会所制定的法典规范或准则,被视为衡量各国食品是否符合卫生与安全要求的尺度。时至今日,HACCP 已成为世界公认的有效保证食品安全卫生的质量保证系统,成为国际自由贸易的"绿色通行证"。

HACCP 于 20 世纪 80 年代传入中国。为了提高出口食品质量,适应国际贸易要求,有利于中国对外贸易的进展,从 1990 年起,国家进出口商品检验局科学技术委员会食品专业技术委员会开始对肉类、禽类、蜂产品、对虾、烤鳗、柑橘、芦笋罐头、花生、冷冻小食品等 9 种食品的加工如何应用 HACCP 体系进行研究,制定了《在出口食品生产中建立"危害分析与关键控制点"质量管理体系的导则》,出台了 9 种食品 HACCP 系统管理的具体实施方案,同时在 40 多家出口企业试行,取得了显著的效果和丰厚的经济效益。

1994 年 11 月,原国家进出口商品检验局发布了经修订的《出口食品厂、库卫生要求》,明确规定出口食品厂、库应当建立保证食品卫生的质量体系、并制定质量手册,其中很多内容都参照了 HACCP 原理。2002 年原卫生部下发了《食品企业HACCP 实施指南》,国家认证认可监督管理委员会发布了《食品生产企业危害分析与关键控制点(HACCP)管理体系认证管理规定》,在所有食品企业推行 HAC-CP 体系。2005 年 7 月 1 日颁布施行的《保健食品注册管理办法(试行)》中,首次将保健食品 GMP 认证制度纳入强制性规定,HACCP 认证纳入推荐性认证范围。

2005 年 12 月 21 日"十五"国家重大科技专项"食品安全关键技术"课题之一的"食品企业和餐饮业 HACCP 体系的建立和实施"课题通过了科学技术部组织的专家组验收。该课题构建了从官方执法机构、国家认可机构、认证机构到食品企业、餐饮业自身所实施的 HACCP 评价体系,形成了一系列科学实用的食品企业和餐饮业 HACCP 体系建立和实施指南,提出了国家和政府部门对 HACCP 体系建立和实施的宏观政策框架建议等,标志着我国初步建立了规范统一的食品企业和餐饮业 HACCP 体系基础模型。

3. HACCP 的基本原理

HACCP 体系是鉴别特定的危害并规定控制危害措施的体系,它提倡对质量的控制不是在最终检验,而是在生产过程各环节。从 HACCP 名称可以明确看出,它主要包括 HA(危害分析)和 CCP(关键控制点)。HACCP 体系经过实际应用与不断提升,已被 FAO/WHO 食品法典委员会(CAC)所认可,由以下七个基本原理组成。

(1)危害分析　危害是指引起食品不安全的各种因素。显著危害是指一旦发生对消费者产生不可接受的健康风险的因素。危害分析(Hazard analiysis,HA)是确定与食品生产各阶段(从原料生产到消费)有关的潜在危害性及其程度,并制定具体有效的控制措施。危害分析是建立 HACCP 的基础。

(2)确定关键控制点　关键控制点是指能对一个或多个危害因素实施控制措施的点、步骤或工序,它们可能是食品生产加工过程中的某一操作方法或流程,也可能是食品生产加工的某一场所或设备。例如原料生产收获与选择、加工、产品配方、设备清洗、贮运、雇员与环境卫生等都可能是 CCP。通过危害分析确定的每一个危害,必然有一个或多个关键控制点来控制,使潜在的食品危害被预防、消除或减少到几乎可以忽略的水平。

(3)建立关键限值

①关键限值(critical limit,CL)是与一个 CCP 相联系的每个预防措施所必须满足的标准,是确保食品安全的界限。安全水平有数量的内涵,包括温度、时间、物理尺寸、湿度、水分活度、pH、有效氯、细菌总数等。每个 CCP 必须有一个或多个 CL 值用于显著危害,一旦操作中偏离了 CL 值,可能导致产品的不安全,因此必须采取相应的纠正措施使之达到极限要求。

②操作限值(Operational limit,OL)是操作人员用以降低偏离风险的标准,是比 CL 更严格的限值。

(4)关键控制点的监控　监控是指实施一系列有计划的测量或观察措施,用以评估 CCP 是否处于控制之下,并为将来验证程序时的应用作好精确记录。监控计划包括监控对象、监控方法、监控频率、监控记录和负责人等内容。

(5)建立纠偏措施　当控制过程发现某一特定 CCP 正超出控制范围时应采取纠偏措施。在制定 HACCP 计划时,就要有预见性地制定纠偏措施,便于现场纠正偏离,以确保 CCP 处于控制之下。

(6)记录保持程序　建立有效的记录程序对 HACCP 体系加以记录。

(7)验证程序　验证是除监控方法外,用来确定 HACCP 体系是否按计划运作或计划是否需要修改所使用的方法、程序或检测手段。验证程序的正确制定和执行是 HACCP 计划成功实施的基础,验证的目的是提高置信水平。

4.实施 HACCP 体系的必备条件

(1)必备程序　实施 HACCP 体系的目的是预防和控制所有与食品相关的危害,它不是一个独立的程序,而是全面质量管理体系的一部分。它要求食品企业应首先具备在卫生环境下对食品进行加工的生产条件以及为符合国家现有法律法规规定而建立的食品质量管理基础,包括良好操作规范(GMP)、良好卫生操作(GHP)或卫生标准操作程序(SSOP)以及完善的设备维护保养计划、员工教育培训计划等。其中 GMP 和 SSOP 是 HACCP 的必备程序,是实施 HACCP 的基础,离开了 GMP 和 SSOP 的 HACCP 将起不到预防和控制食品安全的作用。

(2)人员的素质要求　人员是 HACCP 体系成功实施的重要条件。HACCP 对人员的要求主要体现如下。

①HACCP 计划的制定需要各类人员的通力合作。负责制定 HACCP 计划以及实施和验证 HACCP 体系的 HACCP 小组其人员构成应包括企业具体管理 HACCP 计划实施的领导、生产技术人员、工程技术人员、质量管理人员以及其他必要人员。

②人员应具备所需的相关专业知识和经验,必须经过 HACCP 原理、食品生产原理与技术、GMP、SSOP 等相关知识的全面培训,以胜任各自的工作。

③所有人员应具有较强的责任心和认真的、实事求是的工作态度,在操作中严格执行 HACCP 计划中的操作程序,如实记录工作中出现的差错。

(3)产品的标志和可追溯性　产品必须有标志,这样不仅能使消费者了解有关产品的信息,还能减少错误或不正确发运和使用产品的可能性。

可追溯性是保障食品安全的关键要素之一。在可能发生某种危险时,风险管理人员应当能够认定有关食品、迅速准确地禁售禁用危险产品、通知消费者或负责监测食品的单位和个人、必要时沿整个食物链追溯问题的起源,并加以纠正。就此而言,通过可追溯性研究,风险管理人员可以明确认定具有潜在危险的产品,以此限制风险对消费者的影响范围,从而限制有关措施的经济影响。

产品的可追溯性包括 2 个基本要素:一是能够确定生产过程的输入(原料、包装、设备等)以及这些输入的来源;二是能够确定产品已发往的位置。

(4)建立产品回收程序　建立产品回收程序的目的是保证产品在任何时候都能在市场上进行回收,能有效、快速和完全地进入调查程序。因此,企业建立产品回收程序后,还要定期对回收程序的有效性进行验证。

5.HACCP 计划的制定和实施

(1)组建 HACCP 工作小组　HACCP 工作小组应包括产品质量控制、生产管理、卫生管理、检验、产品研制、采购、仓储和设备维修等各方面的专业人员。

HACCP 工作小组的成员应具备该产品相关专业知识和技能,必须经过 GMP、SSOP、HACCP 原则、制定 HACCP 计划工作步骤、危害分析及预防措施、相关企业 HACCP 计划等内容的培训,并经考核合格。

HACCP 工作小组的主要职责有制定、修改、确认、监督实施及验证 HACCP 计划;对企业员工进行 HACCP 培训;编制 HACCP 管理体系的各种文件等。

(2)确定 HACCP 体系的目的与范围　HACCP 是控制食品安全质量的管理体系,在建立该体系之前应首先确定实施的目的和范围,例如整个体系中要控制所有危害,还是某方面的危害;是只针对企业的所有产品还是某一类产品;是只针对生产过程还是包括流通、消费环节等。只有明确 HACCP 的重点部分,在编制计划时才能正确识别危害,确定关键控制点。

(3)产品描述　HACCP 计划编制工作的首要任务是对实施 HACCP 系统管理的产品进行描述。描述的内容包括:产品名称(说明生产过程类型);原辅材料的商品名称、学名和特点;成分(如蛋白质、氨基酸等);理化性质(包括水分活度、pH、硬度、流变性等);加工方式(如产品加热及冷冻、干燥、盐渍、杀菌到什么程度等);包装系统(密封、真空、气调等);储运(冻藏、冷藏、常温贮藏等);销售条件(如干湿与温度要求等)、销售方式和销售区域;所要求的储存期限(保质期、保存期、货架期等);有关食品安全的流行病学资料;产品的预期用途、消费人群和食用方式等。

(4)绘制和验证产品工艺流程图 产品工艺流程图可对加工过程进行全面和简明的说明,对危害分析和关键控制点的确定可起到积极的促进作用。产品工艺流程图应在全面了解加工全过程的基础上绘制,应详细反映产品加工过程的每一步骤。流程图应包括的主要内容有:原料和辅料和包装材料的详细资料;加工、运输、储存等环节所有影响食品安全的工序与食品安全有关的信息(如设备、温度、pH 等);工厂人流物流图;流通、消费者意见等。

流程图的准确性对危害分析的影响比较突出,如果某一生产步骤被疏忽,就可能使显著的安全问题不被记录。因此应将绘制的工艺流程图与实际操作过程进行认真比对(现场验证),以确保与实际加工过程一致。

(5)危害分析 危害分析是 HACCP 系统最重要的一环,HACCP 小组对照工艺流程图以自由讨论的方式对加工过程的每一步骤进行危害识别,对每一种危害的危险性(危害可能发生的几率或可能性)进行分析评价,确定危害的种类和严重性,进而找出危害的来源,并提出预防和控制危害的措施。

由食品对人体健康产生危害的因素有生物(致病性或产毒的微生物、寄生虫、有毒动植物等)、化学(杀虫剂、杀菌剂、清洁剂、抗生素、重金属、添加剂等)或物理(各类固体杂质)污染物。

危害的严重性指危害因素存在的多少或所致后果程度的大小。危害程度可分为高、中、低和忽略不计。例如一般引起疾病的危害可分为:威胁生命(严重食物中毒、恶性传染病等)、后果严重或慢性病(一般食物中毒或慢性中毒)、中等或轻微疾病(病程短、病症轻微)。

危害识别的方法有对既往资料进行分析、现场实地观测、实验采样检测等。

(6)确定关键控制点

①CCP 的特征:食品加工过程中有许多可能引起危害的环节,但并不是每一个都进行关键控制点确认,只有这些点作为显著的危害而且能够被控制时才被认为是关键控制点。对危害的控制有几种情况:

a.危害能被预防。例如通过控制原料接收步骤(要求供应商提供产地证明、检验报告等)预防原料中的农药残留量超标。

b.危害能被消除。例如杀菌步骤能杀灭病原菌,金属探测装置能将所有金属碎片检出、分离。

c.危害能被降低到可接受的水平。例如通过对贝类暂养或净化使某些微生物危害降低到可接受水平。

原则上关键控制点所确定的危害是在后面的步骤不能消除或控制的危害。

②CCP 的确定方法:确定 CCP 的方法很多,例如用"CCP 判断树表"来确定或用危害发生的可能性和严重性来确定。

判断树(见图6-7)是能有效确定关键控制点的分析程序,其方法是依次回答针对每一个危害的一系列逻辑问题,最后就能决定某一步骤是否是 CCP。

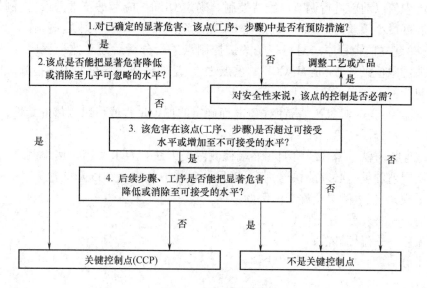

图6-7　CCP 判断树

关键控制点应根据不同产品的特点、配方、加工工艺、设备、GMP 和 SSOP 等条件具体确定。一个危害可由一个或多个关键控制点控制到可接受水平;同样,一个关键控制点可以控制一个或多个危害。一个 HACCP 体系的关键控制点数量一般应控制在 6 个以内。

(7)建立关键限值(CL)　在掌握了每一个 CCP 潜在危害的详细知识,搞清楚与 CCP 相关的所有因素,充分了解各项预防措施的影响因素后,就可以确定每一个因素中安全与不安全的标准,即设定 CCP 的关键限值。通常用物理参数和可以快速测定的化学参数表示关键限值,其指标包括温度、时间、湿度、pH、水分活度、含盐量、含糖量、物理参数、可滴定酸度、有效氯、添加剂含量以及感官指标,如外观和气味等。

关键限值的确定应以科学为依据,可来源于科学刊物、法规性指南、专家建议、试验研究等。关键限值应能确实表明 CCP 是可控制的,并满足相应国家标准的要求。确定关键限值的依据和参考资料应作为 HACCP 方案支持文件的一部分,必须以文件的形式保存以便于再次确认。这些文件应包括相关的法律、法规要求,国家或国际标准、实验数据、专家意见、参考文献等。

建立 CL 应做到合理、适宜、适用和可操作性强,限值设定过严会造成即使没有发生影响到食品安全的危害,也采取纠正措施,否则又会产生不安全产品。

有效的 CL 应是直观、易于监测、能使只出现少量不合格产品就可通过纠正措施控制,并且不是 GMP 或 SSOP 程序中的措施。

在实际生产中为对 CCP 进行有效控制,可以在关键限值内设定操作限值(OL)和操作标准。操作限值可作为辅助措施用于指示加工过程的偏差,这样在 CCP 超过关键限值以前就进行调节以维持控制。确定 OL 时,应考虑正常的误差,例如油炸锅温度最小偏差为 2℃,OL 确定比 CL 相差至少大于 2℃,否则无法操作。

(8)建立监控程序　对每一个关键控制点进行分析后建立监控程序,以确保达到关键限值的要求,是 HACCP 的重点之一,是保证质量安全的关键措施。监控程序包括:

a. 监控内容(对象)。指针对 CCP 而确定的加工过程或可以测量的特性,如温度、时间、水分活度等。

b. 监控方法。有在线检测和终端检测两类方法。要求使用快速检测方法,因为关键限值的偏差必须要快速判定,确保及时采取纠偏行动以降低损失。一般采用视觉观察、仪表测量等方法。例如:

时间——观察法;

温度——温度计法;

水分活度——水分活度仪法;

pH——pH 计法。

c. 监控设备。例如温湿度计、钟表、天平、pH 计、水分活度计、化学分析设备等。

d. 监控频率。如每批、每小时、连续等。如有可能,应采取连续监控。连续监控对许多物理或化学参数都是可行的。如果监测不是连续进行的,那么监测的数量或频率应确保关键控制点是在控制之下。

e. 监控人员。指授权的检查人员,如流水线上的员工、设备操作者、监督员、维修人员、质量保证人员等。负责监控 CCP 的人员必须接受有关 CCP 监控技术的培训,完全理解 CCP 监控的重要性,能及时进行监控活动,准确报告每次监控工作,随时报告违反关键限值的情况以便及时采取纠偏活动。

监控程序必须能及时发现关键控制点可能偏离关键限值的趋势,并及时提供信息,以防止事故恶化。一般提倡在发现有偏差趋势时就及时采取纠偏措施,以防止事故发生。监测数据应有专业人员评价以保证执行正确的纠偏措施。所有监测记录必须有监测人员和审核人员的签字。

(9)建立纠偏措施　食品生产过程中,HACCP 计划的每一个 CCP 都可能发生偏离其关键限值的情况,这时候就要立即采取纠正措施,迅速调整以维持控制。因此,对每一个关键控制点都应预先建立相应的纠偏措施,以便在出现偏离时实施及时。

纠偏措施包括两方面的内容:①制定使工艺重新处于控制之中的措施;②拟定CCP失控时期生产的食品的处理办法,包括将失控的产品进行隔离、扣留、评估其安全性、退回原料、原辅材料及半成品等移做他用、重新加工(杀菌)和销毁产品等。纠偏措施要经有关权威部门认可。

当出现偏差时操作者应及时停止生产,保留所有不合格品并通知工厂质量控制人员。当CCP失去控制时,立即使用经批准的可替代原工艺的备用工艺。在执行纠偏措施时,对不合格产品要及时处理。纠偏措施实施后,CCP一旦恢复控制,要对这一系统进行审核,防止再出现偏差。

整个纠偏行动过程应作详细的记录,内容包括:产品描述、隔离或扣留产品数量;偏离描述;所采取的纠偏行动(包括失控产品的处理);纠偏行动的负责人姓名;必要时提供评估的结果。

(10)建立验证程序 验证的目的是通过一定的方法确认制定的HACCP计划是否有效、是否被正确执行。验证程序包括对CCP的验证和对HACCP体系的验证。

①CCP的验证必须对CCP制定相应的验证程序,以保证其控制措施的有效性和HACCP实施与计划的一致性。CCP验证包括对CCP的校准、监控和纠正记录的监督复查,以及针对性的取样和检测。

对监控设备进行校准是保证监控测量准确度的基础。对监控设备的校准要有详细记录,并定期对校准记录进行复查,复查内容包括校准日期、校准方法和校准结果。

确定专人对每一个CCP的记录(包括监控记录和纠正记录)进行定期复查,以验证HACCP计划是否被有效实施。

对原料、半成品和产品要进行针对性的抽样检测,例如对原料的检测是对原料供应商提供的质量保证进行验证。

②HACCP体系的验证:HACCP体系的验证就是检查HACCP计划是否有效以及所规定的各种措施是否被有效实施。验证活动分为两类,一类是内部验证,由企业自己组织进行;另一类是外部验证,由被认可的认证机构进行,即认证。

验证的频率应足以确认HACCP体系在有效运行,每年至少进行1次或在系统发生故障时、产品原材料或加工过程发生显著改变时或发现了新的危害时进行。

体系的验证活动内容为:

a. 检查产品说明和生产流程图的准确性;

b. 检查CCP是否按HACCP的要求被监控;

c. 监控活动是否在HACCP计划中规定的场所执行;

d. 监控活动是否按照HACCP计划中规定的频率执行;

e. 当监控表明发生了偏离关键限制的情况时,是否执行了纠偏行动;

f. 设备是否按照HACCP计划中规定的频率进行了校准;

g. 工艺过程是否在既定的关键限值内操作；

h. 检查记录是否准确和是否按照要求的时间来完成等。

（11）建立 HACCP 文件和记录管理系统　必须建立有效的文件和记录管理系统，以证明 HACCP 体系有效运行、产品安全及符合现行法律法规的要求。制定 HACCP 计划和执行过程应有文件记录。必须保存的记录包括如下几项。

①危害分析小结，包括书面的危害分析工作单和用于进行危害分析和建立关键限值的任何信息的记录。支持文件包括制定抑制细菌性病原体生长的方法时所使用的充足的资料，建立产品安全货架寿命所使用的资料，以及在确定杀死细菌性病原体加热强度时所使用的资料。除了数据以外，支持文件也可以包含向有关顾问和专家进行咨询的信件。

②HACCP 计划，包括 HACCP 工作小组名单及相关的责任、产品描述、经确认的生产工艺流程和 HACCP 小结。HACCP 小结应包括产品名称、CCP 所处的步骤和危害的名称、关键限值、监控措施、纠偏措施、验证程序和保持记录的程序。

③HACCP 计划实施过程中发生的所有记录，包括关键控制点监控记录、纠偏措施记录、验证记录等。

④其他支持性文件例如验证记录，包括 HACCP 计划的修订等。

HACCP 计划和实施记录必须含有特定的信息，要求记录完整，必须包括监控过程中获得的实际数据和记录结果。在现场观察到的加工和其他信息必须及时记录，写明记录时间，有操作者和审核者的签名。记录应由专人保管，保存到规定的时间，随时可供审核。

6. ISO22000 与 HACCP 的关系

（1）ISO22000 简介　随着消费者对食品安全的要求不断提高，各国纷纷制定了食品安全法规和标准。但是，各国的法规特别是标准繁多且不统一，使食品生产加工企业难以应付，妨碍了食品国际贸易的顺利进行。为了满足各方面的要求，在丹麦标准协会的倡导下，通过国际标准化组织（ISO）协调，将相关的国家标准在国际范围内进行整合，国际标准化组织于 2005 年 9 月 1 日发布最新国际标准：ISO22000:2005，食品安全管理体系——对食物链中任何组织的要求。

《ISO22000——食品安全管理体系要求》标准包括八个方面的内容，即范围、规范性引用文件、术语和定义、政策和原理、食品安全管理体系的设计、实施食品安全管理体系、食品安全管理体系的保持和管理评审。ISO22000 的目的是让食物链中的各类组织执行食品安全管理体系，其范围从饲料生产者、初级生产者、食品制造商、运输和仓储工作者、转包商到零售商和食品服务环节以及相关的组织，如设备、包装材料生产者、清洗行、添加剂和配料生产者。

由于在发达国家和发展中国家因被感染食品而引起疾病的严重增长，标准变得必不可少了，除了健康危害外，食源性疾病还可能造成巨大的经济损失，这些损失包括医疗费用、误工、保险费的支付和法定赔偿。ISO22000 是受到国际多数意见支持的,它协调了系统地控制食物供应链中的安全问题的各项要求,提供了一个在世界范围内唯一的解决方案。此外,ISO22000 可以认证,它响应了在食品部门供应商日益增长认证需求,该标准在没有符合性认证的情况下也可以贯彻。

ISO22000 是在食品部门专家的参与下开发的,它在一个单一的文件中融合了危害分析与关键控制点的原则,包含了全球各类食品零售商关键标准的要求。ISO秘书长艾伦认为,公共部门参与 ISO22000 族的开发也具有重要意义,尤其是联合国粮农组织与世界卫生组织联合成立的食品规范委员会的参与,它负责众所周知的关于食品卫生的危害分析与关键控制点系统,由于 ISO 与食品规范委员会之间坚固的伙伴关系,ISO22000 使食品规范委员会在这个领域开发的危害分析与关键控制点和食品卫生原则的执行更加便利。

ISO22000 的另一个好处是它延伸了在全世界广泛采用的但其本身并不特别针对食品安全的 ISO9001∶2000 质量管理体系标准成功的管理体系方法,ISO22000 的开发是以假设大多数有效的食品安全体系在已构造的管理体系框架内被设计、运作和不断改进并已融入了组织的全部管理活动中为基础的。当ISO22000 运行时,它将被设计成完全与 ISO9001∶2000 兼容,那些已经获得ISO9001∶2000 认证的公司将发现很容易延伸到 ISO22000 的认证。为了帮助使用者做到这一点,ISO22000 包含了一个与显示其要求与 ISO9001∶2000 的要求相适应的平台。

ISO22000 是该标准族中的第一个文件,该标准族将包括下列文件。

①ISO/TC22004,食品安全管理体系——ISO22000∶2005 应用指南,于 2005 年11 月发布。

②ISO/TC22004,食品安全管理体系——对提供食品安全管理体系审核和认证机构的要求,将对 ISO22000 认证机构的合格评定提供协调一致的指南,并详细说明审核食品安全管理体系符合标准的规则,于 2006 年第一季度发布。

③ISO22005,饲料和食品链的可追溯性——体系设计和发展的一般原则和指导方针,他将立刻作为一个国际标准草案运行。ISO22000 和 ISO/TS22004 是 ISO技术委员会 ISO/TC34(食品)的工作小组的 WG8(食品安全管理体系)开发的,来自 23 个国家的专家参加了工作小组,还有一些国际组织以联络员身份参加。除了食品规范委员会外,还包括欧盟食品和饮料行业联合会和世界食品安全组织等,他们参加了 ISO/TS22003 的开发。

(2)ISO22000 与 HACCP 的关系 ISO22000 标准和 HACCP 体系都是一种风险管理工具,能使实施者合理地识别将要发生的危害,并制定一套全面有效的计划,来防止和控制危害的发生。但 HACCP 体系是源于企业内部对某一产品安全性的控制体系,以生产全过程的监控为主;而 ISO22000 标准适用于整个食品链工业的食品安全管理,不仅包含了 HACCP 体系的全部内容,并融入到企业的整个管理活动中,体系完整,逻辑性强,属食品企业安全保证体系(见表6—1)。

ISO22000 标准是一个适用于整个食品链工业的食品安全管理体系框架。它将食品安全管理体系从侧重对 HACCP 7 项原理、GMP(良好生产规范)、SSOP(卫生标准规范)等技术方面的要求,扩展到整个食品链,并作为 1 个体系对食品安全进行管理,增加了运用的灵活性。同时,ISO22000 标准的条款编排形式与 ISO9001:2000 一样,它可以与企业其他管理体系如质量管理体系和环境管理体系相结合,更有助于企业建立整合的管理体系。

表 6 - 1　　　　　　　　　　　ISO 22000 与 HACCP 内容对比

HACCP	ISO22000
HACCP 小组的组成	5.3　食品安全小组
产品描述	7.1.4　原料和辅料 最终产品成分
识别预期用途	7.1.5　预期用途
确立流程图	7.1.2　流程图
现有控制措施	7.1.6　描述产品步骤和其他适宜的控制
生产过程中的现场控制	7.1.2　流程图的现场确认
原理 1　实施危害分析	7.2.2　危害识别和描述
	7.2.3　危害确认
原理 2　确定 CCP 点	7.2.4　识别和评估控制手段
原理 3　建立 CL 值	7.3.2　确定 CCP 的 CL 值
原理 4　建立监控体系	7.3.3　建立监控体系
原理 5　建立纠正措施	7.3.4　偏离 CL
原理 6　建立验证程序	8.2　验证
	8.3　FSM 体系确认
原理 7　建立文件和记录保持程序	4.2　文件要求
前提要求	7.4　设计 SSM 程序

7. 实例

(1)HACCP 在酸乳生产中的应用　通过对凝固型酸乳的原料和加工过程的危害分析,确定的关键控制点为原料验收、前处理系统 CIP 清洗、巴式杀菌、发酵剂、包材灭菌、发酵,针对确定的关键控制点,制定凝固型酸乳的 HACCP 计划表,见表 6 - 2。同时,建立对每个关键控制点进行监测的系统,包括监测内容、方法、频率、人员等。并健全纠偏措施和做好记录和验证程序。如:巴式杀菌的关键限值为杀菌温度:90 ~ 95℃,杀菌时间为 30min。其监控方法为观察温度、流量记录;纠偏措施为根据偏离情况重新加工、报废和另作他用。

表 6－2　凝固型酸乳的 HACCP 计划表

控制点（CCP）	危害	关键限值	监控					纠偏措施	HACCP记录	验证
			对象	内容	方法	频率	人员			
原料验收	生物性 化学性	微生物指标符合标准、抗生素反应阴性 重金属、农药、硝酸盐等残留符合国家标准 酒精试验、掺伪试验达到标准	牛乳	微生物、抗生素、重金属、农药、硝酸盐残留、酸度、掺味、气味等	微生物检验、化学检验、感官检验、掺伪验证	每批	检验员	1.报废 2.重新加工 3.拒收	商家证明、检验记录、纠偏记录	品控部门定期供应商提供的相关证明、定期审查原料乳接受检验记录、检查纠偏处理结果记录
前处理系统 CIP清洗	生物性 化学性	清水清洗、碱液清洗（2%～5% 90℃以上、10min）、清水清洗、酸液清洗（1.5%～2% 90℃以上、10min）、清水清洗	接触乳的生产设备及管道	清洗时间、酸碱液浓度、温度、流量、压力	电导率测定记录、时间记录、温度记录、pH	每次	操作工	重新清洗	清洗记录、仪器校正记录	检测清洗液微生物指标、检测清洗液pH、抽样检测产品微生物指标
巴式杀菌	生物性	杀菌温度:90～95℃ 杀菌时间:30min	牛乳	时间、温度	观察温度流量记录	连续	操作工	1.重新加工 2.报废 3.另作他用	杀菌记录、纠偏记录	抽样检测产品微生物指标、质量部定期审查灭菌记录
发酵剂	生物性	保加利亚乳杆菌:嗜热链球菌=1:1 发酵温度42℃,时间3～4h	发酵剂	菌种活力、发酵温度、时间	镜检、发酵温度、时间记录和pH	每批	检验员	1.重新制备 2.报废	灭菌记录、纠偏记录	质量部定期检查记录
包材灭菌	生物性 化学性	过氧化氢浓度、温度及用量符合要求	过氧化氢			连续	操作工	1.重新杀菌 2.报废 3.调整设备到最佳状态	过氧化氢使用记录、灭菌记录、纠偏记录	质量部定期检查记录
发酵	生物性 化学性	发酵时间2～3h 发酵温度42℃ pH4.5～4.6	发酵乳	乳凝固时间、pH	感官检验、时间、pH记录	每批	检验员	1.报废 2.另作他用	核查记录、纠偏记录	质量部定期检查记录

（2）HACCP 在无菌包装果汁生产中的应用

①无菌包装果汁生产工艺流程：原料验收→清洗挑选→破碎打浆→榨汁→筛滤→杀菌酶解→超滤→调配→杀菌→无菌包装→贮运→消费者。

②危害分析：

a. 微生物污染是果汁加工中的主要污染，不同的水果产地有不同的微生物菌群，原料最初微生物污染主要有酵母菌、乳酸菌、白霉、黑霉及耐热菌如嗜热脂环芽孢杆菌，腐烂的水果还能引起霉菌大量繁殖；如果在加工过程中清洗不够或杀菌效果不好会直接造成产品的微生物污染；如果灌装时无菌环境破坏或者包装物杀菌不好，就有可能造成二次污染，这两种污染都会导致产气胀包，腐败变质。

b. 果汁生产中化学性危害主要有农药残留（有机磷类）、重金属超标（铜、铅、砷）及添加剂使用过量，果实清洗用清洁剂、CIP 清洗剂（硫酸、氢氧化钠）、包装材料灭菌用消毒剂的残留也是造成化学危害的因素。

c. 果汁生产中的物理危害主要指异物（如沙粒），一般可以通过水槽的沉降池过滤除去。

③确定关键控制点：

a. 原料验收。由于水果原料来自田间，且目前国内加工品种的采收质量普遍不高，再加上积压等原因，微生物易大量繁殖，所以原料是产生危害的主要环节之一；主要控制指标有腐烂率不高于3%，微生物中的酵母菌不高于 20000 个/g、霉菌 2000 个/g。

b. 加强清洗。在清洗水中加入浓度为 0.02% 的柠檬酸可除去大部分的铜离子，良好的清洗可使微生物数减少至2% ~25%，在清洗液中加入表面活性剂可提高清洗效果，减少农药残留。

c. 超滤。超滤可以除去大分子物质及微生物，避免产品的后混浊及达到冷杀菌的目的。

d. 调配。调配用水的水质、果汁酸度或 pH 的调整会影响到对微生物的杀灭效果，所以这也是主要环节之一。

e. 杀菌。杀菌温度应根据果汁的 pH 及混浊程度来设定，对澄清型果汁95℃经38s 可使绝大多数微生物都被杀死，但如果指示仪表失真，则造成不可估量的损失。

f. 灌装。是产生危害的又一重要环节，无菌罐装环境的破坏及消毒不彻底的包装材料均可导致 2 次污染；包装材料消毒剂的残留将会直接产生危害。

④确立控制标准与监控措施：控制标准与监控措施见表6 - 3。

⑤HACCP 系统的验证和记录：每 3 个月由 HACCP 计划小组对原辅料、监控记录、配方、纠偏措施及监控计量仪器精度记录、成品检验记录、一般卫生管理记录等进行核查以确认系统处于正常运转中。若一段时间出现相类似的失控事故，则

HACCP 小组需要重新审查制定控制标准与措施是否得当,并责成相关部门予以修正。

表 6－3　　　　　　　　　　无菌包装果汁管制标准与监控措施

关键控制点	关键限值	监控频率	方法	纠偏措施
原料验收	符合原辅材料技术标准	每批次	质检员按检验规程检验	拒收
超滤	压力:根据具体设备定 时间:48h 清洗 1 次	连续	随时观察压力表	重新加工
调配	糖度与酸度达到标准要求	每次	用折光仪测糖度、滴定法测酸度	重新调整
杀菌	HTST（85℃/38s）或 UHT（121℃/3s）	连续	温度记录、时间记录、流量	重新加工
无菌罐装	过氧化氢喷洒量、干燥区温度,无菌风压力、蒸汽压力等达到规定指标;定时检查封合及过氧化氢残留	每次连续	温度记录、灭菌时间	质量不定期检查记录
CIP 清洗	硫酸、氢氧化钠溶液浓度2%～3%,温度 65～70℃	连续	时间记录、温度记录、pH	重新清洗

(三)ISO9000 质量管理体系

ISO9000 系列标准是国际标准化组织(ISO)所制定的关于质量管理和质量保证的一系列国际标准。企业活动一般由 3 方面组成:经营、管理和开发。在管理上又可分为行政管理、财务管理、质量管理、环境管理、职业健康管理、生产安全管理等。ISO9000 族标并不规定产品的技术标准,而是针对企业的组织管理结构、人员和技术能力、各项规章制度和技术文件、内部监督机制等一系列体现企业保证产品及服务质量的管理措施的标准。因此,ISO9000 族中规定的要求是通用的,适用于所有行业或经济领域,无论其提供何种产品。

1. ISO9000 系列标准的由来和发展

ISO9000 是在总结各个国家质量管理与质量保证成功经验的基础上产生的,经历了由军用到民用,由行业标准到国家标准,进而到国际标准的发展过程。

(1)ISO9000 的产生　1959 年,美国国防部向国防部供应局下属的军工企业提出了品质保证要求,要求承包商"制定和保持与其经营管理、规程相一致的有效的和经济的品质保证体系",目的是"在实现合同要求的所有领域和过程(例如:设计、研制、制造、加工、装配、检验、试验、维护、装箱、储存和安装)中充分保证品质"。国防部对品质保证体系还规定了两种统一的模式:军标 MIL—Q—9858A《品质大纲要求》和军标 MIL—I—45208《检验系统要求》。承包商要根据这两个模式编制"品质保证手册",并有效实施。政府将对照文件逐步检查、评定实施情况。这种办法促使承包商进行全面的品质管理,取得了极大的成功。

后来,美国军工企业的这个经验很快被其他工业发达国家军工部门所采用,并逐步推广到民用工业,在西方各国蓬勃发展起来。英国于1979年发布了BS5750《质量保证体系》标准。加拿大1979年制定了CSA CAN3—Z299《质量大纲标准的选用指南》和《质量保证大纲》标准。

随着国际贸易的不断发展,不同国家、企业之间的技术合作、经验交流和贸易也日益频繁,但由于各国采用的评价标准和质量体系的要求不同,企业为了获得市场,不得不付出很大的代价去满足各个国家的质量标准要求。另外由于竞争的加剧,有的国家利用严格的标准和质量体系来阻挡商品的进口。这样就阻碍了国际间的经济合作和贸易往来。因此,有必要建立一套国际化的标准,使各国对产品的质量问题有统一认知和共同的理论以及协同遵守的规范。在这样的背景下,ISO在1980年成立了质量管理与质量保证标准化技术委员会(ISO/TC176)。ISO/TC176组织了15个国家100余位专家学者,在现代管理理论的指导下,总结美国、英国、加拿大等国现有标准,并综合考虑世界各国的需要和发展不平衡的基础上进行国际标准的研究制定工作。第一个标准ISO8402:1986,名为《品质—术语》,于1986年6月15日正式发布。1987年3月正式发布了ISO9000系列标准,包括ISO9000、ISO9001、ISO9002、ISO9003和ISO9004。

(2)ISO9000的发展 为了不断改进管理方法,ISO/TC176在1990年第九届年会上提出了《90年代国际质量标准的实施策略》,确定了一个宏伟的目标:"要让全世界都接受和使用ISO9000族标准,为提高组织的运作能力提供有效的方法",为增进国际贸易,促进全球的繁荣和发展"使任何机构和个人,可以有信心从世界各地得到任何期望的产品,以及将自己的产品顺利销往世界各地"。为此,ISO/TC176决定对1987版的ISO9000族标准进行修改,并于1994年组织专家在保留总体结构和内容的基础上,对1987年版ISO9000作了补充,对局部技术内容进行了一些修订,提出了一些新的管理概念和术语,并将其正式定义为"ISO9000族"。2000年12月15日,ISO/TC176正式发布了新版本的ISO9000族标准,统称为2000版ISO9000族标准。该版本从结构、逻辑到内容实施重大修订。总体上,增强了ISO系列标准使用的广泛性和实用性。

2000版标准颁布以后,国际标准化组织鼓励各行各业的组织采用新标准来规范组织的质量管理,并通过外部认证来达到增强客户信心和减少贸易壁垒的作用。世界各国纷纷进行等同采用或等效采用以作为认证的标准。

2.ISO9000族标准的原理

ISO9000是应用全面质量管理理论对具体组织制定的一系列质量管理标准,全面质量管理"以顾客为中心、领导的作用、全员参与、过程的方法、系统管理、持续改进、基于事实决策"的八项质量管理原则是其理论基础。ISO9000体系建立和实施的过程就是把组织的质量管理进行标准化的过程,组织通过实施标准化管理,使质量管理原则在组织运行的各个方面得到全面体现,就能使组织生产的产品及其服务质量得到保证,消费者就能够充分信赖。ISO9000 族标准主要从以下四个方面对质量进行规范管理。

①机构:标准明确规定了为保证产品质量而必须建立的管理机构及其职责权限。

②程序:企业组织产品生产必须制定规章制度、技术标准、质量手册、质量体系操作检查程序,并使之文件化、档案化。

③过程:质量控制是对生产的全部过程加以控制,是面的控制,不是点的控制。从根据市场调研确定产品、设计产品、采购原料,到生产检验、包装、储运,其全过程按程序要求控制质量。并要求过程具有标识性、监督性、可追溯性。控制过程的出发点是预防不合格。

④总结:不断地总结、评价质量体系,不断地改进质量体系,使质量管理呈螺旋式上升。

3. 企业推行 ISO9000 系列标准的意义

ISO9000 系列标准是在总结世界经济发达国家的质量管理实践经验的基础上制定的通用性和指导性的国际标准,企业建立和实施 ISO9000 系列标准,具有重要的作用和意义。

(1)有利于提高产品质量,保护消费者利益　消费者在购买或使用产品时,一般都很难在技术上对产品加以鉴别。当产品技术规范本身不完善或组织质量管理体系不健全时,组织就无法保证持续提供满足要求的产品。如果组织按 ISO9000 系列标准建立质量管理体系,通过体系的有效应用,促进组织持续改进产品和过程,实现产品质量的稳定和提高,就是对消费者利益的一种最有效的保护。

(2)有利于增进国际贸易,消除技术壁垒　ISO9000 系列标准为国际经济技术合作提供了国际通用的共同语言和准则,组织建立和实施 ISO9000 体系,取得质量管理体系认证,既能使企业参与国内和国际贸易又能增强企业竞争能力。另外,世界各国同时实施 ISO9000 系列标准,对消除技术壁垒、排除贸易障碍、促进国际经济贸易活动也起到十分积极的作用。

(3)为提高组织的运作能力提供了有效的方法　ISO9000 系列标准鼓励组织建立、实施和改进质量管理体系时采用过程方法,通过识别和管理众多相互关联的过程,以及对这些过程进行系统的管理和连续的监视与控制,以得到深受顾客喜爱的产品。此外,质量管理体系提供了持续改进的框架,增加顾客和其他相关方满意的机会。因此,ISO9000 系列标准为有效提高组织的运作能力和增强市场竞争能力提供了有效的方法。

(4)有利于组织的持续改进和持续满足顾客的需求和期望　顾客的需求、期望是不断变化的,这就促使组织要持续地改进产品和过程。ISO9000 系列标准为组织持续改进其产品和过程提供了一条有效途径。标准将质量管理体系要求和产品要求区分开来,不是要用质量管理体系要求取代产品要求,而是把质量管理体系要求作为对产品要求的补充,有利于组织的持续改进和长期保持满足顾客的需求和期望。

(5)有利于国际间的经济合作和技术交流 按照国际间经济合作和技术交流的惯例,合作双方必须在产品(包括服务)品质方面有相通的语言、统一的认知和共守的规范,方能进行合作与交流。ISO9000 体系认证正好提供了这样的信任,有利于双方迅速达成协议。

4. ISO9000∶2000 简介

(1)ISO9000∶2000 的特点

①内容全面,操作性强:标准充分吸收了当今世界质量管理研究的成果,明确提出了八项质量管理原则,并以此为基础全面、系统地向使用者提供了为改进组织的过程、提高组织的业绩、评价质量管理体系的完善程度所需考虑的质量管理体系要求,旨在指导组织的管理,通过持续改进和追求卓越,最终使组织的顾客和相关方受益,使 ISO9004 更趋全面,并更具有可操作性。

②采用过程模式结构:ISO9000 质量体系结构为"过程模式结构",质量管理的循环过程由管理职责,资源管理,产品实现,测量、分析、改进四个主要环节构成循环过程。全过程所实施的过程控制,实际上是质量管理体系运作过程的描述。这种模式完全脱离了某一具体行业,更具通用性,也更强调体系的有效性、顾客需要的满足和持续改进等内容。

③具有兼容性:在 2000 版的标准中,ISO9001 阐述了用于证实能力的质量管理体系要求、ISO9004 则提供了指导内部管理的质量管理体系指南,两者是一对协调的质量管理体系标准,编写结构、主题内容及篇章层次均保持标题一致,为标准使用者提供了方便。

另外,2000 版的 ISO9000 与 ISO14001《环境管理体系——规范使用指南》也具有相同的管理体系,在基本内容和语言风格上也保持一致,使两个体系实现了兼容。这样确保了不同管理体系标准的通用性要求,可由组织全部或部分以相同的方式实施,而不必去重复实施相同的内容,同时也不必以相同的方式硬性实施那些不一致的要求,为组织同时实施两类别标准奠定了基础。

④标准的通用化:2000 版标准在覆盖通用产品类别方面,特别是在表述产品或服务作业过程的内容方面,更加通用化。例如,2000 年版在检验方面不再像1994 年版那样,分成进货、进程、最终三个阶段进行描述,在词汇使用方面,尽可能使用"测量"而不用"检验"或"试验",用"纠正或调整"替代原标准中的"返工或返修",从而兼顾了不同行业,不同规模组织的特点,克服了偏重加工制造业的倾向,为受影响的使用者的具体行业可能制定的要求提供了一个共同的基础,使得

ISO9000 标准适用于所有组织(无论其性质、规模或产品种类),特别是在服务业的
应用更加方便。

⑤对质量管理体系文件的要求有适当的灵活性:2000 版 ISO9001 标准特别强
调,在确定质量管理体系文件的范围(结构)时,应结合本组织的实际情况。新标
准规定的程序文件共有六个,其他文件(如"产品实现"所需要的文件),由组织根
据标准规定要求和自身的实际情况作出具体规定。

(2)ISO9000 系列标准的构成和内容　2000 年版 ISO9000 族标准包括四项核
心标准:ISO9000《质量管理体系——基础和术语》、ISO9001《质量管理体系——要
求》、ISO9004《质量管理体系——业绩改进指南》、ISO19011《质量和(或)环境管理
体系审核指南》(图 6 - 4)。

表 6 - 4　　　　　　　　2000 年版 ISO9000 系列标准的文件结构

核心标准		支持性标准和文件	
ISO9000	质量管理体系　基础和术语	ISO10012	测量控制系统
		ISO/TR10006	质量管理　项目管理质量指南
ISO9001	质量管理体系　要求	ISO/TR10007	质量管理　技术状态管理指南
		ISO/TR10013	质量管理体系文件指南
ISO9004	质量管理体系　业绩改进指南	ISO/TR10014	质量经济性管理指南
		ISO/TR10015	质量管理　培训指南
ISO19011	质量和(或)环境管理体系审核指南	ISO/TR10017	统计技术指南
			质量管理原则
			选择和使用指南
			小型企业的应用

①ISO9000《质量管理体系　基础和术语》:该标准主要包括两个方面内容。

a. 体系的基本原理。阐述了质量管理体系的原理、基本内容、实施步骤、评价、
过程方法和改进环的应用等。首先指出"以顾客为中心、领导的作用、全员参与、过
程的方法、系统管理、持续改进、基于事实决策"八项质量管理原则是标准建立的指
导思想和理论基础。说明这八项原则是在总结质量管理经验的基础上提出的,是
一个组织在实施质量管理时必须遵循的准则,是组织改进其业绩的框架,能帮助组
织获得持续成功。标准对八项质量管理原则进行了阐述。

b. 术语和定义。表述了建立和运行质量管理体系应遵循的 12 个方面的质量
管理体系基础知识。规定了质量管理体系的术语共 10 个部分 87 个词条,用较通
俗的语言阐明了质量管理领域所用术语的概念。

②ISO9001《质量管理体系　要求》规定了质量管理体系的要求,可用于组织证实其具有稳定地提供顾客要求和适用法律法规要求产品的能力,也可用于组织通过体系的有效应用,包括持续改进体系的过程及确保符合顾客与适用法规的要求,以更好地做到使顾客满意。

标准由概述、范围、引用标准、术语和定义、质量管理体系要求、管理职责、资源管理、产品或服务实现、测量、分析和改进等部分构成。

③ISO9004《质量管理体系　业绩改进指南》提供了超出 ISO9001 要求的应用指南,描述了质量管理体系应包括的过程,强调通过改进过程的有效性和效率,提高组织的整体业绩。

④ISO19011《质量和(或)环境管理体系审核指南》:该标准是 ISO/TC176 与 ISO/TC207(环境管理技术委员会)联合制定的,以遵循"不同管理体系,可以共同管理和审核"的原则,为审核的基本原则、审核大纲的管理、环境和质量管理体系的实施以及对环境和质量管理体系评审员资格要求提供了指南。标准在术语和内容方面,兼容了质量管理体系和环境管理体系两方面特点,适用于所有运行质量或环境管理体系的组织。

5. ISO9000 的实施

(1)ISO9000 体系的建立

①领导决策:搞好质量管理关键在领导,组织领导层要作出推行 ISO9000 的决定。

②建立机构组织:需要成立一个 ISO9000 专门机构从事文件编写、组织实施等工作。

③制定计划:就是制定贯彻标准的计划,包括时间、内容、责任人、验证等,要求具体详细,一丝不苟。

④提供资源:包括人力、财力、物力、时间等资源。

⑤建立体系:

a. 选择国际标准。质量管理体系的国际标准有两个,一个是 ISO9001,是质量管理体系的基本标准,一般用于认证目的;另一个是 ISO9004,是质量管理体系较高的标准,一般不以认证为目的,而是以企业业绩改进为目标。组织如果仅仅希望获得质量管理体系认证,或希望快速地改变落后的管理现状,可选用 ISO9001,它比较简单易行。如果组织以提升管理水平和业绩为目标,则应选用 ISO9004。

b. 识别质量因素(又称体系诊断)。就是要找出影响产品或服务质量的决策、过程、环节、部门、人员、资源等因素。

⑥编写体系文件:对照 ISO9001 或 ISO9004 国际标准中的各个要素逐一地制定管理制度和管理程序。一般来说,凡是标准要求文件化的要素,都要文件化;标准没有要求的,可根据实际情况决定是否需要文件化。

ISO9001 或 ISO9004 国际标准要求必须编写如下文件。

a. 质量方针和质量目标。

b. 质量手册。质量手册是按组织规定的质量方针和适用的 ISO9000 族标准描述质量体系的文件,其内容包括组织的质量方针和目标;组织结构、职责和权限的说明;质量体系要素和涉及的形成文件的质量体系程序的描述;质量手册使用指南(如需要)等。

质量手册是最根本的文件,ISO10013《质量手册编制指南》规定了质量手册的内容和格式。

c. 质量体系程序文件。质量体系程序是为了控制每个过程质量,对如何进行各项质量活动规定有效的措施和方法,是有关职能部门使用的纯技术性文件。一般包括文件控制程序、记录控制程序、内部审核程序、不合格品控制程序、纠正措施程序、预防措施程序等。

d. 组织认为必要其他质量文件。包括作业指导书、报告、表格等,是工作者使用的更加详细的作业文件。

e. 运作过程中必要的记录(记录既是操作过程中所必需的,也是满足审核要求所必须的)。

(2)ISO9000 体系的运行

①发布文件:这是实施质量管理体系的第一步。一般要召开一个"质量手册发布大会",把质量手册发到每一个员工的手中。

②全员培训:由 ISO9000 小组成员负责对全体员工进行培训,培训的内容是ISO9000 族标准和本组织的质量方针、质量目标和质量手册,以及与各个部门有关的程序文件,与各个岗位有关的作业指导书,包括要使用的记录,以便让全体员工都懂得 ISO9000,提高质量意识,了解本组织的质量管理体系,理解质量方针和质量目标,尤其是让每个人都认识自己所从事的工作的相关性和重要性,确保为实现质量目标作出贡献。

③执行文件:要求一切按照程序办事,一切按照文件执行,使质量管理体系符合有效性的要求。

(3)检查和改进　质量管理体系究竟实施得怎么样,必须通过检查才知道。ISO9001 和 ISO9004 规定的检查方式有:对产品的检验和试验;对过程的监视和测量;向顾客调查;测量顾客满意度;进行数据分析;内部审核等。2000 年版的ISO9000 族标准特别重视顾客反馈和内部审核这两种检查手段。

①顾客反馈:顾客反馈就是通过调查法、问卷法、投诉法了解顾客对组织的意见,从中发现不符合项。

②内部审核:内部审核可以正规、系统、公正、定期地检查出不符合项。所有有关管理体系的国际标准都规定了内部审核的要求。ISO10011—1《质量体系审核指南审核》规定了内部审核的程序,必须按照该标准要求进行内部审核。

通过顾客反馈和内部审核,若发现不符合项,必须立即采取纠正和预防措施。所谓纠正措施就是针对不符合的原因采取的措施,其目的就是为了防止此不符合的再发生。预防措施就是针对潜在的不符合的原因采取的措施,其目的是防止不符合的发生,两者都是经常性的改进。一般来说,分为在日常检查中发现的不符合,顾客反馈中发现的不符合,内部审核中发现的不符合。坚持对发现的不符合采取纠正和预防措施,长此以往,就可以达到不断改进质量管理体系的目的。

③管理评审:ISO9001 和 ISO9004 还规定了一个更重要的改进方式,就是定期的管理评审。管理评审通过由最高管理者定期召开专门评价质量管理体系评审会议来实施。管理评审时,要针对所有已经发现的不符合项进行认真的自我评价,并针对已经评价出的有关质量管理体系的适宜性、充分性和有效性方面的问题,分别对质量管理体系的文件进行修改,从而产生一个新的质量管理体系。

(4)保持和持续改进　继续运行新的质量管理体系,就是保持;然后在运行中经常检查新的质量管理体系的不符合项并改进之,最后通过这一个周期的管理评审评价新的质量管理体系的适宜性、充分性和有效性,经过改进得到一个更新的质量管理体系,在实施新的质量管理体系过程中,继续进行检查和改进,得到更新的质量管理体系。如此循环运行,不断地进行改进。

(四) GMP、HACCP/ISO22000 与 ISO9000 的关系

GMP 规定了食品加工企业为满足政府规定的食品卫生要求而必须达到的基本要求,包括环境要求、硬件设施要求、卫生管理要求等。在其管理要求中也对卫生管理文件、质量记录作了明确的规定,在这方面,GMP 与 ISO9000 的要求是一致的。

HACCP/ISO22000 是建立在 GMP 基础上的预防性的食品安全控制体系。HACCP/ISO22000 计划的目标是控制食品安全危害,它的特点是具有较高预防性,将安全方面的不合格因素消灭在过程之中。ISO9000 质量体系时强调满最大限度满足顾客要求的、全面的质量管理和质量保证体系,它的特点是文件化,即所谓的"怎么做就怎么写、怎么写就怎么做",什么都得按文件上规定的做,做了以后要留下证据。对不合格产品,它更加强调的是纠正。

从体系文件的编写上看,ISO9000 质量体系是从上到下的编写次序,即质量手册、程序文件、其他质量文件;而 HACCP/ISO22000 的文件是从下而上,先有 GMP、SSOP、危害分析,最后形成一个核心产物,即 HACCP 计划。

事实上 HACCP/ISO22000 所控制的内容是 ISO9000 体系中的一部分,食品安全应该是食品加工企业 ISO9000 质量体系所控制的质量目标之一,但是由于ISO9000 质量体系过于庞大,而且没有强调危害分析的过程,因此仅仅建立了ISO9000 质量体系的企业往往会忽略食品安全方面的预防性控制。而 HACCP/ISO22000 则是抓住了重中之重,这充分体现出了 HACCP/ISO22000 体系的高效性。

三、食品流通和服务环节的安全质量保证

食品流通是整个食品链重要且不可或缺的环节之一。由于食品本身的特性、食品生产和加工环节的影响以及食品异地生产、加工或消费的趋势等诸多因素,导致食品在流通消费领域影响食品质量安全的因素增多。因此,严格控制与管理流通环节的食品质量安全,对于确保人类健康、社会稳定和经济发展具有重要的意义。

近年来,我国食品市场全面开放,并且日益繁荣。而由于食品流通渠道增多造成的食品安全隐患、经营秩序混乱以及各种假冒伪劣食品等问题时有发生,不仅严重扰乱了正常的市场竞争秩序,更威胁着广大消费者的身心健康。全面而深入分析我国流通消费领域食品安全的现状,借鉴发达国家的成功经验和做法,从系统、科学和合理的角度提出我国加强流通消费领域食品安全的新对策,已是我国政府相关部门当前一项迫在眉睫的任务。

(一)农产品批发市场的安全质量控制

根据商务部 2008 年 4 月发布的《农产品批发市场食品安全操作规范(试行)》规定:为进一步完善农产品流通环节的食品安全保障体系,规范农产品批发市场食品安全操作行为,基本要求是市场应设立食品安全管理部门,配备专业管理人员;市场应建立健全包括入场要求、索证索票、检验检测、商品存储、交易管理、加工配送等食品安全管理制度,汇编成工作手册,并有效实施运行;市场卫生管理应符合国家相关法律法规和标准的要求。

1. 入场要求

经销商进入市场经营应具备合法的经营资质。

市场应查验入市经销商的营业执照、税务登记证、卫生许可证、销售授权书等必要的资质证明文件,全部资质证明文件应合法有效并有正本或加盖公章的正本复印件,并留存其正本复印件备档。

市场应与入市经销商签订食品安全保证协议(见表 6-5),协议内容中应明确规定对经销商经营农产品的索证索票、抽样检测、质量巡查等管理方式,明确经销商对产品安全的责任,对不合格产品应立即实施下架、退市、召回、销毁、公示等处理办法,并明确处理程序及相关事项。

市场应明确农产品入场销售要求,并予以公示,准许入市交易的农产品应符合相关国家、行业或地方卫生质量安全标准要求。

市场应查验其经营产品的质量安全,留存其产品名录和相关产品质量安全证明文件备案。

经销商出现食品质量事故或违反市场食品安全保证协议约定退市的,市场应根据协议取消其交易资格,并按表 6-6 记录且予以公示。

表 6 – 5　　　　　　　　　　**进场交易农产品质量安全保障合同书**

进场交易农产品质量安全保障合同书

甲方(农产品批发市场)：

乙方(批发商、经营户)：

为保证进入市场交易的农产品质量安全，根据有关法律法规，甲、乙双方经协商一致，达成如下协议：

第一条　甲方有权依照国家和地方政府所颁布的法律、法规和规章的规定对乙方的经营活动进行管理。

第二条　甲方实行销售准入制度，乙方进场交易应当向甲方进行登记，办理销售准入证，并交纳农产品质量保证金。

农产品质量保证金应当在本合同签订之日起＿＿＿＿＿＿日内交纳。农产品保证金达不到约定金额的，乙方应当在＿＿＿＿＿＿日内补足差额。

甲、乙一方或双方不再经营，甲方应当在30日内退还乙方名下农产品质量保证金的余额。

第三条　乙方对每批进入市场交易的农产品应当具有原产地证明文件及合法机构出具的合法质量检测报告，经甲方核对无误的，可直接进场交易。

第四条　不能提交农产品原产地证明文件及合法机构出具的合法的质量检测报告、乙方坚持要在甲方市场内交易的，甲方有权指定合法检测机构对乙方的农产品取样检测，样品由乙方无偿提供，检测费用由乙方承担，乙方应当予以配合。

(一)若抽检合格的，准予进场交易；

(二)若抽检乙方销售农产品有害物残留异常，甲方有权制止乙方出售与转移，并先行封存；

(三)若复检后，确认乙方销售农产品有害物残留超标，由甲方监督乙方自行将其销毁，所有销毁费用由乙方自己负责；

(四)乙方销售的农产品检测出有害物残留超标，发现首次，甲方将予以警告并公示(在场内电子显示屏上显示)；发现第二次，甲方有权要求乙方休业整顿，一月内连续发现三次，甲方有权取消乙方场内经营资格并责成退市，由此给乙方造成的损失由乙方自行承担；

(五)乙方若对市场检测报告及处理有异议，可以向甲方上级管理部门投诉。

第五条　乙方有义务对被检出有毒有害物的农产品进行追根溯源，及时与产地通报检测结果，必要时应立即停止经销该产地的货源。

第六条　在政府有关部门例行检测中，一个月内连续两次被查出不合格的，甲方有权取消乙方在甲方市场内经营资格，由此产生的损失由乙方自行承担。同时，甲方有权对每一超标品种罚款叁仟元。

第七条　例行抽检的费用及罚款从农产品质量保证金中支付，农产品质量保证金不足以支付的，由乙方另行支付。

第八条　乙方经销农产品有下列情形之一的，甲方有权取消乙方在甲方市场内经营资格，并予以退场处理：

(一)农产品不具有原产地证明或检测报告，乙方又不让检测的；

(二)不交纳农产品质量保证金的或连续＿＿＿＿＿＿日未交纳保证金差额的。

第九条　国家农产品有害物检测标准修订后，甲方有权修改或增补本合同书的内容，并以书面形式公布或通知乙方。

第十条　甲方有权将乙方经营信息记入档案并对外公布。

乙方有权向甲方索取被记录的信息。

第十一条　本合同一式两份，双方各执一份，自签订之日起生效。

甲方代表签字(加盖公章)：　　　　　　　　乙方代表签字(加盖公章)：

联系电话：　　　　　　　　　　　　　　　　联系电话：

　　　　年　　月　　日　　　　　　　　　　　年　　月　　日

表6-6　　　　　　　　　　　　问题产品退市记录表

商户姓名		产品名称		进货日期		进货数量	
产地		抽检部门		抽检时间		抽检人员	
退出原因							
处理结果							

市场负责人签字：　　　　　　经销商签字：　　　　　　退市日期：　　年　　月　　日

2. 索证索票

市场应对不同商品的进货,向经销商索取相应的质量证明票证。

需要获得 QS 标志的食用农产品应当出具地方质检主管部门提供的 QS 生产许可证、该产品质量检验合格证或由具有法定资质的检测机构出具的检验结果报告单。

无公害产品、绿色食品和有机产品应出具相应的认证证书和具有法定资质的检测机构出具的检验结果报告单。

主要农产品有生鲜畜禽肉应当出具动物检疫合格证和车辆消毒证,猪肉还应出具生产厂家定点屠宰许可证、肉品质量检验合格证;水产品应向市场提供质量检验合格证明和产地证明;熟肉和豆、乳制品应向市场提交生产厂家出库单(即进货单),标明日期、摊位号、品名、数量,并要加盖单位公章。应定期到市场检测中心送交当地产品质量监督所提供的商品检验报告;果蔬产品应向市场提供产地证明、该产品质量检验合格证或由具有法定资质的检测机构出具的检验结果报告单;粮油产品应当出具该产品质量检验合格证或由具有法定资质的检测机构出具的检验结果报告单、生产厂家销售授权书或产地证明;茶叶应当出具产地证明、该产品质量检验合格证或由具有法定资质的检测机构出具的检验结果报告单;调味品应当出具质量检验合格证明或由具有法定资质的检测机构出具的检验结果报告单、食品卫生许可证或产地证明。

表6-7　　　　　　　　　　　　索证索票记录表

经营户姓名＿＿＿＿＿＿＿＿　摊位号＿＿＿＿＿＿＿＿　联系电话＿＿＿＿＿＿＿＿

日期	来源地/证书/检测复印件及货单凭证号	商品名称	规格	数量	感官评判	抽检结果	记录人

验证人：

进口商品应出具进口许可证、报关单及商检证明等;在国内未进行商标注册的,经销商要出示进口商的商标使用授权书。经销商进货时,市场应索取其每批每类产品相应的质量证明文件,并就有关证明文件的合法性、有效性进行核实,并做好详细记录(见表6-7)。索票索证工作应设专人管理,留存相关票证文件的复印件,并及时归档,若有证件变更应及时更新。

3. 检验检测

农产品批发市场应对食用农产品的质量安全进行检测,检测项目要求:

(1)蔬菜、水果的检测　蔬菜、水果检测应至少配备有机磷和氨基甲酸酯类农药残留含量的快速检测仪器。食用菌检测还应配备荧光增白剂的检测设备。其他检测项目可以根据市场质量管理的需要委托具有法定资质的检测机构进行检测。

(2)肉、禽蛋的检测　肉类产品检测应至少配备快速检测肉内水分含量和盐酸克伦特罗的检测仪器。其他检测项目可以根据市场质量管理的需要委托具有法定资质的检测机构进行检测。

(3)水产品　鲜活水产品、冰鲜水产品检测应至少配备快速检测抗生素、甲醛、双氧水、孔雀石绿的检测仪器。对于农兽药残留市场应定期或不定期的进行检测。其他检测项目可以根据市场质量管理的需要委托具有法定资质的检测机构进行检测。

(4)粮油产品　粮油等产品检测应配备快速检测黄曲霉毒素、有机磷类农药残留、酸价、过氧化氢、甲醛、次硫酸氢钠等的速测仪器。各类初加工的产品(如粉丝)应至少配备快速检测吊白块或二氧化硫的试剂设备。其他检测项目可以根据市场质量管理的需要委托具有法定资质的检测机构进行检测。

(5)调味品　调味品检测应至少配备检测有机磷类农药残留、苏丹红等的速测仪。其他检测项目可以根据市场质量管理的需要委托具有法定资质的检测机构进行检测。

(6)茶叶　茶叶检测应至少配备检测有机磷类农药残留的速测仪。其他检测项目可以根据市场质量管理的需要委托具有法定资质的检测机构进行检测。

(7)其他产品的检测项目应符合相关的法律法规或标准的要求　市场对食用农产品检验检测应根据国家或行业相应强制性或推荐性标准提出的抽样方案、检验方法和判定规则进行,每次检验应备案记录检测产品品名、数量、进货时间、产地(来源)、检测时间、检测结果和检验人员等信息。

市场应及时公示检测产品的经销商、产地、产品数量、检测结果等信息,检测记录应至少保留2年。

检测发现不合格产品时,应及时通知有关经销商,做好标示、记录(见表6-8),并按相关规定及食品安全保证协议处理。

表6-8 检测中心检验记录表

委托人信息	委托人名称		联系电话	
验货产品信息	产品名称		产品等级	
	产地		进货日期	
	检验数量		进货数量	
验货要求				
验货依据				

检验结果

序号	检验项目	技术要求	检验结果	单项判定
1				
2				
检验结论				

说明:本证书仅对该批次商品(以报验数量为准)有效。

检验员: 审核员:

日期: 年 月 日 日期: 年 月 日(章)

4.商品存储

市场应按食用农产品与非食用农产品划分经营区。食用农产品经营区内应按农产品大类、保鲜和卫生要求进行再分区,如蔬果、肉类、水产品、蛋、粮油、茶叶、调味品等,冷冻农产品和非冷冻农产品、生鲜农产品和熟食品、有包装食品和无包装食品应分区。不同类别的产品应分库或分区存放,植物性产品、动物性产品和菌类产品等分类摆放。产品之间保鲜、贮藏条件差异较大的或容易交叉污染的不得在同一库内存放;同一仓库或存储区域内存放的不同产品间应有适当物理分隔。

库内产品存储应遵循先进先出的原则。需冷藏(冻)农产品应在适宜条件下贮藏、陈列,根据产品特性设定相应的温度和湿度参数。新鲜的蔬菜、水果应根据产品自身的生理特性选择适宜的温湿度和存储方法,生鲜畜禽肉应贮藏于温度 $0 \sim 4℃$,相对湿度 $75\% \sim 85\%$ 的冷藏柜(库)内,冷冻畜禽肉、水产品应贮藏于温度 $-18℃$ 以下,相对湿度大于 95% 的冷冻柜(库)内。为确保农产品中心温度达到冷藏或冷冻的温度要求,不得将食品堆积、挤压存放。粮油等常温存放的产品应根据不同产品的具体存储要求储存在温湿度适宜的库区,避免阳光照射。

使用保鲜剂等添加剂应符合 GB 2760—2011《食品安全国家标准 食品添加剂使用标准》的有关要求。

市场对产品的存放应有系统的管理,详细记录产品的品名、产地、产品质量、存储条件、出入库数量、出入库时间等信息,定期或不定期进行核查,在产品出入库时,质检人员应对产品进行检验或检测,确认合格后方可交易。

5. 交易管理

市场应要求经销商建立购销台账,并妥善保管以备检查,台账要如实记录,不得随意涂改或损毁。

经销商在进货时,要建立进货台账,记录供货商的有关情况、进货时间、产品来源、名称、规格、数量、产品等级和索证种类等内容。在销货时要建立销货台账,记录商品采购对象、销售时间及所售产品的名称、规格、数量等内容。

市场应定期检查经销商台账记录是否准确、完整,并索取相关交易单据及凭证对比核查,同时公示相关情况。市场应要求经销商就一段时间的台账分类汇总成册,做好统计工作。市场应对商品的质量承担管理责任,公开承诺按照国家有关法规、标准及本规范的要求管理商品交易行为,并应及时处理客户对质量问题的投诉。

市场应建有经销商信用记录,如实记录其经营行为。市场应建立经销商的奖惩制度,对诚信经营行为要积极鼓励,对台账作假、销售假冒伪劣产品等不良行为要及时处理。

6. 加工配送

不得在交易区域内进行加工配送活动。

加工操作卫生管理应符合 GB 14881—2013《食品安全国家标准 食品生产通用卫生规范》及相关食品加工卫生标准的有关要求。

应根据产品的特性选择适宜的包装,产品装入量应与包装容器规格相适应。产品包装上应明确标示产品的品名、生产日期、生产厂家、联系方式、保质期、质量等级、保存条件以及其他需要标示的内容。

产品装车时应轻拿轻放、堆码整齐,防止碰伤、压伤和擦伤产品。

产品应在适宜的条件下进行运输,运输过程中不得和其他对产品安全和卫生有影响的货物混载,并应详实记录配送产品的品名、规格、数量、时间、配送对象及其联系方式、运输条件等信息。

7. 问题产品处理

顾客投诉、市场检验检测及协助有关部门进行食品安全事故调查中发现的问题产品应立即停止销售,市场应根据相关法律法规或强制性标准的规定,明确问题产品的判定方法,对问题产品进行判定。

市场对农药残留超标产品、假冒伪劣产品等问题产品应及时隔离封存,通报当地相关行政主管部门,并按有关规定或双方协议进行处理。

市场应建立协助对问题产品的追溯和处理的通报机制,应尽快配合控制流通渠道,避免问题产品扩散,调动相关资源尽快查清问题的根源并采取必要的控制及反应手段,尽最大努力把问题产品可能或已经造成的危害降至最低。

市场应根据问题产品的可溯源程度、不安全指标、危害程度等因素,对每次处理进行全面分析,制订并完善相应的应急预案。

市场对问题产品及处理办法应详细记录,各项记录应清晰完整,易于识别和检索,应有执行人员和检查人员的签名,以提供符合要求的证据。

市场应对问题产品存档、公示并记入相关档案(见表6-9)。

档案记录应至少保存2年。

表6-9   市场协议销毁问题产品备案表

市场名称				
商户名称		联系电话		
品　　名		产　　地		
商　　标		数　　量		声明价值	
抽样人员		检测人员		
检测方法		检测结果		
市场主管人员签字: 　年　月　日		对检测不合格——(产品)我自愿选择: 1.封存,由有关单位重新检测后处理。 2.由市场主办单位销毁。 经销户:　　　　　　年　月　日		

备注:

1.对检测不合格的产品,由经销户自愿选择封存或销毁。

2.如果经销户选择封存,则由市场主办单位进行封存,并报告市质检中心重测后处理。

3.如经销户选择销毁,并在本案表上签字后,由市场主办单位实施销毁。

4.本表一式两份,市场主办单位和经销户各存一份。

(二)超市食品的安全质量控制

根据商务部2006年12月发布的《超市食品安全操作规范(试行)》,超市食品的安全质量控制适用于经营有食品项目的超市、便利店和大型综合超市等业态,建立在HACCP、GMP和我国相关法律基础上,同时参照了超市的现阶段发展水平、可操作性等因素,着重说明了企业在食品的采购、运输、储藏和销售过程中,应避免所有可能危害消费者健康的因素。主要从以下方面进行全面控制。

1.对超市食品安全从业人员的卫生控制

(1)基本要求 从业人员应每年至少进行1次健康检查,必要时接受临时检查。新参加或临时参加工作的人员,应经健康检查和培训,取得健康合格证明和食品卫生培训合格证明后方可上岗操作;凡患有痢疾、伤寒、病毒性肝炎等消化道传染病包括病原携带者,活动性肺结核,化脓性或者渗出性皮肤病以及其他有碍食品卫生疾病的人员,不得从事接触直接入口食品的工作;从业人员有发热、腹泻、手外伤、皮肤湿疹、长疖子、呕吐、流眼泪、流口水、咽喉痛、皮肤伤口或感染、咽部炎症等有碍食品卫生病症的,应立即脱离工作岗位,待查明原因、排除有碍食品卫生的病症或治愈后方可重新上岗;应随时进行自我医学观察,不得带病工作。企业应建立从业人员健康档案。

（2）从业人员个人卫生　从业人员应保持良好个人卫生，做到勤洗手、勤剪指甲、勤换衣服、勤理发、勤洗澡。工作时应穿戴清洁的工作服，不留长指甲、不涂指甲油、不化妆、不抹香水、不戴耳环、戒指等外露饰物。接触直接入口的食品时，手部应进行清洁并消毒，并使用经消毒的专用工具。

（3）人员的培训　企业应对新入职及临时参加工作的从业人员进行相关知识的培训，了解企业相关规定和工作流程，掌握各个环节过程中保证食品安全的要点，考核合格后方能上岗。定期对从业人员应进行培训和考核，记录并存档培训和考核的情况。

2. 采购环节控制

企业应有明确的供应商引进标准。了解供应商的企业资质信用情况。主要审核的资质材料包括：供应商营业执照副本；税务登记证；一般纳税人证书；组织机构代码集团化公司有其所属分、子公司使用集团组织机构代码的情况；卫生许可证；企业执行标准；生产许可证。

进口商品在国内未进行商标注册的，进口商要出示承诺书，注明该类商品今后涉及的一切侵权、冒用商标等行为均由进口商承担。供应商为进出口贸易公司时：中华人民共和国外商投资企业批准证书或对外贸易经营者备案登记表；生产商生产许可证；自有品牌需提供全国工业产品生产许可证委托加工备案申请书。

全部资质材料应查看正本或清晰的正本复印件，同时留存企业盖章复印件。供应商经营范围应在资质材料中限定的有效范围内。商标注册人应与营业执照注册人一致、如不一致则需核准转让注册商标证明。

对供应商的评估审核采购人员在供应商自评的基础上，依据同行业标准或企业执行标准，通过照片、图片、其他资料，进行考评。食品安全管理部门对上报材料进行复评，并有一定比例的抽检，对供应商进行实地考察。

商品审核方面：首先是商品资质的审核。审核加盖供应商公章的有效资信材料复印件、商品条码系统成员证书、属专利性质商品的专利证书、商品进入该地区销售的许可证、商品检验报告、保健食品批准证书、绿色食品证书、原产地域专用标志证明、酒类批发许可证、国产酒类专卖许可证、酒类流通备案登记表、动物防疫合格证、有机农产品证书、无公害农产品产地认定证书、农业转基因生物标识审查认可批准文件等。进口保健食品批准证、进口保健食品卫生证书；进口食品标签审核证书；进口动植物须提供中华人民共和国出入境检验检疫入境货物检验检疫证明、中华人民共和国出入境检验检疫入境货物通关单。其次是实物审核。样品包装的审核；食品品质的直观判定；包装内合格商品的质量应达到规定质量；每批商品应配有商品批次合格证明。最后是商品评定标准。按照商品执行标准从产品分类、感官、理化指标、微生物指标、净含量、检验规则、出厂检验、标志、包装、运输、贮存等方面进行评定。

企业根据企业采购标准向供应商提出商品的等级和质量要求,按质论价,等级标准应包括品质、卫生、规格、感官、色泽、状态、年份、季节等方面。

采购过程中要有标准的索证索票流程和制度。采购人员要对生鲜商品,如:禽、肉、水产等商品实行按进货批次索要检疫证明和进货票据,并详细记录进货来源、品名、数量、日销售量,做到一旦发现问题,可以迅速追溯到生产源头。如法律法规对资质材料有特殊要求,厂商应按指定内容及日期提供。商品的质检报告必须是经省、地市局以上行政管理部门授权认可的计量认证/审查认可的检测部门出具的质检报告,检测项目必须是按照商品的执行标准进行全项检测。资质材料中注明有效期的以注明期限为终止日期。

企业应有明确的采购工作流程,采购人员应认真执行流程。应对高风险商品、自有品牌商品供应商进行实地考察;企业应设立与采购部门对应的食品安全管理部门;应对采购人员的个人行为进行规范和考核,并签订承诺保证书。食品安全管理部门在本环节的职责包括:制定相关审核流程,对供应商和商品的资质进行审核,同时与采购人员保持协作。食品安全管理部门对存在质量隐患的供应商和商品有一票否决权。

3. 验收环节控制

商品在企业的配送中心或各门店进行商品验收的过程。超市应制定并执行相关食品的验收流程和标准,以确保其合法、安全和质量符合相关国家、行业及地方标准。企业应有保证食品安全的完整的进退货工作流程。

(1)卸货前检查　供应商的送货车辆应保持清洁;商品堆放科学合理,避免造成食品的交叉污染;如对温度有要求的商品应确定商品的温度,记录送货车辆温度,并记录存档。

(2)商品包装检查　核对订货汇总单,所送商品是否和所定商品一致;纸箱标示是否和商品一致,包装有无损坏和受潮;外包装应清洁、形状完整,无严重破损;内包装应无破损,商品的形状完好无损;外包装名称和包装内商品名称一致。

(3)商品质量的基本检查　商品应清洁,并符合企业相关验收标准;商品应无损伤、腐烂现象,无寄生虫或已受虫害现象;对温度有要求的商品应确定商品的温度与包装上指示温度一致,冷冻商品没有曾经解冻痕迹。

(4)定型包装食品的验收　门店收货时,对定型包装的熟食卤味、豆制品等食品应索取产品检验合格证和专用送货单;对运输工具、包装日期和产品进行检查、验收,同时做好记录;检查食品的保质期,确保其在允收期限范围内;确保包装完好并符合相关要求,数量、批次和送货单一致。

(5)非定型包装食品包括生鲜食品的验收　门店收货时,非定型包装产品根据需要应索取产品检验合格证明,专用送货单据,国家或地方执法机构规定的相关证明文件,如屠宰、加工、检疫、销售的许可证明,相关载具的清洁消毒证明等。对运输工具、加工日期和产品进行验收,同时做好记录。检查商品的剩余保值期,确保在允收期限内。对保质期较短的生鲜产品须根据实际情况提高允收期要求。确保包装和运输条件如温度、湿度、卫生状况等符合法定要求，无交叉污染危险，数量、批次和送货单一致。检查食品的相关质量指标，包括但不局限于外观、颜色、气味、新鲜度、中心温度等指标。

对高风险产品建议根据产品特点进行定期的理化及微生物检验。建议有条件的超市建立区域性配送中心，统一食品的验收、存储和配送。

（6）预包装商品标示检查　国产商品标示检查应至少具有以下独立信息（对于最小销售包装表面积小于 $10cm^2$ 的产品，可以仅标注产品名称、生产者名称和生产日期）：

①食品名称；

②配料表；

③净含量及固形物含量固液两项产品制造者；

④生产者和经销者的名称和地址；

⑤日期标志和储藏指南产品保质与储藏条件有关的产品；

⑥质量/品质等级国家，行业标准中明确规定质量/品质的产品；

⑦产品的标准号。

进口商品标示检查应至少具有以下独立信息：

①食品名称；

②配料表；

③净含量及固形物含量；

④进口食品必须表明原产国、地区名；

⑤总经销者的名称和地址；

⑥日期标志和储藏指南产品保质期与储藏条件有关的产品；

⑦进口商品应有中文标识，中文标识应大于外文标识。

（7）环境要求　食品验收的场所、设备应当保持清洁，定期清扫，无积尘、无食品残渣，无霉斑、鼠迹、苍蝇、蟑螂，不得存放有毒、有害物品，如杀鼠剂、杀虫剂、洗涤剂、消毒剂等及个人生活用品。食品验收时应当注意按生产单位、品种分别放置于食品专用栈板上，保证商品分类、分架。做到生熟食品分开，避免交叉污染。

在本环节中应保证冷藏食品脱离冷链时间不得超过 20min，冷冻食品脱离冷链时间不得超过 30min。

（8）运输包装和车辆验收　食品运输必须采用符合卫生标准的外包装和运载工具，并且要保持清洁和定期消毒。运输车厢的内仓，包括地面、墙面和顶，应使用抗腐蚀、防潮、易清洁消毒的材料。车厢内无不良气味、异味。

独立包装的杂货类食品应该具备符合安全卫生和运输要求的独立外包装，装车后应有严格全面的覆盖，避免风吹雨淋和阳光直晒；运输过程中不得和其他对食品安全和卫生有影响的货物混载。有条件单位推荐使用箱式车辆运输。

直接食用的熟食产品必须采用定型包装或符合卫生要求的专用密闭容器包装,并采用专用车辆运输,严格禁止和其他商品、人员混载。推荐使用专用冷藏车运输。

冷藏、冷冻食品必须用专用冷藏、冷冻载具运输,应当有必要的保温设备并在整个运输过程中保持安全的冷藏、冷冻温度。有条件单位推荐使用温度跟踪器进行记录,特别是对于长途运输的食品,保证食品在运输全过程都处在合适的温度范围。

整个运输过程应科学合理,运输车辆应定期清洁,保持性能稳定,符合规定的温度要求,使运输商品处于恒定的环境中。食品在运输过程中,冷藏车要全程开机制冷,冷藏温度应在 $-2 \sim 5\,^{\circ}\mathrm{C}$,冷冻温度应低于 $-18\,^{\circ}\mathrm{C}$,以防变质。不得将有冷藏、冷冻要求的食品在无冷藏、冷冻的条件下运输。

4. 食品存储控制

储存食品的场所、设备应当保持清洁,定期清扫,无积尘、无食品残渣,无霉斑、鼠迹、苍蝇、蟑螂,不得存放有毒、有害物品,如杀鼠剂、杀虫剂、洗涤剂、消毒剂等,及个人生活用品。食品应当分类、分架存放,距离墙壁、地面均在 10cm 以上,并定期检查,使用应遵循先进先出的原则,变质和过期食品应及时清除。

食品冷藏、冷冻储藏的温度应分别符合冷藏和冷冻的温度范围要求。食品冷藏、冷冻储藏应做到原料、半成品、成品严格分开存放。冷藏、冷冻柜库应有明显区分标志,外显式温度指示计便于对冷藏、冷冻柜库内部温度的监测。食品在冷藏、冷冻柜库内储藏时,应做到植物性食品、动物性食品和水产品分类摆放。食品在冷藏、冷冻柜库内储藏时,为确保食品中心温度达到冷藏或冷冻的温度要求,不得将食品堆积、挤压存放。冷藏、冷冻柜库应由专人负责检查,定期除霜、清洁和维修,保持霜薄气足,无异味、臭味,以确保冷藏、冷冻温度达到要求并保持卫生。

在食品专用独立仓库或存储区域,和其他食品有适当物理分隔避免受到污染。按常温、冷藏和冷冻等不同存储要求相应存放食品。

食品存储仓库和货架的设计应满足食品卫生要求和先进先出的操作原则。

与食品直接接触的内包装应使用合法安全的食品级包装材料;外包装要满足相关运输和存储安全及质量要求。散装食品入库前应转移进带盖的食品专用周转箱存放。在冷库存放的食品应分类、分架,按生产单位、品种分别放置于食品货架上或食品级的专用栈板上,做到生熟食品分开存放于不同的冷库内,避免交叉污染。

不同类别的商品应分库或分架存放,库房内备有相应的货架和货垫。食品外包装应完整,无积尘,码放整齐,隔墙离地,要便于检查清点,便于先进先出。

常温存放的食品应储存在温度适宜按不同产品的具体要求、干燥的库区,避免阳光照射。

冷藏存放的食品应储存在温度湿度适宜的冷藏库中。新鲜蔬菜、水果的存放温度应控制在 5～15℃。要求冷冻存放的食品应储存在温度 −18℃以下冷冻库中。冷库要定期检查、记录温度、定期进行除霜、清洁保养和维护。库房内安装温度表、湿度表。冷藏库柜温度为 −2～5℃以下。冷冻库柜温度低于 −18℃。热柜的温度达到 60℃以上。不得将有冷藏、冷冻要求的食品在无冷藏、冷冻的条件下储存。根据商品储藏要求进行相应的湿度控制。

在食品存储管理方面，超市应建立食品储存、报废和出入库台账，详细记录所采购食品特别是熟食卤味的品名、生产厂家、生产日期批号、进货日期、保质期、进货数量、运输包装、产品质量等信息，确保食品从采购、运输、储存到销售环节的可追溯性。库内储存商品应有明确直观的标识信息。标识信息至少包括货号、品名、数量等。超市配送中心或门店仓库应按"先进先出"原则发货给销售部门。认真执行食品入库出库检验登记制度，做到登记清楚、日清月结、账物相符。对库存商品应定期盘点检查，确保无过期报废食品，并做好相关台账记录。

冷冻和冷藏食品在装卸和出入库必须保证冷链的持续有效，任何环节中商品脱离冷链时间不得超过 30min。对货物验收相关单据的整理应科学有效，不应有遗漏。

商品在入库时，必须经过验收通道由收货部人员负责验收，并按进货日期分类编号，按类别存档备查。对库存商品定期进行保质期和质量检查，发现将过期或腐败变质商品应及时处理。对货物的存放应有系统的管理，将货物放置在规定的区域范围内，以提高工作效率。

5. 食品现场制作质量控制

食品现场制作质量控制主要通过食品现场制作人员卫生控制、加工环节控制、加工设施控制以及加工工艺等环节实现。

(1)食品现场制作人员卫生控制　食品现场制作人员应保持良好个人卫生，做到勤洗手、勤剪指甲、勤换衣服、勤理发、勤洗澡。操作时，应穿戴清洁的工作服、工作帽操作间操作人员还需戴口罩、鞋子，头发应梳理整齐并置于帽内，不留长指甲、不涂指甲油、不化妆、不抹香水、不戴耳环、戒指等外露饰物。操作时手部应保持清洁，操作前手部应清洗干净。接触直接入口食品时，手部还应进行消毒，并使用经消毒的专用工具。

操作人员进入操作间时，宜再次更换操作间内专用工作衣帽并佩戴口罩，操作前应用流水严格进行双手清洗消毒，操作中应适时地消毒双手。不得穿戴操作间工作衣帽从事与操作间内操作无关的工作。

个人衣物及私人物品不得带入食品处理区。食品处理区内不得有抽烟、饮食及其他可能污染食品的行为。进入食品处理区的非加工操作人员，应符合现场操作人员卫生要求。

从业人员工作服管理方面：工作服包括衣、帽、口罩宜用白色或浅色布料制作，也可按其工作的场所从颜色或式样上进行区分。工作服应有清洗保洁制度，定期进行更换,保持清洁。接触直接入口食品人员的工作服应每天更换。从业人员上厕所前应在食品处理区内脱去工作服;待清洗的工作服应放在远离食品处理区;每名从业人员应有2套或2套以上工作服。

食品从业人员要穿工作服、工作帽进入工作区域,加工、销售直接入口食品的人员操作时要戴口罩,进行工序时要戴一次性手套。离开工作区必须换下工作服,重回工作区时必须洗手、更衣,消毒完毕才能回到工作区域。工作服、工作帽、口罩要保持干净、本色。操作生食品后要洗手、消毒,更换干净的工作服以后才能进行接触熟食的操作。进入熟食切配间、糕点裱花间等操作间要洗手、消毒,更换干净的工作服以后才能进行食品加工操作。由专人加工制作的操作间内,非操作人员不得擅自进入。不得在操作间内从事与加工无关的活动。

(2)加工环境控制 食品加工场所周围环境应整洁,保持适当温度湿度,配备合适的温度、湿度、防蝇虫及灰尘控制设施和设备,具备独立的排水、排污设施。食品加工场所周围直线距离应在10m内不得有粉尘、有害气体、放射性物质和其他扩散性污染源,不得有倒粪站、化粪池、垃圾站、公共厕所和其他有碍食品卫生的场所。法律、法规、规章以及技术标准、规范另有规定的从其规定。

食品生产加工场所外卫生状况良好;加工间卫生良好,采光、通风良好,空气质量符合要求,并要设置灭鼠、灭蟑、防虫设施。现场制作必须有足够的用房面积,生产过程、所用设备、设施、公用器具、容器符合食品卫生标准和要求。

食品加工区应设有与加工产品品种、数量相适应的原料贮存、整理、清洗、加工的专用场地,如粗加工间、精加工间、熟食切配间、糕点裱花间等,设备布局和工艺流程合理,不同阶段的加工制作必须在核定区域内进行,不得擅自搬离核定场所,防止交叉污染。

各食品加工区域应设有独立的冷藏保温、防蝇、防尘、加工用具和容器清洗消毒、废弃物暂存容器等卫生设施,配备符合卫生要求的流动水源、洗涤水池和下水道。

食品处理区应按照原料进入、原料处理、半成品加工、成品供应的流程合理布局,食品加工处理流程宜为生进熟出的单一流向,并应防止在存放、操作中产生交叉污染。成品通道、出口与原料通道、入口,成品通道、出口与使用后的餐饮具回收通道、入口均宜分开设置。

熟食切配间和糕点裱花间的墙面和地面应当使用便于清洗材料制成,操作间内应当配备空调、紫外线灭菌灯、流动水净水装置、冰箱、防蝇防尘设施、清洗消毒设施和温度计等。操作间每天应当定时进行空气消毒,操作间内温度应当低于25℃。

在食品加工区的暂存的食品原材料、半成品和成品应严格分开一定的安全距离,分别使用易于识别的专用容器,使用明确的标签识别。原材料和其他生食要和熟食分别使用专用冷柜或冷库存放,避免生熟交叉污染。粗加工操作场所内应至少分别设置动物性食品和植物性食品的清洗水池,水产品的清洗水池宜独立设置,水池数量或容量应与加工食品的数量相适应。食品处理区内应设专用于拖把等清洁工具的清洗水池,其位置应不会污染食品及其加工操作过程。食品加工区的地面、食品接触面、加工用具、容器等要保持清洁,定期进行消毒。由专门人员负责配制有关加工用具、容器和人员的安全消毒液。

(3)加工设备设施控制 熟食、凉菜切配间和裱花间前应设有预进间,避免交叉污染。预进间内应安装紫外线消毒灯。加工用器具应生熟分开、定位存放、保持清洁防尘防菌存放,避免交叉污染;在每道加工程序完成后严格清理、消毒。刀具用后应置于专用刀架之上;砧板应立放、干燥,以抑制微生物繁殖,并做到"三面"砧板面、砧板底、砧板边光洁。机器设备表面均不得有积土、积水、油污、面垢、杂物等污渍;机器设备内部应定期清扫,避免有害菌滋生。冷冻、冷藏及保鲜设备内外部均应保持清洁卫生。

每日营业结束后,对各种加工用器具按消毒程序进行消毒,使用的消毒方法或药物,必须经当地卫生监管部门认可才能使用,并掌握好消毒时间,药物浓度及使用方法。应采用物理方法和化学方法进行消毒。消毒后的加工用器具应放入防尘、防蝇、防污染的专用密闭保洁柜内,已消毒器具与未消毒器具应分开存放,并有"已消毒""未消毒"标记。

(4)加工工艺控制

①一般加工工艺控制:加工前,应进行认真的检查原材料。如发现有腐败变质迹象或者其他感官性状异常的,不得加工和使用。加工后的食品或半成品应避免污染,和原材料分开存放。

对于粗加工类,各种食品原料在使用前应洗净,动物性食品、植物性食品应分池清洗,水产品宜在专用水池清洗,禽蛋在使用前应对外壳进行清洗,必要时消毒处理。易腐食品应尽量缩短在常温下的存放时间,加工后应及时使用或冷藏。已盛装食品的容器不得直接置于地上,以防止食品污染。生熟食品的加工工具及容器应分开使用并有明显标志。

对于烹调加工类,不得将回收后的食品包括辅料经烹调加工后再次供应。需要熟制加工的食品应当烧熟煮透,其加工时食品中心温度应不低于70℃。需要冷藏的熟制品,应尽快冷却后再冷藏。

对于凉拌菜,操作间使用前应进行空气和操作台的消毒。使用紫外线灯消毒的,应在无人工作时开启30min以上。操作间内应使用专用的工具、容器,用前应消毒,用后应洗净并保持清洁。商品的剩余保值期,确保在允收期限内,同时做好记录。供加工凉菜用的蔬菜、水果等食品原料,未经清洗处理的,不得带入凉菜间。制作好的凉菜应保证在当天内销售完,并用明确指示牌告知消费者选购后尽快食用。

对于现榨果蔬汁及水果沙拉的原料。用于现榨果蔬汁和水果拼盘的瓜果应新鲜,未经清洗处理的不得使用。制作的现榨果蔬汁和水果沙拉应储存在温度10℃以下。

对于面包类、裱花类和主食厨房。未用完的点心馅料、半成品点心,应在冷柜内存放,并在规定存放期限内使用。

对于奶油类、肉类、蛋类原料应低温存放。水分含量较高的点心应当在10℃以下或60℃以上的温度条件下贮存。

对于蛋糕胚,应在专用冰箱中贮存,贮存温度10℃以下。裱浆和新鲜水果经清洗消毒应当天加工、当天使用。植脂奶油裱花蛋糕贮藏温度在3℃±2℃,蛋白裱花蛋糕、奶油裱花蛋糕、人造奶油裱花蛋糕贮存温度不得超过20℃。

对于烧烤类商品,烧烤时宜避免食品直接接触火焰和食品中油脂滴落到火焰上。

对于再加热食品。无适当保存条件温度低于60℃、高于10℃条件下放置4h以上的,存放时间超过4h的熟食品,需再次利用的应充分加热。加热前应确认食品未变质。冷冻熟食品应彻底解冻后经充分加热方可供消费者食用。

加热时中心温度应高于70℃,未经充分加热的食品不得供消费者食用。

对于加工过程中使用的重要用具。用具使用后应及时洗净,定位存放,保持清洁。消毒后的餐具和其他用具应贮存在专用保洁柜内备用,保洁柜应有明显标记。餐具保洁柜应当定期清洗,保持洁净。应定期检查消毒设备、设施是否处于良好状态。不得重复使用一次性用具。已消毒和未消毒的餐具和其他用具应分开存放,保洁柜内不得存放其他物品。

②具体操作控制:食品加工工艺流程布局应按照从生到熟的流程设计,不得出现混流或回流现象。不同阶段的加工制作必须在核定区域内进行,不得擅自搬离核定场所,以防止交叉污染。食品加工过程中坚持"随手清洁"。接触食品的工用具、容器使用后应清洗干净,妥善保管;接触及盛装生食品材料和熟食的器具应当有明显标志区分,使用前严格消毒;加工工具要放置在固定场所,不得直接放在熟食上,每小时至少消毒1次。食品加工过程中对于影响食品卫生和安全的关键控制点应设立妥当的控制措施。具备必要的防止异物进入食品的控制手段。

采用安全可靠的食品解冻方法,使用冷藏解冻或流水解冻,严禁死水或在室温下自然解冻。烘烤、腌卤、煎炒食物时要注意食物的中心温度达到70℃以上的安全水平并保持足够时间。改刀、分装等熟食加工操作应在切配操作间内进行,非操作间工作人员不得擅自进入操作间,非操作间内使用的加工用具、容器,不得放入操作间。

食品加工过程中禁止使用工业用的漂白剂、色素等对人体有害的添加剂,应用食用级的添加剂,并控制剂量,保证对人体无害。

按照企业标准的工艺要求执行,供应商应严格按照工艺和关键控制点操作。一般工艺流程包括原料筛选、添加剂使用、产品成型、温度控制、包装、称量。

（5）食品销售环节控制　食品销售环节控制通过环境、设施和设备管理、商品管理、销售食品的包装和标识管理、销售食品的保质期和销售期限管理等环节来控制。

①环境、设施和设备管理：陈列清洁程序，员工必须使用恰当的用品，正确实施清洁程序。明确每天的清洁计划，每天填写清洁工作记录。清洁设施适合，工作情况良好。刷子、刮水器使用恰当并清洁，有足够的刷子、刮水器、纸。灭蝇灯工作情况正常，且清洁。紫外线灭菌灯工作正常，食品上方灯防爆膜或灯罩状况正常。清洁主要地板、墙壁、天花板、货架、地漏、管路、无水积和液滴、展示柜的玻璃、销售及品尝用具、架子、灯罩、价格牌不得接触食品、周转箱等。检查与食品有关的加工器具的破损、断裂、生锈状况，并清洁容器、刀具、勺子、周转箱等。

针对不同品种食品的储存陈列要求配备相应的陈列保鲜设备：

a. 销售需冷藏的定型包装食品可以采用敞开式冷藏柜或冰台，自行简易包装和非定型包装食品，应当采用专用封闭式冷藏柜，冷藏柜温度应当在 $-2 \sim 5℃$ ，冷藏柜应配有温度指示装置。

b. 销售需冷冻的定型包装食品可以采用敞开式冷冻柜，自行简易包装和非定型包装食品，应当采用专用封闭式冷冻柜，冷冻柜温度应低于 $-18℃$ ，冷冻柜应配有温度指示装置。

c. 销售自行简易包装和不改刀非定型包装熟食食品，应当采用专用封闭式热保温柜，保温柜温度应当高于 $60℃$ ，保温柜应配有温度指示装置。

d. 销售非定型包装熟食卤味的，应当设有专门的操作间，另设有流动水源、预进间。操作间的墙面和地面应当使用便于清洗材料制成，操作间内应当配备空调、紫外线灭菌灯、流动水净水装置、冰箱、防蝇防尘设施、清洗消毒设施和温度计等。

e. 操作间每天应当定时进行空气消毒，操作间内温度应当低于 $25℃$ 。改刀、分装等加工操作应在操作间内进行，非操作间工作人员不得擅自进入操作间，非操作间内使用的工用具、容器，不得放入操作间。

f. 生鲜食品的销售区域应按照产品不同种类划分，配备相应的专用陈列和加工设备，如货架、容器、冰鲜台、水族箱、切割台、加工台，以及相应的设备等。销售区域内配备流动水源、清洁消毒设备、下水道。

g. 食品销售区的地面、食品接触面、加工用具、容器等要保持清洁，定期进行消毒。由专门人员负责配制有关加工用具、容器和人员的安全消毒液。

h. 对于需冷藏的食品，冷藏柜温度必须保证24h在 $4℃$ 以下，企业商场不得在夜间断电。

②商品管理：食品销售时陈列必须符合其自身保质储存条件。冷藏定型包装食品可以采用敞开式冷藏柜或冰鲜台陈列；自行简易包装和非定型包装食品，应当采用专用封闭式冷藏柜。冷冻定型包装食品可以采用敞开式冷冻柜陈列；自行简易包装和非定型包装食品，应当采用专用封闭式冷冻柜。自行简易包装和不改刀

非定型包装熟食食品,应陈列于专用的低温陈列柜或封闭式热保温柜。非定型包装熟食卤味应当设有销售操作间改刀并陈列。

直接入口食品和不需清洗即可加工的散装食品必须有防尘材料遮盖,设置隔离设施以确保食品不能被消费者直接触及,并具有禁止消费者触摸的标志,由专人负责销售,并为消费者提供分拣及包装服务。供消费者直接品尝的散装食品应与销售食品明显区分,并标明可品尝的字样。超市内的食品类商品不应与洗涤剂、杀虫剂、消毒剂类商品混放,应保持一定间距,避免交叉污染。

③销售食品的包装和标识管理:食品的包装材料应达到相关国家和地方卫生标准的要求,不含影响食品质量及消费者健康的有害成分,包装强度设计应足够承受保质期限内的搬运、储存而不影响食品的质量。定型包装食品的陈列外包装上应该按 GB 7718—2004《预包装食品标签通则》的要求清晰标注相关信息,至少包括食品名称、配料清单、配料的定量标示/净含量和沥干物固形物含量、制造者、经销者的名称和地址、日期标示和贮藏说明、产品标准号、质量品质等级以及其他强制标示内容。

陈列散装食品时,应在盛放食品的容器的显著位置或隔离设施上标识出食品名称、配料表、生产者和地址、生产日期、保质期、保存条件、食用方法。超市必须提供给消费者符合卫生要求的小包装,并保证消费者能够获取符合要求的完整标签。

销售需清洗后加工的散装食品应在销售货架的明显位置设置标签,并标注以下食品名称、配料表、生产者和地址、生产日期、保质期、保存条件、食用方法等。超市应保证消费者能够方便地获取上述标签。由超市重新分装的食品应使用符合卫生要求的食品级包装材料。其标签应按原生产者的产品标识真实标注,必须标明以下食品名称、配料表、生产者和地址、生产日期、保质期、保存条件、食用方法等。

④销售食品的保质期和销售期限:食品的保质期应严格遵守相关卫生和质量标准的规定,上架销售的食品必须严格控制在保质期内,做到先进先出,并为消费者预留合理的存放和使用期。

由生产者和超市预包装或分装的食品,严禁延长原有的生产日期和保质期限。已上市销售的预包装食品不得拆封后重新包装或散装销售。对于散装食品,应将不同生产日期的食品区分销售,先进先出,并明确生产日期。如将不同生产日期的食品混装销售,则必须在标签上标注最早的生产日期和最短的保质期限。定型包装食品按照制造商标注于包装上的生产日期和保质期管理。散装食品标签应明确标注包装日期,如同时标注生产日期,则生产日期必须与生产者出厂时标注的生产日期相一致。超市自制的生鲜产品,如可以直接烹调的配菜、熟食卤味等保质期不得超过当日。

超过保质期限的食品应在经营场所内就地以捣碎、染色等破坏性方式处理销毁,不得退货或者换货。

(6)问题商品的处理　企业中,对于不符合有关食品安全规定和标准的商品,或给消费者的健康和安全造成潜在或现实危害的问题商品,一经发现应该立即启动商品撤架流程。

企业有明确的问题商品撤架工作流程。主要是门店自检发现的问题。根据相关法律法规,任何不恰当的、不安全的、标签错误的或不符合质量标准的商品均不得上架销售。

对于发生的食品安全事件,一经发生,立即启动食品安全事件处理流程。主要包括顾客投诉,政府部门的抽查、调查以及协查过程中发现的食品安全事件。

企业有明确的食品安全事故应急处理机制的工作流程。对于相关事故的基本状况及处理方式应形成报表,食品安全管理部门进行月或周统计分析并存档。应根据食品的可溯源程度,事件影响的大小,健康损害风险的大小等因素,将问题商品或食品安全事件进行分析,然后分级别、分步骤地开展实施。

对重大食品安全事件,应建立内部应急处理小组,由采购、存储、加工、销售、食品安全管理、法律、市场等部门人员组成,对发生质量或安全问题的食品的应急处理及时做出决策并付诸实施。

企业处理问题商品和食品安全事件的主要方法:超市内部的联动撤架。一旦启动产品的撤架机制,各部门应积极配合执行。采购、配送中心和门店应在撤架指令下达后于最短的时间(48h)内完成问题商品下架、封存、清点、运输、在途食品的跟踪,并将有关信息反馈总部汇总。应及时提供给消费者、公众、媒体和政府执法机构准确、有效和公正的信息,尽快配合控制流通渠道避免问题食品扩散,调动相关资源尽快查清问题的根源并采取必要的控制及反应手段,尽最大努力把问题食品可能或已经造成的危害降至最低。应设置内部及外部食品质量安全监管和通报机制,实时掌握上架食品的质量和安全状态。对内部和外界发现的相关食品质量和安全问题进行应急反应和处理。

(7)超市食品安全管理体系　企业应有明确的食品安全方针和相关目标的声明;企业根据自身规定形成文件的程序和记录;应建立能够确保食品安全相关程序和管理得到有效实施和控制的文件;应明确各个相关岗位的业务范围,以及具体信息、相关程序的交互关系。

企业要有完善的文件管理系统。保持记录,各项记录均应有执行人员和检查人员的签名,以提供符合要求的证据。记录清晰完整,易于识别和检索。有关记录至少应保存 12 个月。各岗位负责人应督促相关人员按要求进行记录,并每天检查记录的有关内容。食品卫生管理员应经常检查相关记录,记录中如发现异常情况,应立即督促有关人员采取措施。

(三)餐饮食品的安全质量控制

根据《食品安全法》《食品安全法实施条例》《餐饮服务许可管理办法》《餐饮服务食品安全监督管理办法》等法律、法规、规章的规定,原国家食品药品监督管理局在 2011 年 8 月 22 日制定了《餐饮服务食品安全操作规范》,从从业人员卫生要求、加工经营场所的卫生条件控制、加工操作卫生要求以及卫生管理等方面进行了质量控制。

1. 从业人员卫生要求

在从业人员卫生要求方面,主要对从业人员健康管理、人员培训、个人卫生以及工作服管理进行控制,这与超市食品现场制作人员卫生控制一致。

2. 加工经营场所的卫生条件控制

在加工经营场所的卫生条件控制方面,场所选址卫生要求、建筑结构与场所设置、设施卫生要求、设备与工具卫生要求等方面基本与《食品企业通用卫生规范一致》(GB 14881—1994)(见表6-10)。

食品处理区应设置专用的粗加工(全部使用半成品的可不设置)、烹饪(单纯经营火锅、烧烤的可不设置)、餐用具清洗消毒的场所,并应设置原料和(或)半成品贮存、切配及备餐(饮品店可不设置)的场所。进行凉菜配制、裱花操作、食品分装操作的,应分别设置相应专间。制作现榨饮料、水果拼盘及加工生食海产品的,应分别设置相应的专用操作场所。集中备餐的食堂和快餐店应设有备餐专间,或者符合本规范第十七条第二项第五目的要求。中央厨房配制凉菜以及待配送食品贮存的,应分别设置食品加工专间;食品冷却、包装应设置食品加工专间或专用设施。

表6-10　　　　　推荐的餐饮服务场所、设施、设备及工具清洁方法

项　目	频　率	使用物品	方　法
地　面	每天完工或有需要时	扫帚、拖把、刷子、清洁剂	1. 用扫帚扫地 2. 用拖把以清洁剂拖地 3. 用刷子刷去余下污物 4. 用水彻底冲净 5. 用干拖把拖干地面
排水沟	每天完工或有需要时	铲子、刷子、清洁剂及消毒剂	1. 用铲子铲去沟内大部分污物 2. 用水冲洗排水沟 3. 用刷子刷去沟内余下污物 4. 用清洁剂、消毒剂洗净排水沟
墙壁、天花板(包括照明设施)及门窗	每月1次或有需要时	抹布、刷子及清洁剂	1. 用干布除去干的污物 2. 用湿布抹擦或用水冲刷 3. 用清洁剂清洗 4. 用湿布抹净或用水冲净 5. 风干
冷　库	每周1次或有需要时	抹布、刷子及清洁剂	1. 清除食物残渣及污物 2. 用湿布抹擦或用水冲刷 3. 用清洁剂清洗 4. 用湿布抹净或用水冲净 5. 用清洁的抹布抹干/风干

续表

项 目	频 率	使用物品	方 法
工作台及洗涤盆	每次使用后	抹布、清洁剂及消毒剂	1. 清除食物残渣及污物 2. 用湿布抹擦或用水冲刷 3. 用清洁剂清洗 4. 用湿布抹净或用水冲净 5. 用消毒剂消毒 6. 风干
工具及加工设备	每次使用后	抹布、刷子、清洁剂及消毒剂	1. 清除食物残渣及污物 2. 用水冲刷 3. 用清洁剂清洗 4. 用水冲净 5. 用消毒剂消毒 6. 风干
排烟设施	表面每周一次,内部清洗每年不少于2次	抹布、刷子及清洁剂	1. 用清洁剂清洗 2. 用刷子、抹布去除油污 3. 用湿布抹净或用水冲净 4. 风干
废弃物暂存容器	每天完工或有需要时	刷子、清洁剂及消毒剂	1. 清除食物残渣及污物 2. 用水冲刷 3. 用清洁剂清洗 4. 用水冲净 5. 用消毒剂消毒 6. 风干

专间应为独立隔间,专间内应设有专用工具容器清洗消毒设施和空气消毒设施,专间内温度应不高于25℃,应设有独立的空调设施。中型以上餐馆(含中型餐馆)、快餐店、学校食堂(含托幼机构食堂)、供餐人数50人以上的机关和企事业单位食堂、集体用餐配送单位、中央厨房的专间入口处应设置有洗手、消毒、更衣设施的通过式预进间。不具备设置预进间条件的其他餐饮服务提供者,应在专间入口处设置洗手、消毒、更衣设施。洗手消毒设施应符合本条第8项规定。以紫外线灯作为空气消毒设施的,紫外线灯(波长200~275nm)应按功率不小于$1.5W/m^3$设置,紫外线灯应安装反光罩,强度大于$70\mu W/cm^2$。专间内紫外线灯应分布均匀,悬挂于距离地面2m以内高度。凉菜间、裱花间应设有专用冷藏设施。需要直接接触成品的用水,宜通过符合相关规定的水净化设施或设备。中央厨房专间内需要直接接触成品的用水,应加装水净化设施。专间应设一个门,如有窗户应为封闭式(传递食品用的除外)。专间内外食品传送窗口应可开闭,大小宜以可通过传送食品的容器为准。专间的面积应与就餐场所面积和供应就餐人数相适应,各类餐

饮服务提供者专间面积要求应符合《餐饮服务提供者场所布局要求》。

3.加工操作卫生要求

加工操作规程应包括采购验收、粗加工、切配、烹饪、备餐、供餐以及凉菜配制、裱花操作、生食海产品加工、饮料现榨、水果拼盘制作、面点制作、烧烤加工、食品再加热、食品添加剂使用、餐具和用具清洗消毒保洁、集体用餐食品分装及配送、中央厨房食品包装及配送、食品留样、贮存等加工操作工序的具体规定和操作方法的详细要求。

在备餐及供餐要求方面,供应前应认真检查待供应食品,发现有腐败变质或者其他感官性状异常的,不得供应。操作时应避免食品受到污染。分派菜肴、整理造型的用具使用前应进行消毒。用于菜肴装饰的原料使用前应洗净消毒,不得反复使用。在烹饪后至食用前需要较长时间(超过 2h)存放的食品应当在高于 60℃ 或低于 10℃ 的条件下存放。

表 6 – 11   **推荐的餐用具清洗消毒方法**

1. 清洗方法 (1)采用手工方法清洗的应按以下步骤进行。 　①刮掉沾在餐用具表面上的大部分食物残渣、污垢。 　②用含洗涤剂溶液洗净餐用具表面。 　③用清水冲去残留的洗涤剂。 (2)洗碗机清洗按设备使用说明进行。 2. 消毒方法 (1)物理消毒　包括蒸汽、煮沸、红外线等热力消毒方法。 　①煮沸、蒸汽消毒保持 100℃ ,10min 以上。 　②红外线消毒一般控制温度 120℃ 以上,保持 10min 以上。 　③洗碗机消毒一般控制水温 85℃ ,冲洗消毒 40s 以上。 (2)化学消毒　主要为使用各种含氯消毒药物。 　①使用浓度应含有效氯 250mg/L 以上,餐用具全部浸泡入液体中 5min 以上。 　②化学消毒后的餐用具应用净水冲去表面残留的消毒剂。 　③餐饮服务提供者在确保消毒效果的前提下可以采用其他消毒方法和参数。 (3)保洁方法 　①消毒后的餐用具要自然滤干或烘干,不应使用抹布、餐巾擦干,避免受到再次污染。 　②消毒后的餐用具应及时放入密闭的餐用具保洁设施内。

在餐具和用具清洗消毒保洁要求方面,餐具和用具使用后应及时洗净,定位存放,保持清洁。消毒后的餐用具应贮存在专用保洁设施内备用,保洁设施应有明显标识。餐用具保洁设施应定期清洗,保持洁净。接触直接入口食品的餐用具宜按照《推荐的餐用具清洗消毒方法》(见表 6 – 11)的规定洗净并消毒。餐用具宜用热力方法进行消毒,因材质、大小等原因无法采用的除外。应定期检查消毒设备、设施是否处于良好状态。采用化学消毒的,应定时测量有效消毒浓度。消毒后的餐

饮具应符合 GB 14934—1994《食(饮)具消毒卫生标准》规定。不得重复使用一次性餐用具。已消毒和未消毒的餐用具应分开存放,保洁设施内不得存放其他物品。盛放调味料的器皿应定期清洗消毒。

在集体用餐食品分装及配送要求方面,盛装、分送集体用餐的容器不得直接放置于地面,容器表面应标明加工单位、生产日期及时间、保质期,必要时标注保存条件和食用方法。集体用餐配送的食品不得在 10~60℃的温度条件下贮存和运输,从烧熟至食用的间隔时间(保质期)应符合以下要求:烧熟后 2h 的食品中心温度保持在 60℃以上(热藏)的,其保质期为烧熟后 4h;烧熟后 2h 的食品中心温度保持在10℃以下(冷藏)的,保质期为烧熟后 24h,供餐前应按要求再加热。运输集体用餐的车辆应配备符合条件的冷藏或加热保温设备或装置,使运输过程中食品的中心温度保持在 10℃以下或 60℃以上。运输车辆应保持清洁,每次运输食品前应进行清洗消毒,在运输装卸过程中也应注意保持清洁,运输后进行清洗,防止食品在运输过程中受到污染。

在中央厨房食品包装及配送要求方面,包装材料应符合国家有关食品安全标准和规定的要求。用于盛装食品的容器不得直接放置于地面。配送食品的最小使用包装或食品容器包装上的标签应标明加工单位、生产日期及时间、保质期、半成品加工方法,必要时标注保存条件和成品食用方法。应根据配送食品的产品特性选择适宜的保存条件和保质期,宜冷藏或冷冻保存。运输车辆应保持清洁,每次运输食品前应进行清洗消毒,在运输装卸过程中也应注意保持清洁,运输后进行清洗,防止食品在运输过程中受到污染。

餐饮配送单位、中央厨房,重大活动餐饮服务和超过 100 人的一次性聚餐,每餐次的食品成品应留样。留样食品应按品种分别盛放于清洗消毒后的密闭专用容器内,并放置在专用冷藏设施中,在冷藏条件下存放 48h 以上,每个品种留样量应满足检验需要,不少于 100g,并记录留样食品名称、留样量、留样时间、留样人员、审核人员等。

(四)进出口食品安全质量控制

为保证进出口食品安全,保护人类、动植物生命和健康,根据《食品安全法》及其实施条例、《中华人民共和国进出口商品检验法》及其实施条例、《中华人民共和国进出境动植物检疫法》及其实施条例和《国务院关于加强食品等产品安全监督管理的特别规定》等法律法规的规定,国家质检总局 2010 年 7 月 22 日审议通过《进出口食品安全管理办法》,自 2012 年 3 月 1 日起施行。

该办法适用于进出口食品的检验检疫及监督管理。进出口食品添加剂、食品相关产品、水果、食用活动物的安全管理依照有关规定执行。

1. 食品进口

进口食品应当符合中国食品安全国家标准和相关检验检疫要求。食品安全国家标准公布前,按照现行食用农产品质量安全标准、食品卫生标准、食品质量标准和有关食品的行业标准中强制执行的标准实施检验。

首次进口尚无食品安全国家标准的食品,进口商应当向检验检疫机构提交国务院卫生行政部门出具的许可证明文件,检验检疫机构应当按照国务院卫生行政部门的要求进行检验。

向中国境内出口食品的出口商或者代理商应当向国家质检总局备案。申请备案的出口商或者代理商应当按照备案要求提供企业备案信息,并对信息的真实性负责。注册和备案名单应当在总局网站公布。进口食品需要办理进境动植物检疫审批手续的,应当取得《中华人民共和国进境动植物检疫许可证》后方可进口。对进口可能存在动植物疫情疫病或者有毒有害物质的高风险食品实行指定口岸入境。指定口岸条件及名录由国家质检总局制定并公布。

进口食品的进口商或者其代理人应当按照规定,持下列材料向海关报关地的检验检疫机构报检:

①合同、发票、装箱单、提单等必要的凭证;

②相关批准文件;

③法律法规、双边协定、议定书以及其他规定要求提交的输出国家(地区)官方检疫(卫生)证书;

④首次进口预包装食品,应当提供进口食品标签样张和翻译件;

⑤首次进口尚无食品安全国家标准的食品,应当提供本办法第八条规定的许可证明文件;

⑥进口食品应当随附的其他证书或者证明文件。

报检时,进口商或者其代理人应当将所进口的食品按照品名、品牌、原产国(地区)、规格、数/质量、总值、生产日期(批号)及国家质检总局规定的其他内容逐一申报。

进口食品的包装和运输工具应当符合安全卫生要求。进口预包装食品的中文标签、中文说明书应当符合中国法律法规的规定和食品安全国家标准的要求。

进口食品经检验检疫合格的,由检验检疫机构出具合格证明,准予销售、使用。检验检疫机构出具的合格证明应当逐一列明货物品名、品牌、原产国(地区)、规格、数/质量、生产日期(批号),没有品牌、规格的,应当标明"无"。进口食品经检验检疫不合格的,由检验检疫机构出具不合格证明。涉及安全、健康、环境保护项目不合格的,由检验检疫机构责令当事人销毁,或者出具退货处理通知单,由进口商办理退运手续。其他项目不合格的,可以在检验检疫机构的监督下进行技术处理,经重新检验合格后方可销售、使用。

2. 食品出口

出口食品生产经营者应当保证其出口食品符合进口国家(地区)的标准或者合同要求。进口国家(地区)无相关标准且合同未有要求的,应当保证出口食品符合中国食品安全国家标准。

出口食品生产企业应当建立完善的质量安全管理体系。出口食品生产企业应当建立原料、辅料、食品添加剂、包装材料容器等进货查验记录制度。出口食品生产企业应当建立生产记录档案,如实记录食品生产过程的安全管理情况。出口食品生产企业应当建立出厂检验记录制度,依照本办法规定的要求对其出口食品进行检验,检验合格后方可报检。记录应当真实,保存期限不得少于2年。

国家质检总局对出口食品原料种植、养殖场实施备案管理。出口食品原料种植、养殖场应当向所在地检验检疫机构办理备案手续。实施备案管理的原料品种目录(以下称目录)和备案条件由国家质检总局另行制定。出口食品的原料列入目录的,应当来自备案的种植、养殖场。备案种植、养殖场所在地检验检疫机构对备案种植、养殖场实施监督、检查,对达不到备案要求的,及时向所在地政府相关主管部门、出口食品生产企业所在地检验检疫机构通报。生产企业所在地检验检疫机构应当及时向备案种植、养殖场所在地检验检疫机构通报种植、养殖场提供原料的质量安全和卫生情况。种植、养殖场应当建立原料的生产记录制度,生产记录应当真实,记录保存期限不得少于2年。备案种植、养殖场应当依照进口国家(地区)食品安全标准和中国有关规定使用农业化学投入品,并建立疫情疫病监测制度。备案种植、养殖场应当为其生产的每一批原料出具出口食品加工原料供货证明文件。

国家质检总局对出口食品安全实施风险监测制度,组织制定和实施年度出口食品安全风险监测计划。检验检疫机构根据国家质检总局出口食品安全风险监测计划,组织对本辖区内出口食品实施监测,上报结果。检验检疫机构应当根据出口食品安全风险监测结果,在风险分析基础上调整对相关出口食品的检验检疫和监管措施。

出口食品的出口商或者其代理人应当按照规定,持合同、发票、装箱单、出厂合格证明、出口食品加工原料供货证明文件等必要的凭证和相关批准文件向出口食品生产企业所在地检验检疫机构报检。报检时,应当将所出口的食品按照品名、规格、数/质量、生产日期逐一申报。

出口食品符合出口要求的,由检验检疫机构按照规定出具通关证明,并根据需要出具证书。出口食品进口国家(地区)对证书形式和内容有新要求的,经国家质检总局批准后,检验检疫机构方可对证书进行变更。出口食品经检验检疫不合格的,由检验检疫机构出具不合格证明。依法可以进行技术处理的,应当在检验检疫机构的监督下进行技术处理,合格后方准出口;依法不能进行技术处理或者经技术处理后仍不合格的,不准出口。

出口食品的包装和运输方式应当符合安全卫生要求,并经检验检疫合格。对装运出口易腐烂变质食品、冷冻食品的集装箱、船舱、飞机、车辆等运载工具,承运人、装箱单位或者其代理人应当在装运前向检验检疫机构申请清洁、卫生、冷藏、密固等适载检验;未经检验或者经检验不合格的,不准装运。出口食品生产企业应当在运输包装上注明生产企业名称、备案号、产品品名、生产批号和生产日期。检验检疫机构应当在出具的证单中注明上述信息。进口国家(地区)或者合同有特殊要求的,在保证产品可追溯的前提下,经直属检验检疫局同意,标注内容可以适当调整。

3. 风险预警及相关措施

进出口食品中发现严重食品安全问题或者疫情的,以及境内外发生食品安全事件或者疫情可能影响到进出口食品安全的,国家质检总局和检验检疫机构应当及时采取风险预警及控制措施。

国家质检总局和检验检疫机构应当建立进出口食品安全信息收集网络,需要收集和整理的食品安全信息主要包括:

①检验检疫机构对进出口食品实施检验检疫发现的食品安全信息;

②行业协会、消费者反映的进口食品安全信息;

③国际组织、境外政府机构发布的食品安全信息、风险预警信息,以及境外行业协会等组织、消费者反映的食品安全信息;

④其他食品安全信息。

进口食品存在安全问题,已经或者可能对人体健康和生命安全造成损害的,进口食品进口商应当主动召回并向所在地检验检疫机构报告。进口食品进口商应当向社会公布有关信息,通知销售者停止销售,告知消费者停止使用,做好召回食品情况记录。发现出口的食品存在安全问题,已经或者可能对人体健康和生命安全造成损害的,出口食品生产经营者应当采取措施,避免和减少损害的发生,并立即向所在地检验检疫机构报告。

进口食品进口商不主动实施召回的,由直属检验检疫局向其发出责令召回通知书并报告国家质检总局。必要时,国家质检总局可以责令其召回。国家质检总局可以发布风险预警通报或者风险预警通告,并采取本办法第四十五条规定的措施以及其他避免危害发生的措施。

4. 法律责任

销售、使用经检验不符合食品安全国家标准的进口食品,由检验检疫机构按照食品安全法相关规定给予处罚。

进口商有下列情形之一的,由检验检疫机构按照食品安全法相关规定给予处罚:

①未建立食品进口和销售记录制度的;

②建立的食品进口和销售记录没有如实记录进口食品的卫生证书编号、品名、规格、数量、生产日期(批号)、保质期、出口商和购货者名称及联系方式、交货日期等内容的;

③建立的食品进口和销售记录保存期限少于2年的。

出口食品原料种植、养殖场有下列情形之一的,由检验检疫机构责令改正,有

违法所得的,处违法所得 3 倍以下罚款,最高不超过 3 万元;没有违法所得的,处 1 万元以下罚款:

①出口食品原料种植、养殖过程中违规使用农业化学投入品的;

②相关记录不真实或者保存期限少于 2 年的。

出口食品生产企业生产出口食品使用的原料未按照规定来自备案基地的,按照前款规定给予处罚。

[项目小结]

本项目主要介绍了 GAP、安全食品(无公害食品、绿色食品和有机食品)的概念、特点及操作规程;HACCP、ISO22000、GMP 和 ISO9000 几类质量保证体系的概念、特点、基本原理及其在食品工业中的应用,最后介绍了食品在流通和服务环节的安全质量控制措施。

[项目思考]

1. 名词解释:良好农业规范(GAP)、无公害食品、绿色食品、有机食品、良好操作规范(GMP)、危害分析与关键控制点(HACCP)、ISO9000 族、关键控制点。

2. 比较无公害食品、绿色食品、有机食品的区别。

3. 简述实施食品 GMP 的意义。

4. 简述 ISO9000 系列标准的构成。

5. 在我国实施 HACCP 有何意义?

6. 简述 GMP、ISO22000、HACCP、ISO9000 这四者之间的相互关系。

7. 协助一个食品企业建立该企业的良好操作规范。

项目七　食品质量安全监管与法律法规

[知识目标]

(1)掌握《食品安全法》、《中华人民共和国产品质量法》(简称产品质量法)、《农产品质量安全法》的适用范围、监管机制、生产经营者需要遵守的法律条文以及处罚措施等。

(2)了解欧盟、美国、日本等发达国家的食品安全法律法规体系,掌握欧盟、美国、日本等发达国家法律体系中与贸易技术壁垒有关的措施。

(3)掌握食品安全限量标准、食品添加剂(营养强化剂)使用标准、食品安全管理控制标准、食品标签标准、食品安全检测方法标准等中国食品安全标准的主要内容,标准代号;熟悉食品法典委员会和国家标准化组织的工作内容和主要食品标准;了解国外发达国家食品标准的相关要求,尤其是欧盟、美国和日本食品标准的现状。

(4)熟悉中国食品安全监管的发展历史;掌握目前我国的食品安全监管模式;了解美国、日本、欧盟、澳大利亚、加拿大等发达国家的食品安全监管模式。

[必备知识]

一、国内外食品质量安全法律法规

(一)中国食品质量安全法律法规

1.《食品安全法》

民以食为天,食以安为先。食品安全直接关系广大人民群众的身体健康和生命安全,关系国家的健康发展,以及关系社会的和谐稳定。但是近些年来,随着我国市场经济的深入发展和社会的日益复杂化,出现了诸如"二噁英"和"苏丹红"等侵犯公众利益的重大事件。据统计,我国现有约45万食品生产者、288.5万食品经营者。食品生产经营"低门槛"的现实状况,生产经营者的法律意识和道德水准的参差不齐,带来了巨大的监管难题,造成了食品安全问题管不胜管、防不胜防的尴尬。"红心鸭蛋"事件让社会"闻蛋色变","有毒咖啡"事件使人们对咖啡避而远之,"大头娃娃"事件又让人们对乳制品心存恐慌……

2008年9月,全国各地陆续发生了在乳粉中大量添加"三聚氰胺"以提高蛋白质含量,却导致婴幼儿患肾结石的"三鹿奶粉事件",全国诊疗的患儿达29万多人,并有多名死亡。紧接着,包括蒙牛、伊利、光明等国内22家驰名的乳粉生产企业也被相继查出三聚氰胺,消费者信心大受打击,食品安全问题再度成为社会热点问题。

针对近些年来不断发生的一系列食品安全事件,促使我国立法机关对涉及民生的食品安全问题尽快进行立法。1995 年我国颁布的《中华人民共和国食品卫生法》,在实践过程中发挥了一定的作用。但是,同时也出现了上述一些问题。

为了进一步完善该法,2004 年 7 月,国务院第 59 次常务会议和 9 月份公布的《国务院关于进一步加强食品安全工作的决定》要求法制办抓紧组织修改食品卫生法。法制办成立了食品卫生法修改领导小组,组织起草食品安全法(修订草案)。2007 年 10 月 31 日,国务院总理温家宝主持召开国务院常务会议,讨论并原则通过《中华人民共和国食品安全法(草案)》,2007 年 12 月 26 日,食品安全法草案首次提请十届全国人大常委会第三十一次会议审议。2008 年 4 月 20 日,立法机关"开门立法",全国人大常委会办公厅向社会全文公布食品安全法草案,广泛征求各方面意见和建议。2008 年 8 月 26 日,食品安全法草案进入二审;2008 年 10 月 23 日,食品安全法草案第三次提交立法机关——全国人大常委会审议;2009 年 2 月 28 日,食品安全法草案经过了十一届全国人大常委会第七次会议的第四次审议,并顺利通过了《食品安全法》,于 2009 年 6 月 1 日起实施。

(1)调整范围 《食品安全法》调整的范围包括:食品生产加工和进出口,食品流通和餐饮服务;食品添加剂生产经营;食品相关产品的生产经营;食品生产经营者使用食品添加剂、食品相关产品;以及对食品、食品添加剂和食品相关产品的安全管理。

关于食用农产品的质量安全管理,应当遵守农产品质量安全法的规定。农业行政部门依照农产品质量安全法进行监管;关于质量安全标准、公布食用农产品安全有关信息,遵守食品安全法有关规定。食用农产品的范围按照有关规定执行。

关于乳品、转基因食品、生猪屠宰、酒类和食盐的安全管理,适用食品安全法;法律、行政法规另有规定,依照其规定。

(2)监管体制 食品安全法体现了分段监管,统一协调的原则。国务院设立食品安全委员会,作为高层次的议事协调机构,协调、指导食品安全监管工作。明确卫生部在食品安全风险评估、食品安全标准制定、食品安全信息公布、食品检验机构资质认定条件和检验规程的制定、食品安全事故的组织查处等方面承担综合协调职责。国家质检总局、国家工商行政管理总局和国家食品药品监督管理总局依照食品安全法和国务院规定的职责,分别对食品生产和进出口、食品流通、餐饮服务活动实施监督管理。

在地方,明确由县级以上地方人民政府统一负责、领导、组织、协调本行政区域的食品安全监管工作,各级质监部门应当在所在地人民政府的统一组织、协调下开展工作。

质监部门要督促企业建立全过程质量安全制度,落实企业主体责任。工作重点在国内食品生产监管。在食品生产加工环节,要在地方政府的统一组织、协调下,依法完善市场准入、生产许可、监督抽查、召回等监管机制。

(3)食品安全风险监测和评估　食品安全风险监测和评估是国际上流行的预防和控制食品风险的有效措施。《食品安全法》从食品安全风险监测计划的制定、发布、实施、调整等方面,规定了完备的食品安全风险监测制度。同时,《食品安全法》还从食品安全风险评估的启动、具体操作、评估结果的用途等方面规定了一整套完整的食品安全风险评估制度。

食品安全风险监测和评估制度的建立转变了目前只注重"事先许可、事后抽检、出了事故进行处罚"的监管方式,把监管链条大大推前,延伸到食用农产品,包括种植和养殖领域,并通过事前监测,将食品的风险监管关口提前,主动对食源性疾病、食品污染和食品中有害因素进行检测,防止对人体健康产生危害。这也是获得食品安全风险评估的重要依据。

所谓食品安全风险评估,就是评估某种食品的食源性危害,了解其对消费者健康发生危害的可能性。风险评估可以提示人们,对于某种食物每人每天食用量的安全值。以"红心鸭蛋"为例,通过食品安全风险评估,可以得出结论告知公众,一个普通人要每天吃2000个"红心鸭蛋"才会对机体造成伤害。这就是一个风险评估的过程。

(4)食品安全标准的制定、发布　《食品安全法》明确了食品安全国家标准的制定、发布主体,制定方法,明确对有关标准进行整合。食品安全国家标准由国务院卫生行政部门负责制定、公布,并对现行的食用农产品质量安全标准、食品卫生标准、食品质量标准和有关食品的行业标准中强制执行的标准予以整合,统一公布为食品安全国家标准。

食品安全国家标准主要包括以下内容:

①食品、食品相关产品中的致病性微生物、农药残留、兽药残留、重金属、污染物质以及其他危害人体健康物质的限量规定;

②食品添加剂的品种、使用范围、用量;

③专供婴幼儿和其他特定人群的主辅食品的营养成分要求;

④对与食品安全、营养有关的标签、标识、说明书的要求;

⑤食品生产经营过程的卫生要求;

⑥与食品安全有关的质量要求;

⑦食品检验方法与规程;

⑧其他需要制定为食品安全标准的内容。

(5)食品安全事故处置机制　食品安全事故发生单位和接收病人进行治疗的单位应当及时向事故发生地县级卫生行政部门报告。食品安全监督管理部门在日常监督管理中发现食品安全事故,或者接到有关食品安全事故的举报,应当立即向卫生行政部门通报。另外,规定了县级以上卫生行政部门处置食品安全事故的措施。

各级质监部门在日常监管工作中发现食物中毒、食源性疾病、食品污染等，对人体健康有危害或者可能有危害的事故时，或者接到有关以上情形的举报时，应当立即向同级卫生行政部门通报。

在食品安全事故调查处理过程中，质监部门应当配合卫生部门采取措施，配合卫生部门封存食品及原料进行检验，封存被污染的食品用工具及用具等强制措施。

各级质监部门要依法积极参与事故责任调查，及时调查处理相关情况，必要时及时向上级质检部门报告。

（6）食品进出口的监管机制　出入境检验检疫机构负责食品进出口环节的监管，主要职责是进口食品检验，对境外食品安全事件采取风险预警及控制措施，并通报有关部门，境外出口食品出口商或者代理商进行备案，对出口的食品进行监督、抽检等。

（7）食品安全信息统一公布制度　食品安全信息由国务院卫生行政部门统一公布。具体内容包括：

①国家食品安全总体情况；

②食品安全风险评估信息和食品安全风险警示信息；

③重大食品安全事故及其处理信息；

④其他重要的食品安全信息和国务院确定的需要统一公布的信息。

其中食品安全风险评估信息和食品安全风险警示信息以及重大食品安全事故及其处理信息，其影响限于特定区域的，也可以由有关省、自治区、直辖市人民政府卫生行政部门公布。

县级以上农业行政、质量监督、工商行政管理、食品药品监督管理部门依据各自职责准确、及时、客观的公布食品安全日常监督管理信息。

（8）食品企业责任

①关于食品生产经营中的卫生要求：关于食品生产经营中的要求，首先是要符合食品安全标准。按照食品安全标准进行生产经营是《食品安全法》对食品生产经营企业最基本，最核心的要求，除此之外还需要符合基本的卫生要求。

《食品安全法》第二十七条规定：食品生产经营应当符合食品安全标准，并符合下列要求：

a.具有与生产经营的食品品种、数量相适应的食品原料处理和食品加工、包装、贮存等场所，保持该场所环境整洁，并与有毒、有害场所以及其他污染源保持规定的距离；

b.具有与生产经营的食品品种、数量相适应的生产经营设备或者设施，有相应的消毒、更衣、盥洗、采光、照明、通风、防腐、防尘、防蝇、防鼠、防虫、洗涤以及处理废水、存放垃圾和废弃物的设备或者设施；

c.有食品安全专业技术人员、管理人员和保证食品安全的规章制度；

d.具有合理的设备布局和工艺流程，防止待加工食品与直接入口食品、原料与

成品交叉污染,避免食品接触有毒物、不洁物;

　　e.餐具、饮具和盛放直接入口食品的容器,使用前应当洗净、消毒,炊具、用具用后应当洗净,保持清洁;

　　f.贮存、运输和装卸食品的容器、工具和设备应当安全、无害,保持清洁,防止食品污染,并符合保证食品安全所需的温度等特殊要求,不得将食品与有毒、有害物品一同运输;

　　g.直接入口的食品应当有小包装或者使用无毒、清洁的包装材料、餐具;

　　h.食品生产经营人员应当保持个人卫生,生产经营食品时,应当将手洗净,穿戴清洁的工作衣、帽;销售无包装的直接入口食品时,应当使用无毒、清洁的售货工具;

　　i.用水应当符合国家规定的生活饮用水卫生标准;

　　j.使用的洗涤剂、消毒剂应当对人体安全、无害;

　　k.法律、法规规定的其他要求。

　　②食品生产经营的禁止性要求:《食品安全法》第二十八条规定,禁止生产经营下列食品:

　　a.用非食品原料生产的食品或者添加食品添加剂以外的化学物质和其他可能危害人体健康物质的食品,或者用回收食品作为原料生产的食品;

　　b.致病性微生物、农药残留、兽药残留、重金属、污染物质以及其他危害人体健康的物质含量超过食品安全标准限量的食品;

　　c.营养成分不符合食品安全标准的专供婴幼儿和其他特定人群的主辅食品;

　　d.腐败变质、油脂酸败、霉变生虫、污秽不洁、混有异物、掺假掺杂或者感官性状异常的食品;

　　e.病死、毒死或者死因不明的禽、畜、兽、水产动物肉类及其制品;

　　f.未经动物卫生监督机构检疫或者检疫不合格的肉类,或者未经检验或者检验不合格的肉类制品;

　　g.被包装材料、容器、运输工具等污染的食品;

　　h.超过保质期的食品;

　　i.无标签的预包装食品;

　　j.国家为防病等特殊需要明令禁止生产经营的食品;

　　k.其他不符合食品安全标准或者要求的食品。

　　③食品生产经营的许可要求:国家对食品生产经营实行许可制度,从事食品生产、食品流通、餐饮服务,应当依法取得食品生产许可、食品流通许可、餐饮服务许可。

　　取得食品生产许可的食品生产者在其生产场所销售其生产的食品,不需要取得食品流通的许可;取得餐饮服务许可的餐饮服务提供者在其餐饮服务场所出售其制作加工的食品,不需要取得食品生产和流通的许可;农民个人销售其自产的食用农产品,不需要取得食品流通的许可。

④关于食品生产经营者贮存食品的要求:食品经营者应当按照保证食品安全的要求贮存食品,定期检查库存食品,及时清理变质或者超过保质期的食品(第四十条)。

食品生产经营者贮存散装食品,应当在贮存位置标明食品的名称、生产日期、保质期、生产者名称及联系方式等内容。食品经营者销售散装食品,应当在散装食品的容器、外包装上标明食品的名称、生产日期、保质期、生产经营者名称及联系方式等内容(第四十一条)。

⑤关于预包装食品的要求:预包装食品的包装上应当有标签。标签应当标明下列事项:

a. 名称、规格、净含量、生产日期;

b. 成分或者配料表;

c. 生产者的名称、地址、联系方式;

d. 保质期;

e. 产品标准代号;

f. 贮存条件;

g. 所使用的食品添加剂在国家标准中的通用名称;

h. 生产许可证编号;

i. 法律、法规或者食品安全标准规定必须标明的其他事项。

专供婴幼儿和其他特定人群的主辅食品,其标签还应当标明主要营养成分及其含量(第四十二条)。

食品经营者应当按照食品标签标示的警示标志、警示说明或者注意事项的要求,销售预包装食品(第四十九条)。

⑥关于利用新的食品原料从事食品生产或者从事食品添加剂新品种、食品相关产品新品种生产的程序规定:申请利用新的食品原料从事食品生产或者从事食品添加剂新品种、食品相关产品新品种生产活动的单位或者个人,应当向国务院卫生行政部门提交相关产品的安全性评估材料。国务院卫生行政部门应当自收到申请之日起六十日内组织对相关产品的安全性评估材料进行审查;对符合食品安全要求的,依法决定准予许可并予以公布;对不符合食品安全要求的,决定不予许可并书面说明理由(第四十四条)。

⑦关于食品添加剂的要求:国家对食品添加剂的生产实行许可制度。申请食品添加剂生产许可的条件、程序,按照国家有关工业产品生产许可证管理的规定执行(第四十三条)。

食品生产者应当依照食品安全标准关于食品添加剂的品种、使用范围、用量的规定使用食品添加剂;不得在食品生产中使用食品添加剂以外的化学物质和其他可能危害人体健康的物质(第四十六条)。

食品添加剂应当有标签、说明书和包装。标签、说明书应当载明本法第四十二条第一款第一项至第六项、第八项、第九项规定的事项,以及食品添加剂的使用范围、用量、使用方法,并在标签上载明"食品添加剂"字样(第四十七条)。

食品和食品添加剂的标签、说明书,不得含有虚假、夸大的内容,不得涉及疾病预防、治疗功能。生产者对标签、说明书上所载明的内容负责。食品和食品添加剂的标签、说明书应当清楚、明显,容易辨识。食品和食品添加剂与其标签、说明书所载明的内容不符的,不得上市销售(第四十八条)。

生产经营的食品中不得添加药品,但是可以添加按照传统既是食品又是中药材的物质。按照传统既是食品又是中药材的物质的目录由国务院卫生行政部门制定、公布(第五十条)。

(9)食品生产经营企业依法需要建立的制度

①食品安全管理制度:食品生产经营企业应当建立健全本单位的食品安全管理制度,加强对职工食品安全知识的培训,配备专职或者兼职食品安全管理人员,做好对所生产经营食品的检验工作,依法从事食品生产经营活动(第三十二条)。

②从业人员健康管理制度:食品生产经营者应当建立并执行从业人员健康管理制度。患有痢疾、伤寒、病毒性肝炎等消化道传染病的人员,以及患有活动性肺结核、化脓性或者渗出性皮肤病等有碍食品安全的疾病的人员,不得从事接触直接入口食品的工作。食品生产经营人员每年应当进行健康检查,取得健康证明后方可参加工作。从业人员健康管理制度一般包括每年进行健康检查、取得健康证明后方能上岗、员工健康档案、员工患病及时申报等(第三十四条)。

③进货查验记录制度:食品生产者采购食品原料、食品添加剂、食品相关产品,应当查验供货者的许可证和产品合格证明文件;对无法提供合格证明文件的食品原料,应当依照食品安全标准进行检验;不得采购或者使用不符合食品安全标准的食品原料、食品添加剂、食品相关产品。

食品生产企业应当建立食品原料、食品添加剂、食品相关产品进货查验记录制度,如实记录食品原料、食品添加剂、食品相关产品的名称、规格、数量、供货者名称及联系方式、进货日期等内容。

食品原料、食品添加剂、食品相关产品进货查验记录应当真实,保存期限不得少于二年(第三十六条)。

食品经营者采购食品,应当查验供货者的许可证和食品合格的证明文件。食品经营企业应当建立食品进货查验记录制度,如实记录食品的名称、规格、数量、生产批号、保质期、供货者名称及联系方式、进货日期等内容。食品进货查验记录应当真实,保存期限不得少于二年。实行统一配送经营方式的食品经营企业,可以由企业总部统一查验供货者的许可证和食品合格的证明文件,进行食品进货查验记录(第三十九条)。

④出厂检验记录制度:食品生产企业应当建立食品出厂检验记录制度,查验出厂食品的检验合格证和安全状况,并如实记录食品的名称、规格、数量、生产日期、

生产批号、检验合格证号、购货者名称及联系方式、销售日期等内容。食品出厂检验记录应当真实,保存期限不得少于二年(第三十七条)。

(10)对食品生产经营企业的鼓励性规定

①鼓励企业符合良好生产规范要求:国家鼓励食品生产经营企业符合良好生产规范要求,实施危害分析与关键控制点体系,提高食品安全管理水平。对通过良好生产规范、危害分析与关键控制点体系认证的食品生产经营企业,认证机构应当依法实施跟踪调查;对不再符合认证要求的企业,应当依法撤销认证,及时向有关质量监督、工商行政管理、食品药品监督管理部门通报,并向社会公布。认证机构实施跟踪调查不收取任何费用(第三十三条)。

②鼓励食品规模化生产:地方各级人民政府鼓励食品规模化生产和连锁经营、配送(第五十六条)。

(11)法律责任

《食品安全法》加大了食品生产经营违法行为的处罚力度,主要体现在以下方面。

a.将违法罚款金额大幅提高,由原来的最高处以违法所得5倍的罚款提高为货值金额10倍的罚款。

b.对特定人员从事食品生产经营、食品检验的资格进行限制。被吊销食品生产、流通或者餐饮服务许可证的单位,其直接负责的主管人员自处罚决定做出之日起5年内不得从事食品生产经营管理工作。违反《食品安全法》的规定,受到刑事处罚或者开除处分的食品检验机构人员,自刑罚执行完毕或者处分决定做出之日起10年内不得从事食品检验工作。

c.生产不符合食品安全标准的食品或者销售明知是不符合食品安全标准,消费者除要求赔偿损失外,还可以向生产者或销售者要求支付价款的十倍的赔偿金。

(12)修订草案说明

《食品安全法》的实施对规范食品生产经营活动、保障食品安全发挥了重要作用,食品安全整体水平得到提升,食品安全形势总体稳中向好。与此同时,我国食品企业违法生产经营现象依然存在,食品安全事件时有发生,监管体制、手段和制度等尚不能完全适应食品安全需要,法律责任偏轻、重典治乱威慑作用没有得到充分发挥,食品安全形势依然严峻。党的"十八大"以来,党中央、国务院进一步改革完善我国食品安全监管体制,着力建立最严格的食品安全监管制度,积极推进食品安全社会共治格局。为了以法律形式固定监管体制改革成果、完善监管制度机制,解决当前食品安全领域存在的突出问题,以法治方式维护食品安全,为最严格的食品安全监管提供体制制度保障,修改现行食品安全法十分必要。

2013年10月,食品药品监督管理总局向国务院报送了《中华人民共和国食品安全法(修订草案送审稿)》(以下简称送审稿)。经过多次征求社会各界意见,广泛调研,多次论证,反复协调的基础上,法制办会同国家食品药品监管总局、国家卫生计生委、国家质检总局、农业部、工业和信息化部等部门对送审稿反复讨论、修改,形成了《中华人民共和国食品安全法(修订草案)》(以下简称修订草案)。修订草案已经国务院第 47 次常务会议讨论通过。2014 年 6 月 23 日,修订草案提交十二届全国人大常委会第九次会议审议。

围绕党的十八届三中全会决定关于建立最严格的食品安全监管制度这一总体要求,在修订思路上主要把握了以下几点。

①强化预防为主、风险防范的法律制度:

a. 完善基础性制度。增加风险监测计划调整、监测行为规范、监测结果通报等规定,明确应当开展风险评估的情形,补充风险信息交流制度,提出加快标准整合、跟踪评价标准实施情况等要求。

b. 增设生产经营者自查制度。要求其定期自查食品安全状况,发现有发生食品安全事故潜在风险的,立即停止生产经营并向监管部门报告。

c. 增设责任约谈制度。规定食品生产经营者未及时采取措施消除安全隐患的,监管部门可对其负责人进行责任约谈;监管部门未及时发现系统性风险、未及时消除监管区域内的食品安全隐患的,本级政府可对其主要负责人进行责任约谈。

d. 增设风险分级管理要求。规定监管部门根据食品安全风险监测、评估结果等确定监管重点、方式和频次,实施风险分级管理;建立食品安全违法行为信息资料库,向社会公布并实时更新。

②设立最严格的全过程监管法律制度:

a. 在食品生产环节,增设投料、半成品及成品检验等关键事项的控制要求,婴幼儿配方食品的配方备案和出厂逐批检验等义务,并明确规定不得以委托、贴牌、分装方式生产婴幼儿配方乳粉。

b. 在食品流通环节,增设批发企业的销售记录制度和网络食品交易相关主体的食品安全责任。

c. 在餐饮服务环节,增设餐饮服务提供者的原料控制义务以及学校等集中用餐单位的食品安全管理规范。

d. 完善食品追溯制度,细化生产经营者索证索票、进货查验记录等制度,增加规定食品和食用农产品全程追溯协作机制。

e. 补充规定保健食品的产品注册和备案制度以及广告审批制度,规范保健食品原料使用和功能名称;补充食品添加剂的经营规范和食品相关产品的生产管理制度。

f. 进一步明确进出口食品管理制度,重在为进口食品的口岸管理把好关。

g. 完善食品安全监管体制,将现行分段监管体制修改为由食品药品监管部门统一负责食品生产、流通和餐饮服务监管的相对集中的体制。

③建立最严格的法律责任制度:

a. 突出民事赔偿责任。规定实行首负责任制,要求接到消费者赔偿请求的生产经营者应当先行赔付,不得推诿;同时完善了消费者在法定情形下可以要求十倍价款或者三倍损失的惩罚性赔偿金制度。

b. 加大行政处罚力度。对在食品中添加有毒有害物质等性质恶劣的违法行为,规定直接吊销许可证,并处最高为货值金额三十倍的罚款;对明知从事上述严重违法行为、仍为其提供生产场所或者向其销售违禁物质的主体,规定了最高二十万元的罚款;对因食品安全违法行为受到刑事处罚或者出具虚假检验报告受到开除处分的食品检验机构人员,规定终身禁止从事食品检验工作。

c. 细化并加重对失职的地方政府负责人和食品安全监管人员的处分。依照规定的职责逐项设定相应的法律责任,细化处分规定;增设地方政府主要负责人应当引咎辞职的情形;设置监管"高压线",对有瞒报、谎报重大食品安全事故等三种行为的,直接给予开除处分。

d. 做好与刑事责任的衔接。分别规定生产经营者、监管人员、检验人员等主体有违法行为构成犯罪的,依法追究刑事责任。

④实行社会共治:

a. 规定食品安全有奖举报制度。明确对查证属实的举报,应给予举报人奖励。

b. 规范食品安全信息发布。强调监管部门应当准确、及时、客观公布食品安全信息,鼓励新闻媒体对食品安全违法行为进行舆论监督,同时规定有关食品安全的宣传报道应当客观、真实、公正,任何单位和个人不得编造、散布虚假食品安全信息。

c. 增设食品安全责任保险制度。规定国家鼓励建立食品安全责任保险制度,支持食品生产经营企业参加食品安全责任保险,同时授权国家食品药品监管总局会同保监会制定具体办法。

2.《农产品质量安全法》

人们每天消费的食物,有相当大的部分是直接来源于农业的初级产品。农产品的质量安全状况直接关系着广大消费者的身体健康及生命安全。

近年来,食用农产品中毒事件频繁发生,特别是蔬菜农药残留的群体性中毒事件。2004 年卫生部通报的 381 起重大食物中毒事件中,由食用有毒动植物引起的共计 140 起,中毒 1466 人;河北张北毒菜进京事件、香河毒韭菜进京事件、湖南祁东毒黄花菜事件、安徽郎溪毒茶叶事件、河北永年毒大蒜事件等农产品质量安全问题都暴露出我国农产品质量安全管理工作中存在着某些弊端。但原有的相关法律不涵盖种植和养殖等生产环节,使农产品质量安全监管没有法律依据。

中国加入世界贸易组织后,中国与国际间的农产品贸易领域进一步扩大,同时其贸易争端也与日俱增,质量安全是农产品贸易争端的焦点话题。近年来,相关绿色壁垒不断升级,从 2002 年开始,日本对中国蔬菜不断增加农药残留、重金属等多项技术检测指标,由 2001 年前的 38 项增加到 2002 年的 81 项,2004 年日本又增加了涉及粮谷类、蔬菜类等 60 种农产品的 11 种农药残留指标。德国也要求我国出口的脱水蔬菜必须出具非转基因、化学残留物不超标和不含放射性的证明。美国、日本和欧盟还制定了更多、更严格的感官指标和农药残留等理化指标,如大蒜,欧盟的检测指标有 111 项,日本有 61 项,而我国只有 37 项;香菇,欧盟有 111 项,日本有 47 项,而我国只有 36 项。2006 年 5 月 29 日,日本开始实施了对农产品中农业化学品残留的限量规定更为严格的"肯定列表制"。正是这些发达国家所制定的系列限制标准,使得我国蔬菜出口多次因为不达标而造成巨大损失。

在食物源性中毒事件层出不穷及绿色壁垒不断升级的大背景下,我国农产品质量安全问题不仅直接关系到广大消费者的食用安全,同时也影响到农产品生产者及经营者的经济利益,确实到了下大力度治理的程度。2006 年 4 月 29 日出台的《农产品质量安全法》,为从根本上解决农产品质量安全问题提供了法律保障。

(1)调整范围

①调整的产品范围:本法所指农产品是指来源于农业的初级产品,即在农业活动中获得的植物、动物、微生物及其产品。

②调整的行为主体:本法调整的行为主体既包括农产品的生产者和销售者,也包括农产品质量安全管理者和相应的检测技术机构和人员等。

③调整的管理环节:本法调整的管理环节包括以下四个方面:产地环境;农业投入品的科学合理使用;农产品生产和产后处理的标准化管理;农产品的包装、标识、标志和市场准入管理。

(2)监管体制　《农产品质量安全法》确立的监管体制是:县级以上人民政府统一领导,农业行政主管部门依法监管,其他有关部门分工负责。

①人民政府的职责:

a.将农产品质量安全管理工作纳入本级国民经济和社会发展规划,并安排经费(第四条)。

b.统一领导、协调本行政区域内工作,建立健全服务体系(第五条)。

c.加强知识宣传,引导生产者、销售者加强管理(第十条)。

d.批准禁止生产的区域(第十五条)。

e.加强基地建设并改善条件(第十六条)。

f.事故报告与处理(第四十条)。

②农业行政主管部门的职责:

a.县级以上农业行政主管部门负责农产品质量安全监督管理工作(第三条)。

b.国务院农业行政主管部门设立风险评估专家委员会(第六条)。

c.国务院农业行政主管部门和省、自治区、直辖市农业行政主管部门发布农产品质量安全状况信息(第八条)。

③其他有关部门的职责:

a.质检部门、卫生行政部门和工商行政部门的职责按照《食品安全法》的规定执行。

b.环境保护部门主要负责农业产地环境污染事故的处理。

c.商务部门主要负责生猪屠宰的管理。

（3）农产品质量安全标准的规定　农产品质量安全标准是政府履行农产品质量安全监督管理职能的基础，是农产品生产经营者自控的准绳，是消费者判断农产品质量是否安全的依据，是开展农产品产地认定和产品认证的依据，更是各级政府部门开展例行监测和市场监督抽查的依据。因此，国家对农产品质量安全标准实行强制实施制度。

《农产品质量安全法》第二章主要对农产品质量安全标准体系的建立，农产品质量安全标准制定、制定要求、修订要求和组织实施进行了规定。

（4）农产品产地管理　农产品产地是影响农产品质量安全的重要源头。不符合标准的产地环境中不可能生产出符合农产品质量安全标准的农产品。

《农产品质量安全法》第三章主要对农产品产地安全管理、基地建设，产地要求、产地保护、防止投入品污染等内容进行了规定，具体有：

①县级以上地方政府农业主管部门按照保障农产品质量安全的要求，根据农产品品种特性和生产区域大气、土壤、水体中有毒有害物质状况等因素，认为不适宜特定农产品生产的，应当提出禁止生产的区域，报本级政府批准后公布执行（第十五条）；

②县级以上政府应当加强农产品产地管理，改善农产品生产条件（第十六条）；

③禁止在有毒有害物质超过规定标准的区域生产、捕捞、采集农产品和建立农产品生产基地（第十七条）；

④禁止违反法律、法规的规定向农产品产地排放或者倾倒废水、废气、固体废物或者其他有毒有害物质（第十八条）。

（5）生产过程中保障农产品质量安全的规定　优质安全的农产品是生产出来的。生产者只有严格按照规定的技术要求和操作规程进行农产品生产，科学合理地使用符合国家要求的农药、兽药、肥料、饲料及饲料添加剂等农业投入品，适时地收获、捕捞和屠宰动植物或其产品，才能生产出符合标准要求的农产品，才能保证消费安全。

《农产品质量安全法》第四章主要对生产技术规范和操作规程制定、投入品许可和监督抽查、投入品安全使用制度、科研推广机构职责、生产记录、投入品合理使用、产品自检、中介组织自律与服务等内容进行了规定，具体有：

①农产品生产者应当按照法律、行政法规和国务院农业行政主管部门的规定，合理使用化肥、农药、兽药、饲料和饲料添加剂等农业投入品，严格执行农业投入品使用安全间隔期或者休药期的规定，禁止使用国家明令禁止使用的农业投入品（第二十五条）；

②农产品生产企业和农民专业合作经济组织应对农产品生产过程进行记录，以便可追溯体系的建立，需要记录的事项包括：a.使用农业投入品的名称、来源、用法、用量和使用、停用日期；b.动物疫病、植物病虫草害的发生和防治情况；c.收获、

屠宰或者捕捞的日期;所有记录应保存 2 年,禁止伪造农产品生产记录(第二十四条);

③农产品生产者、农产品生产企业或农民专业合作经济组织应对农产品的质量安全状况进行检测,经检测不符合农产品质量安全标准的,不得销售(第二十六条)。

(6)农产品的包装和标识的要求 农产品的包装和标识是实施农产品追踪和溯源,建立农产品质量安全责任追究制度的前提,是防止农产品在运输、销售或购买时被污染或被损坏的关键措施,是培育农产品品牌,提高我国农产品市场竞争力的必由之路。

《农产品质量安全法》第五章主要对包装标识管理规定、保鲜剂等使用要求、转基因标识、检疫标志与证明和农产品标志等内容进行了规定,具体有:

①在销售时应当包装和附加标识的农产品,农产品生产企业、农民专业合作经济组织以及从事农产品收购的单位或者个人,应当按照规定包装或者附加标识后方可销售;属于农业转基因生物的农产品,应当按照农业转基因生物安全管理的规定进行标识。依法需要实施检疫的动植物及其产品,应当附具检疫合格的标志、证明(第二十八条、第三十条、第三十一条);

②农产品在包装、保鲜、贮存、运输中使用的保鲜剂、防腐剂和添加剂等材料,应当符合国家有关强制性的技术规范(第二十九条);

③包装或标识应标明产品的品名、产地、生产者、生产日期、保质期、产品质量等级等内容(第二十八条);

④销售的农产品符合农产品质量安全标准的,生产者可以申请使用无公害农产品标识;农产品质量符合国家规定的有关优质农产品标准的,生产者可以申请使用相应的农产品质量标志(第三十二条)。

农产品质量安全标志主要有无公害农产品标志、绿色食品标志、有机食品标志等,相关标志管理规定详见知识拓展部分。

(7)关于监督检查的规定 监督检查是法律规定能否得到有效实施的保证,依法实施对农产品质量安全状况的监督检查,是防止不符合农产品质量安全标准的产品流入市场、进入消费,危害人民群众健康、安全后果的必要措施,是农产品质量安全监管部门必须履行的法定职责。

《农产品质量安全法》第六章主要对禁止销售要求、监测计划与抽查、检验机构管理、复检与赔偿、批发市场和销售企业责任、社会监督、现场检查和行政强制、事故报告、责任追究、进口农产品质量安全要求进行了规定。

①关于禁止销售的要求,《农产品质量安全法》第三十三条规定了具有以下五种情形的农产品,不得销售:

a. 含有国家禁止使用的农药、兽药或者其他化学物质的;

b. 农药、兽药等化学物质残留或者含有的重金属等有毒有害物质不符合农产

品质量安全标准的;

c.含有的致病性寄生虫、微生物或者生物毒素不符合农产品质量安全标准的;

d.使用的保鲜剂、防腐剂、添加剂等材料不符合国家有关强制性的技术规范的;

e.其他不符合农产品质量安全标准的。

②对于监督检查制度,《农产品质量安全法》做了如下规定:

a.县级以上政府农业主管部门应当制定并组织实施农产品质量安全监测计划,对生产中或者市场上销售的农产品进行监督抽查,监督抽查结果由省级以上政府农业主管部门予以公告,以保证公众对农产品质量安全状况的知情权(第三十四条);

b.监督抽查检测应当委托具有相应的检测条件和能力检测机构承担,并不得向被抽查人收取费用。被抽查人对监督抽查结果有异议的,可以申请复检(第三十四条、第三十五条、第三十六条);

c.县级以上农业主管部门可以对生产、销售的农产品进行现场检查,查阅、复制与农产品质量安全有关的记录和其他资料,调查了解有关情况。对经检测不符合农产品质量安全标准的农产品,有权查封、扣押(第三十九条);

d.对检查发现的不符合农产品质量安全标准的产品,责令停止销售、进行无害化处理或者予以监督销毁;对责任者依法给予没收违法所得、罚款等行政处罚;对构成犯罪的,由司法机关依法追究刑事责任(第三十七条、第五十条)。

(8)农产品质量安全违法行为责任追究的规定 《农产品质量安全法》第七章主要对监管人员责任、监测机构责任、产地污染责任、投入品使用责任、生产记录违法行为处罚、包装标识违法行为处罚、保鲜剂等使用违法行为处罚、农产品销售违法行为处罚、冒用标志行为处罚、行政执法机关、刑事责任和民事责任等内容进行了规定,具体有:

①管理人员渎职行为给予行政处分(第四十三条);

②检测机构伪造检测结果、出具检测结果不实造成损失的,撤销检测资格,依法承担赔偿责任(第四十四条);

③农产品生产企业、农民专业合作组织,未建立生产记录或伪造记录责令整改,逾期不改则罚款(第四十七条);

④销售企业销售不符合安全质量标准的农产品,追回、销毁、没收违法所得,罚款等(第四十八条、第四十九条、第五十条、第五十一条、第五十四条)。

3.《产品质量法》

《产品质量法》于1993年2月22日第七届全国人民代表大会常务委员会第三十次会议通过,1993年9月1日实施,并于2000年7月8日第九届全国人民代表大会常务委员会第十六次会议修改,自2000年9月1日起施行。

《产品质量法》的施行,使行政管理部门加强了对产品质量的监督管理,提高了产品的质量水平;明确了产品质量责任;保护了消费者的权益,有效地维护了社会经济秩序。

(1)调整范围　《产品质量法》调整的行为主体是我国境内从事产品生产、销售活动的企业、其他经济组织和个人。调整的社会关系包括以下三个方面:产品质量监督管理关系;产品质量责任关系;产品质量检验、认证关系。

《食品安全法》是规范食品安全监管的一般法。《产品质量法》是规范产品质量监督和行政执法活动的一般法。针对同一问题,按照后法优于先法原则,应当优先适用食品安全法,但食品安全法没有规定的内容,仍然适用产品质量法等相关法律法规的规定。

(2)监管体制　产品质量监督管理实行分级管理体制:

①国务院产品质量监督管理部门主管全国产品质量监督工作;

②国务院有关部门(国家工商总局、食品药品监督管理总局等)在各自的职责范围内负责产品质量监督工作;

③县级以上地方质量监督部门主管本行政区域内产品质量监督工作。

(3)产品质量监督管理制度　产品质量监督管理是为了确保产品持续满足规定的要求,对产品的质量进行监督、验证和分析,并对不满足规定要求的产品及其责任者进行处理的活动。包括国家产品质量监督行政管理部门对产品质量的监督,也包括社会各界对产品质量的监督,同时还包括产品生产者、销售者对产品的生产和经营获得的监督管理。

《产品质量法》规定我国产品质量监管制度主要如下。

①产品质量合格检验制度:产品质量检验制度是指按照一定的标准,利用科学的技术、手段、方法对产品的质量进行检查、测验,以判定其质量状况是否合格的活动,属于产后质量控制。企业产品质量检验是产品质量的自我检验,具有自主性和合法性的特点。

《产品质量法》对产品质量检验作了如下规定:

a.产品质量应当检验合格,不得以不合格产品冒充合格产品(第十二条);

b.产品质量检验机构必须具备相应的检测条件和能力,经省级以上人民政府产品质量监督部门或者其授权的部门考核合格后,方可承担产品质量检验工作(第十九条);

c.从事产品质量检验、认证的社会中介机构必须依法设立,不得与行政机关和其他国家机关存在隶属关系或者其他利益关系(第二十条);

d.产品质量检验机构、认证机构必须依法按照有关标准,客观、公正地出具检验结果或者认证证明(第二十一条)。

②产品质量标准化制度:产品质量的标准化管理制度是关于产品标准的制定、实施、监督、检查等各项规定的总和,是产品质量监督管理的依据和基础,属于产中质量控制。

《产品质量法》对产品质量标准化做了如下规定:

a. 可能危及人体健康和人身、财产安全的工业产品,必须符合保障人体健康和人身、财产安全的国家标准、行业标准;未制定国家标准、行业标准的,必须符合保障人体健康和人身、财产安全的要求(第十三条);

b. 禁止生产、销售不符合保障人体健康和人身、财产安全的标准和要求的工业产品(第十三条)。

③企业质量体系认证制度:"企业质量体系认证"是指依据国际通用的ISO9000族系列标准,经过认证机构对企业的质量体系进行审核,通过颁发认证证书的形式,证明企业的质量体系和质量保证能力符合相应要求的活动,属于产中质量控制活动。企业质量体系认证的目的,在合同环境中是为了提高供方的质量信誉,向需方提供质量担保,增强企业在市场上的竞争能力;在非合同环境下是为了加强企业内部的质量管理,实现质量方针和质量目标。

《产品质量法》对企业质量体系认证制度做了如下规定:

国家根据国际通用的质量管理标准,推行企业质量体系认证制度。企业根据自愿原则可以向国务院产品质量监督部门认可的或者国务院产品质量监督部门授权的部门认可的认证机构申请企业质量体系认证。经认证合格的,由认证机构颁发企业质量体系认证证书(第十四条)。

④产品质量认证制度:产品质量认证是指依据具有国际水平的产品标准和技术要求,经过认证机构确认并通过颁发认证证书和产品质量认证标志的形式,证明产品符合相应标准和技术要求的活动,属于产中质量控制。

产品质量认证是产品质量监督的一种重要形式,是国际上通行的一种产品质量符合技术标准、维护消费者和用户利益的有效方法。根据《中华人民共和国产品质量认证条例》,产品质量认证分安全认证与合格认证两种,前者为强制性的,后者为自愿性的。

凡属强制性认证范围的产品,企业必须取得认证资格,并在出厂合格的产品上或其包装上使用认证机构发给特定的认证标志,否则不准生产、销售或进口和使用,这类产品一般涉及人民群众和用户的生命和财产安全。

合格认证属于自愿性认证,包括质量体系认证和非安全性产品质量认证,这种自愿性体现在:企业自愿决策是否申请质量认证;企业自愿选择由国家认可的认证机构,不应有部门和地方的限制。

《产品质量法》对企业质量认证制度做了如下规定:

国家参照国际先进的产品标准和技术要求,推行产品质量认证制度。企业根据自愿原则可以向国务院产品质量监督部门认可的或者国务院产品质量监督部门授权的部门认可的认证机构申请产品质量认证。经认证合格的,由认证机构颁发产品质量认证证书,准许企业在产品或者其包装上使用产品质量认证标志(第十四条)。

⑤产品质量监督检查制度:产品质量监督检查是国家对整个生产销售过程中产品质量进行控制的行为,包括国家质量监督检查和社会组织质量监督检查两种。国家质量监督检查是县级以上人民政府质量技术监督行政部门对生产、销售的产品,依据有关法律法规规定,进行抽查检验,并对抽查结果依法公告和处理的具体经济行为;社会组织质量监督检查是广大消费者和用户、社会团体及新闻舆论单位,对产品的生产者、经营者,以及质量管理机构是否遵守和贯彻质量法律法规、是否保证产品质量所进行的监督。

《产品质量法》对产品质量监督检查制度做了如下规定:

a. 国家对产品质量实行以抽查为主要方式的监督检查制度,对可能危及人体健康和人身、财产安全的产品,影响国计民生的重要工业产品以及消费者、有关组织反映有质量问题的产品进行抽查。抽查的样品应当在市场上或者企业成品仓库内的待销产品中随机抽取(第十五条);

b. 生产者、销售者对抽查检验的结果有异议的,可以自收到检验结果之日起15 日内向实施监督抽查的产品质量监督部门或者其上级产品质量监督部门申请复检,由受理复检的产品质量监督部门作出复检结论(第十五条);

c. 依照本法规定进行监督抽查的产品质量不合格的,由实施监督抽查的产品质量监督部门责令其生产者、销售者限期改正。逾期不改正的,由省级以上人民政府产品质量监督部门予以公告;公告后经复查仍不合格的,责令停业,限期整顿;整顿期满后经复查产品质量仍不合格的,吊销营业执照(第十七条)。

⑥产品质量状况信息发布制度:为了使产品质量监督管理工作公开、透明,使社会公众及时了解产品质量状况,引导和督促市场经营主体切实提高产品质量,国家实行产品质量信息发布制度。

《产品质量法》对产品质量状况信息发布制度作了如下规定:

国务院和省、自治区、直辖市人民政府的产品质量监督管理部门应当定期发布其监督抽查的产品质量状况公告(第二十四条)。

(4)生产者的产品质量责任和义务　生产者的产品质量责任和义务是国家通过法律、法规,规定生产者应该履行的义务,并通过义务的履行来保障法律关系主体的各项权利得以实现。因此,生产者必须建立严格、全面的质量管理制度,从产品的设计、试制、生产到售后服务都要实行质量管理,明确规定各个环节的质量责任。

《产品质量法》规定生产者的产品质量责任和义务主要有:保证产品内在质量符合规定;保证产品或其包装上的标示应当符合规定要求;不得从事犯法活动等。

①保证产品内在质量符合规定:《产品质量法》要求生产者对产品质量承担担保义务,即生产者有保证产品符合质量要求,满足对方需要的义务。产品质量承担担保义务可分为默示担保义务与明示担保义务两类。

a.默示担保义务。默示担保义务是指依法产生的义务。即不依或不取决于合约,而是直接根据法律的规定而成为合同的一部分的义务。换言之,默示义务不需

303

要当事人的合约,而主要是法律上的强制性义务。其内容包括:

不存在危及人身、财产安全的不合理的危险,有保障人体健康和人身、财产安全的国家标准、行业标准的,应当符合该标准(第二十六条);

产品具备其应当具备的使用性能,但是,对产品存在使用性能的瑕疵作出说明的除外(第二十六条);

符合在产品或者其包装上注明采用的产品标准,符合以产品说明、实物样品等方式表明的质量状况(第二十六条)。

b. 明示担保义务。明示担保义务是与默示担保义务相对应的概念,是指生产者或销售者对产品的性能、特性、质量,直接通过语言或行为(产品说明、广告等方式)对产品质量而作出保证或者承诺。

②保证产品或其包装上的标示应当符合规定要求:《产品质量法》第二十七条和第二十八条规定生产者生产的产品,其产品或者包装上的标识应当符合下列要求:

a. 有产品质量检验合格证明;

b. 有中文标明的产品名称、生产厂名和厂址;

c. 根据产品的特点和使用要求,需要标明产品规格、等级、所含主要成分的名称和含量的,用中文相应予以标明;

d. 限期使用的产品,应当在显著位置清晰地标明生产日期和安全使用期或者失效日期;

e. 使用不当,容易造成产品本身损坏或者可能性危及人身、财产安全的产品,有警示标志或者中文警示说明;

f. 裸装的食品和其他根据产品的特点难以附加标识的裸装产品,可以不附加产品标识;

g. 易碎、易燃、易爆、有毒、有腐蚀性、有放射性等危险物品以及储运中不能倒置和其他有特殊要求的产品,其包装质量必须符合相应要求,依照国家有关规定作出警示标志或者中文警示说明,标明储运注意事项。

③生产者不得从事的活动:《产品质量法》规定生产者不得从事如下活动:

a. 不得生产国家明令淘汰的产品(第二十九条);

b. 不得伪造产地,不得伪造或者冒用他人的厂名、厂址(第三十条);

c. 不得伪造或者冒用认证标志等质量标志(第三十一条);

d. 不得掺假、掺杂,不得以假充真、以次充好,不得以不合格产品冒充合格产品(第三十二条)。

(5)销售者的产品质量责任和义务 《产品质量法》要求销售者对其销售的产品应当采取措施,保证质量,并承担下列责任和义务:

①销售者应当执行进货检查验收制度,验明产品合格证明和其他标识(第三十三条);

②销售者应当采取措施,保证销售产品的质量,如冷链销售等(第三十四条);

③销售者销售的产品的标识应当符合《产品质量法》的规定(第三十六条);

④不得违反禁止性规定销售国家明令淘汰并停止销售的产品和失效、变质的产品;不得伪造产地,不得伪造或者冒用他人的厂名、厂址;不得伪造或者冒用认证标志等质量标示;销售者销售产品,不得掺杂、掺假,不得以假充真、以次充好,不得以不合格产品冒充合格产品(第三十五条、第三十七条、第三十八条、第三十九条)。

(6)产品质量责任　产品质量责任指生产者、销售者以及对产品质量负有直接责任的人员违反《产品质量法》规定的产品质量义务所应承担的法律责任,包括民事责任、行政责任和刑事责任。

①民事责任:产品质量民事责任,是指产品的生产者、销售者因生产或者销售不合格产品,依法对消费者、使用者或者其他受害人承担的修理、更换、退货以及损害赔偿的法律后果。

产品质量的民事责任包括两类:

一类是有关产品质量问题的合同责任。产品的出售和购买,在销售者和购买者之间构成买卖合同关系,不论这种合同关系是以事先订立书面合同的形式出现,还是以消费者与零售商之间用即时清结方式买卖商品的形式出现。在商品买卖合同关系中,销售者应在合理范围内,对其出售商品的质量向购买者承担合理的保证责任。违反这一责任的,构成买卖合同中的产品质量违约行为,应依据《产品质量法》第四十条的规定及合同法的有关规定承担包括修理、更换、退货及赔偿损失的违约责任。

另一类是因产品存在缺陷给他人人身、财产造成损害的侵权责任,即通常所说的产品责任。《产品质量法》第四十一条至第四十五条,对产品责任问题,包括产品责任的构成要件、责任主体、归责原则、诉讼时效等问题,参照国际上有关产品责任问题的通行规定及发展趋势,做了明确规定。

②行政责任:行政责任一般分为两类,即行政处罚和行政处分。

行政处罚的种类包括:警告、罚款、没收财物、责令停止生产或停止营业、吊销营业执照等。《产品质量法》规定下列违法行为要承担产品质量的行政责任:

a.生产、销售不符合保障人体健康和人身、财产安全的国家标准、行业标准的产品的(第四十九条);

b.在产品中掺杂、掺假,以假乱真,以次充好,或者以不合格产品冒充合格产品的(第五十条);

c.销售失效、变质产品的(第五十二条);

d.伪造产品产地的,伪造或者冒用他人厂名、厂址的,伪造或者冒用认证标志等质量标志的(第五十三条);

e.产品标志不符合法律有关要求的(第五十四条);

f.拒绝接受依法进行产品质量监督检查的(第五十六条)。

行政处分的种类包括警告、记过、降级、降职、撤职、开除等。《产品质量法》规定下列人员应依法给予行政处分：

a.包庇、放纵产品生产、销售中违反本法规定行为的国家机关工作人员(第六十五条)；

b.对产品质量监督部门在产品质量监督抽查中超过规定的数量索取样品或者向被检查人收取检验费用的行为负直接责任的主管人员或其他直接责任人员(第六十六条)；

c.对产品质量监督部门或者其他国家机关违反法律规定向社会推荐产品或者以监制、监销等方式参与产品经营活动的行为负有直接责任的主管人员或其他直接责任人员(第六十七条)；

d.产品质量监督部门或者工商行政管理部门的工作人员不依法履行对产品质量的监督职责,滥用职权、玩忽职守、徇私舞弊,但尚未构成犯罪的行为(第六十八条)。

③刑事责任:刑事责任是指依照《刑法》规定构成犯罪的严重违法行为所应承担的法律后果。《刑法》第三章第一节,对生产、销售伪劣商品构成犯罪的行为的刑事责任作了具体规定。本法"罚则"一章的有关条款中,对严重违反本法的行为,规定了要依法追究刑事责任。这里讲的"依法",主要是指依照《刑法》第三章第1节的规定追究刑事责任。

(二)国外食品质量安全法律法规

1.美国法律法规

美国食品安全体系的高水平来自于严格的食品管理,美国政府的三大权力分支——立法、执法和司法,都对确保食品供应的安全性有重要作用。美国关于食品的法律法规包括两个方面的内容:一是议会通过的法案,称为法令(ACT),如《美国法典》USC第21部中有关食品和药品的法律;二是由权力机构根据议会的授权制定的具有法律效力的规则和命令,包括《联邦食品、药物和化妆品法》(FFDCA)、《联邦肉类检验法》(FMIA)、《禽类产品检验法》(PPLA)、《蛋产品检验法》(EPIA)、《食品质量保护法》(FQPA)、《公共卫生服务法》(PHSA)以及2002年《公共卫生安全与生物恐怖防范应对法》(PHSBPRA)等。

美国食品法律制定遵循以下四项原则:①在市场上交易的食品必须安全健康;②涉及食品安全的司法决策必须以科学为依据;③生产工序、制造商、经销商、食品进口商及营销链上其他相关因素必须遵照相关法律,如未遵照相关法律,应受到处罚;④司法程序透明,并对公众公开。

(1)联邦食品、药物和化妆品法(FFDCA) 1938年出台的《联邦食品、药物和化妆品法》(简称FFDCA)是美国关于食品、药品和化妆品的基本法,是世界上同类法律中最全面的一部法律。

该法禁止在美国销售或进口伪劣或牌号错误的食品、药品和化妆品。除大部分肉和家禽外,所有仪器、药品、生物制品、化妆品、医药器械、有放射性的电子产品以及《联邦食品、药品和化妆品法》及相关法律中规定的产品均需在进口或供出口美国时接受 FDA 的检查。所有进口产品必须符合与国内产品相同的标准。进口食品必须符合与国内产品相同的标准。进口食品必须纯洁、完整并且食用安全,在卫生条件下生产;药品和器械必须安全有效;化妆品必须安全并含经过审批的成分;放射性器械必须符合确定的标准;并且所有产品均必须有英文说明资料和可信的标记。

所有生产热加工的"低酸罐头食品和酸化食品"的商业性加工制作人均需在食品和药品管理局对所有这类产品进行登记和资料归档并获得合格的表格。登记和归档是美国有关部门及向美国出口这类食品的国家所要求的。低酸性罐头食品指除酒精饮料以外,凡杀菌后平衡 pH 大于 4.6、水分活度大于 0.85 的罐头食品,原来是低酸性的水果、蔬菜或蔬菜制品,为加热杀菌的需要而加酸降低 pH 的,属于酸化的低酸性罐头食品。如果食品、药品、化妆品和有些医疗器械中含有未经 FDA 证明的某些特殊用途所需安全性的颜色添加剂时,此类产品即为伪劣产品。颜色添加剂指染料、颜料或其他物质,不管是合成的还是从蔬菜、动物、矿物或其他方面获取的,在加入或作用在食品、药品、化妆品或人体上时会产生颜色的这些产品。

1958 年对该法作了大的修改。主要包括两个方面:一方面是关于食品添加剂,要求生产商使用食品添加剂要在"相当程度上"保证对人体无害(这一要求以后曾一度上升为确保"零风险"),凡是人或动物食用后会导致癌症,或经食品安全性测试后被证明为致癌的食品添加剂都不能使用;另一方面是在 409 部分中增加了德兰尼条款(Delaney Clause),赋予环境保护署(EPA)制定农药最高限量的权力,即要求所有注册在食用农作物上使用的农药都必须取得 EPA 认定颁发的使用限量规定。

(2)联邦肉类检验法(FMIA)、禽类产品检验法(PPLA)、蛋产品检验法(EPIA)
《联邦肉类检验法》、《禽类产品检验法》和《蛋产品检验法》这三部法律主要规范畜禽肉制品和蛋制品的生产,确保销售给消费者的畜禽肉和蛋类产品是卫生安全的,并对产品进行正确的标记、标志和包装。畜禽蛋类产品只有在盖有美国农业部的检验合格标志后,才允许销售和运输。这三部法律还要求向美国出口畜禽蛋类产品的国家必须具有等同于美国检验项目的检验能力,这种等同性要求不仅仅针对各国的检验体系,也包括在该体系中生产的产品质量的等同性。

(3)食品质量保护法(FQPA)　1996 年 8 月生效的《食品质量保护法》对应用于所有食品的全部杀虫剂制订了一个单一的,以健康为基础的标准,为婴儿和儿童提供了特殊的保护,对安全性较高的杀虫剂可以进行快速批准。要求定期对杀虫剂的注册和容许量进行重新评估,以确保杀虫剂的相关注册数据实时更新。

2. 欧盟法律法规

欧盟具有较为完善的食品安全法律体系,涵盖了"从农场到餐桌"的整个食物链。欧盟关于食品质量安全方面的法律法规有 20 多部。具体包括《通用食品法》、《食品卫生法》、动物饲料法规以及添加剂、调料、包装和放射线食物的保存方法规范。还有一系列的食品安全规范要求,主要包括动植物疾病控制规定,农、兽药残留控制规范,食品生产、投放市场的卫生规定,对检验实施控制的规定,对第三国食品准入控制规定,出口国官方兽医证书的规定以及对食品的官方监控规定。

欧盟食品安全法律体系以欧盟委员会 1997 年发布的《食品法律绿皮书》为基本框架。2000 年 1 月 12 日欧盟又发表了《食品安全白皮书》,将食品安全作为欧盟食品法的主要目标,形成了一个新的食品安全体系框架。按照白皮书的决议,欧盟于 2002 年 1 月 28 日颁布了第 178/2002 号法令,并建立了欧盟食品安全管理局(EFSA)。从 2006 年 1 月 1 日起,欧盟实施了三部有关食品卫生的新法规,分别是有关食品卫生的法规(EC)852/2004、规定动物源性食品特殊卫生规则的法规(EC)853/2004、规定人类消费用动物源性食品官方控制组织的特殊规则的法规(EC)854/2004。

(1)欧盟《通用食品法》 2002 年 2 月 21 日,欧盟《通用食品法》生效启用。这是欧盟历史上首次采用的通用食品法。《通用食品法》包括的要素有:

①确定对从饲料和食品"从农田、家畜圈到消费者的餐桌"的整个食品链的通则和要求,除了对主要概念进行定义之外,特别对下列诸点提出了普遍性的准则:预防措施的原则;食品和饲料的追查性;对食品和饲料安全的要求;食品和饲料企业的责任。

②对危及健康的保护措施,拓宽快速预警机制和处理防止不安全的食品和饲料的流通。

欧盟委员会和所有成员国应恪守对危机管理措施的权限(如果断的措施、禁止市场销售或限制性销售)。快速预警机制的拓宽应该囊括整个食品链包括饲料在内。快速预警机制将欧盟委员会在欧洲食品局和所有成员国的参加下以网络形式进行。

(2)食品安全白皮书 欧盟食品安全白皮书长达 52 页,包括执行摘要和 9 章的内容,用 116 项条款对食品安全问题进行了详细阐述,制定了一套连贯和透明的法规,提高了欧盟食品安全科学咨询体系的能力。食品安全白皮书是食品安全法律的核心。它提出了一项根本改革,就是以控制"从农田到餐桌"全过程为基础,包括普通动物饲养、动物健康与保健、污染物和农药残留、新型食品、添加剂、香精、包装、辐射、饲料生产、农场主和食品生产者的责任,以及各种农田控制措施等。

白皮书中另一个重要内容就是建立了欧洲食品管理局,主要负责食品风险评估和食品安全议题交流;设立食品安全程序,规定了一个综合的涵盖整个食品链的安全保护措施;并建立一个对所有饲料和食品在紧急情况下的综合快速预警机制。

（3）178/2002 号法令　178/2002 法令,2002 年 1 月 28 日颁布,2005 年 1 月 1 日生效。共 5 章 65 项条款。第一章:范围和定义。主要阐述法令的目标和范围,界定食品、食品法律、食品商业、饲料、风险、风险分析等 20 多个概念。第二章:通用食品法。主要规定食品法律的一般原则、透明原则、食品贸易的一般原则、食品法律的一般要求等。第三章:EFSA(欧洲食品安全局)。主要规定了 EFSA 的任务和使命、组织机构、操作规程、EFSA 的独立性、透明性、保密性和交流性、EFSA 财政条款和 EFSA 通用条款等。第四章:快速预警系统、危机管理和紧急事件。主要阐述了快速预警系统的建立和实施、紧急事件处理方式和危机管理程序。第五章:程序和最终条款。主要规定了委员会的职责、调节程序及一些补充条款。

（4）欧盟食品卫生法规

①有关食品卫生的法规(EC)852/2004:该法规规定了食品企业经营者确保食品卫生的通用规则,主要包括:企业经营者承担食品安全的主要责任;从食品的初级生产开始确保食品生产、加工和分销的整体安全;全面推行危险分析和关键控制点(HACCP);建立微生物准则和温度控制要求;确保进口食品符合欧洲标准或与之等效的标准。

②规定动物源性食品特殊卫生规则的法规(EC)853/2004:该法规规定了动物源性食品的卫生准则,其主要内容包括:只能用饮用水对动物源性食品进行清洗;食品生产加工设施必须在欧盟获得批准和注册;动物源性食品必须加贴识别标识;只允许从欧盟许可清单所列国家进口动物源性食品。

③规定人类消费用动物源性食品官方控制组织的特殊规则的法规(EC)854/2004:该法规规定了对动物源性食品实施官方控制的规则,其主要内容包括:欧盟成员国官方机构实施食品控制的一般原则;食品企业注册的批准;对违法行为的惩罚,如限制或禁止投放市场、限制或禁止进口等;在附录中分别规定对肉、双壳软体动物、水产品、原乳和乳制品的专用控制措施;进口程序,如允许进口的第三国或企业清单。

3. 日本法律法规

日本拥有较完善的食品安全法律法规体系,其中主要有《食品卫生法》《食品安全基本法》。根据相关法律规定,分别由厚生劳动省与农林水产省承担食品卫生安全方面的行政管理职能。其中农林水产省负责食品生产和质量保证,厚生劳动省负责稳定的食品供应和食品安全。

（1）食品卫生法　《食品卫生法》制定于 1947 年,后根据需要有过几次修订。该法由 36 条条文组成。以下是该法的四项要点:

①该法涉及众多的对象:其宗旨是防止人因消费食物而受到健康危害。该法不仅涉及食物和饮料,还涉及包括天然调味剂在内的添加剂和用于处理、制造、加工或输送食物的设备和容器(包装)。该法还涉及开展与食物有关的企业活动,如食品制造和食品进口的人员。

②该法将权力授予健康、劳动和福利部：这项授权使健康、劳动和福利部能够迅速对上述事项采取法律行动。

③该法规定从公共健康的角度出发，管理了与食物有关的众多企业：对象设施的数量在全国范围内大约有 400 万，其中大约 260 万需要得到健康、劳动和福利部的营业执照。该法授权各地方政府在其管辖范围内对当地的企业采取必要的措施，这些措施包括为企业设施制定必要的标准、发放或吊销执照、给予指导以及中断或终止营业活动。另外，日本还有专家负责地区健康和卫生的另一种行政组织。这些称作保健中心的组织在保证有关地区的食品安全方面正在发挥重要作用。

④日本使用以 HACCP 为基础的一个全面的卫生控制系统：1995 年修订《食品卫生法》时，日本建立了该系统。在该系统中，制造商或加工商根据危害分析和临界关键控制点系统确定对象食物的制造或加工方法及卫生控制方法。然后，健康、劳动和福利部确认这些确定的方法是否符合审批标准。在该系统中得到批准的制造或加工方法被认为符合该法规定的制造或加工标准，这意味着该系统使人们能够对食品生产采用众多的方法而需遵循统一的标准。

（2）食品安全基本法

日本参议院于 2003 年 5 月 16 日通过了《食品安全基本法》草案。该法为日本的食品安全行政制度提供了基本的原则和要素。《食品安全基本法》的起草理念是消费者至上；科学的风险评估；从农场到餐桌全程监控。该法要求在国内和从国外进口的食品供应链的每一个环节确保食品安全并允许预防性进口禁运。这样，日本政府虽然无法要求出口国遵循和日本国内相同的强制性检验程序，但可根据此法对进口产品进行更严格的审查。法律的核心内容是：确保食品安全；地方政府和消费者的参与；协调政策原则；建立食品安全委员会（FSC），食品安全委员会为内阁所属部门，并直接向首相报告。其主要职责是独立进行风险评估并向风险管理部门，也就是农林水产省和厚生劳动省，提供科学建议。

二、国内外食品质量安全标准

（一）中国食品质量安全标准

食品安全标准是指为了对食品生产、加工、流通和消费（即"从农田到餐桌"）食品链全过程影响食品安全和质量的各种要素以及各关键环节进行控制和管理，经协商一致制定并由公认机构批准，共同使用的和重复使用的一种规范性文件。

食品安全标准的根本目的是实现全民的健康保护，是食品法律法规体系的重要组成部分，是进行法制化监管的依据。

我国食品安全国家标准体系可分为：食品基础标准、食品产品标准、食品添加剂标准、食品相关产品标准、食品安全控制类标准和食品检验方法类标准等。

1. 食品基础标准

食品基础标准是指在一定范围内作为其他标准的基础普遍使用，并具有广泛指导意义的标准。它规定了各种标准中最基本的共同要求。食品基础标准主要包括食品中有毒有害物质限量标准、食品添加剂（营养强化剂）使用标准、食品标签使用标准等。

食品中有毒有害物质限量标准是指食品原料中常常含有一些有毒有害物质，食品加工过程中也会给最终产品带入一些有毒有害的物质。这些有毒有害物质的存在对人体的健康构成了极大的危害，所以要对这些物质的存在量制定一些标准，以保证食用这些食品后不会对人体造成伤害。这些有毒有害物质通常包括：天然毒素如黄曲霉毒素；环境污染物，如一些重金属；农药、兽药残留等。

（1）食品中真菌毒素限量标准　食品中真菌毒素是指食品中某些真菌在生长繁殖过程中产生的次生有毒代谢产物。真菌毒素主要是由于食物和饲料发生霉变而引起的，人和动物食用后会引起致死性的急性疾病，并且与癌症风险增高有关，且一般加工方式难以去除。所以要对食品中真菌毒素制定严格的限量标准。

GB 2761—2011《食品安全国家标准　食品中真菌毒素限量》规定了黄曲霉毒素 B_1、黄曲霉毒素 M_1、脱氧雪腐镰刀菌烯醇、展青霉素、赭曲霉素 A 及玉米赤霉烯酮在各类食品中的限量标准以及检测方法。

（2）食品中污染物限量标准　食品中的污染物是指食品在生产（包括农作物种植、动物饲养和兽医用药）、加工、贮存、运输、销售、直至食用过程或环境污染所导致产生的任何物质，这些非有意加入食品中的物质为污染物，包括除农药、兽药和真菌毒素以外的污染物。

GB 2762—2005《食品中污染物限量》依据风险评估原则，参照 CAC 标准，详细规定了铅、镉、汞、砷、铬、铝、硒、氟、苯并（α）芘、N–亚硝胺、多氯联苯、亚硝酸盐、稀土 13 种污染物在各类食品中限量标准以及检测方法。

我国现行的食品中金属限量卫生标准还有 GB 13106—1991《食品中锌限量卫生标准》、GB 15199—1994《食品中铜限量卫生标准》和 GB 15200—1994《食品中铁限量卫生标准》三项。

（3）食品中农药最大残留限量标准　农药残留是指由于实施农药而存留在环境和农产品、食品、饲料中的农药及其具有毒性的代谢物、降解转化产物、杂质等。还包括环境背景中存有的农药污染物或持久性农药的残留物再次在商品中形成的残留。

农药残留超过了一定量就会对人畜产生不良影响或通过食物链对生态系统造成危害。为了保证合理使用农药，控制污染，保障公众身体健康，需制定允许农药残留于作物及食品上的最大限量。

GB 2763—2012《食品安全国家标准　食品中农药最大残留限量》详细规定了乙酸甲胺磷等 307 种农药的最大残留限量标准及检验方法，基本涵盖了获得农药登记、允许使用的农药和禁止在水果、蔬菜、茶叶等经济作物上使用的高毒农药。

（4）动物性食品中兽药最大残留限量标准　兽药残留是指食品动物用药后，

动物产品的任何可食部分所含兽药的母体化合物及(或)其代谢物,以及与兽药有关的杂质的残留。造成动物性食品兽药残留超标的主要原因是非法使用违禁药物,滥用抗菌药物和药物添加剂,不遵守休药期的规定。主要的残留兽药有抗生素类、磺胺药类、呋喃药类、抗球虫药、激素药类和驱虫药类。

兽药残留严重影响了我国动物源性食品的出口,造成了巨大的经济损失,给人民健康带来极大的危害。因此,必须加强兽药残留监测工作,开展兽药安全性评价,建立完善的兽药残留监控体系,最大限度地保障畜禽产品的安全,减少环境污染,促进和保证养殖业健康持续发展。

为加强兽药残留监控工作,保证动物性食品卫生安全,根据《兽药管理条例》规定,农业部组织修订了《动物性食品中兽药最高残留限量》,于 2002 年 12 月 24 日以 235 号公告发布。动物性食品中兽药最高残留限量由附录 1、附录 2、附录 3 和附录 4 组成,主要包括以下内容。

①凡农业部批准使用的兽药,按质量标准、产品使用说明书规定用于食品动物,不需要制定最高残留限量的,见《附录 1 允许用于食品动物,但不需要制定残留限量的药物》,附录 1 对乙酰水杨酸、氢氧化铝、双甲脒、氨丙啉、安普霉素、阿托品、甲基吡啶磷、甜菜碱等共 62 种兽药的使用动物种类和使用时间等作出具体的规定。

②凡农业部批准使用的兽药,按质量标准、产品使用说明书规定用于食品动物,需要制定最高残留限量的,见《附录 2 已批准的动物性食品中最高残留限量规定》,附录 2 对阿灭丁(阿维菌素)、乙酰异戊酰泰乐菌素、阿苯达唑、双甲脒、阿莫西林、氨苄西林、氨丙啉、安普霉素等 96 种兽药的标志残留物、动物种类、靶组织、残留限量作出了明确的规定。

③凡农业部批准使用的兽药,按质量标准、产品使用说明书规定可以用于食品动物,但不得检出兽药残留的,见《附录 3 允许作治疗用,但不得在动物性食品中检出的药物》,包括氯丙嗪、地西泮(安定)、地美硝唑、苯甲酸雌二醇、潮霉素 B、甲硝唑、苯丙酸诺龙等 9 种。

④农业部明文规定禁止用于所有食品动物的兽药的,见《附录 4 禁止使用的药物》,附录 4 对氯霉素及其盐、酯(包括琥珀氯霉素)、克仑特罗及其盐、酯等 31 种兽药的禁用动物种类和靶组织作出了具体的规定。

(5)食品中有害微生物限量标准　目前,食源性致病菌及其导致的食源性疾病对公共卫生的威胁依然严重,引起食源性致病的致病性微生物种类非常广泛,主要有沙门氏菌、致病性大肠杆菌、葡萄球菌、单核细胞增生李斯特菌等。要想有效控制微生物性食源性疾病,就必须采取有效措施来预防病原菌对食品的污染和减少人群的暴露几率,其中制定科学地食品微生物标准就是一个重要方面。

我国食品中有害微生物限量涉及的食品种类主要有罐头食品、蛋制品、冷冻饮品、乳制品、淀粉类制品、发酵和非发酵性豆制品、饮用天然矿泉水、糖果等。

我国食品产品标准、食品卫生标准和食品安全国家产品标准中均对有害微生物限量作了规定，其主要指标包括四类：菌落总数；大肠菌群；致病菌（沙门菌、志贺菌、金黄色葡萄球菌、溶血性链球菌、致泻大肠埃希菌、副溶血性弧菌、小肠结肠炎耶尔森菌、空肠弯曲菌、肉毒梭菌、产气荚膜梭菌、蜡状芽孢杆菌）；真菌、酵母菌计数。

（6）食品标签标准　食品标签是指预包装食品容器上的文字、图形、符号，以及一切说明物。它们提供着食品的内在质量信息、营养信息、时效信息和食用指导信息，是进行食品贸易及消费者选择食品的重要依据，可以起到维护消费者知情权，保护消费者健康和利益的作用，同时也是保证公平贸易的一种手段。通过实施食品标签标准，保护消费者利益和健康，维护消费者知情权；有利于市场正当竞争；促进企业自律；防止利用标签进行欺诈。

我国目前实施的食品标签标准主要如下。

①GB 7718—2011《食品安全国家标准　预包装食品标签通则》：GB 7718—2011 规定了预包装食品标签的基本要求、强制标示内容、强制标示内容的免除、非强制标示内容，适用于提供给消费者的所有预包装食品标签。

②GB 28050—2011《食品安全国家标准　预包装食品营养标签通则》：预包装食品标签上向消费者提供食品营养信息和特性的说明，包括营养成分表、营养声称和营养成分功能声称。营养标签是预包装食品标签的一部分。

GB 28050—2011 规定了预包装食品营养标签的基本要求、强制标示内容、可选择标示内容、营养成分的表达方式、豁免强制标示营养标签的预包装食品等内容，适用于预包装食品营养标签上营养信息的描述和说明，不适用于保健食品及预包装特殊膳食用食品的营养标签标示。

③GB 13432—2004《预包装特殊膳食食品标签通则》：GB 13432—2004 规定了预包装特殊膳食用食品标签的基本要求、强制标示内容、强制标示内容的免除、非强制标示内容、允许标示内容、推荐标示内容，适用于为满足某些特殊人群的生理需要，或者某些疾病患者的营养需求，按特殊配方而专门加工的预包装食品标签。

④GB 10344—2005《预包装饮料酒标签通则》：GB 10344—2005 适用于酒精度（乙醇含量）在 0.5% 以上的所有预包装饮料酒的标签，主要规定了标准的适用范围、基本要求、强制标示内容、强制标示内容的免除、非强制标示内容。

2. 食品产品标准

食品产品标准是为了保证食品的食用价值，对食品必须达到的某些或全部要求所做的规定，是判断食品合格与否的主要依据之一。

根据 QS 分类体系，食品产品可分为粮食类、食用油脂、调味品、肉制品、乳制品、饮料、方便食品、饼干、罐头食品、冷冻饮品、速冻食品、薯类和膨化食品、糖果类、茶、酒、蔬菜制品、水果制品、炒货食品及坚果制品、蛋制品、可可制品、焙炒咖啡、水产加工品、淀粉类、糕点、豆制品、蜂产品、特殊膳食食品等27大类。每类食品都制定了相应的食品产品标准。这些标准的制定和实施,有效地保障了食品的安全质量,降低了食源性疾病的发生,为提高国民的身体素质起了促进作用。使我国食品中毒事件和死亡率极大的下降。在日益增加的食品国际贸易中,食品产品标准对有效阻止国外低劣食品进入中国市场,防止我国消费者遭受健康和经济权益损害,维护国家的主权与利益,起到了重要的技术保障作用。同时,它为提高国内出口食品的质量,增强国内食品的国际市场竞争力,起到了重要的技术支持作用。

近年来,我国开展了大规模的标准清理、修订工作,将大批原国家标准参照国际通用标准进行了调整规范。2009年6月1日的《食品安全法》第二十条规定,将食品安全有关的质量要求整合成国家安全标准强制执行。这些举措,极大地提高了我国食品安全水平,有效的保障了国民身体健康,促进了国际食品贸易。

食品产品标准的组成要素通常包括封面、目录、前言、名称、范围、规范性引用文件、术语和定义、符号和缩略语、要求、试验方法、试验规则、标志和标签、包装、运输和贮藏等。其中要求部分是产品的核心内容之一,主要对食品的外观、感官性状、营养成分、安全要求以及消费者的食用需求等进行了量化。有的食品产品标准还在量化指标后面规定了相应的检测方法。

3. 食品添加剂标准

《食品安全法》规定:食品添加剂指为改善食品品质和色、香、味以及为防腐、保鲜和加工工艺的需要而加入食品中的人工合成或者天然物质。食品添加剂标准是食品安全标准的不可或缺的内容,是食品添加剂规范生产、正确使用的依据。食品添加剂标准包括食品添加剂基础标准、食品添加剂使用标准和食品添加剂产品标准。

(1)食品添加剂基础标准 食品添加剂基础标准包括术语和分类标准、毒理学评价标准和标签标识标准。

食品添加剂术语和分类标准包括:GB/T14156—2009《食品用香料分类与编码》、GB/T 21171—2007《香料香精术语》、GB/T 20370—2006《生物催化剂 酶制剂分类导则》等。《食品添加剂使用标准》修订时,已将原有的《食品添加剂分类和编码》等标准内容整合在其中。

毒理学评价是进行食品添加剂风险评估、实施新品种审批的基础,食品添加剂新品种申报时必须提供毒理学安全性评价资料。此类标准包括GB 15193.1—2003《食品安全性毒理学评价程序》、GB 15193.2—2003《食品毒理学实验室操作规范》以及一系列毒性试验方法标准,这些标准是食品安全性毒理学评价的通用标准,评价的对象不仅仅是食品添加剂,还包括新资源食品、辐照食品、食品容器与包装材料、食品工具、设备、洗涤剂、消毒剂、农药残留、兽药残留、食品工业用微生物等。

食品添加剂标识标准是指用于规范与食品安全、营养有关的标签、标识和说明书的标注规定。涉及食品添加剂标识要求的现行标准有 QB/T 4003—2010《食用香精标签通用要求》,标准规定食用香精的标签标示内容有产品名称和型号、配料清单、净含量、制造者的名称和地址、日期标示和贮存说明、产品标准编号、许可证号、警示语等。GB 2760—2011《食品安全国家标准　食品添加剂使用标准》规定,食用香精产品标签标识应符合 QB/T 4003—2010《食用香精标签通用要求》。

(2)食品添加剂(营养强化剂)使用标准　食品添加剂使用标准主要规范的是食品添加剂的使用原则和允许使用的品种、范围和用量,食品添加剂使用标准是整个食品添加剂标准体系的核心。目前,我国现行的食品添加剂使用标准主要是 GB 2760—2011《食品添加剂使用标准》和 GB 14880—2012《食品营养强化剂使用标准》。

《食品添加剂使用卫生标准》在制定过程中参考了国际食品法典委员会(CAC)CODEX STAN 192—1995(Rev. 6—2005)《食品添加剂通用标准》,其基本原则与 CAC 标准是一致的。该标准历经 GBn50—1977、GB 2760—1981、GB 2760—1986、GB 2760—1996、GB 2760—2007 多个版本修订。现行标准 GB 2760—2011《食品添加剂使用标准》规定了食品添加剂、食品工业用加工助剂的定义、使用原则,食品添加剂的使用品种、范围和用量,允许使用的食品用香料、食品工业用加工助剂名单、胶基糖果中基础剂物质及其配料名单,以及为配套使用该标准所制定的食品分类系统等内容。GB 14880—2012《食品营养强化剂使用标准》于 2012 年 3 月 15 日发布,2013 年 1 月 1 日实施。该标准规定了食品营养强化剂的使用品种、范围和用量,以及标准实施原则。

《食品安全法》发布后,卫生部启动了对上述标准的修订工作,目前,GB 2760—2011《食品安全国家标准　食品添加剂使用标准》已发布,新标准除对食品添加剂使用的品种、范围和使用量进行了调整外,还增加了食品用香料使用原则和食品用加工助剂的基本原则。

(3)食品添加剂产品标准　食品添加剂产品标准是为规范食品添加剂生产和监督,针对食品添加剂本身质量和安全要求而制定的一类标准。

食品添加剂产品标准包括了生产原料要求、生产工艺要求、生产技术要求(理化要求和重金属、微生物等卫生要求)、质量规格要求、抽样和检验规则、检验方法以及包装、储存、运输、标识的要求等内容。

现以食品安全国家标准 GB 1975—2010《食品添加剂　琼脂(琼胶)》为例,剖析食品添加剂食品安全国家标准的结构。主要包括适用范围、技术要求和附录等。

适用范围是指食品添加剂标准本身所规范的涵盖的内容或主体的边界。如:食品安全国家标准《食品添加剂　琼脂(琼胶)》标准适用范围规定,"本标准适用于以石花菜、紫菜、江蓠及其他红藻类为原料,经浸出、脱水干燥等工艺加工制成的食品添加剂琼脂(琼胶)"。这一规定界定了三个层面,一是生产食品添加剂琼脂(琼胶)的原料是石花菜、紫菜、江蓠及其他红藻类。二是生产工艺,即生产食品添加剂琼脂(琼胶)使用的原料主要生产工艺为浸出、脱水和干燥。三是成品名称为食品添加剂琼脂(琼胶)。

规范性引用文件是指标准的规范性内容,除标准文本之外还应参照执行的规范性要求。食品安全国家标准《食品添加剂 琼脂(琼胶)》标准第二章规定:标准中所引用的文件对于本标准的应用是必不可少的。凡是注日期的引用文件,仅所注日期的版本适用于本标准。凡是不注日期的引用文件,其最新版本(包括所有的修改单)适用于本标准。

技术要求是标准文本的主要内容。主要有三个方面的要求:一是感官要求。感官要求包括色泽、气味、形态和检验方法。食品添加剂琼脂(琼胶)色泽应该是类白色或淡黄色,无异味,形态呈均匀条状或粉状。感官要求中还规定了感官的检验方法。二是理化指标。理化指标有水分、灰分、淀粉试验、水不溶物、重金属、铅、砷等指标。三是产品规格。如食品添加剂琼脂(琼胶)标准规定,按凝胶强度不同划分产品规格,分为低强度、中强度、高强度、超高强度。凝胶强度在 150 ~ 400g/cm² 的为低强度,401 ~ 800g/cm² 的为中强度,801 ~ 1200g/cm² 的为高强度,大于 1200g/cm² 的为超高强度。凝胶强度指标是这次标准修订新增加的内容,并将其作为产品规格的划分依据。

附录(检验方法)是标准文本最后一部分内容,主要规定的是检验方法。

4. 食品包装标准

食品包装在原材料、辅料、工艺方面的安全性将直接影响食品质量,继而对人体健康产生影响。目前,用来包装食品和药物的材料大多数是塑料制品,在一定的介质环境和温度条件下,塑料中的聚合物单体和一些添加剂会溶出,并且转移到内装食品中,从而给人体健康带来隐患。

用于食品包装的材料和容器主要有:植物纤维类、金属类、陶瓷类、搪瓷类、玻璃类、塑料和橡胶类等。这些包装材料必须强制通过 CQC 标准。如果食品上有这个认证标志,就标志着该产品已经通过相关实验室检验,按照国家或行业的标准测试合格,同时已经建立了一套质量检测体系,保证后续生产的产品合格。目前已有 CQC/RY 570—2005CQC 标志产品认证实施规则(食品包装/容器类产品——纸、塑料和复合材料)标准。

市场上众多的食品包装材料难以符合国家对食品安全、卫生和环保方面的要求,主要问题包括苯超标、细菌超标、重金属残留等。其中,苯是一种强致癌物,主要存在于涂料、黏胶剂中被引入食品包装。由于许多企业缺乏控制与检测手段,食品包装物苯超标现象比较严重。针对食品包装中普遍存在的苯超标问题,我国制定的《绿色食品包装通用准则》规定,食品包装表面不得涂蜡、上油;纸箱上的标志必须用水溶性油墨印刷,印刷食品包装必须用无苯油墨,外包装应有明示材料使用说明及重复使用、回收利用说明等。

我国食品包装标准众多,主要有 GB 4803—1994《食品容器、包装材料用聚氯乙烯树脂卫生》、GB 4804—1984《搪瓷食具容器卫生标准》等 100 个标准。这些标准规定了食品用包装材料的卫生安全要求,可作为食品包装材料生产选购的依据。

5. 食品安全控制与管理标准

食品安全控制与管理作为确保食品安全的重要手段,变得越来越重要,国际组织和各国在对建立科学而有效的食品安全管理规范进行积极的探索。国际上标准化工作发展的一个显著趋势是:标准已经从传统的以产品标准、方法标准为主发展到了相当多的控制管理标准。我国自20世纪90年代以来,已在部分食品行业中推广应用HACCP、GMP、ISO9000等管理体系标准,并制定了一系列的食品安全管理与控制标准以及操作规范,为保障我国的食品安全发挥了重要作用。

食品安全控制与管理标准主要是"农场到餐桌"的全过程建立从源头治理到最终消费的监控体系。在种植产品生产中应该良好农业规范(GAP);养殖产品生产中应用良好兽医规范(GVP);食品加工生产中应用良好生产规范(GMP)、良好卫生规范(GHP)、食品安全管理体系(ISO22000)、食品质量管理体系(ISO9000)、危害分析及关键控制(HACCP);食品流通领域应用良好流通规范(GDP)等先进的食品安全控制技术,对提高食品企业素质和产品安全质量十分有效。

目前,我国已初步构建和形成了较为完善的食品安全控制与管理标准体系。其中一些重要的标准包括:GB 14881—2013《食品安全国家标准 食品生产通用卫生规范》、GB/T 19538—2004《危害分析与关键控制点(HACCP)体系及其应用指南》、GB/T 27341—2009《危害分析与关键控制点体系食品生产企业通用要求》、GB/T 22000—2006《食品安全管理体系 食品链中各类组织的要求》等,这些标准为完善我国的食品安全控制与管理提供了有利的技术支撑。

6. 食品安全检测方法标准

食品安全检测方法标准是对食品的质量要素进行测定、试验、计量所作的统一规定,包括感官检验、理化检验和微生物检验等。食品安全检测方法标准通常与食品产品标准中的技术指标、食品安全限量标准中的各项指标一一对应,是食品产品标准和食品安全限量标准的支撑。食品安全检测方法标准通常也是食品检验工作的依据之一,食品检测报告中通常要写明该结果所运用的检测方法。

(1)食品理化检测标准 食品理化检测标准主要是利用物理、化学以及仪器等分析方法对食品中的各种营养成分、食品添加剂、矿物质元素、重金属元素、环境污染物、农药残留、兽药残留的检测标准;也包括各类食品卫生分析方法,食品包装容器、材料卫生标准分析方法的标准。

食品理化检测方法标准研究大致分为以下几个方面:

①基础方面,涉及样品前处理的分离提取、纯化、浓缩(富集)和食品分析误差及理论统计处理;

②分析方法方面,涉及新的检测方法研究、新项目分析方法的研究、经典方法的改进研究以及简便快速方法的研究;

③分析仪器的应用方面,近几年食品分析仪器的应用逐渐增加,使得食品理化

检验的定量分析达到了一个新的高度。

食品理化检验国家标准目前主要采用的是 GB 5009 系列标准,除此之外,还有 GB/T 19648—2006《水果和蔬菜中 500 种农药及相关化学品残留量的测定 气相色谱 – 质谱法》、GB 18932.1 ~ GB 18932.28 系列蜂蜜中化学品残留量的测定方法标准等。

(2)食品微生物检验方法标准 食品微生物检验是为了正确而客观地揭示食品的卫生情况,加强食品卫生的管理,保障人们的健康,并对防止某些传染病的发生提供科学依据。我国食品产品中常需要检测的微生物指标主要有菌落总数、大肠菌群、酵母菌计数、致病菌检测等。

目前,我国已颁布的食品微生物检验方法标准是 GB 4789 系列,共 39 个。主要包括:菌落总数、霉菌和酵母菌计数等测定方法标准;食品中大肠菌群、沙门菌等微生物的检验方法标准;常见产毒霉菌的鉴定标准;肉、蛋、乳及其制品检验标准;水产品、冷冻食品和冷食菜等食品的检验标准;糖果、糕点、蜜饯、酒类和罐头食品检验标准;鲜乳中抗生素残留量检验标准;粮谷、果蔬类食品检验标准;双歧杆菌检验标准;染色法、培养基和试剂标准。

(3)食品感官检验方法标准 食品感官检验是建立在人的感官感觉基础上的统计分析方法。我国自 1988 年起,相继制订和颁布了一系列食品感官检验方法的国家标准。这些标准一般都是参照采用或等效采用相关的国际标准(ISO),具有较高的权威性和可比性。

目前,我国食品感官检验方法按其检验目的、要求及统计方法的不同分为三类:差别检验,标度和类别检验,分析或描述性检验。如 GB/T 12310—2012《感官分析方法 成对比较检验》、GB/T 12312—2012《感官分析 味觉敏感度的测定方法》、GB/T 12315—2008《感官分析方法 排序法》等。

(二)国外食品质量安全标准

1. CAC 标准

1962 年,联合国的两个组织——联合国粮食和农业组织(FAO)和世界卫生组织(WHO),共同创建了国际食品法典委员会(CAC),并使其成为了一个促进消费者健康和维护消费者经济利益,以及鼓励公平的国际食品贸易的国际性组织,该组织的宗旨在于保护消费者健康,保证开展公正的食品贸易和协调所有食品标准的制定工作。

CAC 是 FAO 及 WHO 总干事直接领导,由罗马的 CAC 秘书处总体协调,每 2 年在罗马或日内瓦举行一次会议。CAC 的组织机构包括执行委员会、秘书处、一般专题委员会、商品委员会、政府间特别工作组和地区合作委员会(见图 7 – 1)。

(1)国际食品法典委员会的作用 CAC 的工作宗旨是通过建立国际协调一致的食品标准体系,保护消费者的健康,促进公平的食品贸易。其主要职能或作用有以下几方面:

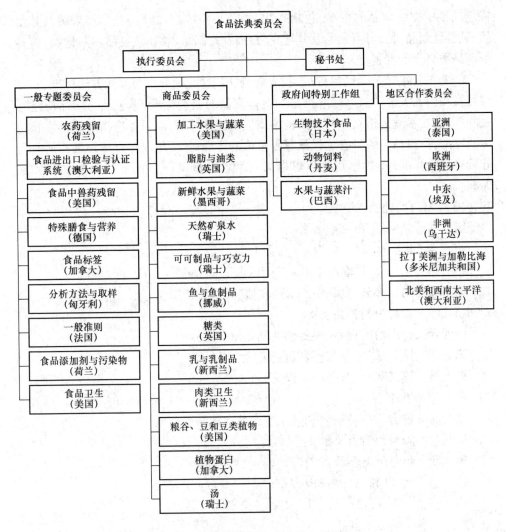

图 7 - 1　国际食品法典委员会的机构

①保护消费者健康和确保公正的食品贸易；

②促进国际组织、政府和非政府机构在制定食品标准方面的协调一致；

③通过或与适宜的组织一起决定、发起和指导食品标准的制定工作；

④将那些由其他组织制定的国际标准纳入 CAC 标准体系；

⑤修订已出版的标准。

(2)国际食品法典委员会标准体系的组成　国际食品法典标准体系中的标准可分为通用标准和专用标准两大类。通用标准指 2 类以上食品或涉及 2 个方面的标准，包括一般准则、食品标签标准、食品添加剂与污染物残留标准、农药和兽药残留标准、食品进出口检验和认证标准、食品卫生标准、特殊膳食与营养食品标准、分析和取样方法标准，通用标准由一般专题委员会负责制定。专用标准是针对某一特定或某一类别食品的标准,包括谷物、豆及豆类植物、脂肪和油脂、果蔬及其制品、乳及乳制品、糖、可可制品及其巧克力、肉及肉制品、鱼和鱼制品和其他类,由各个商品委员会负责制定。

CAC 的标准又分为商品标准、技术规范、限量标准、分析与取样方法标准、一般导则及指南五大类。商品标准指某一具体商品的质量标准,不包括与商品质量有关的标准;技术规范指具体的商品技术或卫生操作规范;限量标准指有具体限量指标的标准,不包括与限量有关但没有限量值的标准;分析与取样方法标准指所有与分析有关的标准;一般导则及指南指某一类食品或某一方面的指导性的原则性标准。

(3)CAC 食品法典的构成

第一卷　第一部分:一般要求

第一卷　第二部分:一般要求(食品卫生)

第二卷　第一部分:食品中的农药残留(一般描述)

第二卷　第二部分:食品中的农药残留(最大残留限量)

第三卷　食品中的兽药残留

第四卷　特殊功用食品(包括婴儿和儿童食品)

第五卷　第一部分:速冻水果和蔬菜的加工过程

第五卷　第二部分:新鲜水果和蔬菜

第六卷　果汁

第七卷　谷类豆类(豆荚)和其派生产品和植物蛋白质

第八卷　脂肪和油脂及相关产品

第九卷　鱼和鱼类产品

第十卷　肉和肉制品;汤和肉汤

第十一卷　糖、可可产品、巧克力和各类不同产品

第十二卷　奶及奶制品

第十三卷　取样和分析方法

各卷包括了一般原则、一般标准、定义、法典、货物标准、分析方法和推荐性技术标准等内容,每卷所列内容都按一定顺序排列以便于参考。各卷标准分别用英文、法文和西班牙文出版,各个标准均可在万维网上阅览。

食品法典名义上虽然是非强制性的,但作为 WTO 的正式文件且每个成员国都必须遵守的 SPS 和 TBT 协定已赋予其新的涵义,使其成为一种变相的强制性标准,成为促进国际贸易和解决贸易争端的依据,同时也成为 WTO 成员保护自身贸易利益的合法武器。

2. ISO 标准

国际标准化组织(International Organization for Standardization,ISO),是一个全球性的非政府组织,也是世界上最大的国际标准化机构。ISO 成立于 1947 年,总部

位于瑞士日内瓦。ISO 的宗旨是"在世界上促进标准化及其相关活动的发展,以便于国际物资交流和相互服务,并扩大知识、科学、技术和经济领域中的合作"。

ISO 组织机构包括全体大会、理事会、中央秘书处、政策制定委员会、技术管理局、标准物质委员会、技术咨询会、技术委员会等,ISO 组织机构设置见图 7-2。

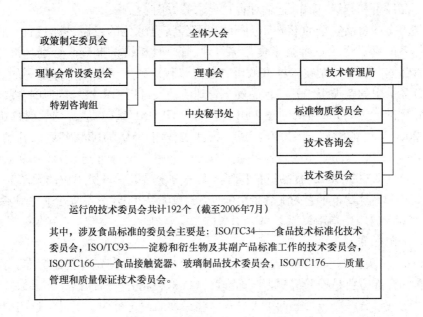

图 7-2　ISO 组织机构示意图

与食品及食品相关产品的标准化方面,ISO 主要有 4 个技术委员会,分别是ISO/TC34(食品技术标准化技术委员会),ISO/TC93(淀粉和衍生物及其副产品标准工作技术委员会),ISO/TC166(食品接触瓷器、玻璃制品技术委员会)和 ISO/TC176(质量管理和质量保证技术委员会)。其中 ISO/TC34 制定了绝大多数食品类的标准。目前,ISO/TC 34 共有 14 个分技术委员会,分别是:

TC 34/SC2　油料种子和果实

TC 34/SC3　水果和蔬菜制品

TC 34/SC4　谷类和豆类

TC 34/SC5　乳和乳制品

TC 34/SC6　肉和肉制品

TC 34/SC7　香料和调味品

TC 34/SC8　茶

TC 34/SC9　微生物

TC 34/SC10　动物饲料

TC 34/SC11　动物和植物油脂

TC 34/SC12　感官分析

TC 34/SC13 脱水和干制水果和蔬菜

TC 34/SC14 新鲜水果和蔬菜

TC 34/SC15 咖啡

ISO/TC 34 在食品标准化领域的活动,主要包括术语、分析方法和取样方法、感官产品质量和分级、操作、运输和存贮要求等方面。

随着全球食品安全的形势日益严峻以及经济全球化的发展,考虑到食品安全管理体系的重要性,ISO 加强了食品综合性、管理性标准的制定。特别是近年来,加快食品安全管理控制技术标准的研究制定步伐。致力于制定全球统一的、既适用于食品链中的各类组织开展食品安全管理活动又可用于审核与认证的食品综合性国际标准。例如 ISO/TC 34 于 2001 年发布 ISO15161:2001《食品与饮料行业 ISO 9001:2000 应用指南》。于 2000 年成立第 8 工作组(ISO/TC 34/WG8),开始研究制定 ISO 22000 食品安全管理体系系列标准。经过 5 年时间,于 2005 年 9 月正式发布了 ISO 22000:2005《食品安全管理体系——食品链中各类组织的要求》,随后于 2005 年 11 月发布了它的配套指南 ISO/TS 22004:2005《食品安全管理体系 ISO 22000:2005 的应用指南》。

3. 美国标准

目前,全美大约有 93000 个标准,约有 700 家机构在制定各自的标准。目前,美国食品标准主要是检验检测方法标准和被技术法规引用后的肉类、水果、乳制品等产品的质量分等分级标准两个大类。这些标准的制定机构主要是经过美国国家标准学会(American National Standrads Institute,ANSI)认可的与食品安全有关的行业协会、标准化技术委员会和政府部门三类。

美国的标准在很大程度上采用了国际食品法典委员会的标准,其制定过程十分民主化。食品卫生标准大部分是由美国食品药品管理局组织制定的,任何企业、团体或部门都可向 FDA 提出承担制(修)订食品标准的请求。

FDA 制定卫生标准的程序如下:首先由 FDA 将制定和修订卫生标准的计划项目,以通告的形式刊登在"联邦登记项目"上,征求各方面的意见,其目的在于探讨是否有必要,以及如何制定和修订这些卫生标准;然后由 FDA 组织专家审议汇总的各方面意见和有关技术资料,提出评审意见;如果审议通过,新的卫生标准即被列入《美国联邦法规》中予以发布。

美国食品标准可分为特性标准、质量标准和装量标准三类:①特性标准主要规定食品的定义、主要的食物成分和其他可作为食物成分的原料及用量。特性标准的主要意义在于防止掺假(如过高的水分)。FDA 已制定了 400 种食品的特性标准,包括乳制品、谷类制品、海产品、巧克力以及水果蔬菜等。②质量标准主要规定食品的安全、营养要求。在美国有 2 种食品安全要求:第一种是以食品卫生管理的形式规定安全要求,即 Action levels,如动物饲料中黄曲霉毒素 B_1 超过 200mg/kg 就要采取措施进行控制;第二种是对各种食品的安全与营养指标规定要求。每种食品都有安全指标。③装量标准主要针对包装食品,规定装量规格,保护消费者的经济权益。

美国食品标准可分为国家标准、行业标准和企业操作规范三级:①国家标准是指由农业部食品安全检验局、农业市场局、粮食检验包装储存管理局,卫生部食品与药品管理局、环境保护局,以及联邦政府授权的其他机构制定的标准;②行业标准是由民间团体制定的,具有很大的权威性,是美国食品质量标准的主体。行业协会主要有美国官方分析化学师协会(AOAC)、美国谷物化学师协会(AACCH)、美国饲料官方管理协会(AAFCO)、美国乳制品学会(ADPI)、美国饲料工业协会(AFIA)、美国油料化学师协会(AOCS)、美国公共卫生协会(APHA)等;③企业操作规范是由农场主或公司制定,相当于我国的企业标准。

4.欧盟标准

欧盟标准和欧盟成员国国家标准是欧盟标准体系中的二级标准,其中欧盟标准是各成员国统一使用的区域性标准,对国际贸易有着重要的作用。目前,欧盟有28个成员国,包括法国、意大利、荷兰、比利时、卢森堡、联邦德国、爱尔兰、丹麦、英国、希腊、葡萄牙、西班牙、奥地利、芬兰、瑞典、波兰、拉脱维亚、立陶宛、爱沙尼亚、匈牙利、捷克、斯洛伐克、斯洛文尼亚、马耳他、塞浦路斯、保加利亚、罗马尼亚、克罗地亚。

欧盟标准制定的组织主要有欧洲标准化委员会(CEN)、欧洲电工标准化委员会(CENELEC)和欧洲电信标准协会(ETSI),三个组织分别负责不同领域的标准化工作。食品标准的制定由欧洲标准化委员会负责。在欧盟各成员国的国家标准中,欧盟标准所占的比例高达80%以上。目前CEN的目标是尽可能地使其制定的标准成为国际标准,使欧盟标准有广阔的前景和市场。

欧盟标准有三个类型:一是欧盟标准,由CEN、CENELEC、ETSI按照其标准的制定程序制定,经正式投票表决通过的标准。每一项标准正式发布实施后,各成员国必须在6个月内将其采用为国家标准,并撤销与该标准相抵触的国家标准,并且各成员国在本国出版欧盟标准时,对标准的内容和结构不得做任何修改。二是协调文件,在制定欧盟标准遇到成员国难以避免的偏差时,就要采用协调文件的形式。协调文件被利用一般有两种方式:①采用为相关国家标准;②向公众通告协调文件的题目和编号。两种方式的成员国均必须废止有关与协调文件不一致的本国国家标准。三是暂行标准,暂行标准是在技术发展快或急需标准的领域临时应用的预期标准。暂行标准与正式标准相比制定速度快,但制定出来的标准均是在技术发展相当迅速的领域,各成员国对暂行标准也要像欧盟标准和协调文件一样对待,在暂行标准没有转化为欧盟标准之前,各成员国的国家标准不必废止。

CEN发布了260多项欧盟食品标准,主要用于取样和分析方法,这些标准分别由7个技术委员会制定。分别是:TC174 水果和蔬菜汁——分析方法;TC194 与食品接触的器具;TC275 食品分析——协调方法;TC302 牛乳和乳制品——取样和分析方法;TC307 含油种子、蔬菜及动物脂肪和油及其副产品的取样和分析方法;TC327 动物饲料——取样和分析方法;TC338 谷物和谷类产品。

欧盟委员会专门制定了水产品投放市场的卫生条件的规定(91/493/EC 指令),而且要求向欧盟市场输出水产品的加工企业必须获得欧盟注册。欧盟对进口水产品质量和卫生要求越来越严,而且必须从原料生产开始,保证生产过程的各个环节达到质量要求,从而确保最终产品的质量,即建立一个完整的质量保证体系,全面推行 HACCP 制度。欧盟对进口水产品的检查包括新鲜度化学指标、自然毒素、寄生虫、微生物指标、环境污染的有毒化学物质和重金属、农药残留、放射性等63 项,其中氯霉素、呋喃西林、孔雀石绿、结晶紫、呋喃唑酮、多氯联苯等为不得检出;六六六、滴滴涕、组胺、麻痹贝类毒素等有严格的限量指标,而且有越来越严格的趋势。

5.日本标准

日本的食品标准数量、种类繁多,要求较为具体。涉及食品的生产、加工、销售、包装、运输、储存、标签、品质等级、食品添加剂和污染物、最大农兽药残留允许含量要求,还包括食品进出口检验和认证制度、食品取样和分析方法等方面的标准规定,形成了较为完备的标准体系,具有很强的可操作性。

近年来,日本积极采用国际标准,不仅向 ISO 派常驻代表,积极参加国际标准化活动,在国际标准化活动中极力提出自己的主张,而且日本各行业协会或工业会,几乎都成立了与 ISO 各技术委员会相对应的国内对策委员会,以及时和认真地研究 ISO 文件。注重在食品标准中采用这些国际标准。此外,还注重采用国际食品法典委员会的食品标准,结合日本的实际情况加以细化,具有很强的可操作性。

日本食品标准体系分为国家标准、行业标准和企业标准三层。国际标准即JAS(Japanese Agricultural Standards)标准,以农产品、林产品、畜产品、水产品及其加工制品和油脂为主要对象。行业标准多由行业团体、专业协会和社团组织制定,主要是作为国家标准的补充或技术储备;企业标准是各株式会社制定的操作规程或技术标准。

日本农林产品标准调查会(JASC)负责组织制定和审议农产品标准,日本食品领域的国家标准主要有 JASC 制定和审议。日本有众多的专业团体、行业协会从事标准化工作,它们接受 JASC 的委托,承担 JAS 标准的研究、起草工作,然后将标准草案交由 JASC 审议。

日本食品安全的有关标准包括:日本农业标准、农药残留最高限量标准、肯定列表制度三大类。

(1)日本农业标准 日本农业标准(JAS)是指农产品的规格和品质两个方面的内容组成。规格是指对农产品的使用性能和档次的要求,其内容包括使用范围、用语定义、等级档次、测定方法、合格标签、注册标准以及生产许可证认定的技术标准等。日本已对 393 种农林水产品及食品制定了相应的规格。如面类分为 8 种规格,油脂分为 6 种规格,肉制品规格多达 20 多种。

(2)农药残留最高限量标准　日本厚生劳动省规定食品中不得含有有毒、有害物质,严格控制食品中的农药残留、放射性残留和重金属残留。目前,日本已对229 种农药和 130 种农产品制定了近 9000 种限量标准,其中,对蔬菜类制定的农药残留限量标准最为齐全,达 3728 项,包括十字花科、薯类、葫芦科、菊科、蘑菇科、伞形科、茄科、百合科等蔬菜品种。

2003 年 4 月,日本实行农药和动物药品残留"临时标准制度",规定可以禁止销售或进口虽然没有正式规定残留量标准,但残留量超过一定数值的食品。

对畜产品和水产品则制定各种抗生素、激素以及有害微生物的限量标准。日本对动物源食品的检测项目多达 30 项,涉及微生物、农药残留等诸多方面。

(3)肯定列表制度　日本是食品和农产品进口大国,目前 60% 左右的农产品需要依赖进口。近年来,由于日本进口农产品频繁出现农业化学品超标事件,同时日本国内也发现了违法使用未登记农药问题,消费者对食品安全产生了严重的信任危机。与此同时,在"肯定列表制度"出台之前,日本只对目前世界上使用的 700余种农业化学品中的 350 种农业化学品进行了登记或制定了限量标准.对于进口食品中可能含有的其余 400 多种农业化学品。则无明确的监管措施,监管实际上处于失控状态,严重威胁日本食品安全。在上述背景下,2005 年 11 月 29 日,日本厚生劳动省在官方网站上发布公告,正式公布"肯定列表制度"的主要内容,并宣布于 2006 年 5 月 29 日起开始实施。

日本"肯定列表制度"涉及的农用化学品残留限量包括四个类型:

①"暂定标准"共涉及农药、兽药和饲料添加剂 734 种,农产品食品 264 种(类),暂定限量标准 51392 条;

②"沿用原日本限量标准而未重新制定暂定限量标准"共涉及农用化学品 63种,农产品食品 175 种,残留限量标准 2470 条;

③"统一标准"是对未涵盖在上述标准中的所有其他农用化学品或其他农产品制定的一个统一限量标准或一律标准,即 0.01mg/kg;

④"豁免物质"共 9 类 68 种,其中杀虫剂和兽药 13 种,食品添加剂 50 种、其他物质 5 种。

此外,还有 15 种农业化学品不得在任何食品中检出;有 8 种农业化学品在部分食品中不得检出,涉及 84 种食品和 166 个限量标准。

"肯定列表制度"提出了食品中农业化学品残留管理的总原则,厚生劳动省根据该原则采取了以下三个具体措施:

①确定"豁免物质",即在常规条件下其在食品中的残留对人体健康无不良影响的农业化学品。对于这部分物质,无任何残留限量要求。

②针对具体农业化学品和具体食品制定的"最大残留限量标准"。

③对在豁免清单之外且无最大残留限量标准的农业化学品,制定"一律标准"。

肯定列表制度对我国农产品出口日本带来了较大的影响。一是出口食品残留超标风险增大。由于日本残留限量新标准在指标数量和指标要求上比现行标准高出许多,因此我国食品出口残留超标的可能性也将明显增加。特别是日本目前尚无限量标准但我国正在广泛使用的农业化学品,残留超标的可能性非常大;二是出口成本提高。主要源于残留控制费用的增加、产品检测费用的增加、通关时间的延长等。

三、国内外食品质量安全监管机构和制度

(一)中国的食品质量安全监管机构和制度

根据 WHO 的分类方法,食品安全监管体制大致可以分为多机构食品监管体系、单一机构食品监管体系、综合监管体系三种类型。多机构食品监管体系是目前世界上多数国家采用的模式,也是我国长期采用的监管模式;单一机构食品监管体系是防止出现"模糊地带"堵塞监管漏洞最好的办法。是一种理想状态,较难实现,因为食品的产业链很长,涉及的行业太多,一个部门很难统一管理;综合监管体系是由一个部门牵头立法、预警,其他部门各司其职。

我国食品安全监管机构的沿革反映了我国食品生产的发展水平和政府的监管能力。

1.分段监管的初级监管阶段

1982 年 11 月 9 日第五届全国人民代表大会常务委员会第二十五次会议通过并颁布的《中华人民共和国食品卫生法》(试行),标志着我国食品卫生工作由以往的卫生行政管理走上了法制管理的轨道。1995 年 10 月 30 日第八届全国人民代表大会常务委员会第十六次会议通过,并正式颁布实施。《中华人民共和国食品卫生法》明确规定了卫生行政部门是卫生监督执法的主体,标志着我国卫生监督法律体系初步形成。

1995—2001 年,我国食品生产的规模化和现代化水平较低,政府的监管能力也较弱,处于初级监管阶段。按照食品卫生法的规定,我国食品生产企业只要取得卫生许可证和工商营养执照就可以开工生产了。企业在得到卫生部门"微生物不超标"的检测结果后,即可组织生产和销售。

2002 年我国开始推行食品质量安全市场准入制度,现改为食品生产许可制度。按照产品质量法,食品企业除了要取得卫生许可证和工商营业执照,还必须获得质量技术监督部门颁发的生产许可证才可以开工。而要拿到生产许可证,企业必须具备相应的生产环境、生产条件和检验能力,在理化、感官、卫生、标签标注等各项指标检验合格后,产品加贴了 QS 标志方可出厂。

初级监管阶段的特点是:①政府的监管体系正在形成,监管水平较低;②食品企业规模较小,食品安全事故虽然时有发生,但影响面并不大。这一阶段,食品安全采用的是分段监管,即农产品生产加工环节由农业部负责,食品生产加工环节由

国家质检总局负责,食品流通环节由国家工商行政管理总局负责,食品消费环节由原卫生部负责。

2. 分段监管为主、品种监管为辅的监管模式

随着经济的发展,疯牛病、口蹄疫等食品安全事件频频发生,特别是 2000 年以后,我国发生了阜阳乳粉事件、苏丹红事件等,不断暴露出食品安全监管方面的空白和漏洞,常常出现各自执法或重复执法等现象,并形成了"多头管理,无人问责"的局面,严重影响了监督执法的权威性。

2003 年,国务院组建了国家食品药品监督管理局,负责食品安全综合监督、组织协调和重大事故查处工作。2004 年国务院发布了《国务院关于进一步加强食品安全监管工作的决定》,按照一个监管环节由一个部门监管的分工原则,采取分段监管为主、品种监管为辅的方式,试图理顺食品安全监管部门的职能,明确政府各部门的责任。将食品安全监管分为四个环节,分别由农业、质检、工商和卫生四个部门实施。其中初级农产品生产环节的监管由农业部门负责,食品生产加工环节的质量监管由质检部门负责,食品流通环节的监管由工商部门负责,餐饮业和食堂等消费环节的监管由卫生部门负责,进出口农产品和食品的监管由质检部门负责。

选择分段监管模式的原因是:食品生产链很长,涵盖了种植业、养殖业、加工业、物流业、餐饮业、商业等行业,这些行业在政府中原本就有归属的部门;进行食品安全监管工作需要卫生、检验、农业、畜牧业、工业、物流、国际国内贸易等的专门知识,而这些专门人才被分配在政府的各个部门中工作;从管理成本和管理效率考虑,分段监管没有对政府部门管辖的领域做大的调动,没有触及部门的利益,阻力较小。

为加强食品安全监管,进一步理顺监管部门职责,2004 年 10 月又发布了《国务院关于进一步加强食品安全工作的决定》,对食品安全监管工作做了重要调整,由原卫生部承担的食品生产加工环节的监管职责划归质检部门。进一步明确规定,从 2005 年 1 月 1 日起,农业部门负责初级农产品生产环节的监管,质检部门负责食品生产加工环节的监管,工商部门负责食品流通环节的监管,卫生部门负责餐饮业和食堂等消费环节的监管,食品药品监管部门负责对食品安全的综合监督、协调和依法组织查处重大事故。此外,食品质量监督检查信息将由质检、工商、卫生和食品药品监管四个部门联合发布。

在实施的过程中,这种分部门分阶段的监管模式暴露出了严重的问题:从体制上看,食品监管部门繁多,处于谁都能管,谁都管不了的局面。社会舆论认为,如此安排既有兼顾责任的考虑,也有兼顾利益之嫌;分散监管,多头执法,难免出现政出多门、监管盲区以及执法扰民的局面;职能交叉,相互抵触,配合困难,部门之间争夺或堵截食品监管权时有发生,如各部门都配备了食品检验检疫车辆,造成资源的浪费;各级政府都成立了"食品药品安全协调委员会",而该协调委员会是多部门共同组成的临时机构,权威性不强,实践中难以协调统一,运作不灵,难以发挥应有

的作用。

3.卫生部门负责、各部门协调的食品安全监管模式

2008 年 3 月,十一届全国人民代表大会第一次会议启动了新一轮国务院机构改革,实行大部门制。大部门制改造以后,我国的食品安全监督管理工作分工更加明确,责任更加清楚,通道更加顺畅,效率更加高效,有望保证中国的食品将更加安全。机构改革规定:原卫生部将统管中国的食品安全,承担食品安全综合协调、组织查处食品安全重大事故的责任,并负责组织制定食品安全标准、药品法典,建立国家基本药物制度。国家食品药品监督管理局划归原卫生部管理,负责食品卫生许可、餐饮业和食堂等消费环节的监管,以及保健食品和化妆品卫生监督管理等工作。农业部负责农产品生产环节的监管,具体包括农产品产地、农产品生产环节的投入品、农产品包装与标识等的质量监督管理。国家质量监督检验检疫总局负责国内食品、食品相关产品生产加工环节的质量安全监督管理,负责进出口食品的安全卫生、质量监督检验和监督管理,依法管理进出口食品生产、加工单位的卫生注册登记以及出口企业对外推荐工作;承担产品质量诚信体系建设责任,负责质量宏观管理工作,拟定并组织实施国家质量振兴纲要,推进名牌发展战略,组织重大产品质量事故调查,实施缺陷产品和不安全食品召回制度等。国家工商行政管理总局负责食品流通环节的监管。

2009 年 2 月,《食品安全法》颁布,该法对国务院有关食品安全监管部门的职责进行了明确界定。国家设立食品安全委员会,作为高层次的议事协调机构,协调、指导食品安全监管工作。国务院质量监督、工商行政管理和国家食品药品监督管理部门依法分别对食品生产、食品流通、餐饮服务活动实施监督管理。国务院卫生部门承担食品安全综合协调职责,负责食品安全风险评估、食品安全标准制定、食品安全信息公布、食品检验机构的资质认定条件和检验规范的制定,组织查处食品安全重大事故。并进一步明确,县级以上地方人民政府统一负责、领导、组织、协调本行政区域的食品安全监管工作,各级质监部门应当在所在地人民政府的统一组织、协调下开展工作。

4.国家食品药品监督管理总局统一进行食品安全监管的新模式

当前,人民群众对食品安全问题高度关注,对药品的安全性和有效性也提出更高要求。现行食品安全监督管理体制,既有重复监管,又有监管"盲点",不利于责任落实。药品监督管理能力也需要加强。为进一步提高食品药品监督管理水平,有必要推进有关机构和职责整合,对食品药品实行统一监督管理。

2013 年 2 月 26 日,党的十八届二中全会审议通过了《国务院机构改革和职能转变方案》,将食品安全办的职责、食品药品监管局的职责、质检总局的生产环节食品安全监督管理职责、工商总局的流通环节食品安全监督管理职责整合,组建国家食品药品监督管理总局。主要职责是,对生产、流通、消费环节的食品安全和药品的安全性、有效性实施统一监督管理等。将工商行政管理、质量技术监督部门相应

的食品安全监督管理队伍和检验检测机构划转食品药品监督管理部门。保留国务院食品安全委员会,具体工作由食品药品监管总局承担。食品药品监管总局加挂国务院食品安全委员会办公室牌子。不再保留食品药品监管局和单设的食品安全办。

为做好食品安全监督管理衔接,明确责任,《国务院机构改革和职能转变方案》提出,新组建的国家卫生和计划生育委员会负责食品安全风险评估和食品安全标准制定,农业部负责农产品质量安全监督管理,将商务部的生猪定点屠宰监督管理职责划入农业部。

2013年4月10日,国务院发布《关于地方改革完善食品药品监督管理体制的指导意见》。该意见要求地方政府加快推进地方食品药品监督管理体制改革,认真落实食品药品监督管理责任。

该意见要求省、市、县级政府原则上参照国务院整合食品药品监督管理职能和机构的模式,结合本地实际,将原食品安全办、原食品药品监管部门、工商行政管理部门、质量技术监督部门的食品安全监管和药品管理职能进行整合,组建食品药品监督管理机构,对食品药品实行集中统一监管,同时承担本级政府食品安全委员会的具体工作。地方各级食品药品监督管理机构领导班子由同级地方党委管理,主要负责人的任免须事先征求上级业务主管部门的意见,业务上接受上级主管部门的指导。

参照《国务院机构改革和职能转变方案》关于"将工商行政管理、质量技术监督部门相应的食品安全监督管理队伍和检验检测机构划转食品药品监督管理部门"的要求,省、市、县各级工商部门及其基层派出机构要划转相应的监管执法人员、编制和相关经费,省、市、县各级质监部门要划转相应的监管执法人员、编制和涉及食品安全的检验检测机构、人员、装备及相关经费,具体数量由地方政府确定,确保新机构有足够力量和资源有效履行职责。同时,整合县级食品安全检验检测资源,建立区域性的检验检测中心。

在整合原食品药品监管、工商、质监部门现有食品药品监管力量基础上,建立食品药品监管执法机构。要吸纳更多的专业技术人员从事食品药品安全监管工作,根据食品药品监管执法工作需要,加强监管执法人员培训,提高执法人员素质,规范执法行为,提高监管水平。地方各级政府要增加食品药品监管投入,改善监管执法条件,健全风险监测、检验检测和产品追溯等技术支撑体系,提升科学监管水平。食品药品监管所需经费纳入各级财政预算。

县级食品药品监督管理机构可在乡镇或区域设立食品药品监管派出机构。要充实基层监管力量,配备必要的技术装备,填补基层监管执法空白,确保食品和药品监管能力在监管资源整合中得到加强。在农村行政村和城镇社区要设立食品药品监管协管员,承担协助执法、隐患排查、信息报告、宣传引导等职责。要进一步加强基层农产品质量安全监管机构和队伍建设。推进食品药品监管工作关口前移、重心下移,加快形成食品药品监管横向到边、纵向到底的工作体系。

(二)国际食品质量安全监管机构和制度

1. 美国食品质量安全监管机构和制度

美国食品安全管理体系的基础是强有力的、灵活的、以科学为依据的法律法规和企业对生产安全食品负有的法律责任。联邦政府间的协调合作,对食品安全职责具有相互补充和相互依赖的作用,加上相应的州和地方政府间的合作关系,因而提供了一个全面、有效的食品安全管理系统。

美国涉及食品监督管理的机构最主要的有美国联邦卫生与人类服务部(DHHS)所属的食品药品管理局(FDA)、美国农业部(USDA)所属的食品安全检验局(FSIS)、动植物卫生检验局(APHIS)以及联邦环境保护署(EPA)。

(1)食品药品管理局 食品药品监督管理局主要负责的产品包括所有国产和进口的包装食品(不包括肉类和禽类)、药品、瓶装水以及酒精含量小于7%的葡萄酒等。食品药品监督管理局在食品与包装方面的职责主要有:执行食品包装安全法律,管理除肉和禽以外的国内和进口食品与包装;检验食品加工厂和食品仓库,收集和分析样品,检验其物理、化学、微生物污染情况;产品上市销售前,负责验证兽药对所用动物的安全性;监测动物饲料的安全性;制定美国食品法典(含包装)、条令、指南和说明,并与各州合作运用这些法典、条令、指南和说明;管理零售食品工厂及餐馆和杂货商店;现代食品法典可作为零售商及其他机构如何准备食品和预防食源性疾病的参考;建立良好的食品加工操作规程和其他的生产标准,如工厂卫生、包装要求、HACCP管理体系等;与外国政府合作,确保进口食品的安全;要求加工商召回不安全的食品并采取相应的执法行动;对食品包装安全开展研究,并负责行业内有关消费食品安全处理规程的培训。

(2)美国农业部(USDA)所属的食品安全检验局(FSIS) 食品安全检验局主要通过执行与国内生产和进口的肉类及家禽产品有关的食品安全法律来保证美国国内生产和进口消费的肉类、禽肉及蛋类产品供给的安全、有益,标签、标示真实,包装适当。其采取的手段主要有:在动物屠宰前后进行检疫;对肉类屠宰场和家禽屠宰厂进行检查;与农业部农业市场行销服务局共同监视和检查蛋类加工产品;抽样分析食品中微生物、化学污染物、传染病及毒性物质含量;制定生产标准,用于监管肉类和家禽产品生产与包装中食品添加剂和其他成分的使用、工厂卫生、热处理工序及其他工序;检查并确定向美国出口的所有外国肉类和家禽加工厂都达到美国标准;要求肉类和家禽加工厂商自愿回收不安全的产品;支持有关肉类和家禽类相关产品安全性研究工作;组织对企业和消费者食品安全加工的教育培训。

(3)动植物卫生检验局(APHIS) 动植物卫生检验局主要负责监督和处理可能发生在农业方面的生物恐怖活动,外来物种入侵、外来动植物疫病传入、野生动物及家畜疾病监控等,从而保护公共健康和美国农业及自然资源的安全。

(4)联邦环境保护署(EPA) 联邦环境保护署的职能范围主要是监管饮用水

以及植物、海产品、肉制品的包装。具体的工作是:建立安全饮用水标准;管理有毒物质和废物,预防其进入环境和食物链;帮助各州监测饮用水的质量,探求饮用水污染的途径;测定新杀虫剂的安全性,制定杀虫剂在食品中残留的限量,发布杀虫剂安全使用指南;监管植物、海产品、肉制品包装的安全卫生。

2. 欧盟食品质量安全监管机构和制度

欧盟负责食品安全监管的机构主要有:欧洲食品安全局、欧盟公众健康消费者保护部、欧盟委员会、欧洲食品兽医办公室。

(1)欧洲食品安全局(EFSA) 欧洲食品安全局属于科技咨询机构,而非政策或法律的制定或执行机构。它的法律地位具有独立性,不受欧盟委员会、欧盟其他的机构和成员国的管理机构管辖,独立开展工作。欧洲食品安全局只负责监督整个食品链,根据科学的证据做出风险评估,为政府制定政策和法规提供信息依据。其职责主要有:根据欧盟理事会,欧盟议会和成员国的要求,提供有关食品安全和其他相关事宜(如动物卫生、植物卫生、转基因生物、营养等)的独立的科学建议,作为风险管理决策的基础;就技术性食品问题提供建议,作为制定有关食品链方面的政策与法规的依据;收集和分析有关任何潜在风险的信息,以监视欧盟整个食品链的安全状况;确认和预报正在出现的风险;在危机时期向欧盟理事会提供支持;在其权限范围内向公众提供有关信息。

(2)欧盟公众健康、消费者保护部 欧盟公众健康、消费者保护部是监督机构,其设立的宗旨是为欧洲消费者的身体健康、消费者安全提供保障并保持相关法制建设的完善更新;对欧盟各成员国在食品安全、消费者权益及公众健康等方面开展的工作进行监督。

(3)欧盟委员会 欧盟委员会是执行机构,其主要负责法律议案的提议、法律法规的执行、条约的保护及欧盟保护措施的管理。欧盟食品安全管理法规由欧盟委员会健康和消费者保护部提出提议,经成员国专家讨论,形成欧盟委员会最终提议,然后将提议提交给欧盟食品链和动物卫生常设委员会,或将提议直接提交给理事会,再由理事会和议会共同决策。

(4)欧洲食品兽医办公室(FVO) 欧洲食品兽医办公室主要负责进出口监督,其职责主要是通过对食物生产各个环节的监控,确保从农场到餐桌每个环节的最大限度的安全。欧洲食品兽医办公室委派巡视员和专家对欧盟成员国以及向欧盟国家出口农产品的其他国家的食品进行抽检、审计,一旦发现严重缺陷,巡视员会反复回访,直到问题解决,他们还会把巡视报告发表在欧盟委员会的网站上。

3. 日本食品质量安全监管机构和制度

日本食品安全监管机构主要有食品安全委员会、厚生劳动省、农林水产省和地方政府。

(1)食品安全委员会 食品安全委员会下设事务局和专门调查会两个机构。事物局主要负责日常工作,而专门调查会下设化学物质评估组、生物评估组和新食品评估组三个工作组,主要负责专项案件的检查评估。食品安全委员会的主要职责是实施食品安全风险评估;对风险管理部门(厚生劳动省和农林水产省)进行政策指导与监督;负责风险信息的沟通与公开。

(2)厚生劳动省 厚生劳动省下设医药食品安全局食品安全部主管全国的食品安全工作,其下设企划信息课、基准审查课和监督安全课三个课。企划信息课主要负责协调和风险交流等工作;基准审查课主要负责食品、食品添加剂、农药残留、兽药残留、食品容器和食品标签等方面的法律法规的制定;监督安全课主要通过食品检查、健康风险管理、家禽及牲畜肉类安全措施以及 HACCP 体系、良好实验室规范、环境污染物监控措施、加工厂卫生控制措施等手段来进行食品安全监管。厚生劳动省在食品安全方面的职责主要是:执行《食品卫生法》保护国民健康;根据食品安全委员会的评估鉴定结果,制定食品添加物及药物残留等标准;对食品加工设施进行卫生管理;监视并指导包括进口食品的食品流通过程的安全管理;听取国民对食品安全管理各项政策措施及其实施的意见,并促进信息的交流。

(3)农林水产省 农林水产省下设食品安全危机管理小组和消费安全局两个机构。消费安全局下设消费安全政策课、农产安全管理课、卫生管理课、植物防疫课、标识规格课、总务课和消费者信息官七个部门。农林水产省在食品安全监管方面的职责主要是:负责制定和监督执行农产品类食品商品的产品标准;采取物价对策,保障食品安全;农林水产品生产阶段的风险管理(农药、肥料、饲料、动物等);防止土壤污染;促进消费者和生产者的安全信息交流。

(4)地方政府 地方政府在食品安全监管方面的主要职责是制定本辖区的食品卫生检验和指导计划;对本辖区内与食品相关的商业设施进行安全卫生检查,并对其提供有关的指导性建议;颁发或撤销与食品相关的经营许可证。

4.澳大利亚质量食品安全监管机构和制度

澳大利亚作为一个联邦国家,联邦政府负责对进出口食品的管理,保证进口食品的安全和检疫状况。确保出口食品符合进口国的要求。国内食品由各州和地区政府负责管理,他们制定自己的食品法,由地方政府负责执行。联邦政府中负责食品的部门主要有两个:卫生和老年关怀部下属的澳大利亚新西兰食品标准局(FSANZ);农业、渔业和林业部下属的澳大利亚检疫检验局(AQIS)。

澳大利亚新西兰食品标准局成立于 2002 年 7 月 1 日,前身是澳大利亚新西兰食品管理局,是澳大利亚和新西兰两个国家联合成立的一个法定管理机构。澳大利亚新西兰食品标准局负责在澳大利亚和新西兰两国制定统一的食品标准法典和其他的管理规定。另外,它还负责协调澳大利亚的食品监控、与州和地区政府合作协调食品召回、进行与食品标准内容有关的问题研究、与州和地区政府合作进行食品安全教育、制定可能包括在食品标准中的工业操作规范,以及制定进口食品风险评估政策。食品标准法典的主要内容包括在澳大利亚出售的食品的成分和标签标准、食品添加剂和污染物的限量、微生物学规范,以及对营养标签和警示声明的要求。

澳大利亚检疫检验局成立于1987年,由原澳大利亚农业卫生和检疫局与澳大利亚出口检验局合并而成。澳大利亚检疫检验局的主要职责是进行口岸检疫和监督、进口检验、出口检验和出证,以及国际联络。

此外,澳大利亚还设有一些与食品安全相关的其他机构,如澳大利亚国家农药和兽药注册局、澳大利亚基因技术执行长官办公室、澳大利亚可持续农业协会等。澳大利亚国家农业和兽药注册局主要负责农药兽药的评估、注册和监管;澳大利亚基因技术执行长官办公室负责转基因食品安全性的监管;澳大利亚可持续农业协会负责有机食品的认证。

5. 加拿大食品质量安全监管机构和制度

加拿大食品安全采取的是分级管理、相互合作、广泛参与的模式。联邦、各省和市政当局都有管理食品安全的责任。联邦一级负责食品质量安全管理的主要管理机构是农业部及其下属的食品检验局(Canadian Food Inspection Agency,CFIA)和卫生部。这两个部门分工明确,相互合作,各司其职。

农业部及所属食品检验局负责食品的安全卫生监控。CFIA的工作职责不仅在《加拿大食品检验局法》中作了概括规定,同时在《肉类检验法》、《肥料法》和《水果蔬菜条例》等法律法规中进一步加以明确,使得加拿大不论是食品的安全卫生标准,还是农作物种子种苗、食品进出口检疫检验、食品标签标识、肥料质量标准、农药兽药安全及使用标准、农产品生产、加工、运输标准的监督工作都由CFIA统一负责。卫生部负责制定所有在加拿大出售的食品的安全及应用质量标准,以及食品安全的相关政策。

此外,大学、各种专门委员会,如加拿大谷物委员会、加拿大人类及动物健康科学中心和圭尔夫大学等机构也参与食品安全的工作。

[项目小结]

我国与食品安全有关的法律法规主要有《食品安全法》、《产品质量法》和《农产品质量安全法》等。《食品安全法》调整国家与从事食品生产、经营的单位或个人之间,以及食品生产、经营者与消费者之间在有关食品安全与卫生管理、监督中所发生的社会关系,特别是经济利益关系;《农产品质量安全法》是调整因农业的初级产品、农产品的生产者、销售者、农产品质量安全管理者、相应的检测技术机构和人员以及各管理环节引起的各种食品安全问题的法律规范总和;《产品质量法》是调整产品的生产、流通和监督管理过程中,因产品质量而发生的各种经济关系的法律规范的总称。

食品安全方面值得我国借鉴的发达国家的法律法规主要有:美国的《联邦食品药物和化妆品法》《联邦肉类检验法》《禽类产品检验法》《蛋产品检验法》和《食品质量保护法》。欧盟的《通用食品法》《食品安全白皮书》《178/2002号法令》和《欧盟食品卫生法规》。日本的《食品卫生法》和《食品安全基本法》。这些法律法规为我国食品安全监管提供有利的参考。

食品安全标准是指为了对食品生产、加工、流通和消费（即"从农田到餐桌"）食品链全过程影响食品安全和质量的各种要素以及各关键环节进行控制和管理，经协商一致制定并由公认机构批准，共同使用或重复使用的一种规范性文件。目前，中国食品安全标准主要有食品中有毒有害物质限量标准、食品添加剂（营养强化剂）使用标准、食品安全生产控制标准、食品标签标准、食品安全检测方法标准及其他标准等，这些标准体系是我国食品法律法规体系的重要组成部分，是进行法制化监管的依据。

国际标准是指国际标准化组织（ISO）、国际电工委员会（IEC）、国际电信联盟（ITU）等国际化组织制定的及国际标准化组织确认并公布的其他国际组织制定的标准。国际标准在世界范围内统一使用。本项目主要介绍了国际法典委员会（CAC）和国际标准化组织（ISO）的组织机构和制定的标准体系；美国、欧盟和日本等发达国家制定的标准体系。

中国食品安全监管模式经历了四个发展阶段：第一阶段，分段监管的模式。即农产品生产加工环节由农业部负责，食品生产加工环节由国家质检总局负责，食品流通环节由国家工商总局负责，食品消费环节由卫生部负责。第二阶段，分段监管为主，品种监管为辅的监管模式。即农业部门负责初级农产品生产环节的监管，质检部门负责食品生产加工环节的监管，工商部门负责食品流通环节的监管，卫生部门负责餐饮业和食堂等消费环节的监管，食品药品监管部门负责对食品安全的综合监督、协调和依法组织查处重大事故。第三阶段，卫生部门负责、各部门协调的食品安全监管模式。即国家设立食品安全委员会，作为高层次的议事协调机构，协调、指导食品安全监管工作。国务院质量监督、工商行政管理和国家食品药品监督管理部门依法分别对食品生产、食品流通、餐饮服务活动实施监督管理。国务院卫生部门承担食品安全综合协调职责。第四阶段，食品药品监管总局统一进行食品安全监管的新模式。即将食品安全办的职责、食品药品监管局的职责、质检总局的生产环节食品安全监督管理职责、工商总局的流通环节食品安全监督管理职责整合，组建国家食品药品监督管理总局，统一进行食品安全监管。新组建的国家卫生和计划生育委员会负责食品安全风险评估和食品安全标准制定。农业部负责农产品质量安全监督管理。将商务部的生猪定点屠宰监督管理职责划入农业部。

食品安全监管体制大致可以分为多机构食品监管体系、单一机构食品监管体系、综合监管体系三种类型。本项目介绍了美国、欧盟、日本、澳大利亚和加拿大等发达国家的食品监管体系，为我国食品安全监管提供了参考。

[项目思考]

1. 中国食品安全国家标准主要分哪几类？

2.《食品安全法》对于食品添加剂在生产过程中的添加有何具体要求？

3. 食品生产经营企业需要依法建立的制度有哪些？

4. 如何合理使用农业投入品？

5.《农产品质量安全法》规定在蔬菜生产中应该记载哪些内容？

6.《产品质量法》规定的我国产品质量监管制度是什么？

7. 我国的食品标签标准主要有哪些？

8. 美国的食品安全监管机构有哪些？

参 考 文 献

1. 何计国,甄润英. 食品卫生学[M]. 北京:中国农业大学出版社,2003.

2. 钱和. 食品卫生原理. [M]. 北京:中国轻工业出版社,2001.

3. 钱和,于田,张添. 食品卫生学——原理与实践[M]. 北京:化学工业出版社,2010.

4. 刘雄,陈宗道. 食品质量与安全[M]. 北京:化学工业出版社,2009.

5. 刘秀梅,陆苏彪,田静,主译. 国际食品微生物标准委员会(ICMSF),著. 微生物检验与食品安全控制[M]. 北京:中国轻工业出版社,2012.

6. 王世平. 食品标准与法规[M]. 北京:科学出版社,2010.

7. 魏益民. 食品安全学导论[M]. 北京:科学出版社,2009.

8. 魏益民,刘为军,潘家荣. 中国食品安全控制研究[M]. 北京:科学出版社,2008.

9. 吴晓彤,王尔茂. 食品法律法规与标准[M]. 北京:科学出版社,2011.

10. 吴永宁. 食品安全关键技术系列图书食品污染监测与控制技术——理论与实践[M]. 北京:化学工业出版社,2011.

11. 张伟. 食品标准与法规[M]. 北京:中国农业出版社,2012.

12. 周才琼. 食品标准与法规[M]. 北京:中国农业大学出版社,2009.